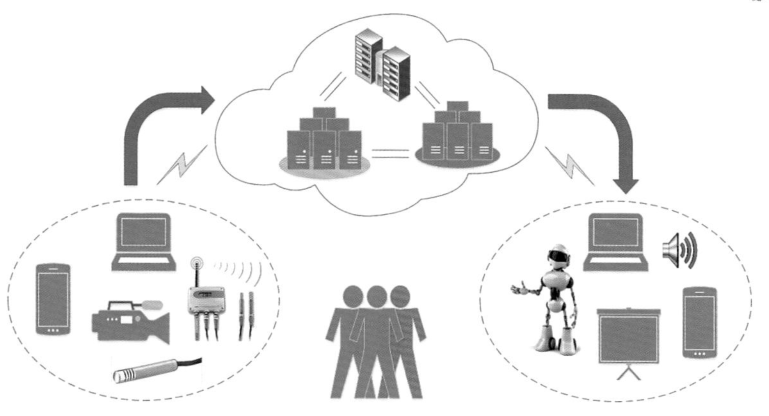

图 1-1　机器治理环路

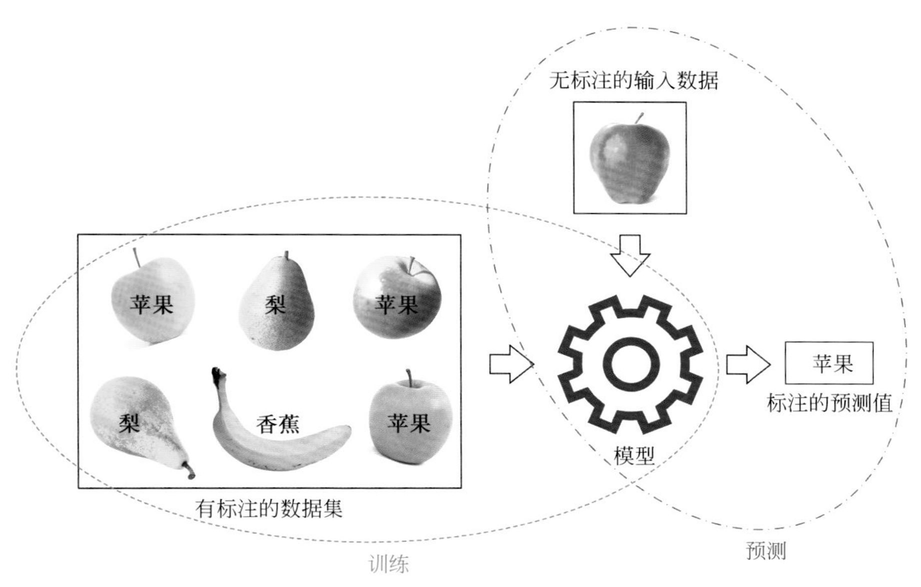

图 2-1　监督学习举例

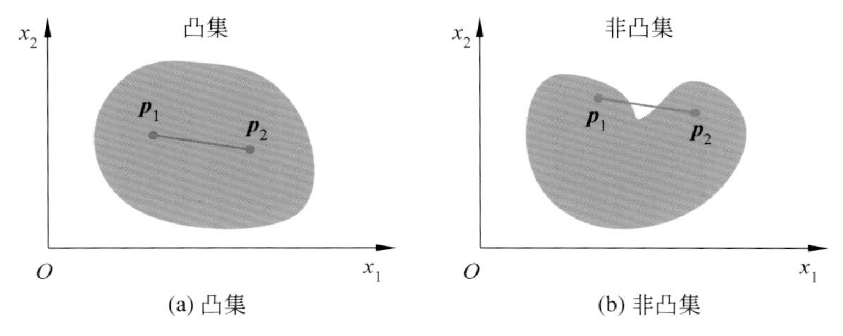

图 2-5　凸集与非凸集($n=2$)

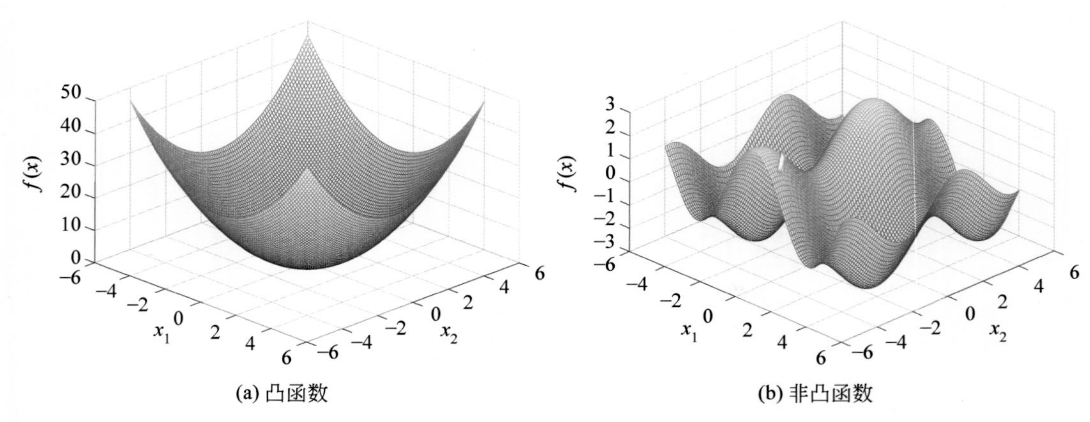

图 2-8　凸函数与非凸函数($n=2$)

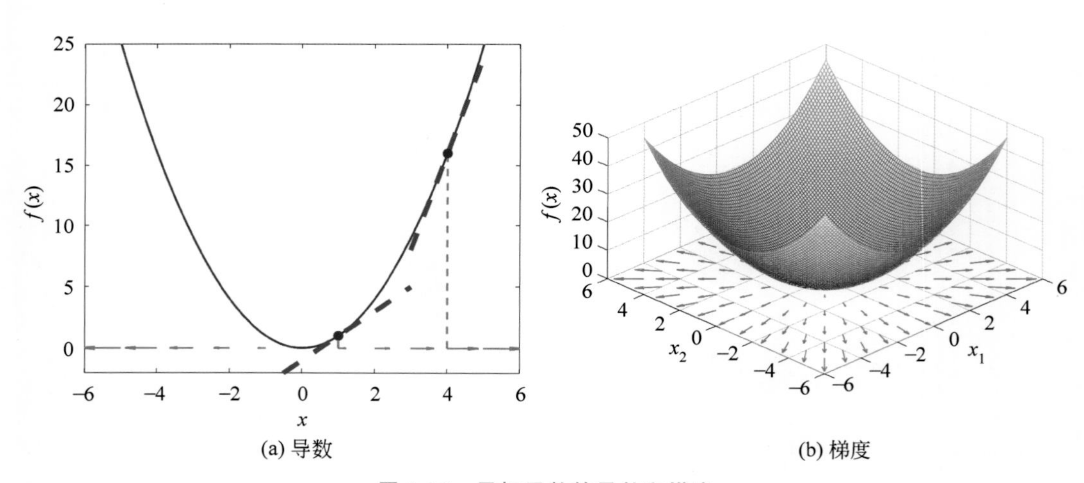

图 2-10　目标函数的导数和梯度

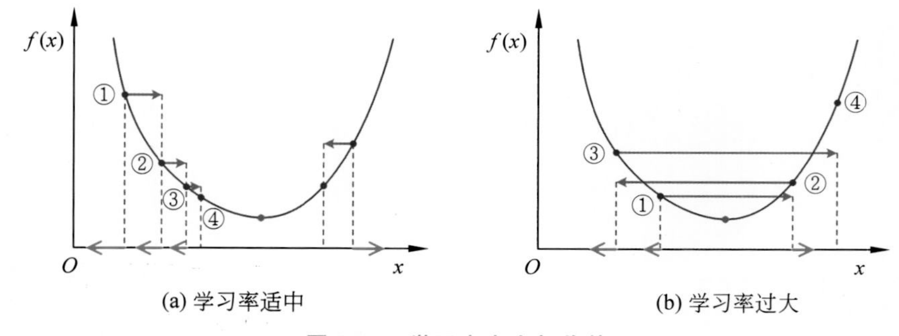

图 2-11　学习率大小与收敛

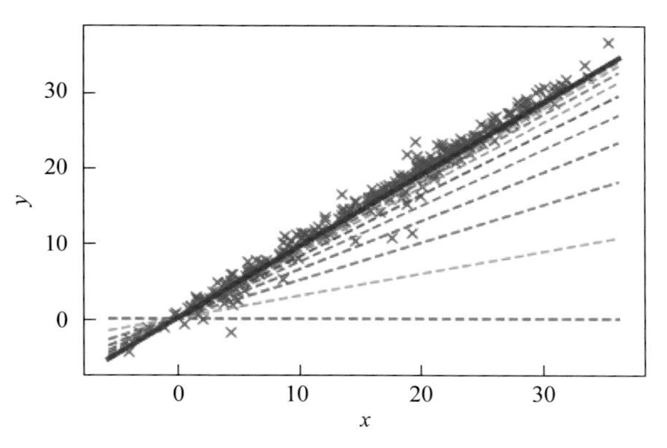

图 2-13　实验 2-2 中拟合直线的变化情况

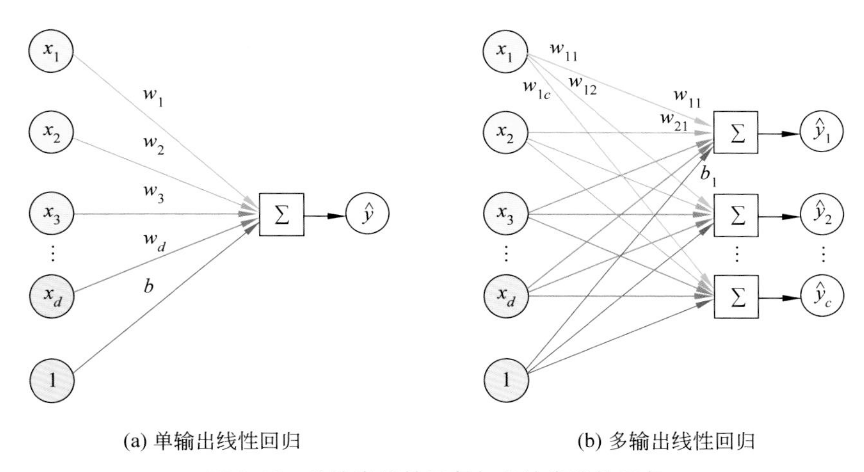

(a) 单输出线性回归　　(b) 多输出线性回归

图 2-16　单输出线性回归与多输出线性回归

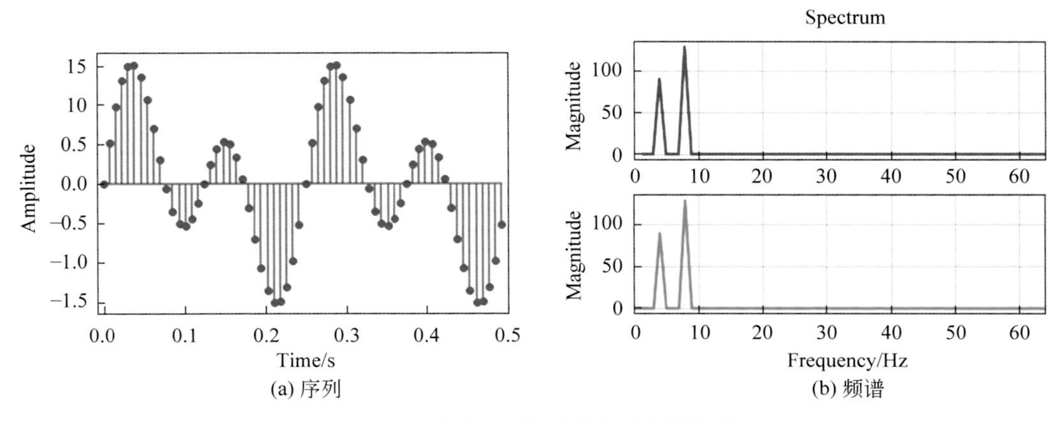

(a) 序列　　(b) 频谱

图 2-17　实验 2-6 的测试序列及其频谱

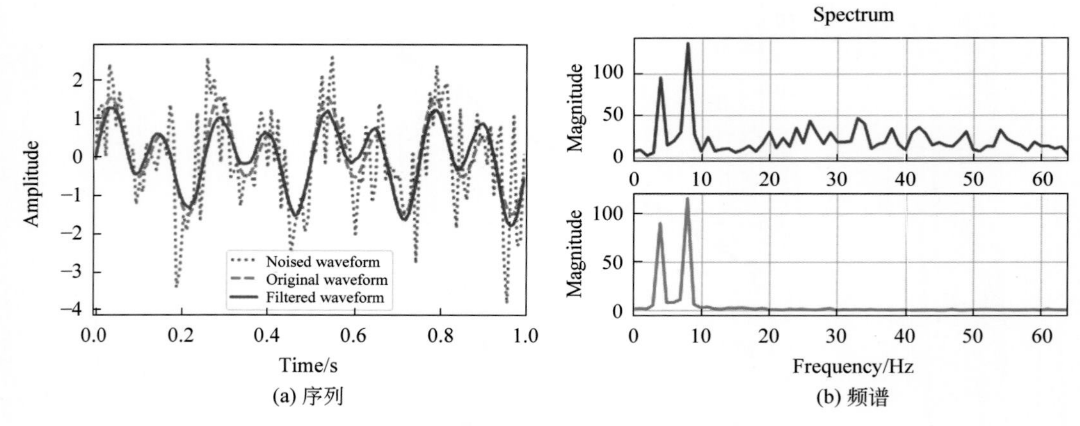

(a) 序列
(b) 频谱

图 2-18　实验 2-7 的测试序列及其频谱

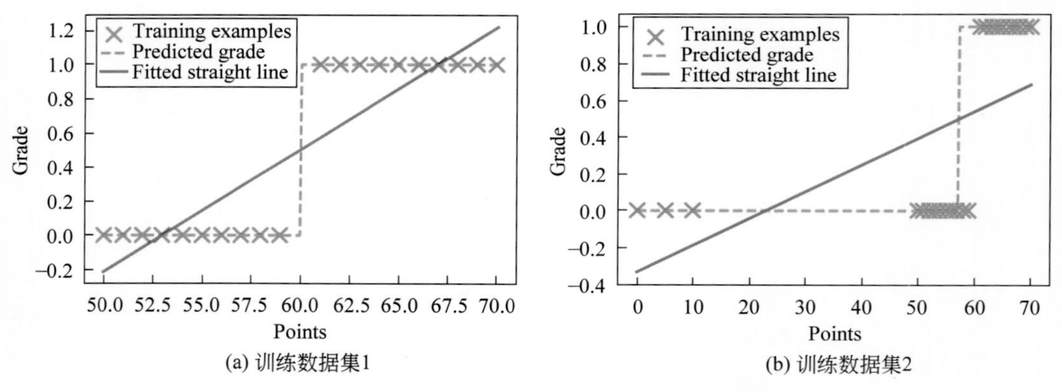

(a) 训练数据集1
(b) 训练数据集2

图 2-19　实验 2-8 中的拟合直线与预测值对应的类别

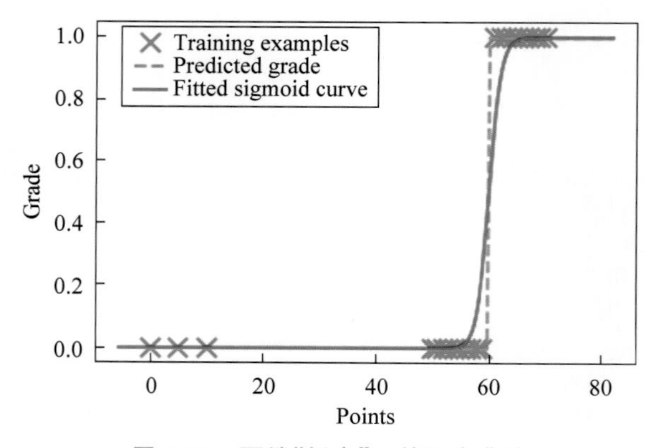

图 2-20　两端"折弯"了的拟合曲线

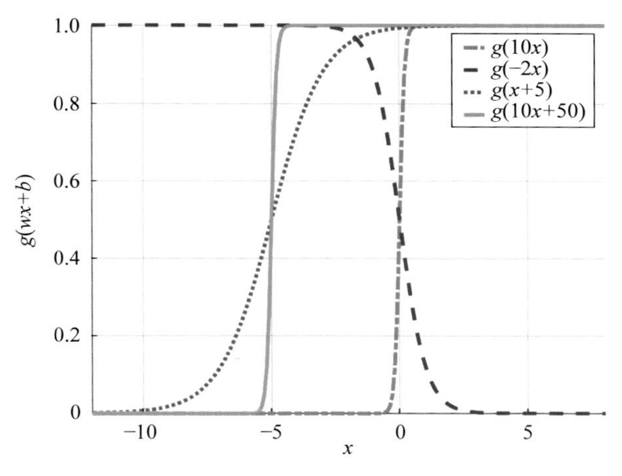

图 2-22　sigmoid 函数的平移与缩放

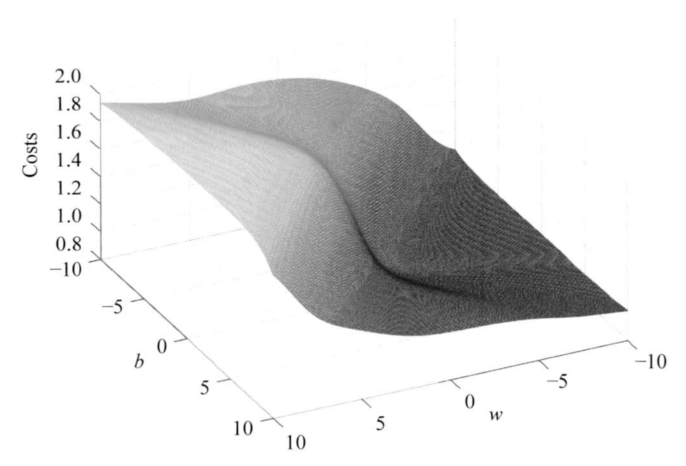

图 2-24　实验 2-9 中均方误差代价函数的值($d=1$ 时)

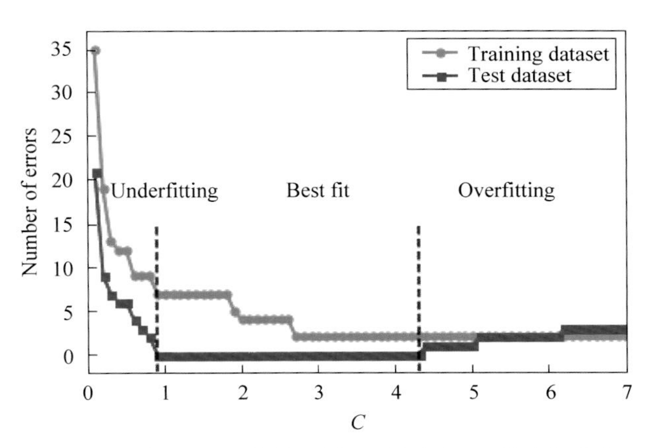

图 2-28　实验 2-12 中的分类错误数量随 C 值变化曲线

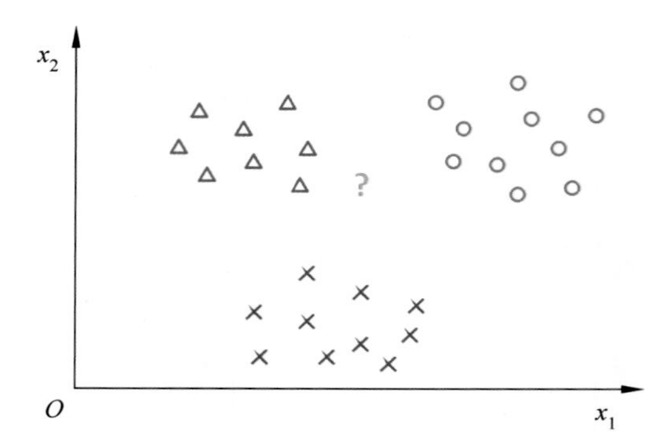

图 2-31　多分类任务示例

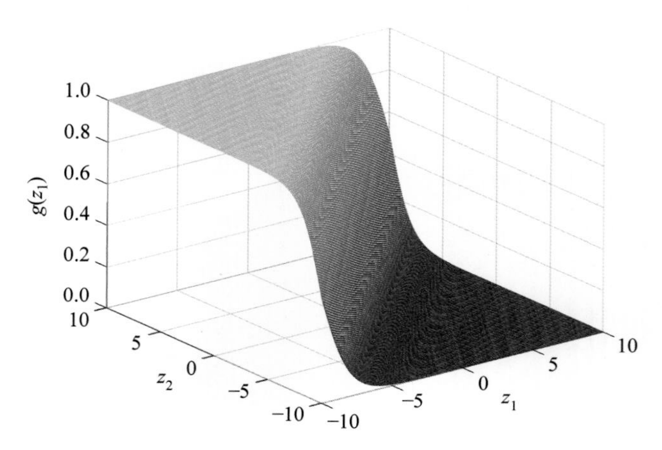

图 2-34　softmax 函数曲面($c=2$)

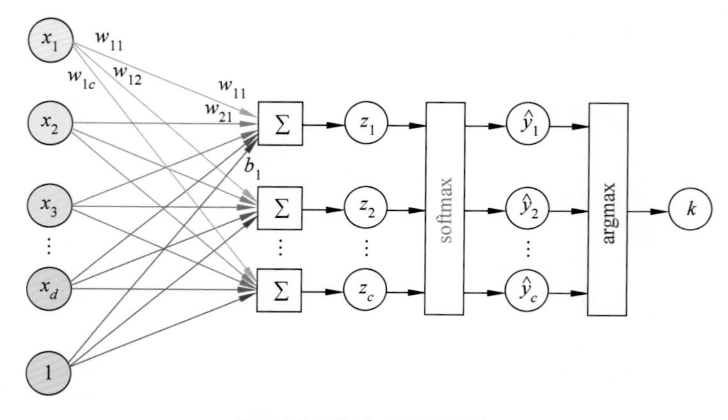

图 2-35　多分类逻辑回归

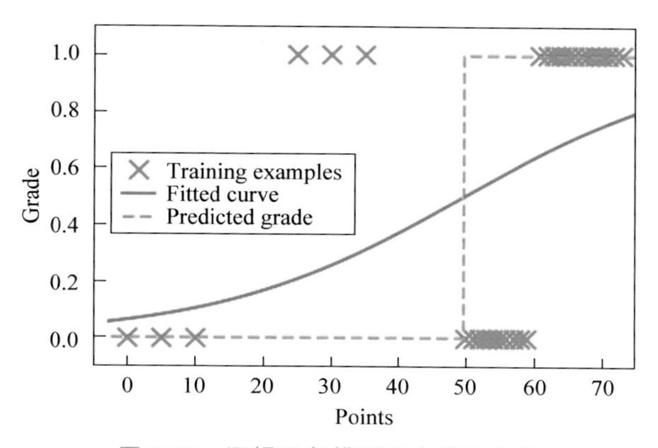

图 2-36　逻辑回归模型拟合出的曲线

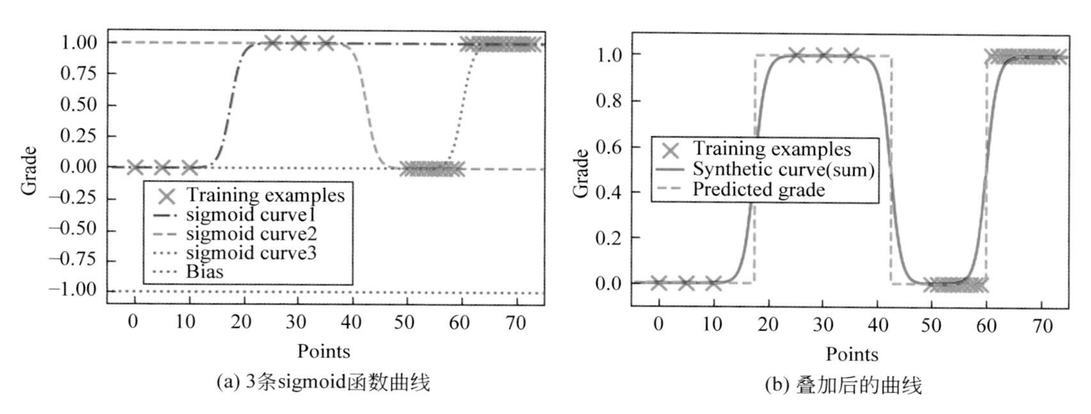

图 2-37　多条 sigmoid 函数曲线及其叠加后的曲线(设想)

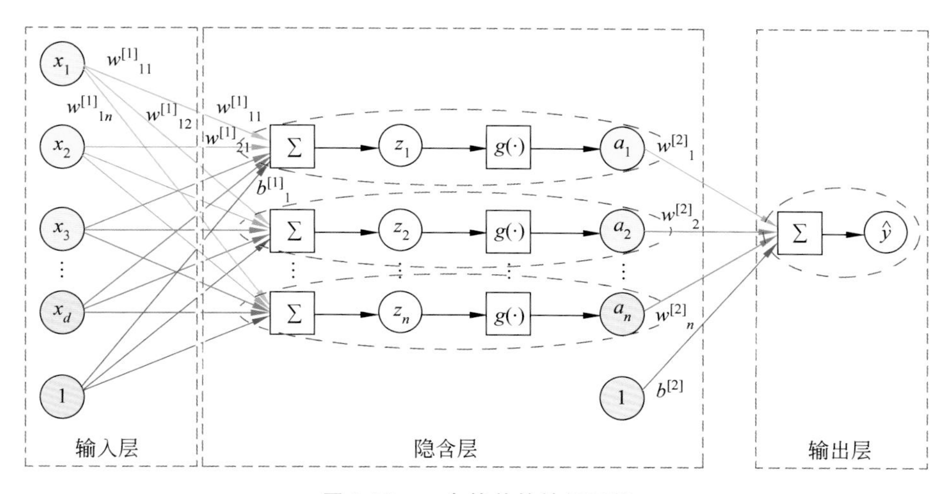

图 2-38　一个简单的神经网络

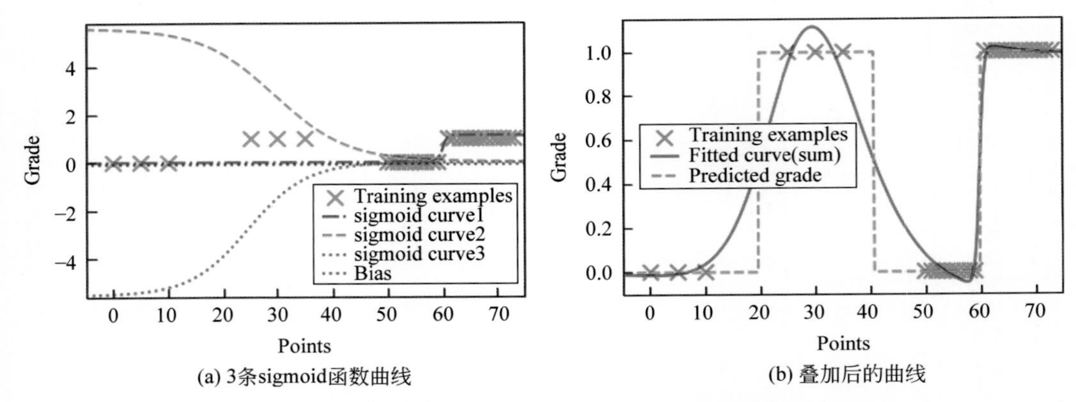

(a) 3条sigmoid函数曲线　　(b) 叠加后的曲线

图 2-39　改进后模型经过训练得到的多条 sigmoid 函数曲线及其叠加

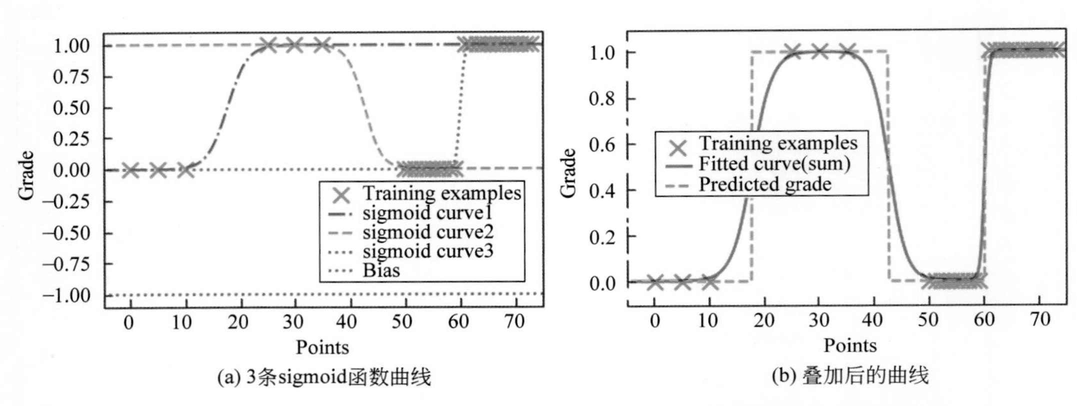

(a) 3条sigmoid函数曲线　　(b) 叠加后的曲线

图 2-40　改进后固定权重模型经过训练得到的多条 sigmoid 函数曲线及其叠加

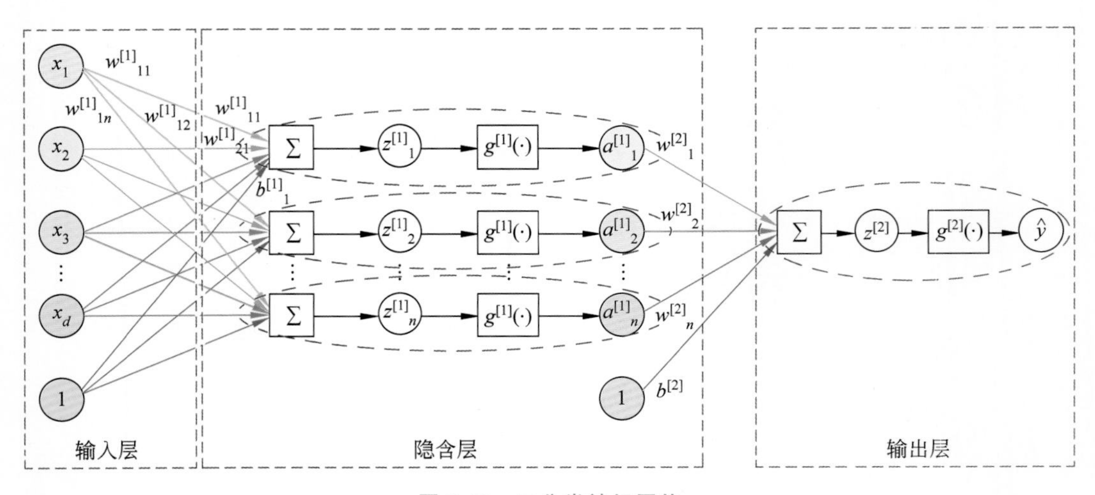

图 2-42　二分类神经网络

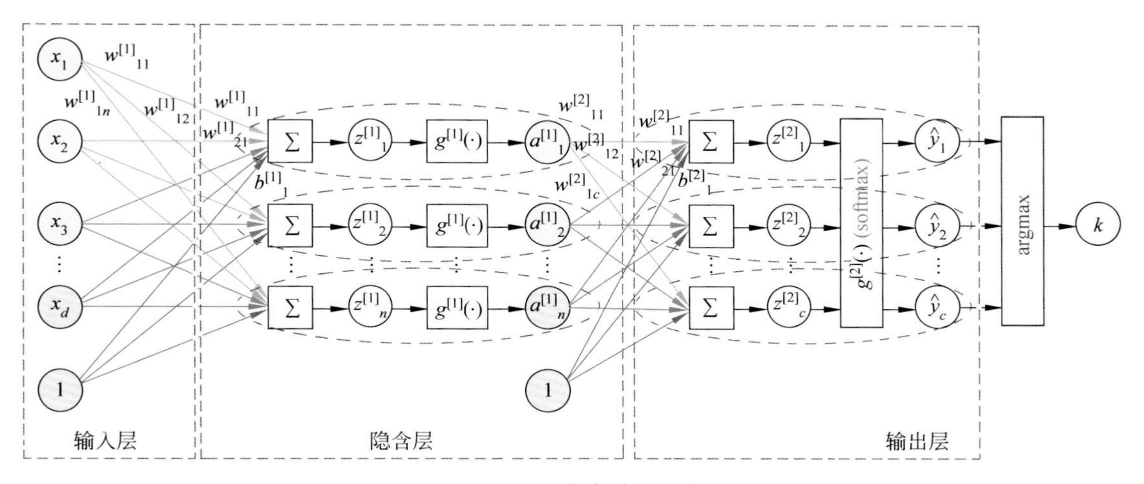

图 2-44　多分类神经网络

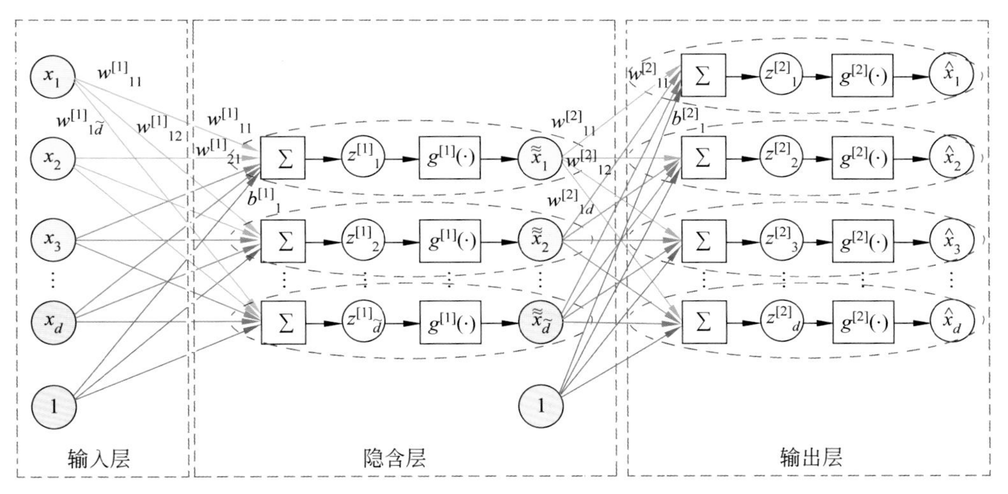

图 3-4　基本的自编码器

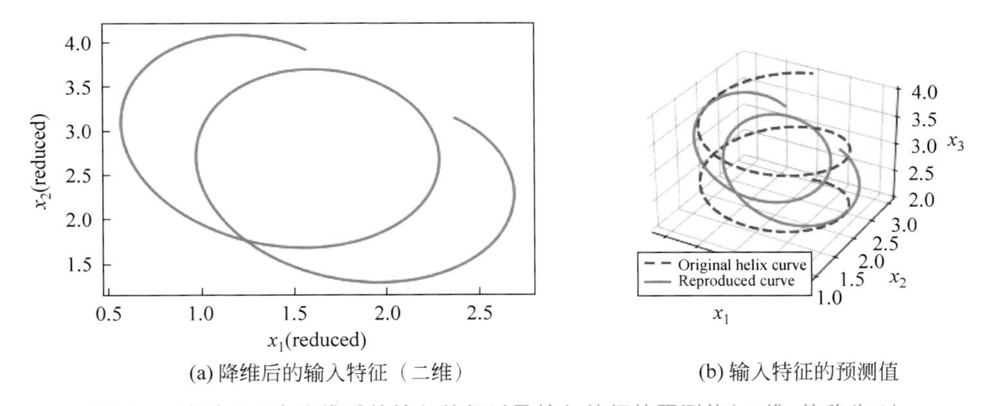

(a) 降维后的输入特征（二维）　　(b) 输入特征的预测值

图 3-5　实验 3-6 中降维后的输入特征以及输入特征的预测值(二维、偏移为 2)

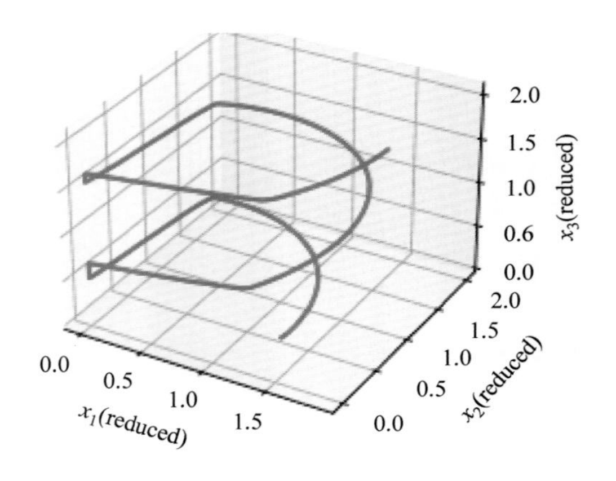

(a) 降维后的输入特征（三维）

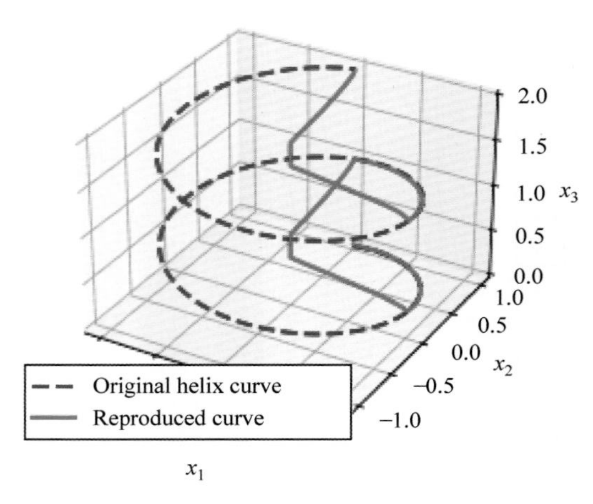

(b) 输入特征的预测值

图 3-6 实验 3-6 中降维后的输入特征以及输入特征的预测值(三维、偏移为 0)

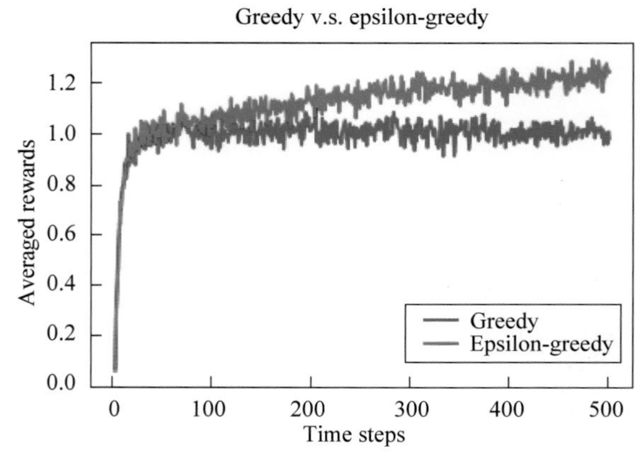

图 4-2 使用贪婪方法及 ε 贪婪方法获得的平均奖赏

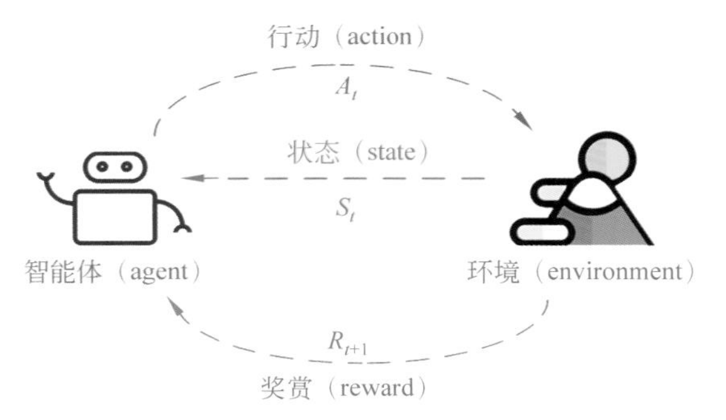

图 4-3　MDP 中智能体与环境之间的交互

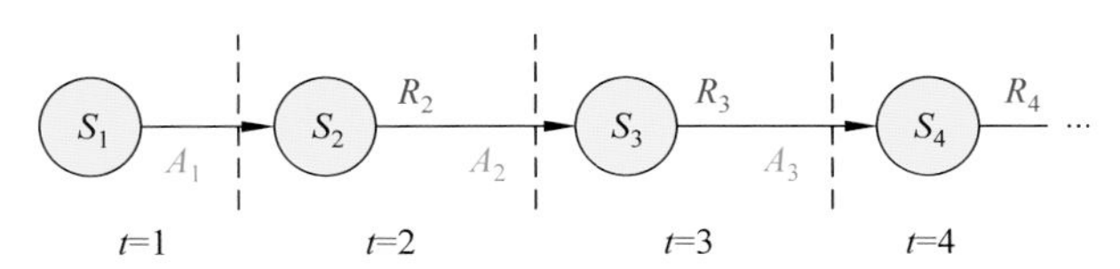

图 4-4　MDP 中状态、行动、奖赏的时间迹线

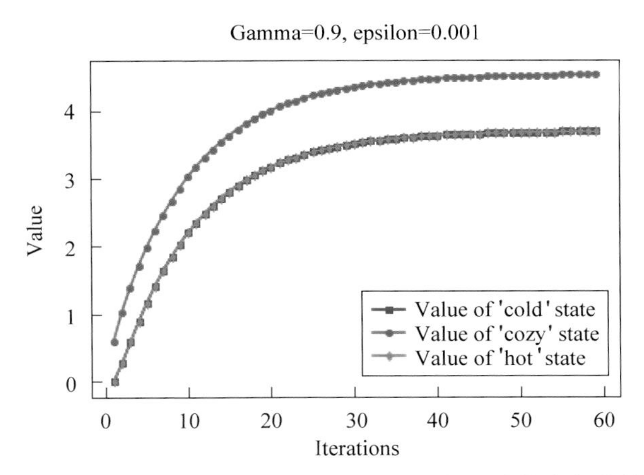

图 4-6　实验 4-4 中各个状态的最优状态价值函数随迭代次数收敛的曲线

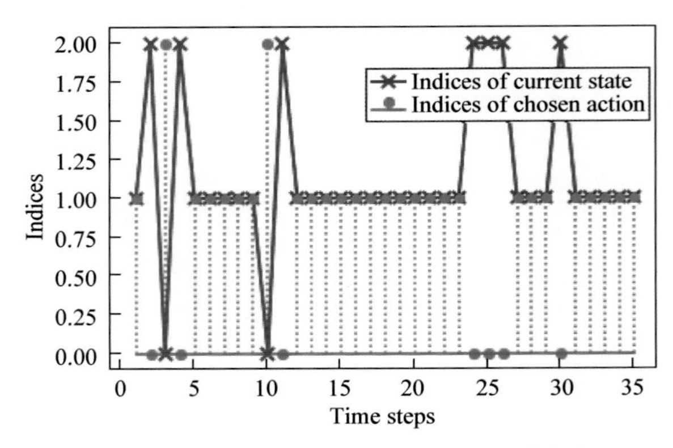

图 4-7　实验 4-5 中各个时刻下环境的状态与智能体选择的行动

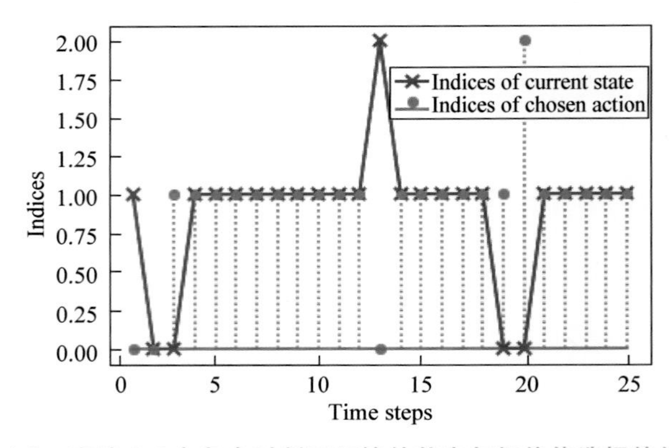

图 4-9　实验 4-6 中各个时刻下环境的状态与智能体选择的行动

面 向 新 工 科 专 业 建 设 计 算 机 系 列 教 材

机器学习原理与实践

（微课版）

陈 喆◎著

清華大學出版社

北 京

内 容 简 介

在这个“智能为王”“数据是金”的时代，越来越多的数据，包括物联网设备采集的客观世界数据，被用来指导人类的实践活动。机器学习是处理与分析这些数据的一类常用方法。本书力求从原理的角度，从无到有，讲清楚机器学习中的一些常见方法，并从实践的角度，循序渐进，引领读者独立编程实现这些机器学习方法，从而帮助读者迅速掌握机器学习方法，为读者进一步学习理解深度学习方法奠定坚实的原理与实践基础。

本书适合计算机科学与技术、人工智能、物联网工程、数据科学与大数据、通信工程、电子信息、机器人、自动化、智能制造等相关专业高年级本科生及研究生教学或自学使用，也适合机器学习等领域的从业者及爱好者自学或参考。

图书在版编目(CIP)数据

机器学习原理与实践：微课版/陈喆著. —北京：清华大学出版社，2022.6（2024.4重印）
面向新工科专业建设计算机系列教材
ISBN 978-7-302-60332-0

Ⅰ.①机… Ⅱ.①陈… Ⅲ.①机器学习－高等学校－教材 Ⅳ.①TP181

中国版本图书馆 CIP 数据核字(2022)第 043512 号

责任编辑：白立军
封面设计：刘 乾
责任校对：焦丽丽
责任印制：沈 露

出版发行：清华大学出版社
网　　址：https://www.tup.com.cn，https://www.wqxuetang.com
地　　址：北京清华大学学研大厦 A 座　　**邮　　编**：100084
社 总 机：010-83470000　　**邮　　购**：010-62786544
投稿与读者服务：010-62776969，c-service@tup.tsinghua.edu.cn
质量反馈：010-62772015，zhiliang@tup.tsinghua.edu.cn
课件下载：https://www.tup.com.cn，010-83470236
印 装 者：三河市龙大印装有限公司
经　　销：全国新华书店
开　　本：185mm×260mm　**印　张**：15.25　**插　页**：6　**字　　数**：367 千字
版　　次：2022 年 6 月第 1 版　　**印　　次**：2024 年 4 月第 3 次印刷
定　　价：59.00 元

产品编号：095493-01

出版说明

一、系列教材背景

人类已经进入智能时代，云计算、大数据、物联网、人工智能、机器人、量子计算等是这个时代最重要的技术热点。为了适应和满足时代发展对人才培养的需要，2017 年 2 月以来，教育部积极推进新工科建设，先后形成了“复旦共识”“天大行动”“北京指南”，并发布了《教育部高等教育司关于开展新工科研究与实践的通知》《教育部办公厅关于推荐新工科研究与实践项目的通知》，全力探索形成领跑全球工程教育的中国模式、中国经验，助力高等教育强国建设。新工科有两个内涵：一是新的工科专业；二是传统工科专业的新需求。新工科建设将促进一批新专业的发展，这批新专业有的是依托于现有计算机类专业派生、扩展而成的，有的是多个专业有机整合而成的。由计算机类专业派生、扩展形成的新工科专业有计算机科学与技术、软件工程、网络工程、物联网工程、信息管理与信息系统、数据科学与大数据技术等。由计算机类学科交叉融合形成的新工科专业有网络空间安全、人工智能、机器人工程、数字媒体技术、智能科学与技术等。

在新工科建设的“九个一批”中，明确提出“建设一批体现产业和技术最新发展的新课程”“建设一批产业急需的新兴工科专业”。新课程和新专业的持续建设，都需要以适应新工科教育的教材作为支撑。由于各个专业之间的课程相互交叉，但是又不能相互包含，所以在选题方向上，既考虑由计算机类专业派生、扩展形成的新工科专业的选题，又考虑由计算机类专业交叉融合形成的新工科专业的选题，特别是网络空间安全专业、智能科学与技术专业的选题。基于此，清华大学出版社计划出版“面向新工科专业建设计算机系列教材”。

二、教材定位

教材使用对象为“211 工程”高校或同等水平及以上高校计算机类专业及相关专业学生。

三、教材编写原则

(1) 借鉴 *Computer Science Curricula* 2013(以下简称CS2013)。CS2013的核心知识领域包括算法与复杂度、体系结构与组织、计算科学、离散结构、图形学与可视化、人机交互、信息保障与安全、信息管理、智能系统、网络与通信、操作系统、基于平台的开发、并行与分布式计算、程序设计语言、软件开发基础、软件工程、系统基础、社会问题与专业实践等内容。

(2) 处理好理论与技能培养的关系,注重理论与实践相结合,加强对学生思维方式的训练和计算思维的培养。计算机专业学生能力的培养特别强调理论学习、计算思维培养和实践训练。本系列教材以"重视理论,加强计算思维培养,突出案例和实践应用"为主要目标。

(3) 为便于教学,在纸质教材的基础上,融合多种形式的教学辅助材料。每本教材可以有主教材、教师用书、习题解答、实验指导等。特别是在数字资源建设方面,可以结合当前出版融合的趋势,做好立体化教材建设,可考虑加上微课、微视频、二维码、MOOC等扩展资源。

四、教材特点

1. 满足新工科专业建设的需要

系列教材涵盖计算机科学与技术、软件工程、物联网工程、数据科学与大数据技术、网络空间安全、人工智能等专业的课程。

2. 案例体现传统工科专业的新需求

编写时,以案例驱动,任务引导,特别是有一些新应用场景的案例。

3. 循序渐进,内容全面

讲解基础知识和实用案例时,由简单到复杂,循序渐进,系统讲解。

4. 资源丰富,立体化建设

除了教学课件外,还可以提供教学大纲、教学计划、微视频等扩展资源,以方便教学。

五、优先出版

1. 精品课程配套教材

主要包括国家级或省级的精品课程和精品资源共享课的配套教材。

2. 传统优秀改版教材

对于已经出版的、得到市场认可的优秀教材,由于新技术的发展,计划给图书配上新的教学形式、教学资源的改版教材。

3. 前沿技术与热点教材

反映计算机前沿和当前热点的相关教材，例如云计算、大数据、人工智能、物联网、网络空间安全等方面的教材。

六、联系方式

联系人：白立军
联系电话：010-83470179
联系和投稿邮箱：bailj@tup.tsinghua.edu.cn

“面向新工科专业建设计算机系列教材”编委会
2019年6月

面向新工科专业建设计算机系列教材编委会

人工智能专业核心教材体系建设——建议使用时间

学期						
四年级上		人工智能核心	数理基础 专业基础	智能感知	人工智能系统、设计智能	人工智能实践
三年级下	理论计算机科学导引		计算机视觉导论		设计认知与设计智能	
三年级上		人工智能伦理与安全		自然语言处理导论		人工智能芯片与系统
二年级下	优化基本理论与方法	面向对象的程序设计	高级数据结构与算法分析		机器学习	
二年级上	概率论	数据结构基础		人工智能基础		认知神经科学导论
一年级下	数学分析 II	线性代数 II		高等数学理论基础		
一年级上	数学分析 I	线性代数 I		程序设计与算法基础		

FOREWORD

前言

自从通用数字计算机诞生以来,在过去的七十余年,计算机已经深度融入人们的生产生活之中。如果没有计算机,很难想象世界将会怎样。近年来,正如计算机一样,机器学习(包括深度学习)正从多方面融入人们的生产生活。

机器学习(包括深度学习)的一个显著特点是,实践先于理论、易学难精。机器学习被称为“黑盒子(black box)”“黑魔法(black magic)”“炼丹术(alchemy)”,很大程度上是因为缺少系统的原理上的分析与解释。

同时,作为“机器学习”等课程的授课教师,也深感缺少一本适合高年级本科生与研究生初学者的用于理论教学与实践教学的教材,尽管市面上已有一些机器学习方面的书籍。

因此,只好为讲授“机器学习”这门课程而自写讲义。之后将讲义扩展为《机器学习原理与实践(微课版)》这本书。为了交出一份尽可能满意的答卷,在全力写作本书的3个季度里,作者深居简出,数易书稿。

一本好书是一条捷径。本书力求以通俗简明的语言,从原理的角度,从无到有,讲清楚机器学习中的一些常见方法,并从实践的角度,循序渐进,引领读者独立编程实现这些机器学习方法,从而帮助读者迅速实现从“小白”到“大神”的飞跃,为读者进一步学习理解深度学习方法奠定坚实的原理与实践基础。

本书按照不同的学习范式将机器学习领域的一些常见方法分成3章进行讲解,并假设读者已经学习过“高等数学”“线性代数”“概率论与数理统计”等数学类课程,使用过Python语言进行编程。

第1章简要介绍机器学习的历史、概念、应用以及实现方式。

第2章重点讲解监督学习,包括线性回归、逻辑回归、支持向量机、k近邻、朴素贝叶斯以及神经网络等方法。

第3章讲解无监督学习,包括k均值、主成分分析以及自编码器。

第4章讲解强化学习,主要包括马尔可夫决策过程与Q学习。

本书适合计算机科学与技术、人工智能、物联网工程、数据科学与大数据、通信工程、电子信息、机器人、自动化、智能制造等相关专业高年级本科生及研究生教学或自学使用,也适合机器学习等领域的从业者及爱好者自学或参考。

受精力、学识、表达所限,本书难免存在不足之处,恳请读者指正。作者的 QQ 为 20786560。

感谢我的家人为支持本书写作所付出的一切,谨以此书献给我的女儿美希。感谢所有支持过本书写作与帮助过本书出版的人们!

Now, let's get started. Just play. Have fun!

陈 喆

于沈阳于洪

2021 年 10 月

CONTENTS

目录

第1章 引　　言

感知并智能控制世界上所有的事物，是人类亘古不变的追求。

机器学习领域的进展使利用人工智能体辅助人类管理与治理成为可能——让机器智能体服务于人类，实现全人类的和平、幸福与繁荣。“机器治理”(machine ruling)，即使用具有感知、通信、存储、计算、执行等功能的机器智能体，辅助人类完成计划、组织、领导、控制等管理工作，以及确立目标、确立行为准则、确保遵从法规、实施治理框架等治理工作。其中，人与感知设备、计算存储设备、执行设备构成了一个机器治理环路，如图1-1所示。感知设备实时采集有关人与物理世界的各方面数据，然后传送给云计算服务器存储并处理，通过机器学习等方法，得出执行设备及被管理者该采取何种行动的建议，并把这些建议传送给执行设备用于执行以及告知给被管理者。

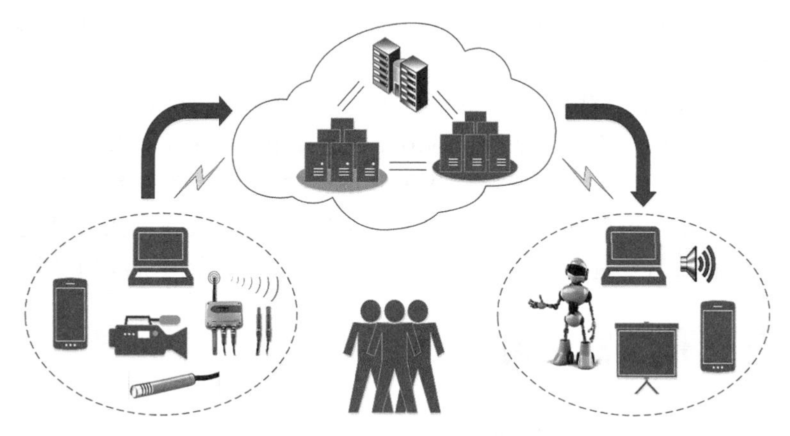

图1-1　机器治理环路

使用传感器等设备实时采集、无线传输有关人与物理世界的各方面数据，可借助于物联网(Internet of things)等技术完成。当人们获得了足够多的数据，就可以使用机器学习等方法对这些数据进行进一步处理与分析。

物联网与机器学习

机器学习这个词是从英文 machine learning 直译而来。machine 这个词在英文中使用的范围较广，各种机械设备，包括健身房里的健身器械,都可以称为 machine。而 machine learning 中的 machine,指的是 computing machine,也就是计算机,因为计算机在早期也被称为 machine。由此可见,machine learning 这个词也是颇有历史的。

1.1 机器学习简史

“机器学习”这个词,最早由亚瑟·塞缪尔(Arthur Samuel)于 1959 年(58 岁时)提出。亚瑟·塞缪尔是人工智能研究的先驱,他在 1956 年演示了最早的机器学习程序之一:具备“自学习”能力的跳棋程序。1962 年,该跳棋程序战胜了跳棋大师罗伯特·尼利(Robert Nealey)。

1956 年举办的达特茅斯人工智能夏季研究项目(Dartmouth summer research project on artificial intelligence),一个集思广益研讨会,被认为是人工智能领域的创始事件。该研讨会持续了 6～8 周,先后有包括亚瑟·塞缪尔、马文·明斯基(Marvin Minsky)、克劳德·香农(Claude Shannon)在内的十余人参加。

1997 年,国际商用机器(International Business Machines,IBM)公司的国际象棋计算机深蓝(Deep Blue)击败了国际象棋世界冠军加里·卡斯帕罗夫(Garry Kasparov),被视为机器赶上了人类智能的证明。

到了 2015 年,由谷歌 DeepMind 开发的围棋程序 AlphaGo 击败了欧洲冠军樊麾,这是计算机围棋程序第一次在全尺寸棋盘上击败人类专业选手。2016 年,AlphaGo 又击败了世界冠军李世石。AlphaGo 使用的是机器学习方法,这是人工智能领域研究的一个重要里程碑。

2018 年的图灵奖颁发给了深度神经网络领域的资深研究人员约书亚·本吉奥(Yoshua Bengio)、杰弗里·辛顿(Geoffrey Hinton)、扬·勒库恩(Yann LeCun)。这也是对机器学习(包括深度学习)领域近年来取得突破性进展的一种肯定。

尽管几十年来机器学习领域取得了长足进展,但是真正的人工智能尚未实现,目前仍有众多研究方向需要进一步探索。套用一句名言:“革命尚未成功,同志仍须努力。”

1.2 什么是机器学习

说来说去,究竟什么是机器学习?

与物联网等其他专业名词相似,与其说机器学习是具体的技术方法,不如说是包罗相关技术方法与应用的概念。机器学习的定义也是多种多样。

下面是一个相对完整易懂的定义:机器学习是使计算机像人类一样学习与行动的科学,并通过观察及与现实世界交互的形式向计算机提供数据和信息,从而随着时间的推移以自主方式改善其学习,即“Machine learning is the science of getting computers to learn and act like humans do, and improve their learning over time in autonomous fashion, by feeding them data and information in the form of observations and real-world interactions.”

那么,机器学习中的“学习”指的是什么?

卡内基-梅隆大学的汤姆·米切尔(Tom Mitchell)教授在1997年出版的《机器学习》这本书中,将“学习”广泛地定义为:通过经验提高某些任务性能的计算机程序。确切地说:如果某计算机程序在任务T中的性能(由性能指标P度量)随经验E有所提高,则认为该程序可以从经验E中学习,即“A computer program is said to learn from experience E with respect to some class of tasks T and performance measure P, if its performance at tasks in T, as measured by P, improves with experience E.”

例如,计算机程序可通过与自己下棋来获得经验以提高性能。对于一个学习问题,通常需要明确以下三者:任务的类别、用来提高性能的度量指标以及经验来源。对于下棋而言,任务T是下棋,性能度量指标P可以是获胜的百分比,经验E可以源自与自己下棋练习。

机器学习是一门多领域交叉学科,只要能达到上述学习目的的理论与方法,都可以拿来为其所用。例如,已有两百多年历史的贝叶斯定理(Bayes' theorem)、最小二乘(least squares)等理论与方法,都在机器学习中发挥着重要作用。因此,机器学习可以看作是一个可用来达到学习目的的各种理论、技术、方法以及应用的集合。

在1.1节中我们提到过人工智能、机器学习、深度学习,那么,它们之间是什么关系?通俗地说,三者就像是一组套娃,一个套一个,大的套小的,最大的是人工智能,中间的是机器学习,最小的是深度学习。人工智能关注的是如何使计算机和程序变得更加智能,机器学习关注的是如何通过计算机和程序自动进行学习。因此,机器学习是人工智能的一个子领域。而深度学习关注的是如何使用机器学习中的一些方法,包括深度神经网络,来进行学习,因此深度学习是机器学习的一个子领域。本书主要讲解深度学习之外的一些典型机器学习方法。

1.3 机器学习的应用

很自然地,我们会想到,机器学习有哪些应用?

正如1.2节中所讨论的那样,机器学习就像是一个装有各种工具的工具箱,尽管我们可能时不时地用到这个箱子里的工具,但却很少注意这个工具箱的名字是机器学习。实际上,机器学习的应用非常广泛,广泛到我们每天都在不知不觉地使用机器学习方法。

当我们拿起智能手机时,不论用指纹解锁还是用人脸识别解锁,其背后都是机器学习方法。在学校里,校门、图书馆等入口处安装的人脸识别设备,也是使用机器学习方法。当我们对着智能手机说Hey时,当我们对着智能音箱说“某某同学”时,都是机器学习方法在检测这些特定词语。当我们使用搜索引擎检索网页时,搜索引擎使用机器学习方法来确定显示哪些结果(同时显示哪些广告)。当我们打开手机App购物、点外卖、刷视频、看新闻时,系统使用机器学习方法向我们推荐一些我们可能喜欢的产品、服务、视频、新闻等。当我们使用翻译软件或翻译网站,尝试翻译文字时,也是使用机器学习方法。此外,智能交通等领域中的车辆与行人检测、自动驾驶等功能的实现,也离不开机器学习方法。

在物联网领域:①医生可基于物联网设备采集的患者数据,辅以机器学习方法给出的参考诊断结果，做出更加明智、更加准确的诊断；②借助于被监护对象使用的无线可穿戴设备与运动传感器，医生可实时监测患者的状况，并可使用机器学习方法来识别患者或老年人的行动状态，以便在第一时间提供救助，更好地帮助患者与老年人独立生活；③在工业物联网领域，可将包括传感器、机器设备在内的工业资产与信息系统和业务流程连接起来，实时采集、传输数据，并使用机器学习来分析数据并动态决策，从而降低能耗与浪费，提高运营与生产效率，实现预测性维护；④在精准农业中，可借助土壤水分传感器、土壤温度传感器、pH 值传感器等传感设备，结合天气预报等信息，使用机器学习方法做出灌溉、施肥等决策，以节省水电消耗并提高农作物的产量与质量；⑤在家畜监测中，可使用基于物联网传感与无线通信技术的家畜可穿戴设备，采集有关家畜的位置、行为与运动方式、健康状况等，通过机器学习方法来识别生病的家畜，以便将它们从畜群中分隔出来及时治疗，从而防止疾病传播；⑥智能家居设备可基于传感器采集的数据以及用户数据，使用机器学习方法来学习用户的生活习惯，以便自动开启、调整、关闭智能家居设备，从而减少用电量，提高舒适程度。

总之，机器学习的应用例子举不胜举，更多的应用等你去发现。在过去的几十年里，计算机融入了几乎所有学科；在未来的若干年里，机器学习也很可能进一步融入几乎所有领域。

1.4 机器学习方法的实现

尽管机器学习方法多种多样，但目前这些方法基本都以运行在处理器上的程序的形式得以实现。因此，人们常使用编程语言通过编程来实现机器学习方法。

1.4.1 机器学习与 Python

在机器学习领域，近年来最受欢迎的编程语言非 Python 莫属。人们选择 Python 的原因主要包括以下 3 个方面：①Python 有很多现成的支持机器学习的库、软件包以及框架可用，并且免费；②Python 的入门门槛较低，有助于节省人们在学习编程语言方面所花费的时间与精力；③Python 语言比较灵活，不仅可用来解决不同类型的问题，而且使用者还可选择自己习惯的编程风格。

因此，本书中我们将使用 Python 编程语言来实现机器学习方法。现有的可供选择的 Python 集成开发环境较多。如果你已安装了习惯使用的集成开发环境，可继续使用；如果还没有，可使用本书推荐的 Anaconda 个人版中自带的 Jupyter Notebook。Anaconda 个人版的安装程序可通过 anaconda.com 网站中的 www.anaconda.com/products/individual 网页下载。

关于 Python 编程，我们先做个预热练习。

实验 1-1 用 Python 实现两个数组中对应元素相乘并累加，即点积运算。用 for 循环实现，给出计算结果，并给出这段程序的运行时长。

$$\boldsymbol{a} \cdot \boldsymbol{b} = \sum_{i=1}^{n} a_i b_i \tag{1-1}$$

式(1-1)中,$\boldsymbol{a},\boldsymbol{b}\in\mathbb{R}^n$,$n=1000$,$\boldsymbol{a}=(0,1,\cdots,999)$,$\boldsymbol{b}=(1000,1001,\cdots,1999)$。

提示:①获取以秒为单位的当前时间可使用 time.perf_counter()函数,需要先 import time;②如果尚不熟悉 Jupyter Notebook 或者无从入手,可参考1.5节本章实验分析。

本实验的计算结果为 832 333 500。运行时长有一定随机性,例如可能为0.6~0.8ms。

1.4.2 NumPy 库

NumPy 是 Python 编程语言的一个库,其在 Python 基础之上,加入了对多维数组和矩阵的支持,并提供了用来操作这些数组的函数。NumPy 库可通过 import numpy as np 语句导入,其中 np 是其别名。本书中,我们照例使用 np 作为 NumPy 的别名。

表1-1列出了本书中部分较常用的 NumPy 库函数(或方法)。这些函数的具体参数,以及更多的 NumPy 库函数,可参考 numpy.org 网站给出的说明。这些函数的使用可通过本书中的一系列实验逐步掌握。

表 1-1 部分较常用的 NumPy 库函数(或方法)

函数	功能说明
np.array()	创建一个数组
np.arange()	返回一个由等差数列元素组成的数组,通常公差为整数时使用该函数
np.linspace()	返回一个由等差数列元素组成的数组,公差不为整数时也可使用该函数,但使用该函数时通常需给出数组的大小
np.shape()	返回数组的形状
np.reshape()	改变数组(包括矩阵、向量)的形状
np.zeros()	创建一个各元素值都为0的数组
np.ones()	创建一个各元素值都为1的数组
np.dot()	计算两个数组(包括矩阵、向量)的点积
np.sum()	计算数组指定轴上的元素之和
np.amax()	返回数组指定轴上元素的最大值
np.amin()	返回数组指定轴上元素的最小值
np.argmax()	返回数组指定轴上元素的最大值的索引
np.argmin()	返回数组指定轴上元素的最小值的索引
np.mean()	计算数组指定轴上元素的算术平均值
np.std()	计算数组指定轴上元素的标准差
np.sqrt()	计算数组中各元素的非负平方根

续表

函　　数	功能说明
np.exp()	计算数组中各元素的自然指数函数值
np.log()	计算数组中各元素的自然对数
rng =np.random.default_rng(seed)	使用随机种子 seed 构造一个随机数生成器 rng
rng.shuffle()	沿数组的指定轴随机排序子数组
rng.random()	返回[0,1)区间内均匀分布的随机浮点数
rng.integers()	返回指定区间内均匀分布的随机整数
rng.normal()	返回正态分布(高斯分布)的随机浮点数

此外,本书的实验中也常使用 NumPy 数组的.T 属性,用来实现数组(包括向量、矩阵)的转置;常使用.reshape()方法来改变数组(包括矩阵、向量)的形状(即数组各轴上的元素数量)。

实验 1-2　实现实验 1-1 中的点积运算。用 NumPy 库实现,给出计算结果,并给出这段程序的运行时长。

提示:可使用 np.arange()函数和 np.dot()函数,需要先 import numpy as np。

本实验的计算结果同样为 832 333 500。运行时长也有一定随机性,例如可能为 0.1～0.2ms。

通过以上两个实验可见,使用 NumPy 库函数计算点积,相比使用 for 循环计算点积,将显著节省运算时间,并且程序代码更加简洁。尽管这两个实验中运行时长的差别微不足道,但是如果需要完成大量的点积运算,那么累计的运行时长之差将会非常可观,使用 NumPy 库将会节省大量程序运行时间。因此,在机器学习中,我们常使用 NumPy 库函数完成向量、矩阵的运算,并且尽量使用机器学习方法(或算法)的向量与矩阵形式。

想一想　为什么使用向量或矩阵(而非使用循环)进行运算,可以节省程序运行时间?

一方面,NumPy 中的数组(array)与 Python 中的范围(range)、列表(list)、元组(tuple)等类型的数据结构不同;另一方面,由向量或矩阵形式给出运算,使处理器并列执行矩阵中各个元素上的运算成为可能,并可利用单指令多数据(single instruction multiple data,SIMD)等方式进行并行计算。

1.4.3　Matplotlib 库

本书中另一个常用的库是 Matplotlib,用来绘图。其中的函数与 MATLAB 或 GNU Octave 中的绘图函数相像。Matplotlib 库可通过 import matplotlib.pyplot as plt 语句导

入，其中 plt 是别名。本书中，我们照例使用 plt 作为 matplotlib.pyplot 的别名。

表 1-2 列出了本书中部分较常用的 Matplotlib 库函数。这些函数的具体参数，以及更多的 Matplotlib 库函数，可参考 matplotlib.org 网站给出的说明。这些函数的使用可通过本书中的一系列实验逐步掌握。

表 1-2　部分较常用的 Matplotlib 库函数

函　数	功能说明
plt.figure()	新建一个图形或激活已有图形
plt.plot()	画平面直角坐标系下的点（或标记）及其之间的连线，其前两个参数通常为由点（或标记）的横坐标和纵坐标分别组成的两个数组
plt.xlabel()	设置横轴的标签
plt.ylabel()	设置纵轴的标签
plt.title()	设置图形的标题
plt.show()	显示图形
plt.legend()	设置图例
plt.axis()	设置图形的横轴范围与纵轴范围
plt.grid()	设置网格线
plt.subplot()	添加或选择一个子图

实验 1-3　使用 Matplotlib 库，画出函数 $f(x)=(2x-3)^2+4$ 的曲线图。

提示：①可使用 np.linspace() 函数生成 x 数组；②可使用 plt.plot() 函数画曲线。

本实验中画出的函数曲线图如图 1-2 所示。

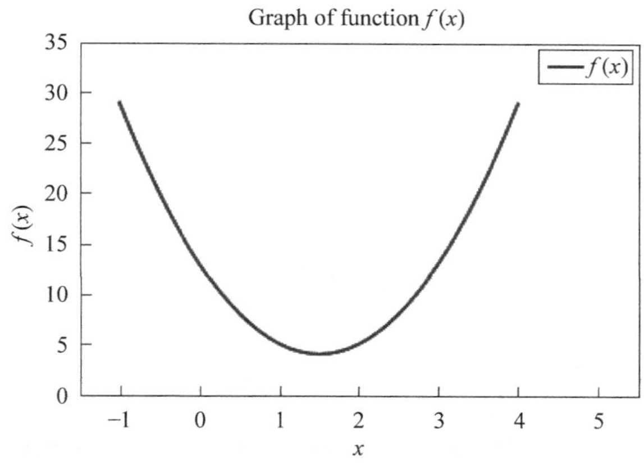

图 1-2　实验 1-3 的函数曲线图

1.5 本章实验分析

如果你已经独立完成了本章中的各个实验,祝贺你,可以跳过本节学习。如果未能独立完成,也没有关系,因为在本节中,我们将对本章中出现的各个实验做进一步分析讨论。

实验1-1 用 Python 实现两个数组中对应元素相乘并累加,即点积运算。用 for 循环实现,给出计算结果,并给出这段程序的运行时长。

$$\boldsymbol{a} \cdot \boldsymbol{b} = \sum_{i=1}^{n} a_i b_i \tag{1-1}$$

式(1-1)中,$\boldsymbol{a},\boldsymbol{b} \in \mathbb{R}^n$,$n=1000$,$\boldsymbol{a}=(0,1,\cdots,999)$,$\boldsymbol{b}=(1000,1001,\cdots,1999)$。

分析:在安装 Anaconda 个人版之后,启动其中的 Jupyter Notebook。然后单击浏览器右上角的 New,再单击菜单选项 Python 3,新建一个 Jupyter Notebook Python 3 文件,如图 1-3 所示。在弹出的浏览器标签页中编辑 Python 代码,单击工具栏中的 Run 可运行这段代码,如图 1-4 所示。运行代码也可使用 Ctrl+Enter 快捷键。

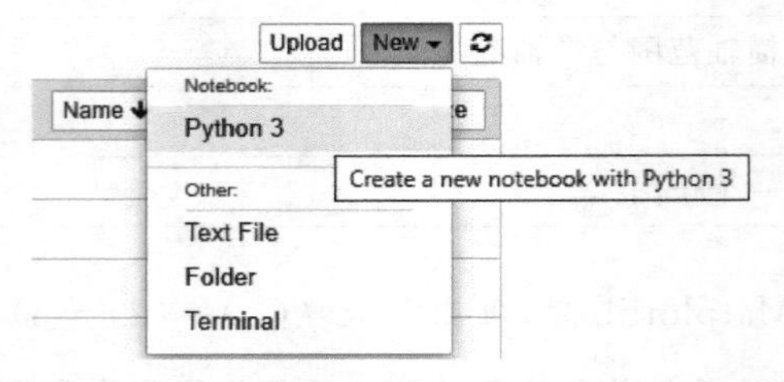

图 1-3 新建 Jupyter Notebook Python 3 文件

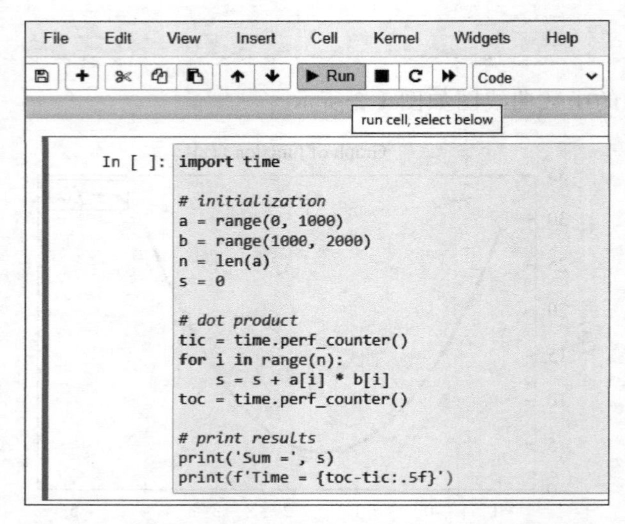

图 1-4 使用 Jupyter Notebook 编辑并运行 Python 代码

在程序中,可先导入 time 模块,然后初始化点积运算中需要用到的变量,包括两个向量 $\boldsymbol{a}$ 和 $\boldsymbol{b}$、累加和 s,以及向量中的元素数量 n。向量可用 range 类型或列表来表示。在点积运算开始之前，使用 time.perf_counter()函数得到当前时钟读数，并在点积运算之后再次调用 time.perf_counter()函数得到新的时钟读数，两个时钟读数之差，就是点积运算这段代码的运行时长。点积运算可使用 for 循环，逐次将两个向量中的对应元素相乘并累加。

lab_1-1

现在，如果你尚未完成实验 1-1，请尝试独立完成本实验。如果仍有困难，再参考附录 A 中经过注释的实验程序。本实验的程序文件可通过扫描二维码 lab_1-1 下载。

实验1-2 实现实验 1-1 中的点积运算。用 NumPy 库实现，给出计算结果，并给出这段程序的运行时长。

分析：可先通过 import numpy as np 导入 NumPy 库。然后初始化点积运算中需要用到的变量，包括两个向量 $\boldsymbol{a}$ 和 $\boldsymbol{b}$、向量中的元素数量 n。可使用 np.arange()函数来初始化向量 $\boldsymbol{a}$ 和 $\boldsymbol{b}$ 的值，其参数与 range()函数的参数相同。可使用 np.size()函数获取数组中的元素数量，其参数为数组变量。求两个向量（数组）的点积可使用 np.dot()函数，将两个数组变量分别作为该函数的两个参数。

lab_1-2

现在，如果你尚未完成实验 1-2，请尝试独立完成本实验。如果仍有困难，再参考附录 A 中经过注释的实验程序。本实验的程序文件可通过扫描二维码 lab_1-2 下载。

实验1-3 使用 Matplotlib 库，画出函数 $f(x)=(2x-3)^2+4$ 的曲线图。

分析：可先通过 import matplotlib.pyplot as plt 导入 Matplotlib 库，通过 import numpy as np 导入 NumPy 库。可使用 np.linspace()函数生成一系列等间隔的 x 值，再计算这些 x 值对应的函数值。然后，将该 x 数组及其对应的函数值数组分别作为 plt.plot()函数的两个参数（横坐标数组与纵坐标数组），在平面直角坐标系下画出这些点及相邻两点之间的连线，作为近似的函数曲线。

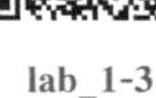

lab_1-3

现在，如果你尚未完成实验 1-3，请尝试独立完成本实验。如果仍有困难，再参考附录 A 中经过注释的实验程序。本实验的程序文件可通过扫描二维码 lab_1-3 下载。

1.6 本章小结

机器学习这个词最早提出于半个多世纪之前，颇有历史。机器关注的是如何通过计算机和程序自动进行学习。能够达到学习目的的各种理论与方法，都涵盖在机器学习的范畴之内。尽管在过去的几十年中，机器学习领域取得了长足进展，但仍处于发展之中。

机器学习的应用广泛，并可用来处理、分析物联网中传感器等设备采集的数据，使“机器治理”进一步成为可能。未来，机器学习很可能将进一步融入几乎所有领域。

在本书中，我们将讨论监督学习、无监督学习、强化学习 3 个学习范式下的机器学习方法，并使用 Python 编程语言及 NumPy 库来实现这些方法，使用 Matplotlib 库来绘制图形。

1.7 思考与练习

1. 什么是机器学习？如何定义学习？
2. 机器学习与人工智能、深度学习之间有何联系？
3. 举例说明机器学习的3个应用领域。

第2章 监督学习

监督学习(supervised learning)是最常见的机器学习范式。监督学习旨在通过**训练样本**(training example)进行学习,使用带有标注的数据集(labeled dataset)来训练机器学习**模型**(model)。经过训练后,模型可基于无标注的输入数据来进行预测(prediction),并输出标注的预测值。也有人将预测称为推理、推断或推测(这些称呼源于英文单词 inference 及 guess),将标注(label)称为标签、期望输出(desired output)或真实情况(ground truth)。

图 2-1 给出了一个监督学习的例子。图中,带有标注的数据集为标注后的水果图片,其中标注为水果的种类,包括香蕉、苹果、梨。每一张水果图片加上与之对应的标注,就构成了一个训练样本,图中共有 6 个训练样本。我们使用这些训练样本,来训练我们的机器学习模型,让模型学习将每一张图片都与一个标注相对应。训练结束后,我们就可以给模型输入无标注的水果图片(例如红苹果图片),模型将预测输入图片对应的标注,并输出这个标注预测值(例如苹果)。这就是监督学习。

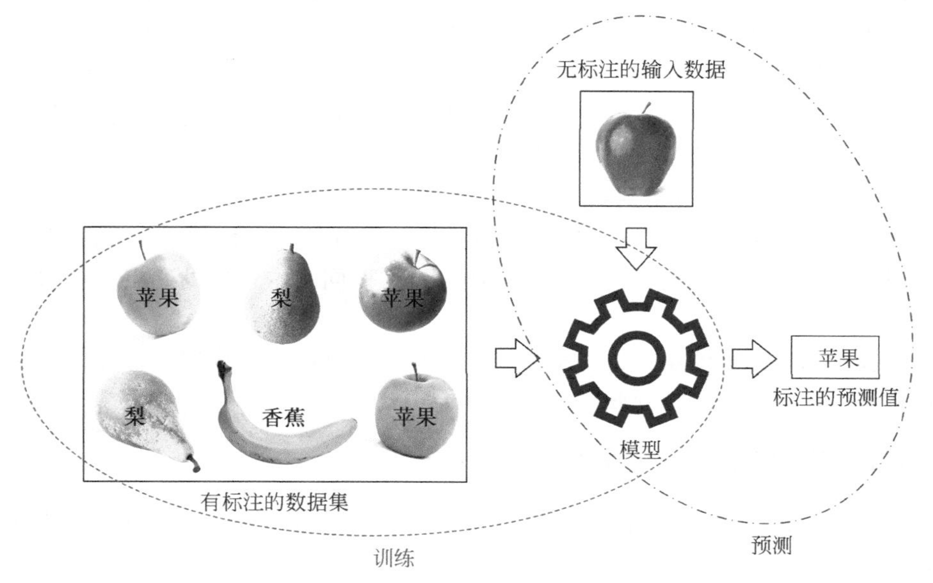

图 2-1　监督学习举例

什么是模型？在机器学习中，模型是机器学习方法的一个具体实现。模型之于方法，如同对象之于类。机器学习方法通常带有一系列需要确定的参数。例如，如果粗略地将算式 $y=ax$ 看作是一个方法，那么其中的 a 就是需要确定的参数。这些参数的具体取值通常需要使用训练样本通过训练过程来确定。一旦根据训练样本确定了这些参数的具体取值，在训练过程中使用的这个机器学习方法就可以被具体实现，从而成为一个具体的模型。例如，如果训练样本为 $x=2$、$y=1$，那么就可以确定式 $y=ax$ 中的 a 为 0.5，从而将式 $y=0.5x$ 看作是一个具体的模型。

想一想 我们的学习与生活中有哪些监督学习的例子？

例如，我们通过上课来学习新知识。老师在课上通过举具体的例子，让同学理解掌握监督学习的概念，然后同学举一反三，在以后遇到类似情况时，就能够分辨出来这些情况是否是监督学习。这里，老师举的具体例子，就是训练样本；同学就是模型，通过训练样本来训练模型；同学举一反三就是预测，预测遇到的情况是否是监督学习。

监督学习主要用来完成两类典型任务：**回归**(regression)和**分类**(classification)。在本章中，我们先学习回归，再学习分类。

2.1 线性回归

回归这个词看起来有些奇怪，容易令人联想到“回归自然”“北回归线”等词语。“回归”是对 regression 这个词的翻译。而 regression 的含义之一是：“两个或多个变量之间的函数关系，通常从数据中凭经验确定，特别用于在给定其他变量值时预测其中一个变量的值。”在机器学习中，回归这个词是指预测数值。因此，回归可以理解为：根据一组输入数值来预测一个或一组数值。在回归任务中，标注为一个或一组数值。

举个例子，很多同学都比较关注绩点(成绩)，那么如何预测某同学本学期的绩点？由于绩点是连续值(例如为 1～5)，因此预测绩点是回归任务。例如，我们用某同学每周自习(自修)的时长来预测该同学本学期的绩点。假如我们已知该同学前 4 个学期的每周自习时长与学期绩点，可得到如下 4 个训练样本：自习 10 小时，绩点为 1.8；自习 16 小时，绩点为 2.1；自习 21 小时，绩点为 3.2；自习 30 小时，绩点为 3.9。如果该同学本学期每周自习 20 小时，那么我们根据这些训练样本预测该同学本学期的绩点将为多少，这就是一个回归问题。

我们如何预测绩点？也就是如何进行回归？可用来完成回归任务的方法很多，其中最典型的方法当属**线性回归**(linear regression)。

2.1.1 线性回归的数学模型

顾名思义，线性回归是一种“线性”的回归方法。我们姑且简单地把“线性”理解为一条直线。

在预测绩点这个例子中，我们可以尝试把每周自习时长与学期绩点之间的对应关系，用一条直线来近似表示。即如果把每周自习时长用 x 来表示，把学期绩点用 y 来表示，

则有

$$y \approx \hat{y} = wx + b \tag{2-1}$$

式(2-1)中，w 为直线 $\hat{y}=wx+b$ 的斜率；b 为直线 $\hat{y}=wx+b$ 的截距；$\hat{y}$ 为根据直线 $\hat{y}=wx+b$ 求得的当每周自习时长为 x 时学期绩点 y 的预测值。本书中，我们在变量上方加帽子符号来表示该变量的预测值(或估计值)。如果我们知道 w 和 b 的值，那么对于任何一个给定的每周自习时长 x，都可以通过该直线方程求得 x 对应的学期绩点 y 的预测值 $\hat{y}$。接下来的问题是，如何确定 $\hat{y}=wx+b$ 这条直线？即如何确定 w 和 b 的值？

我们知道，两点确定一条直线。如果我们有 2 个训练样本，即平面直角坐标系下的 2 个已知点 $(x^{(1)},y^{(1)})$ 和 $(x^{(2)},y^{(2)})$，那么就可以唯一确定 w 和 b 的值：$w=\dfrac{y^{(1)}-y^{(2)}}{x^{(1)}-x^{(2)}}$，$b=\dfrac{x^{(1)}y^{(2)}-x^{(2)}y^{(1)}}{x^{(1)}-x^{(2)}}$。本书中，我们用加圆括号的上标数字表示训练样本的序号，并用圆括号将同一个训练样本的输入值 $x^{(i)}$ 及其标注 $y^{(i)}$ 括在一起，组成一个坐标(或向量)，$i=1,2,\cdots$。

然而，在预测绩点这个例子中，我们共有 4 个训练样本：$(x^{(1)},y^{(1)})=(10,1.8)$、$(x^{(2)},y^{(2)})=(16,2.1)$、$(x^{(3)},y^{(3)})=(21,3.2)$、$(x^{(4)},y^{(4)})=(30,3.9)$。如图 2-2 所示，这 4 个训练样本对应的 4 个点并不在同一条直线上。图中的横轴为每周自习时长，单位为小时，纵轴为学期绩点，叉代表训练样本。这怎么办？我们如何确定 w 和 b 的值？

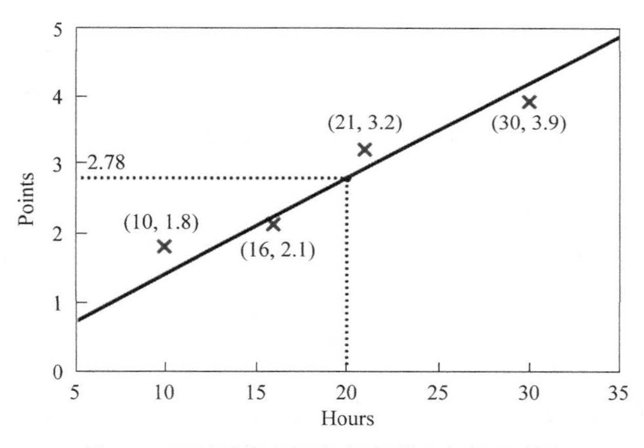

图 2-2　预测绩点例子的训练样本与拟合直线

通常，我们得到这些训练样本存在一定的偶然性。例如，如果每周自习时长为 30 小时，那么这个学期的绩点也可能为 4.0，即我们也可能会得到(30,4.0)这个训练样本，而非(30,3.9)这个训练样本。当然，也有可能在不同学期分别得到(30,3.9)和(30,4.0)这两个训练样本。因此，一个更可行的办法是，根据所有的训练样本拟合出这条直线(而非根据两点确定直线)，例如图 2-2 中的直线。有了这条拟合出的直线，我们就可以根据这条直线做出预测：若每周自习 20 小时，则该同学学期绩点的预测值为 2.78。像这样借助于拟合训练样本的输入值 x 与标注 y 之间的直线关系来进行预测的方法就是线性回归。值得说明的是，尽管这个方法名为“线性回归”，但其使用的并不是线性函数，而是仿射函数

(affine function)。例如,由式(2-1)给出的函数是仿射函数,仅当 $b=0$ 时才是线性函数。

那么,如何根据训练样本来拟合出这条直线?由于我们仅已知训练样本,很自然地,我们希望:如果根据这条拟合出的直线来预测训练样本中的标注,那么应使标注的预测值与训练样本中给出的标注二者之差(即误差)的绝对值尽量小,或者使所有训练样本上的误差绝对值之和尽量小,以使标注的预测值尽量接近于标注。

一般地,我们将第 i 个训练样本 $(x^{(i)}, y^{(i)})$ 的标注 $y^{(i)}$ 的预测值记为 $\hat{y}^{(i)}$,如图 2-3 所示。如果我们已知拟合出的直线的斜率 w 和截距 b,那么就可以根据式(2-2)计算第 i 个训练样本的标注 $y^{(i)}$ 的预测值 $\hat{y}^{(i)}$。

$$\hat{y}^{(i)}=wx^{(i)}+b \tag{2-2}$$

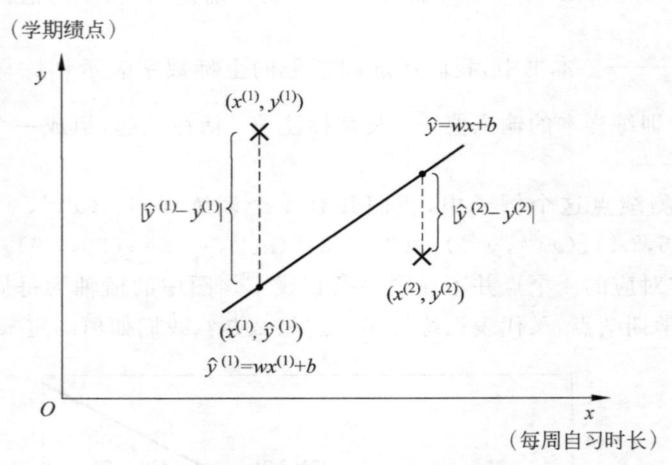

图 2-3 预测绩点例子中的预测误差

在预测绩点这个例子中我们共有 4 个训练样本,因此这里 $i\in\{1,2,3,4\}$。标注的预测值 $\hat{y}^{(i)}$ 与标注 $y^{(i)}$ 之间的差(即误差)为 $\hat{y}^{(i)}-y^{(i)}$,由此可得 4 个训练样本上的误差绝对值之和为

$$\sum_{i=1}^{4}|\hat{y}^{(i)}-y^{(i)}|=\sum_{i=1}^{4}|wx^{(i)}+b-y^{(i)}| \tag{2-3}$$

式(2-3)中的未知数为 w 和 b。我们希望所有训练样本上的误差绝对值之和尽量小,因此可以通过最小化式(2-3)的值的办法,来求得 w 和 b 的值。这就是线性回归的训练过程。

在预测绩点这个例子中,我们仅使用了每周自习时长这一个变量来预测本学期绩点,并没有把其他潜在的相关因素也考虑在内,例如该同学本学期的上课出勤率、作业成绩、上学期的绩点等。为了更加准确地预测学期绩点,从直觉上看,我们应该把所有影响学期绩点的相关因素尽可能都考虑进来,例如用 x_1 表示每周自习时长、用 x_2 表示上课出勤率、用 x_3 表示作业成绩、用 x_4 表示上学期绩点等。由此,式(2-1)可扩展为

$$\hat{y}=w_1x_1+w_2x_2+w_3x_3+\cdots+w_dx_d+b=\boldsymbol{w}^{\mathrm{T}}\boldsymbol{x}+b \tag{2-4}$$

式(2-4)中,$x_1,x_2,\cdots,x_d$ 在机器学习中被称为**输入特征**(input feature),也称为输入变量(input variable);$\hat{y}$ 为输出的预测值,也称为输出变量(output variable);$w_1,w_2,\cdots,w_d$ 称为 $x_1,x_2,\cdots,x_d$ 的**权重**(weight);b 称为**偏差**(bias);d 为输入特征(输入变量)的数

量，称为**维数**(dimensionality)；$\boldsymbol{w}$ 和 $\boldsymbol{x}$ 为列向量，$\boldsymbol{w} \in \mathbb{R}^{d\times 1}$，$\boldsymbol{w}=(w_1,w_2,\cdots,w_d)^{\mathrm{T}}$，$\boldsymbol{x} \in \mathbb{R}^{d\times 1}$，$\boldsymbol{x}=(x_1,x_2,\cdots,x_d)^{\mathrm{T}}$，$(\cdot)^{\mathrm{T}}$ 表示向量或矩阵的**转置**(transpose)。$\boldsymbol{w}^{\mathrm{T}}\boldsymbol{x}$ 可以看作是向量 $\boldsymbol{w}$ 与 $\boldsymbol{x}$ 的**内积**(inner product)或**点积**(dot product)，即 $\boldsymbol{w}\cdot\boldsymbol{x}=\boldsymbol{w}^{\mathrm{T}}\boldsymbol{x}=\sum_{i=1}^{d} w_i x_i = w_1x_1+w_2x_2+\cdots+w_dx_d$。

因此，当维数 $d=1$ 时，$\hat{y}=w_1x_1+b$，线性回归拟合的是平面中的一条直线(见图 2-2)；当维数 $d=2$ 时，$\hat{y}=w_1x_1+w_2x_2+b$，线性回归拟合的是三维空间中的一个平面(见图 2-4)；当维数 $d\geqslant 3$ 时，线性回归拟合的是 $d+1$ 维空间中的一个超平面(hyperplane)。

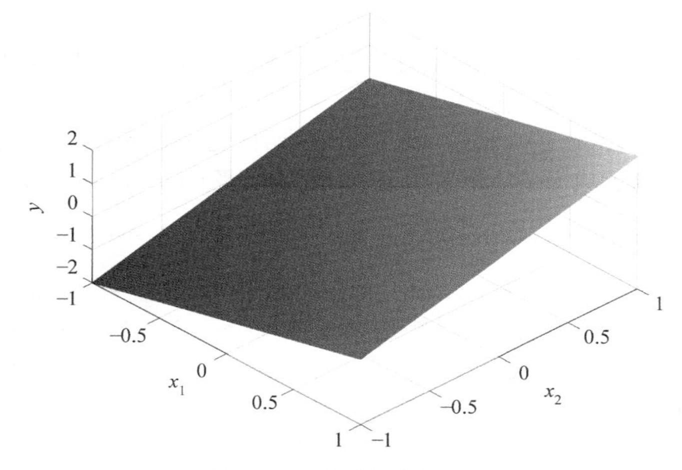

图 2-4 三维空间中的平面

如果权重 $\boldsymbol{w}$ 和偏差 b 的值都已知，那么由式(2-4)给出的线性回归模型就可以确定下来。这样，对于任何给定的输入特征 $\boldsymbol{x}$，都可以根据式(2-4)计算出一个与 $\boldsymbol{x}$ 对应的标注的预测值 $\hat{y}$。这就是线性回归的回归(预测)过程。

线性回归

关于权重 $\boldsymbol{w}$ 和偏差 b 的值，如前所述，可通过线性回归的训练过程来确定。在训练过程中，借助于已知的**训练数据集**(training dataset)，来确定权重 $\boldsymbol{w}$ 和偏差 b 的值。训练数据集包含若干个训练样本。我们将训练数据集记为

$$D=\{(\boldsymbol{x}^{(1)},y^{(1)}),(\boldsymbol{x}^{(2)},y^{(2)}),\cdots,(\boldsymbol{x}^{(m)},y^{(m)})\} \tag{2-5}$$

式(2-5)中，$\boldsymbol{x}^{(i)}$ 为第 i 个样本 $(\boldsymbol{x}^{(i)},y^{(i)})$ 的输入特征向量，$\boldsymbol{x}^{(i)} \in \mathbb{R}^{d\times 1}$，$\boldsymbol{x}^{(i)}=(x_1^{(i)},x_2^{(i)},\cdots,x_d^{(i)})^{\mathrm{T}}$；$y^{(i)}$ 为第 i 个样本 $(\boldsymbol{x}^{(i)},y^{(i)})$ 的标注，很多时候为标量，即 $y^{(i)} \in \mathbb{R}$；m 为训练数据集中训练样本的数量；$i=1,2,\cdots,m$。

如前所述，我们希望所有训练样本上的误差绝对值之和尽量小，以使标注的预测值尽量接近于标注。由于所有训练样本上的误差绝对值之和的大小与训练样本数量 m 有关，因此我们通常使用误差绝对值的平均值来表示标注的预测值与标注之间的接近程度。误差绝对值的平均值越小，就代表标注的预测值总体而言越接近于标注。这个所有训练样本上的误差绝对值的平均值，被称为**平均绝对误差**(mean absolute error，MAE)，即

$$\mathrm{MAE}=\frac{1}{m}\sum_{i=1}^{m}|\hat{y}^{(i)}-y^{(i)}|=\frac{1}{m}\sum_{i=1}^{m}|\boldsymbol{w}^{\mathrm{T}}\boldsymbol{x}^{(i)}+b-y^{(i)}| \tag{2-6}$$

由于在训练过程中我们已知训练样本,即式中 $\boldsymbol{x}^{(i)}$、$y^{(i)}$ 的值都已知,$i=1,2,\cdots,m$,因此式(2-6)中的变量为 $\boldsymbol{w}$ 和 b,式(2-6)可写为 $\boldsymbol{w}$ 和 b 的函数:

$$J(\boldsymbol{w},b)=\frac{1}{m}\sum_{i=1}^{m}|\boldsymbol{w}^{\mathrm{T}}\boldsymbol{x}^{(i)}+b-y^{(i)}|=\frac{1}{m}\sum_{i=1}^{m}|\boldsymbol{w}^{\mathrm{T}}\boldsymbol{x}+b-y|\Big|_{\boldsymbol{x}=\boldsymbol{x}^{(i)},y=y^{(i)}} \tag{2-7}$$

式(2-7)中的 $J(\boldsymbol{w},b)$ 被称为**代价函数**(cost function)。在机器学习中,习惯上将度量单个训练样本上预测误差的函数称为**损失函数**(loss function),例如 $L(\boldsymbol{w},b)=|\boldsymbol{w}^{\mathrm{T}}\boldsymbol{x}+b-y|$;而将度量训练数据集中多个训练样本上的平均预测误差的函数称为代价函数,例如式(2-7)中的 $J(\boldsymbol{w},b)$。$|\boldsymbol{w}^{\mathrm{T}}\boldsymbol{x}+b-y|\Big|_{\boldsymbol{x}=\boldsymbol{x}^{(i)},y=y^{(i)}}$ 表示当 $\boldsymbol{x}=\boldsymbol{x}^{(i)}$,$y=y^{(i)}$ 时的损失函数 $L(\boldsymbol{w},b)=|\boldsymbol{w}^{\mathrm{T}}\boldsymbol{x}+b-y|$。代价函数也被称为经验损失(empirical loss)或经验风险(empirical risk)。在深度学习领域,也有人把多个训练样本上的损失函数的平均值,即代价函数或经验损失,笼统地称为损失函数。

我们希望式(2-7)的值越小越好,即代价函数的值越小越好,以使标注的预测值总体上尽量接近标注。这就成为了一个数学上的**最优化问题**(optimization problem),即

$$\underset{\boldsymbol{w},b}{\operatorname{minimize}}\,J(\boldsymbol{w},b)=\underset{\boldsymbol{w},b}{\operatorname{minimize}}\,\frac{1}{m}\sum_{i=1}^{m}|\boldsymbol{w}^{\mathrm{T}}\boldsymbol{x}^{(i)}+b-y^{(i)}| \tag{2-8}$$

最优化问题是从所有可行解(feasible solution)中寻找**最优解**(optimal solution)的问题。由式(2-8)给出的最优化问题并未对可行域(feasible region)做任何约束(constraint),因此是无约束最优化问题(unconstrained optimization problem)。式(2-8)中,代价函数 $J(\boldsymbol{w},b)$ 为最优化问题的**目标函数**(objective function)。我们将使式(2-8)中目标函数 $J(\boldsymbol{w},b)$ 取值最小的自变量值,即最优解,记为 $\boldsymbol{w}^*$ 和 b^*

$$\boldsymbol{w}^*,b^*=\underset{\boldsymbol{w},b}{\operatorname{argmin}}\,J(\boldsymbol{w},b) \tag{2-9}$$

式(2-9)中,argmin(·)表示取使函数值最小的自变量值。例如,$\underset{b}{\operatorname{argmin}}(b-1)^2=1$。线性回归的训练过程就是寻找使代价函数 $J(\boldsymbol{w},b)$ 取值最小的最优解 $\boldsymbol{w}^*$、b^* 的过程。那么,如何寻找最优解呢?

2.1.2 线性回归的训练过程

对于式(2-8)给出的最优化问题,如果目标函数 $J(\boldsymbol{w},b)$ 是**凸函数**(convex function),那么这个最优化问题就成为了**凸优化**(convex optimization)问题。凸优化问题的一个优势是:在凸优化问题中,每个**局部最小值**(local minimum)都一定是**全局最小值**(global minimum)。也就是说,只要找到了使目标函数局部取值最小的自变量的值,那么这个值一定也是使目标函数全局取值最小的值。既然如此,由式(2-8)给出的最优化问题是否是凸优化问题?

在监督学习中,经常会遇到凸优化这个概念。那么什么是凸优化问题?这需要先了解什么是凸集、什么是凸函数。

【凸集的定义】 如果集合 S 中任意两点之间线段上的点都在 S 中,则 S 是**凸集**(convex set)。也就是说,对于集合 S 中的任意两点 $\boldsymbol{p}_1$、$\boldsymbol{p}_2$,即 $\boldsymbol{p}_1,\boldsymbol{p}_2\in S$,以及 0 和 1 之间的任意一个数 θ,即 $0\leqslant\theta\leqslant1$,都有

$$(1-\theta)\boldsymbol{p}_1+\theta\boldsymbol{p}_2\in S \tag{2-10}$$

这里的 $\boldsymbol{p}_1$、$\boldsymbol{p}_2$ 是 n 维空间中的点，即 $\boldsymbol{p}_1,\boldsymbol{p}_2\in\mathbb{R}^n$，$\boldsymbol{p}_1=(p_{11},p_{21},\cdots,p_{n1})^{\mathrm{T}}$，$\boldsymbol{p}_2=(p_{12},p_{22},\cdots,p_{n2})^{\mathrm{T}}$。注意到$(1-\theta)\boldsymbol{p}_1+\theta\boldsymbol{p}_2=\boldsymbol{p}_1+\theta(\boldsymbol{p}_2-\boldsymbol{p}_1)$表示线段 $\boldsymbol{p}_1\boldsymbol{p}_2$ 上的点，因此式(2-10)表述的意思是，线段 $\boldsymbol{p}_1\boldsymbol{p}_2$ 上的点都在集合$\mathcal{S}$中。图 2-5 示出了 $n=2$ 时的一个凸集和一个非凸集。粗略地说，如果集合中的每个点都可以被其他点“看到”，即任何两点之间“无障碍物”，那么该集合是凸集。“无障碍物”意味着两点之间的视线都位于集合中。由凸集的定义可知，n 维实数集合$\mathbb{R}^n$是凸集。

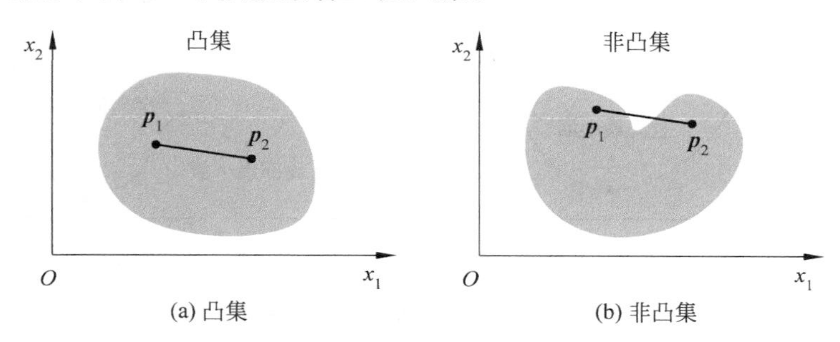

图 2-5　凸集与非凸集($n=2$)

【凸函数的定义】　若函数 $f:\mathbb{R}^n\rightarrow\mathbb{R}$的定义域是凸集，且对定义域内任意的 $\boldsymbol{p}_1$、$\boldsymbol{p}_2$，以及在 0 和 1 之间的任意数 $\theta(0\leqslant\theta\leqslant 1)$都有

$$f((1-\theta)\boldsymbol{p}_1+\theta\boldsymbol{p}_2)\leqslant(1-\theta)f(\boldsymbol{p}_1)+\theta f(\boldsymbol{p}_2)\tag{2-11}$$

则该函数为凸函数。

如图 2-6 所示，这里以标量 p_1、p_2(即 $n=1$)为例，解释凸函数的定义。因$(1-\theta)p_1+\theta p_2=p_1+\theta(p_2-p_1)$，式(2-11)的左手侧为线段 p_1p_2 上横坐标为 $p_1+\theta(p_2-p_1)$的点的函数值。因$(1-\theta)f(p_1)+\theta f(p_2)=f(p_1)+\theta(f(p_2)-f(p_1))=f(p_1)+\theta(p_2-p_1)\dfrac{f(p_2)-f(p_1)}{p_2-p_1}$，式(2-11)右手侧为$(p_1,f(p_1))$、$(p_2,f(p_2))$两点之间线段上横坐标为 $p_1+\theta(p_2-p_1)$的点的纵坐标，因此式(2-11)表示函数定义域内任意两点之间线段上的点，都不低于两点之间这段函数曲线上的点。式(2-11)也被称为詹森不等式(Jensen's inequality)。

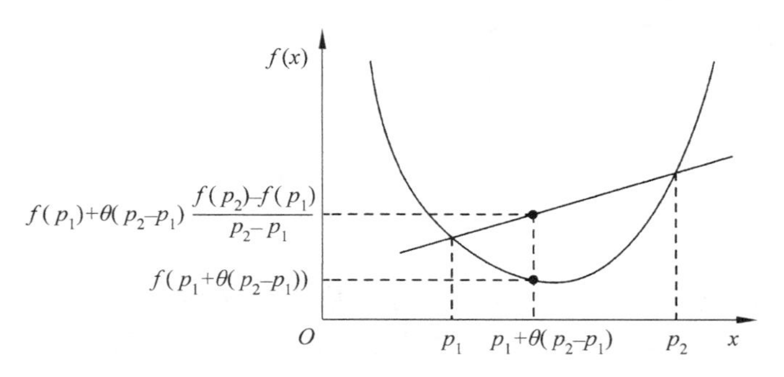

图 2-6　凸函数的定义($n=1$)

由式(2-11)可以看出，若函数 f 是凸函数，函数 $g=\alpha f$，$\alpha\geqslant 0$，则函数 g 也是凸函数(也满足该式)；若函数 f_1 与 f_2 都是凸函数，函数 $g=f_1+f_2$，则函数 g 也是凸函数(也满足该式)。因此可以推出，若函数 $f_1,f_2,\cdots,f_l$ 都是凸函数，且 $\alpha_1,\alpha_2,\cdots,\alpha_l\geqslant 0$，则函

数$g=\alpha_1 f_1+\alpha_2 f_2+\cdots+\alpha_l f_l$也是凸函数。也就是说,凸函数的非负加权之和仍为凸函数。

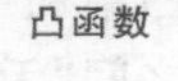
凸函数

图 2-7 给出了 $n=1$ 时的凸函数与非凸函数例子,可以看出,凸函数的最小值就是全局最小值,而非凸函数的最小值则不一定是全局最小值。图 2-8 给出了 $n=2$ 时的凸函数与非凸函数例子。

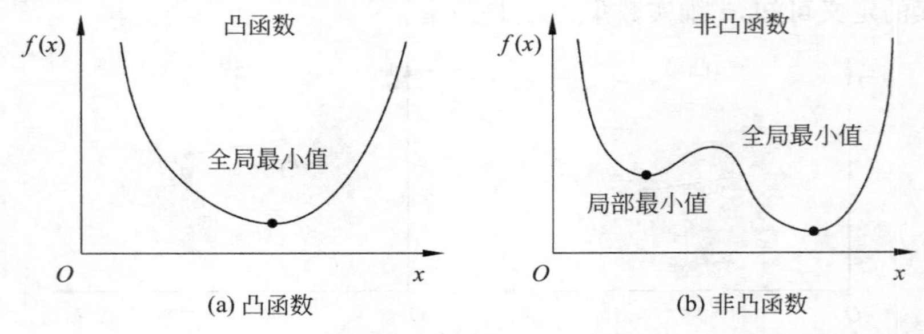

图 2-7 凸函数与非凸函数($n=1$)

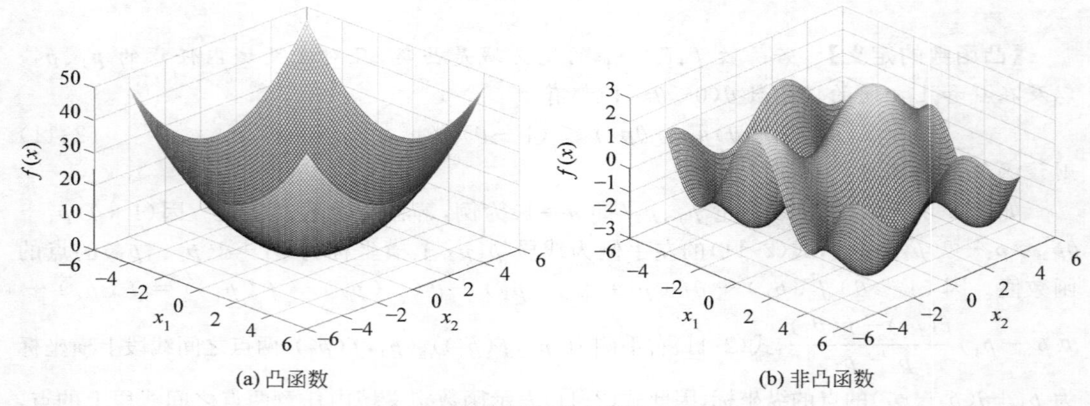

图 2-8 凸函数与非凸函数($n=2$)

【凸优化问题的定义】 若最优化问题

$$\text{minimize } f_0(\boldsymbol{x})$$
$$\text{subject to } \quad f_i(\boldsymbol{x}) \leqslant b_i, \quad i=1,2,\cdots,k$$

的目标函数 $f_0(\boldsymbol{x})$和约束函数(constraint function)$f_1(\boldsymbol{x}),f_2(\boldsymbol{x}),\cdots,f_k(\boldsymbol{x})$: $\mathbb{R}^n \to \mathbb{R}$都是凸函数,那么这个最优化问题就是凸优化问题。式中,$\boldsymbol{x}$ 为优化变量,$\boldsymbol{x}\in\mathbb{R}^n$;$b_i\in\mathbb{R}$;subject to 意为"在……条件下"。

由此可见,通过考查式(2-7)给出的目标函数 $J(\boldsymbol{w},b)$是否为凸函数,就可以确定由式(2-8)给出的最优化问题是否为凸优化问题。由于式(2-7)可以看作是 m 项的非负加权之和,因此只须考查每一项,即损失函数 $L(\boldsymbol{w},b)=|\boldsymbol{w}^{\mathrm{T}}\boldsymbol{x}+b-y|$,是否是凸函数。

为此,我们将权重 $\boldsymbol{w}$ 与偏差 b 合在一起组成一个新的权重向量 $\widetilde{\boldsymbol{w}}=(w_1,w_2,\cdots,w_d,b)^{\mathrm{T}}$,同时也在输入特征 $\boldsymbol{x}$ 中加入一个常数 1 元素,组成一个新的输入特征向量 $\widetilde{\boldsymbol{x}}=(x_1,x_2,\cdots,x_d,1)^{\mathrm{T}}$,如此可得$|\boldsymbol{w}^{\mathrm{T}}\boldsymbol{x}+b-y|=|\widetilde{\boldsymbol{w}}^{\mathrm{T}}\widetilde{\boldsymbol{x}}-y|$,即函数 $L(\widetilde{\boldsymbol{w}})=|\widetilde{\boldsymbol{w}}^{\mathrm{T}}\widetilde{\boldsymbol{x}}-y|$。将 $L(\widetilde{\boldsymbol{w}})=|\widetilde{\boldsymbol{w}}^{\mathrm{T}}\widetilde{\boldsymbol{x}}-y|$代入式(2-11)的左手侧可得

$$
\begin{aligned}
L((1-\theta)\tilde{\boldsymbol{w}}_1+\theta\tilde{\boldsymbol{w}}_2) &= |((1-\theta)\tilde{\boldsymbol{w}}_1+\theta\tilde{\boldsymbol{w}}_2)^{\mathrm{T}}\tilde{\boldsymbol{x}}-y| \\
&= |(1-\theta)\tilde{\boldsymbol{w}}_1^{\mathrm{T}}\tilde{\boldsymbol{x}}+\theta\tilde{\boldsymbol{w}}_2^{\mathrm{T}}\tilde{\boldsymbol{x}}-(1-\theta+\theta)y| \\
&= |(1-\theta)(\tilde{\boldsymbol{w}}_1^{\mathrm{T}}\tilde{\boldsymbol{x}}-y)+\theta(\tilde{\boldsymbol{w}}_2^{\mathrm{T}}\tilde{\boldsymbol{x}}-y)| \\
&\leqslant |(1-\theta)(\tilde{\boldsymbol{w}}_1^{\mathrm{T}}\tilde{\boldsymbol{x}}-y)|+|\theta(\tilde{\boldsymbol{w}}_2^{\mathrm{T}}\tilde{\boldsymbol{x}}-y)| \\
&= (1-\theta)|\tilde{\boldsymbol{w}}_1^{\mathrm{T}}\tilde{\boldsymbol{x}}-y|+\theta|\tilde{\boldsymbol{w}}_2^{\mathrm{T}}\tilde{\boldsymbol{x}}-y| = (1-\theta)L(\tilde{\boldsymbol{w}}_1)+\theta L(\tilde{\boldsymbol{w}}_2)
\end{aligned}
$$

因此，根据凸函数的定义可知，函数 $L(\tilde{\boldsymbol{w}})=|\tilde{\boldsymbol{w}}^{\mathrm{T}}\tilde{\boldsymbol{x}}-y|$ 是凸函数，即损失函数 $L(\boldsymbol{w},b)=|\boldsymbol{w}^{\mathrm{T}}\boldsymbol{x}+b-y|$ 是凸函数，由此推出式(2-7)给出的目标函数 $J(\boldsymbol{w},b)$ 是凸函数。证毕。

另一方面，也可以参照图 2-6 根据凸函数的定义观察函数的曲线图。作为一个具体例子，图 2-9 给出了函数 $f(x)=|2x-1|$ 的曲线图。从图中可以看出，该绝对值函数是凸函数。

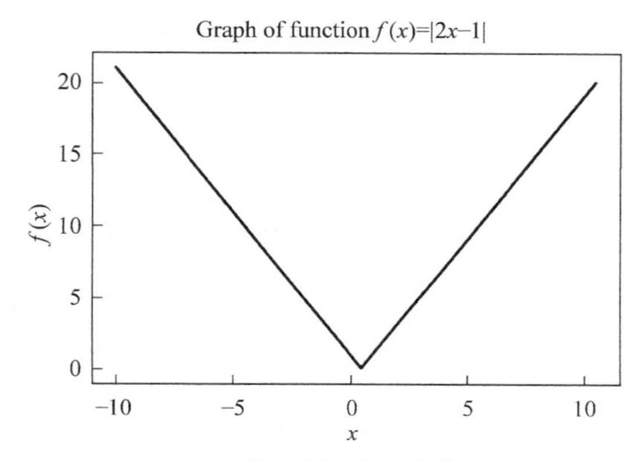

图 2-9　绝对值函数的一个具体例子

所以，由式(2-9)给出的线性回归训练问题是一个凸优化问题。在凸优化问题中，每一个最小值都一定是全局最小值，也就是说，每一个最优解都一定是全局最优解。

如果 $J(\boldsymbol{w},b)$ 是凸函数，并且可微(differentiable)，那么由式(2-9)得出的 $\boldsymbol{w}^*$、b^* 是凸优化问题最优解(使函数值最小的可行解)的充分必要条件是：函数 $J(\boldsymbol{w},b)$ 在 $\boldsymbol{w}=\boldsymbol{w}^*$、$b=b^*$ 处的梯度为零。多变量标量可微函数的梯度为

$$
\begin{aligned}
\boldsymbol{\nabla} J(\boldsymbol{w},b) &= \left(\frac{\partial J(\boldsymbol{w},b)}{\partial \boldsymbol{w}},\frac{\partial J(\boldsymbol{w},b)}{\partial b}\right)^{\mathrm{T}} \\
&= \left(\frac{\partial J(\boldsymbol{w},b)}{\partial w_1},\frac{\partial J(\boldsymbol{w},b)}{\partial w_2},\cdots,\frac{\partial J(\boldsymbol{w},b)}{\partial w_d},\frac{\partial J(\boldsymbol{w},b)}{\partial b}\right)^{\mathrm{T}}
\end{aligned} \tag{2-12}
$$

式(2-12)中，$\boldsymbol{\nabla}$ 为 nabla 符号，表示向量微分算子，读作 del。令 $\boldsymbol{\nabla} J(\boldsymbol{w},b)=\boldsymbol{0}$ 可得

$$
\begin{cases}
\dfrac{\partial J(\boldsymbol{w},b)}{\partial w_1}=0 \\
\dfrac{\partial J(\boldsymbol{w},b)}{\partial w_2}=0 \\
\quad\vdots \\
\dfrac{\partial J(\boldsymbol{w},b)}{\partial w_d}=0 \\
\dfrac{\partial J(\boldsymbol{w},b)}{\partial b}=0
\end{cases} \tag{2-13}
$$

由式(2-13)给出的方程组共有 $d+1$ 个方程,其中有 $d+1$ 个变量：$w_1, w_2, \cdots, w_d$, b。因此,有可能通过求解该方程组,求得最优解 $\boldsymbol{w}^*$、b^*。

然而,式(2-7)中的损失函数 $L(\boldsymbol{w},b)=|\boldsymbol{w}^{\mathrm{T}}\boldsymbol{x}+b-y|$ 在 $\boldsymbol{w}^{\mathrm{T}}\boldsymbol{x}+b-y=0$ 处不可微。如果继续使用该损失函数,可以将该函数在 $\boldsymbol{w}^{\mathrm{T}}\boldsymbol{x}+b-y=0$ 处的导数人为定义为 0,尽管这样做在数学上没有意义,但是在实际应用中并无大碍。使用由式(2-7)给出的平均绝对误差代价函数的一个更大问题是,其实际学习步长的动态范围较小,影响“收敛速度”,这是后话。

所以,在线性回归中,人们通常使用另一个代价函数：**均方误差**(mean square error, MSE),来替代平均绝对误差代价函数。均方误差代价函数的数学表达式为

$$\begin{aligned} J(\boldsymbol{w},b) &= \frac{1}{m}\sum_{i=1}^{m}(\hat{y}^{(i)}-y^{(i)})^2 = \frac{1}{m}\sum_{i=1}^{m}(\boldsymbol{w}^{\mathrm{T}}\boldsymbol{x}^{(i)}+b-y^{(i)})^2 \\ &= \frac{1}{m}\sum_{i=1}^{m}(\boldsymbol{w}^{\mathrm{T}}\boldsymbol{x}+b-y)^2\,\big|_{\boldsymbol{x}=\boldsymbol{x}^{(i)},\,y=y^{(i)}} \end{aligned} \tag{2-14}$$

式(2-14)中,$(\boldsymbol{w}^{\mathrm{T}}\boldsymbol{x}+b-y)^2|_{\boldsymbol{x}=\boldsymbol{x}^{(i)},y=y^{(i)}}$ 表示当 $\boldsymbol{x}=\boldsymbol{x}^{(i)}$, $y=y^{(i)}$ 时的损失函数 $L(\boldsymbol{w},b)=(\boldsymbol{w}^{\mathrm{T}}\boldsymbol{x}+b-y)^2$。那么,线性回归中的均方误差代价函数是否是凸函数?

练一练 试证明线性回归中的均方误差代价函数是凸函数。

我们在第 1 章实验 1-3 中曾画过抛物线函数的曲线图,如图 1-2 所示。对照凸函数的定义,可以看出上开口的抛物线函数是凸函数。当然,上开口抛物线仅是式(2-14)的一种最简单情况。我们可以参照平均绝对误差代价函数的凸函数证明过程,证明均方误差代价函数也是凸函数。证明过程略。

由于$(\boldsymbol{w}^{\mathrm{T}}\boldsymbol{x}+b-y)^2=|\boldsymbol{w}^{\mathrm{T}}\boldsymbol{x}+b-y|^2$,均方误差代价函数使用的是各个训练样本上标注预测误差的绝对值的平方而非误差的绝对值本身,因此其并未像平均绝对误差代价函数那样,同等重视所有训练样本上的误差,而是更加重视绝对值较大的误差,且更加忽视绝对值较小的误差,因而受训练数据集中异常训练样本的影响较大。如果将误差绝对值的平方换成更高次方,例如 3 次方、4 次方,那么这不仅将加剧对较大误差的重视程度以及对较小误差的忽视程度,而且训练过程通常还需要更多的迭代次数,增加了训练过程的运算量,这是后话。如果将误差绝对值的平方指数换成一个非整数指数,例如误差绝对值的 1.5 次方,那么这将引入根式运算,并且增大训练过程的运算量。因此,在线性回归中,人们一般使用误差绝对值的平方作为损失函数,这是一个性能与运算量的折中考虑。此外,根据高斯-马尔可夫定理(Gauss-Markov theorem),如果将单个训练样本上的误差看作是一个随机变量,并且所有训练样本上的各个误差随机变量的均值都为 0、方差都相等也都互不相关,那么使用误差绝对值的平方作为损失函数,估计出来的权重与偏差的方差最小。此时,由式(2-9)给出的最优化问题成为了一个**最小二乘问题**(least squares problem),即

$$\boldsymbol{w}^*, b^* = \underset{\boldsymbol{w},b}{\operatorname{argmin}}\frac{1}{m}\sum_{i=1}^{m}(\boldsymbol{w}^{\mathrm{T}}\boldsymbol{x}^{(i)}+b-y^{(i)})^2$$

既然我们已经选定使用均方误差函数作为线性回归的代价函数,并且该代价函数是凸函数,而且也可微,那么接下来我们将式(2-14)代入式(2-13),得出如下方程组

$$\begin{cases}\dfrac{\partial J(\boldsymbol{w},b)}{\partial b}=\dfrac{2}{m}\sum_{i=1}^{m}(\boldsymbol{w}^{\mathrm{T}}\boldsymbol{x}^{(i)}+b-y^{(i)})=0\\ \dfrac{\partial J(\boldsymbol{w},b)}{\partial \boldsymbol{w}}=\dfrac{2}{m}\sum_{i=1}^{m}\boldsymbol{x}^{(i)}(\boldsymbol{w}^{\mathrm{T}}\boldsymbol{x}^{(i)}+b-y^{(i)})=\boldsymbol{0}\end{cases} \tag{2-15}$$

这里我们直接对向量 $\boldsymbol{w}$ 求偏导数，在形式上更加简洁(因为用一个方程替代了 d 个方程)，同时并未改变方程组中的这 d 个方程。需要注意的是：$\dfrac{\partial(\boldsymbol{w}^{\mathrm{T}}\boldsymbol{x}^{(i)})}{\partial \boldsymbol{w}}=\boldsymbol{x}^{(i)}$，因这里是对列向量 $\boldsymbol{w}$ 求偏导数，$\boldsymbol{w}\in\mathbb{R}^{d\times 1}$，因此求偏导数的结果也应该是列向量。$\boldsymbol{x}^{(i)}$ 是列向量，$\boldsymbol{x}^{(i)}\in\mathbb{R}^{d\times 1}$，符合求导结果的要求，即对列向量求偏导数的结果仍是同样大小的列向量。

既然我们已经得到了 $d+1$ 个方程，其中的变量也有 $d+1$ 个，很自然地，接下来我们尝试解这个方程组。例如，当 $d=1$ 时，式(2-15)成为如下 2 个方程

$$\begin{cases}\dfrac{\partial J(w,b)}{\partial b}=\dfrac{2}{m}\sum_{i=1}^{m}(wx^{(i)}+b-y^{(i)})=0\\ \dfrac{\partial J(w,b)}{\partial w}=\dfrac{2}{m}\sum_{i=1}^{m}x^{(i)}(wx^{(i)}+b-y^{(i)})=0\end{cases} \quad 或 \quad \begin{cases}\sum_{i=1}^{m}(wx^{(i)}+b-y^{(i)})=0\\ \sum_{i=1}^{m}x^{(i)}(wx^{(i)}+b-y^{(i)})=0\end{cases}$$

练一练　求解上述方程组。

解该方程组可得

$$\begin{cases}b=\dfrac{\sum_{i=1}^{m}(x^{(i)})\sum_{i=1}^{m}(x^{(i)}y^{(i)})-\sum_{i=1}^{m}(x^{(i)})^2\sum_{i=1}^{m}(y^{(i)})}{\left(\sum_{i=1}^{m}(x^{(i)})\right)^2-m\sum_{i=1}^{m}(x^{(i)})^2}\\ w=\dfrac{m\sum_{i=1}^{m}(x^{(i)}y^{(i)})-\sum_{i=1}^{m}(x^{(i)})\sum_{i=1}^{m}(y^{(i)})}{m\sum_{i=1}^{m}(x^{(i)})^2-\left(\sum_{i=1}^{m}(x^{(i)})\right)^2}\end{cases}$$

解出的 w、b 即为使式(2-14)均方误差代价函数取值最小的最优解 w^*、b^*，也就是通过训练过程所需要确定的线性回归模型参数。由此可见，无论训练样本的数量 m 为多少，我们都可以通过式(2-15)来求解线性回归模型的参数 $\boldsymbol{w}$、b，即拟合出 2.1.1 节中我们提及的这条直线(或平面、超平面)。

然而，仅当式(2-15)给出的这 $d+1$ 个方程的系数矩阵的秩等于增广矩阵的秩时，该方程组才有解。当系数矩阵的秩小于增广矩阵的秩时，方程组无解。此外，当 d 较大时(例如成千上万)，直接求方程组精确解的运算量较大，并且因计算机表示实数的精度有限而产生的累积误差也相对较大。既然不易精确求解，我们只好退而求其次，尝试寻找近似解。

2.1.3　梯度下降法

为了解决上述问题，我们可以使用迭代法(iterative method)来近似求解由式(2-15)给出的方程组。在监督学习中，人们常使用一种被称为**梯度下降法(gradient descent method)**的迭代法，来近似求解该方程组(如果该方程组有解)或者尽可能降低代价函数的值。

回想一下,如果无约束最优化问题中的目标函数是凸函数,并且可微,那么该目标函数将在梯度为零处取得全局最小值,即满足式(2-13)。当目标函数中只有一个变量时,由式(2-12)给出的梯度就成为了导数,梯度为零就是导数为零。例如图 2-7(a)所示的凸函数,其在导数为零处取得全局最小值。受此启发,如果我们能通过一步一步的搜索,找到使目标函数梯度为零的自变量值,那么该自变量值就一定是凸优化问题的最优解。

如何搜索到使目标函数梯度为零的自变量值?图 2-10(a)给出了一条一元目标函数(凸函数)曲线。显然,该目标函数在 $x=0$ 处取得最小值。在 $x=0$ 处,该目标函数的导数为 0(该点处目标函数的切线的斜率为 0)。注意到在 $x>0$ 处,该目标函数的导数为正数,x 越大,导数越大(切线的斜率越大);在 $x<0$ 处,该目标函数的导数为负数,x 越小,导数越小(切线的斜率越小)。图 2-10(a)中箭头的方向代表了导数的正负:与 x 轴方向一致的箭头代表正数导数;与 x 轴方向相反的箭头代表负数导数。箭头的长度正比于导数绝对值的大小。由此可见,导数的正负号给出了我们所需的搜索方向信息:如果导数为正数,那么我们就沿着 x 减小的方向(与 x 轴方向相反)进行搜索,即减小自变量 x 的值,这样会更加接近函数的最小值点;如果导数为负数,那么我们就沿着 x 增大的方向(与 x 轴方向一致)进行搜索,即增大自变量 x 的值,这样也会更加接近函数的最小值点。此外,导数的绝对值给出了我们所需的搜索步长信息:导数的绝对值越大,说明距离函数的最小值点越远,此时宜使用较大的搜索步长,以便尽快接近最小值点;导数的绝对值越小,说明距离函数的最小值点越近,此时宜使用较小的搜索步长,以免错过最小值点。所以,在每一步搜索中,我们都可以使用正比于导数绝对值的步长进行搜索。

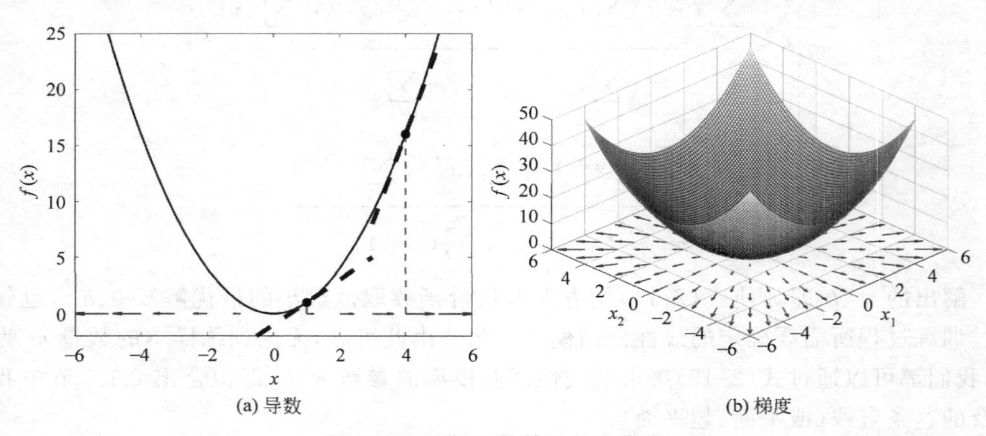

(a) 导数　　(b) 梯度

图 2-10　目标函数的导数和梯度

图 2-10(b)给出了一个二元目标函数(凸函数)曲面,其中的箭头方向代表了梯度(二维向量)的方向,箭头的长度正比于梯度的长度(向量的模)。可见,对于多元目标函数,我们仍然可以使用与一元目标函数相同的办法,来一步一步地搜索目标函数的最小值点(梯度为零处)。我们将这个搜索方法用公式表述如下:

$$\begin{cases} b_{(t+1)} := b_{(t)} - \eta \left.\dfrac{\partial J(\boldsymbol{w},b)}{\partial b}\right|_{\boldsymbol{w}=\boldsymbol{w}_{(t)},b=b_{(t)}} \\ \boldsymbol{w}_{(t+1)} := \boldsymbol{w}_{(t)} - \eta \left.\dfrac{\partial J(\boldsymbol{w},b)}{\partial \boldsymbol{w}}\right|_{\boldsymbol{w}=\boldsymbol{w}_{(t)},b=b_{(t)}} \end{cases} \tag{2-16}$$

式(2-16)中，$J(\boldsymbol{w},b)$为最优化问题中的目标函数，也是线性回归中的代价函数；$\boldsymbol{w}_{(t)}$、$b_{(t)}$分别为第 t 步搜索时线性回归模型的权重与偏差，$t=1,2,\cdots$；$\left.\frac{\partial J(\boldsymbol{w},b)}{\partial b}\right|_{\boldsymbol{w}=\boldsymbol{w}_{(t)},b=b_{(t)}}$ 表示在点 $\boldsymbol{w}=\boldsymbol{w}_{(t)}$，$b=b_{(t)}$处代价函数对偏差的偏导数；$\left.\frac{\partial J(\boldsymbol{w},b)}{\partial \boldsymbol{w}}\right|_{\boldsymbol{w}=\boldsymbol{w}_{(t)},b=b_{(t)}}$ 表示在点 $\boldsymbol{w}=\boldsymbol{w}_{(t)}$，$b=b_{(t)}$处代价函数对权重的偏导数，这实际上是一个由 d 个偏导数构成的列向量(因为 $\boldsymbol{w}$ 是 d 维列向量)；“:=”表示赋值；η 为**学习率**(learning rate)。式(2-16)所表述的是，在进行第 t 步搜索时，各个变量上的搜索方向为与代价函数 $J(\boldsymbol{w},b)$在当前点处偏导数正负号相反的方向(式中的减号可理解为反向)，搜索的步长为学习率 η 与该偏导数绝对值之积。

学习率 η 是一个需要人工设置的参数，用来调整偏导数绝对值与搜索步长之间的倍数关系，通常在训练过程开始之前根据具体的训练样本等因素设置为一个较小的正数，例如0.1、0.01、0.001 等。像学习率 η 这样需要在训练过程开始之前人工设置，并且对训练过程(即确定 $\boldsymbol{w}$ 和 b 等参数的值的过程)有一定影响的参数，被称为**超参数**(hyperparameter)，即用于控制训练(学习)过程的参数，而非在训练(学习)过程中被自动确定的参数。人们通常所说的“调参”，指的就是调整超参数的值，即通过反复尝试来寻找适合的超参数的值。

式(2-16)给出了寻找最优解的迭代算式，即下一步的权重与偏差分别根据当前步的权重与偏差计算得出。这种借助于梯度以迭代的方式搜索使目标函数取值最小的最优解的方法，被称为梯度下降法。为了便于书写与阅读，人们习惯上省略步数 t，将式(2-16)简写为式(2-17)的形式。尽管形式上有所差别，但表述的含义是相同的。

梯度下降法

$$\begin{cases} b:=b-\eta\dfrac{\partial J(\boldsymbol{w},b)}{\partial b} \\ \boldsymbol{w}:=\boldsymbol{w}-\eta\dfrac{\partial J(\boldsymbol{w},b)}{\partial \boldsymbol{w}} \end{cases} \tag{2-17}$$

我们不禁要问，由式(2-16)或式(2-17)给出的迭代，进行到何时为止？理想中，上述迭代应该进行到梯度足够接近于零时为止，即梯度的长度足够接近于 0，因为此时得到的权重与偏差的值才可能足够接近于最优解。那么，借助于梯度下降法，权重与偏差是否能够收敛(converge)至最优解？可以证明，当目标函数的梯度利普希茨连续(Lipschitz continuous)并且学习率足够小时，权重与偏差能够收敛至最优解。

为什么学习率过大会影响收敛？直观上看，如图 2-11 所示，当学习率适中时，搜索步长适中，经过每一次迭代，变量的值都将更加接近于使目标函数取值最小的变量值；而当

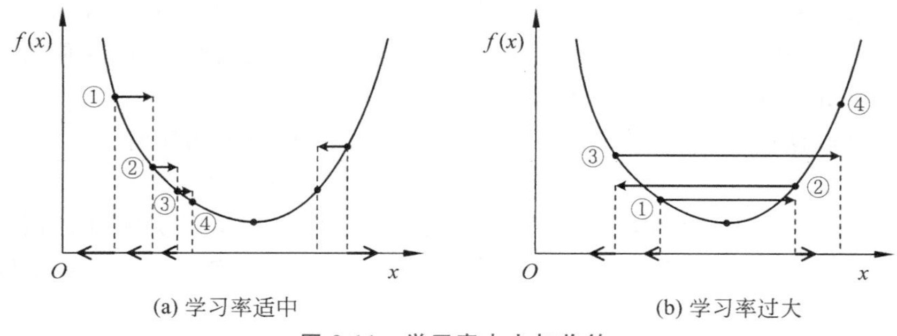

图 2-11　学习率大小与收敛

学习率过大时,搜索步长过大,将导致搜索过程跳过使目标函数取值最小的变量值,甚至无法收敛。另一方面,如果学习率过小,搜索步长过小,会导致梯度下降法需要经过更多次迭代才能使变量的值接近使目标函数取值最小的变量值,从而减慢了"收敛速度",延长了训练时间。很多时候,我们需要通过多次尝试来确定一个适中的学习率。

在实际应用中,受学习率等因素影响,以及出于对模型泛化性能的考虑,常使用给定的迭代次数(例如迭代 100 次)或提前停止(early stopping)等迭代停止条件(stopping criterion)。

综上所述,**批梯度下降法**(batch gradient descent)如下。

【批梯度下降法】

输入:训练样本($\boldsymbol{x}^{(i)}, y^{(i)}$),$i=1,2,\cdots,m$。

输出:线性回归模型参数 $\boldsymbol{w}$ 和 b 的近似最优解。

(1) 初始化参数 $\boldsymbol{w}$ 和 b。既可以赋值为 0,也可以赋值为随机数。

(2) 重复以下步骤,直到满足停止条件。

① 按照式(2-18)计算梯度。

$$\begin{cases}\dfrac{\partial J(\boldsymbol{w},b)}{\partial b}=\dfrac{2}{m}\sum_{i=1}^{m}(\boldsymbol{w}^{\mathrm{T}}\boldsymbol{x}^{(i)}+b-y^{(i)})\\ \dfrac{\partial J(\boldsymbol{w},b)}{\partial \boldsymbol{w}}=\dfrac{2}{m}\sum_{i=1}^{m}\boldsymbol{x}^{(i)}(\boldsymbol{w}^{\mathrm{T}}\boldsymbol{x}^{(i)}+b-y^{(i)})\end{cases} \tag{2-18}$$

② 按照式(2-17)更新权重 $\boldsymbol{w}$ 和偏差 b。

在使用给定的迭代次数作为停止条件时,权重 $\boldsymbol{w}$ 和偏差 b 的最新值就是批梯度下降法输出的近似最优解。

上述算法之所以被称为批梯度下降法,是因为在每次迭代中都使用了训练数据集中的所有训练样本,即式(2-18)中的求和范围是 i 从 1 到 m。因此,在批梯度下降法中,批的大小,即批长(batch size),就是训练数据集中训练样本的数量 m。批长是指机器学习模型在训练过程中每次更新模型参数(例如权重、偏差)之前需要处理的训练样本的数量,也就是在每次迭代中用到的训练样本的数量。

从批梯度下降法中可以看出,机器学习模型在训练过程中,反复多次使用到整个训练数据集中的所有训练样本。在训练过程中使用一遍整个训练数据集中的所有训练样本,被称为一个 epoch,我们可以把 epoch 理解为"遍"或"茬",一个 epoch 就是一遍或一茬。也有人将一个 epoch 称为"一轮"。因此,epoch 也是一个超参数,往往成百上千,甚至更多。这就像我们在学习新知识的过程中,反复多次温习同一个知识点以加深印象、巩固记忆一样,监督学习中的机器学习模型也是如此进行学习。就批梯度下降法而言,一次迭代就是一个 epoch,因此停止条件也可以是给定的 epoch 数。

批梯度下降法的优点是,收敛更加平稳(因为计算出的梯度为所有训练样本上的算术平均值),并且更适合于并行计算(因为各个训练样本上的梯度计算互不影响)。其缺点是,如果代价函数不是凸函数,可能会导致模型过早收敛至局部最优解(因为收敛过程更加平稳),此外,如果训练数据集中的训练样本数量较多,其每次迭代的运算量较大,使得模型的参数更新和训练速度可能较慢。

从逻辑上看,批长(这里用 m_{batch} 表示)可以不等于训练数据集中训练样本的数量 m,

即批长小于 m。一个极端是，批长为 1，即在每次迭代中都只使用一个训练样本，并根据这个训练样本来更新模型的参数(例如权重、偏差)。这种方法被称为**随机梯度下降法**(stochastic gradient descent，SGD)。随机梯度下降法如下。

【随机梯度下降法】

输入：训练样本$(\boldsymbol{x}^{(i)},y^{(i)}),i=1,2,\cdots,m$。

输出：线性回归模型参数 $\boldsymbol{w}$ 和 b 的近似最优解。

(1) 初始化参数 $\boldsymbol{w}$ 和 b。既可以赋值为 0，也可以赋值为随机数。

(2) 重复以下步骤，直到满足停止条件。

① 对训练数据集中的训练样本随机排序(以避免周期性)。

② 对当前训练数据集中每个训练样本$(\boldsymbol{x}^{(i)},y^{(i)})$，重复以下步骤。$i=1,2,\cdots,m$。

a. 按照式(2-19)计算梯度。

$$\begin{cases}\dfrac{\partial J(\boldsymbol{w},b)}{\partial b}=2(\boldsymbol{w}^{\mathrm{T}}\boldsymbol{x}^{(i)}+b-y^{(i)})\\[2ex]\dfrac{\partial J(\boldsymbol{w},b)}{\partial \boldsymbol{w}}=2\boldsymbol{x}^{(i)}(\boldsymbol{w}^{\mathrm{T}}\boldsymbol{x}^{(i)}+b-y^{(i)})\end{cases}\tag{2-19}$$

b. 按照式(2-17)更新权重 $\boldsymbol{w}$ 和偏差 b。

随机梯度下降法的优点是，模型参数更新较为频繁(因每次迭代只使用一个训练样本来更新模型参数)，有可能会提高学习速度；此外，模型参数更新具有一定的随机性，当代价函数不是凸函数时，可能会帮助模型避免过早收敛至局部最优解。其缺点是，频繁更新模型参数可能会使大型训练数据集上的训练花费更多时间；此外，参数更新的随机性可能会使模型参数难以收敛。

批长(m_{batch})介于 $1\sim m$ 的梯度下降法，被称为**小批梯度下降法**(mini-batch gradient descent)，也有人称之为小批随机梯度下降法(mini-batch stochastic gradient descent)。值得注意的是，深度学习领域提及的随机梯度下降(SGD)实际上包含了批梯度下降法、随机梯度下降法以及小批梯度下降法三种方法，即批长的取值范围为 $1\leqslant m_{\text{batch}}\leqslant m$。批长也是一个超参数，常见的批长取值有 16、32、64、128、256 等。由于在每次迭代中，批中各个训练样本上的梯度可以并行计算，因此批长的取值也需要考虑图形处理器(graphics processing unit，GPU)、中央处理器(central processing unit，CPU)、神经处理器(neural processing unit，NPU)等处理器的并行处理能力。

批长的大小对泛化和收敛速度也有影响。**泛化**(generalization)是指将经过训练后的机器学习模型用于预测该模型在训练过程中未曾见过的“新”样本或“新”数据。泛化这个词我们将在 2.3.6 节中进一步学习了解。当代价函数不是凸函数时，较大的批长可能会导致模型的泛化能力不佳(因为可能会过早收敛至局部最优解)。批长越小，单个训练样本对参数更新的影响就越大。较小的批长可能会使训练过程中参数更新的波动较大，从而延长模型参数收敛所需的时间。小批梯度下降法如下。

【小批梯度下降法】

输入：训练样本$(\boldsymbol{x}^{(i)},y^{(i)}),i=1,2,\cdots,m$。

输出：线性回归模型参数 $\boldsymbol{w}$ 和 b 的近似最优解。

(1) 初始化参数 $\boldsymbol{w}$ 和 b。既可以赋值为 0，也可以赋值为随机数。

(2) 重复以下步骤，直到满足停止条件。

① 对训练数据集中的训练样本随机排序(以避免周期性)。

② 将每 m_{batch} 个训练样本划分为一小批,m 个训练样本共划分为 $\left\lceil \frac{m}{m_{\text{batch}}} \right\rceil$ 小批,$\lceil\cdot\rceil$ 表示向上取整。尽管最后一小批中训练样本的数量可能不足 m_{batch} 个,以下计算公式以每小批 m_{batch} 个训练样本为例。对每一小批训练样本,重复以下步骤。

a. 按照式(2-20)计算梯度。

$$\begin{cases} \dfrac{\partial J(\boldsymbol{w},b)}{\partial b} = \dfrac{2}{m_{\text{batch}}} \sum_{i=1}^{m_{\text{batch}}} (\boldsymbol{w}^{\text{T}} \boldsymbol{x}^{(i)} + b - y^{(i)}) \\ \dfrac{\partial J(\boldsymbol{w},b)}{\partial \boldsymbol{w}} = \dfrac{2}{m_{\text{batch}}} \sum_{i=1}^{m_{\text{batch}}} \boldsymbol{x}^{(i)} (\boldsymbol{w}^{\text{T}} \boldsymbol{x}^{(i)} + b - y^{(i)}) \end{cases} \tag{2-20}$$

b. 按照式(2-17)更新权重 $\boldsymbol{w}$ 和偏差 b。

小批梯度下降法是批梯度下降法和随机梯度下降法的折中,也是深度学习等领域中最常用的梯度下降法,尽管还需要额外设置批长这个超参数。

值得说明的是,在机器学习中,可用来近似求解式(2-15)方程组的方法,并不仅限于梯度下降法,还有一些其他方法,例如牛顿法(Newton's method)等。

2.1.4 线性回归的实现与性能评估

在第1章中,我们比较过,使用向量或矩阵进行运算,可以节省程序运行时间。因此,在编程实现之前,我们先将批梯度下降法中的式(2-18)改写为矩阵形式,以便于编程实现。至于小批梯度下降法中式(2-20)的矩阵形式,可参照式(2-18)的矩阵形式。

若训练数据集中有 m 个训练样本$(\boldsymbol{x}^{(i)}, y^{(i)})$,$i=1,2,\cdots,m$,则根据式(2-4)可以写出线性回归模型对这 m 个训练样本标注的预测值分别为

$$\begin{cases} \hat{y}^{(1)} = \boldsymbol{w}^{\text{T}} \boldsymbol{x}^{(1)} + b \\ \hat{y}^{(2)} = \boldsymbol{w}^{\text{T}} \boldsymbol{x}^{(2)} + b \\ \quad\vdots \\ \hat{y}^{(m)} = \boldsymbol{w}^{\text{T}} \boldsymbol{x}^{(m)} + b \end{cases}$$

将上式写成向量与矩阵形式可得

$$\hat{\boldsymbol{y}} = \boldsymbol{w}^{\text{T}} \boldsymbol{X} + b \boldsymbol{v} \tag{2-21}$$

式(2-21)中,$\hat{\boldsymbol{y}}$ 为 m 维行向量,$\hat{\boldsymbol{y}} \in \mathbb{R}^{1\times m}$,$\hat{\boldsymbol{y}} = (\hat{y}^{(1)}, \hat{y}^{(2)}, \cdots, \hat{y}^{(m)})$;$\boldsymbol{w}$ 仍为 d 维列向量,$\boldsymbol{w} \in \mathbb{R}^{d\times 1}$,$\boldsymbol{w} = (w_1, w_2, \cdots, w_d)^{\text{T}}$;$b$ 仍为标量,$b \in \mathbb{R}$;$\boldsymbol{v}$ 为 m 维行向量,$\boldsymbol{v} \in \mathbb{R}^{1\times m}$,其中的元素都为1,即 $\boldsymbol{v} = (1,1,\cdots,1)$;$\boldsymbol{X}$ 为 $d\times m$ 大小的矩阵,$\boldsymbol{X} \in \mathbb{R}^{d\times m}$,每一列为同一个训练样本的 d 维输入特征,不同的列为不同训练样本的输入特征。

$$\boldsymbol{X} = \begin{bmatrix} x_1^{(1)} & x_1^{(2)} & \cdots & x_1^{(m)} \\ x_2^{(1)} & x_2^{(2)} & \cdots & x_2^{(m)} \\ \vdots & \vdots & & \vdots \\ x_d^{(1)} & x_d^{(2)} & \cdots & x_d^{(m)} \end{bmatrix} \tag{2-22}$$

在熟练掌握 NumPy 后,也可以直接利用 NumPy 的广播(broadcasting)操作,不必再显式使用式(2-21)中的 $\boldsymbol{v}$ 向量,在程序中可将式(2-21)写为

$$\hat{\boldsymbol{y}} = \boldsymbol{w}^{\text{T}} \boldsymbol{X} + b$$

在 NumPy 中，如果参与运算的两个数组或者矩阵的形状不同，则解释器将双方的各个维数右对齐，并开始从右至左依次比较对应的两个维数是否相等。如果只存在“相等”“不相等但有一方为 1”“有一方没有对应的维数”这 3 种情况，则进行广播，否则报错。例如，一方的维数为 $6\times3\times5$，另一方的维数为 3×1，则进行广播，运算的结果为一个 $6\times3\times5$ 大小的数组。再例如，一方为行向量 $(a_1,a_2,\cdots,a_m)$，维数为 $1\times m$，另一方为标量 b，维数为 1，则进行广播，广播的结果是将标量 b 拉伸为与前一方形状相同的 $1\times m$ 维行向量 $(b,b,\cdots,b)$，其中的元素都是标量 b 的副本，然后再进行运算。实际上，NumPy 只使用了标量 b 的值而未实际新建这个行向量，从而使广播操作尽可能节省内存与运算量。

接着，我们将 m 个训练样本标注的预测值与对应的训练样本标注之差，记为 m 维行向量 $\boldsymbol{e}$，即

$$\boldsymbol{e}=\hat{\boldsymbol{y}}-\boldsymbol{y}=(\hat{y}^{(1)}-y^{(1)},\hat{y}^{(2)}-y^{(2)},\cdots,\hat{y}^{(m)}-y^{(m)}) \tag{2-23}$$

式(2-23)中，$\boldsymbol{e}\in\mathbb{R}^{1\times m}$；$\hat{\boldsymbol{y}},\boldsymbol{y}\in\mathbb{R}^{1\times m}$，$\boldsymbol{y}=(y^{(1)},y^{(2)},\cdots,y^{(m)})$。则标注的预测值与标注之间的均方误差可写为

$$\frac{1}{m}\sum_{i=1}^{m}(\hat{y}^{(i)}-y^{(i)})^2=\frac{1}{m}\boldsymbol{e}\boldsymbol{e}^{\mathrm{T}} \tag{2-24}$$

由此，式(2-18)可写为

$$\begin{cases}\dfrac{\partial J(\boldsymbol{w},b)}{\partial b}=\dfrac{2}{m}\boldsymbol{v}\boldsymbol{e}^{\mathrm{T}}\\[2ex]\dfrac{\partial J(\boldsymbol{w},b)}{\partial \boldsymbol{w}}=\dfrac{2}{m}\boldsymbol{X}\boldsymbol{e}^{\mathrm{T}}\end{cases} \tag{2-25}$$

式中的 $\boldsymbol{v}$ 仍为 m 维全 1 行向量。从而根据式(2-17)可得

$$\begin{cases}b:=b-\dfrac{2\eta}{m}\boldsymbol{v}\boldsymbol{e}^{\mathrm{T}}\\[2ex]\boldsymbol{w}:=\boldsymbol{w}-\dfrac{2\eta}{m}\boldsymbol{X}\boldsymbol{e}^{\mathrm{T}}\end{cases} \tag{2-26}$$

在训练时，式(2-17)和式(2-26)中的 2η 是一个与训练数据集无关的常数，因此在实践中也可以用 $\tilde{\eta}$ 取代 2η，即令 $\tilde{\eta}=2\eta$。在经过训练得到 $\boldsymbol{w}$、b 参数的近似最优解之后，我们就可以根据式(2-4)计算任意给定输入特征 $\boldsymbol{x}$ 对应的标注的预测值 $\hat{y}$。

在监督学习中，为了评估机器学习模型的预测性能（例如预测的准确程度），除了训练过程中使用的训练数据集，通常还需要**验证数据集**（validation dataset）和**测试数据集**（test dataset）。

验证数据集，也称为开发集（development set），用来评估、比较训练后模型的性能，以便调整模型及其超参数。由于调整过程中可能会使模型过于偏向验证数据集，因此还应该再通过第三组独立的数据集来评估调整完毕的模型的性能，这组数据集称为测试数据集。

验证数据集和测试数据集的选取应满足两方面要求。首先，验证数据集、测试数据集中样本输入特征的概率分布，应与训练数据集中样本输入特征的概率分布相同，这样使用验证数据集与测试数据集得出的验证与测试结果才更能反映模型的性能。其次，验证数据集、测试数据集应该足够大，以便用来给出具有统计意义的性能评估结果。例如，如果我们希望某项性能评估结果精确到 1%，那么我们可能需要数百个甚至更多个样本。通

常,我们在拿到数据集之后,先将一部分足够多的样本随机划分至验证数据集和测试数据集,然后将其余的样本都划分给训练数据集。因此,当数据集中只有少量样本时,相比训练数据集中样本的数量,验证数据集和测试数据集中样本数量所占的比例相对较高。例如,训练数据集、验证数据集、测试数据集中样本的数量与全部样本数量的比例可能分别为40%、30%、30%,或者60%、20%、20%。随着数据集中样本的数量增多,验证数据集和测试数据集所占的比例将减小,例如占5%、1%,甚至更小。

值得说明的是,在只需调整模型及其超参数时,我们也可以只用训练数据集和测试数据集,省略掉验证数据集。此时,测试数据集实际上相当于验证数据集。在本书中,我们只需使用训练数据集和测试数据集。

在回归任务中,我们对本身为连续值的样本标注进行预测,通常模型很难准确预测出标注的值,只能预测出一个与标注比较接近的值。为了评估模型的预测性能,我们需要一些用来度量模型性能的指标。在回归任务中,人们常用**均方根误差**(root mean square error,RMSE)作为度量指标,它代表了标注的预测值与标注之间的标准差,即

$$\mathrm{RMSE}=\sqrt{\frac{1}{m_{\mathrm{test}}}\sum_{i=1}^{m_{\mathrm{test}}}\left(\hat{y}^{(i)}-y^{(i)}\right)^2} \tag{2-27}$$

式(2-27)中,m_{test}为测试数据集中样本的数量。均方根误差越小,代表从统计上看标注的预测值越接近于标注,模型的预测性能越好。

2.1.5 线性回归实践

本节中,我们将动手实现第一个机器学习模型——线性回归模型,并使用气温数据集来训练、测试该模型。

该气温数据集汇聚了位于某大都市市区与郊区5处不同地点的5个温度传感器在一段时期内同时采集的气温数据。这5个位于不同地点的温度传感器,每隔一小时同时采集一次气温数据。从直觉上看,这些气温数据在时间上和地理位置上都可能存在一定的相关性,因此可以考虑尝试使用其中一部分气温数据来预测另一部分气温数据。假设这5个温度传感器中的一个(例如第一个),在某一段时间内出现了故障,例如电池消耗殆尽或者发生了软硬件故障,也就是说,在这段时间内我们未收到该传感器采集的气温数据,那么,我们是否能够根据其余4个传感器采集的气温数据,来预测该故障传感器本应采集到的气温数据呢?由于待预测的气温是连续值,这是一个回归任务。

temperature_dataset

扫描二维码 temperature_dataset 可下载该气温数据集文件以及用来读取该数据集的Jupyter Notebook Python代码。

实验2-1 使用气温数据集和批梯度下降法训练线性回归模型,并画出均方误差代价函数的值随迭代次数变化的曲线。

提示:①使用NumPy库计算;②使用Matplotlib库画图;③使用批梯度下降法的矩阵形式;④气温数据集文件中的每一列为同一个温度传感器在不同时刻采集的气温数据,每一行为不同温度传感器在同一时刻采集的气温数据;⑤可将气温数据集中的前

3000 个样本划分至训练数据集，将余下的 960 个样本划分至测试数据集；⑥可将第 2～5 个温度传感器采集的气温数据作为训练样本的四维输入特征，将第 1 个温度传感器采集的气温数据作为训练样本的标注；⑦可使用.reshape()方法或 np.reshape()函数改变向量、矩阵或数组的形状；⑧可通过.T 属性得到矩阵的转置矩阵；⑨学习率可设置为 0.0001；⑩如果对编写实验程序没有任何思路、无从下手，可参考 2.7 节本章实验分析。

图 2-12 示出了均方误差代价函数的值随迭代次数变化的曲线。可以看出，均方误差代价函数的值随迭代次数增加而迅速减小，并趋近于一个常数(例如 0)。当迭代超过一定次数时(例如 10 次)，均方误差代价函数的值不再显著减小，说明此时权重与偏差参数的值已接近于最优解。此时可停止训练，并将最后一次迭代得到的权重与偏差的值作为此线性回归模型的参数值。在本实验中，当学习率为 0.0001、迭代次数为 20 次时，经过训练得到的线性回归模型的权重为 $\boldsymbol{w}=(0.251,0.253,0.24,0.249)^{\mathrm{T}}$、偏差为 $b=0.012$。

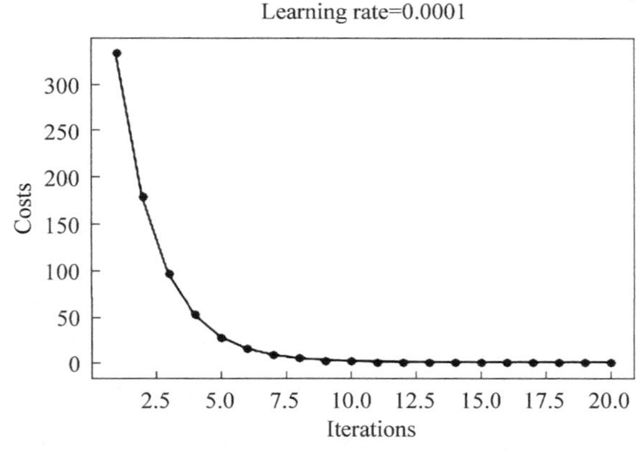

图 2-12 实验 2-1 中均方误差代价函数的值随迭代次数变化的曲线

更改学习率，重新运行程序，观察均方误差代价函数的值随迭代次数变化的曲线。

实验 2-2 使用气温数据集评估实验 2-1 中的线性回归模型，计算模型在训练数据集和测试数据集上的均方根误差。画出当输入特征的维数为 1 时，训练过程中每次迭代拟合出的直线的变化情况(选做)。

提示：①计算平方根可使用 np.sqrt()函数；②可使用 NumPy 的广播操作。

当学习率为 0.0001、迭代次数为 20 次时，该线性回归模型在训练数据集上的均方根误差为 0.968，在测试数据集上的均方根误差为 0.752。当训练过程中输入特征的维数为 1 时，可画出每次迭代拟合出的直线以及训练样本，横轴为训练样本的输入特征，纵轴为训练样本的标注，如图 2-13 所示。图中的直线为最后一条拟合出的直线，虚线代表先前拟合出的直线，叉代表训练样本。可以看出，线性回归的训练过程，是不断调整拟合直线(或平面、超平面)使之“匹配”训练样本的过程。

更改迭代次数，重新运行程序，观察均方根误差的变化情况。

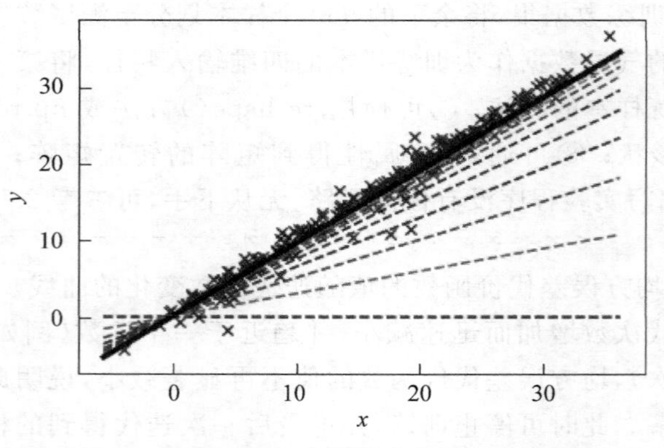

图 2-13 实验 2-2 中拟合直线的变化情况

实验 2-3 使用气温数据集和随机梯度下降法训练线性回归模型,画出均方误差代价函数的值随迭代次数变化的曲线,并计算该线性回归模型在训练数据集和测试数据集上的均方根误差。

提示:①用 np.random.default_rng()函数将随机种子设置为指定值(例如 100),以便于比对结果;②用 rng.shuffle()方法对训练样本随机排序;③迭代次数取决于 epoch 和训练样本的数量。

图 2-14 示出了随机种子为 100、epoch 为 1、学习率为 0.0001 时均方误差代价函数的值随迭代次数变化的曲线。可以看出,使用随机梯度下降法训练线性回归模型,在训练初期均方误差代价函数的值减小较为迅速,不过之后并未如批梯度下降法那样平稳收敛,而是始终存在一定的随机性,难以持续收敛至最小值。在上述设置下,我们只使用了一遍 3000 个训练样本(epoch 为 1),就可以得到比批梯度下降法使用 20 遍 3000 个训练样本(迭代次数为 20)更好的预测性能:在训练数据集上的均方根误差为 0.91,在测试数据集上的均方根误差为 0.699。当然,其预测性能也可能不及批梯度下降法,例如当随机种子

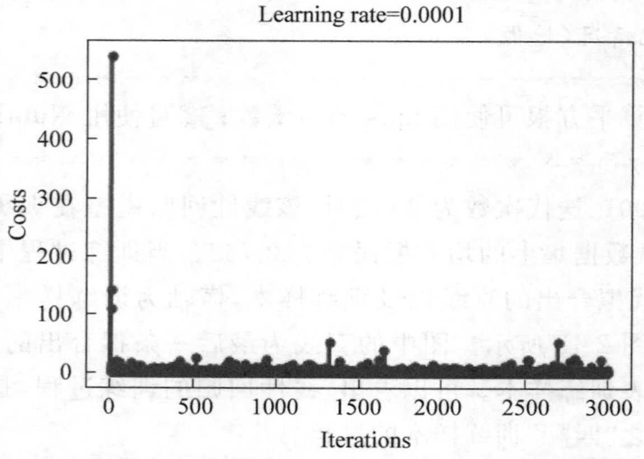

图 2-14 实验 2-3 中均方误差代价函数的值随迭代次数变化的曲线

为 1 时，随机梯度下降法在训练数据集上的均方根误差为 0.972，在测试数据集上的均方根误差为 0.942。

更改随机种子，重新运行程序，观察均方根误差的变化情况。

实验 2-4 使用气温数据集和小批梯度下降法训练线性回归模型，画出均方误差代价函数的值随迭代次数变化的曲线，并计算该线性回归模型在训练数据集和测试数据集上的均方根误差。

提示：批长可设置为 30。

图 2-15 给出了随机种子为 1、epoch 为 1、学习率为 0.0001、批长为 30 时均方误差代价函数的值随迭代次数变化的曲线。可以看出，使用小批梯度下降法训练线性回归模型，均方误差代价函数的值收敛相对平稳，尽管仍然存在一些随机性。在上述设置下，我们只使用了一遍 3000 个训练样本(epoch 为 1)，就可以得到与批梯度下降法使用 20 遍 3000 个训练样本(迭代次数为 20)相仿的预测性能：在训练数据集上的均方根误差为 0.971，在测试数据集上的均方根误差为 0.781。

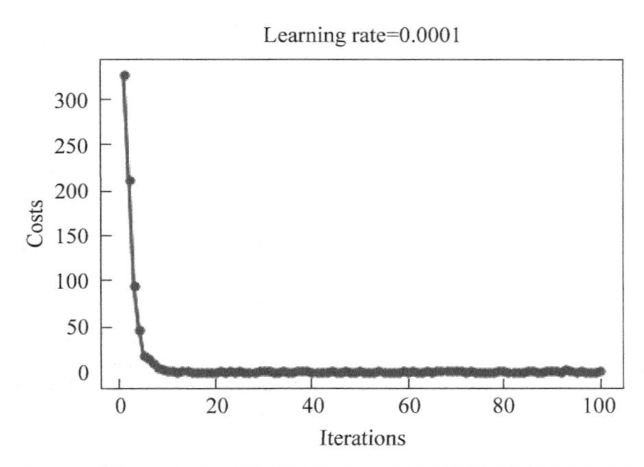

图 2-15 实验 2-4 中均方误差代价函数的值随迭代次数变化的曲线

分别更改随机种子、批长，重新运行程序，观察均方误差代价函数的值随迭代次数变化的曲线，以及均方根误差的变化情况。

上述 3 种梯度下降法各有千秋，可根据使用的机器学习方法、训练数据集、程序运行环境等因素综合考虑选择。如果训练数据集规模不大且代价函数为凸函数，可考虑使用批梯度下降法。如果训练数据集规模较大或者代价函数不是凸函数，可考虑使用随机梯度下降法或小批梯度下降法。

2.1.6 特征缩放

在 2.1.3 节中分析过，如果学习率取值过大，会使搜索步长过大，导致训练过程可能不再收敛。在 2.1.5 节的实验中，如果增大学习率，例如学习率取 0.001，那么训练过程将不再收敛，实验结果与分析结论相一致。既然如此，是否可以把学习率直接固定为一个较小的数,例如上述实验中的0.0001,甚至更小?

如式(2-17)所示,搜索步长取决于学习率与偏导数绝对值之积。而均方误差代价函数对权重的偏导数又取决于训练样本的输入特征以及标注的预测误差,如式(2-15)所示,并且在训练初期(权重与偏差的值相对较小时)预测误差受训练样本输入特征及其标注的值的影响较大。由此可见,当输入特征的绝对值较大时,搜索步长也较大,这导致训练过程中权重的值可能不会收敛。此时,为了使搜索步长不至于过大,需要将学习率设置得更小。因此,学习率的大小与训练样本有关。如果训练样本输入特征的绝对值较大,那么即便学习率取0.0001,甚至取0.000001都可能会导致训练过程不再收敛。

另一个极端是,训练样本输入特征的绝对值较小,此时如果仍使用较小的学习率,会使搜索步长过小,这将减缓收敛速度,增加了所需的迭代次数。

因此,如果将输入特征的绝对值缩小或放大至一个较为固定的范围,将便于选择大小适中的学习率。为了使数据集中各个样本的各维输入特征取值的分布范围大致相同,而在训练开始之前将样本的各维输入特征的取值缩小或放大至一定范围的做法,被称为**特征缩放**(feature scaling)。至于训练样本中的标注,尽管其绝对值大小在训练初期对搜索步长有一定影响,但是随着迭代次数增加,预测误差的绝对值不断减小,标注的绝对值对搜索步长的影响也越来越小,甚至可以忽略不计;此外,如果对标注进行缩小或者放大,模型输出的标注预测值也应做相应的放大或缩小。所以通常无须对标注进行缩放。

除上述原因之外,在机器学习中,还有一些需要做特征缩放的原因。其中一个原因是,各维输入特征都使用同一个学习率。而各维输入特征的取值范围可能差别很大,此时如果都使用同一个学习率,将会使绝对值相对较小的这些维输入特征对应的权重的搜索步长相对较小。此外,在一些基于距离的机器学习方法中(例如k-NN等),如果一维输入特征的取值范围与另一维输入特征的取值范围差别较大,那么绝对值相对较小的这维输入特征对预测结果的影响可能较小。另有一些机器学习方法(例如PCA等)要求各维输入特征的均值都为零,这也可以通过特征缩放来实现。

对各维输入特征进行特征缩放,常使用两种技术之一:**归一化**(normalization)和**标准化**(standardization)。

归一化包括**最小最大归一化**(min-max normalization)、**均值归一化**(mean normalization)等方法。最小最大归一化按照式(2-28)将每维输入特征x按比例缩放到0~1:

$$\widetilde{x}=\frac{x-x_{\min}}{x_{\max}-x_{\min}} \tag{2-28}$$

式(2-28)中,$x_{\min}$为输入特征x的最小可能取值,$x_{\max}$为输入特征x的最大可能取值,$\widetilde{x}\in[0,1]$。均值归一化则按照式(2-29)将每维输入特征x零均值化并缩放至-1~1:

$$\widetilde{x}=\frac{x-\mu}{x_{\max}-x_{\min}} \tag{2-29}$$

式(2-29)中,μ为输入特征x的均值。

标准化也称为Z值归一化(Z-score normalization),其按照式(2-30)将输入特征x缩放至均值为0、标准差为1的分布

$$\tilde{x}=\frac{x-\mu}{\sigma} \tag{2-30}$$

式(2-30)中，μ 为输入特征 x 的均值；σ 为其标准差。值得说明的是，方差的无偏估计量(unbiased estimator)为 $\sigma^2=\frac{1}{m-1}\sum_{i=1}^{m}(x^{(i)}-\mu)^2$，其中 $\mu=\frac{1}{m}\sum_{i=1}^{m}x^{(i)}$，因此人们常用 $\sigma=\sqrt{\frac{1}{m-1}\sum_{i=1}^{m}(x^{(i)}-\mu)^2}$ 来作为标准差的估计量，尽管 $\sigma=\sqrt{\frac{1}{m-1}\sum_{i=1}^{m}(x^{(i)}-\mu)^2}$ 仍是标准差的有偏估计量(biased estimator)。

那么，我们应该使用归一化还是使用标准化？这里并没有一个硬性法则。我们可以通过尝试、比较结果，选择一个在当前模型、数据集上结果更好的特征缩放方法。总的来说，当我们知道输入特征服从正态分布(高斯分布)时，可考虑使用标准化；当我们不知道输入特征的分布，但是知道输入特征的最大值和最小值时，可考虑使用归一化。由于标准化并不限制输入特征的取值范围，因此如果输入特征中存在正常值范围之外的异常值，可考虑使用标准化。

值得注意的是，在我们将特征缩放应用于训练数据集时，为了保持验证数据集和测试数据集与训练数据集的概率分布相同，也应将相同参数的特征缩放应用于验证数据集和测试数据集。因此，通常用训练数据集来确定归一化或标准化的参数，然后用同样的参数对训练数据集、验证数据集以及测试数据集做归一化或标准化。

实验 2-5 对气温数据集样本的输入特征做特征缩放(标准化、最小最大归一化、均值归一化)，并用该数据集训练、评估线性回归模型。

提示：①可使用批梯度下降法；②计算均值可使用 np.mean()函数，计算标准差可使用 np.std()函数，注意可将该函数的 ddof 参数设置为 1；③求最小值可使用 np.amin()函数，求最大值可使用 np.amax()函数。

表 2-1 给出了使用批梯度下降法训练的线性回归模型在训练数据集和测试数据集上的均方根误差，其中的迭代次数都为 1000 次。训练数据集中的训练样本仍为 3000 个，测试数据集中的样本仍为 960 个。从表 2-1 中可以看出，就该数据集和上述设置而言，使用标准化得到的均方根误差最小。

表 2-1 线性回归模型的性能(RMSE)

数 据 集	无特征缩放(学习率为 0.0001)	标准化(学习率为 0.1)	最小最大归一化(学习率为 0.1)	均值归一化(学习率为 0.1)
训练数据集 RMSE	0.941	0.879	0.943	0.943
测试数据集 RMSE	0.72	0.655	0.758	0.759

增大迭代次数，例如 100000 次，比较不使用特征缩放时和使用标准化特征缩放时模型的性能。在不使用特征缩放、学习率为 0.0001 时，模型在训练数据集和测试数据集上的均方根误差分别为 0.877 和 0.644；在使用标准化特征缩放、学习率为 0.1 时，模型在训

练数据集和测试数据集上的均方根误差同样为 0.877 和 0.644。结合表 2-1 中列出的结果,这说明在训练过程中,从长期上看使用特征缩放并不能提高模型的性能,但从短期上看,使用适合的特征缩放技术可以加快权重与偏差的收敛速度,或者说加快模型的"学习速度"。

此外,在使用特征缩放后,学习率的可取值从 0.0001 左右增大至 0.1 左右,这使得不同数据集上的学习率取值范围相差不再悬殊,更容易从中找到一个适中的学习率。

2.1.7 多输出线性回归

在 2.1.5 节中,我们动手用 3 种梯度下降法分别实现了预测一维标注(标量标注)的线性回归模型。如果我们需要预测的标注不止一维,怎么办?当然,我们可以训练多个线性回归模型,让每个线性回归模型分别预测一维标注。更进一步地,如果我们把多个预测一维标注的线性回归模型合并在一起,就得到一个可以预测多维标注的线性回归模型。在本节中,我们将之前学过的单输出线性回归模型扩展为多输出线性回归模型,并尝试用多输出模型来学习一个经典的线性变换公式。

单输出线性回归模型可表示为如图 2-16(a)所示的形式。图中的圆圈代表变量(或常数 1),正方形代表求和运算,彩色连线(见彩插)代表变量(或常数 1)与权重(或偏差)相乘。图 2-16(a)中左侧的每个节点都代表一维输入特征 x_j,对应权重 w_j,$j=1,2,\cdots,d$;最后一个节点为常数 1,对应偏差 b;右侧为输出节点 $\hat{y}$。

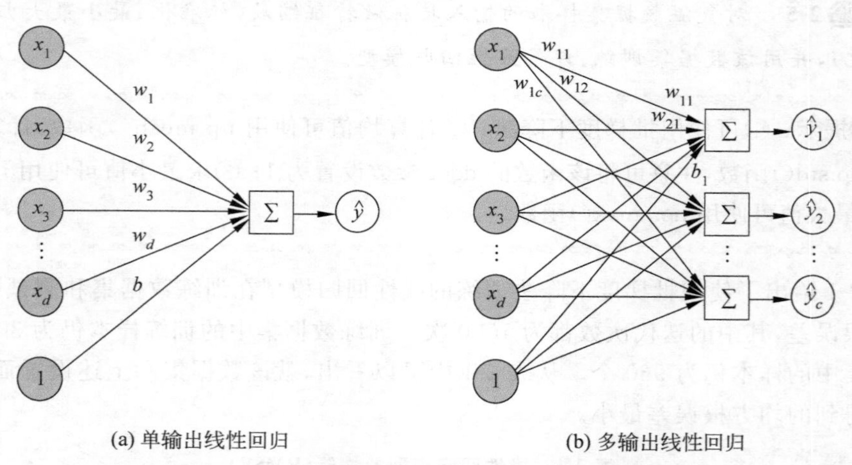

(a) 单输出线性回归　　(b) 多输出线性回归

图 2-16 单输出线性回归与多输出线性回归

我们将具有相同输入特征的多个单输出线性回归模型合并在一起,构成一个多输出线性回归模型,用来预测多维标注,如图 2-16(b)所示。图中的输入特征仍为 x_j,$j=1,2,\cdots,d$,输出节点从 1 个增加到 c 个,分别对应 c 维标注预测值 $\hat{y}_1,\hat{y}_2,\cdots,\hat{y}_c$。每维标注的预测值都由式(2-4)计算而来。当输入特征为 $\boldsymbol{x}^{(i)}$ 时,c 维标注的预测值 $\hat{y}_1^{(i)},\hat{y}_2^{(i)},\cdots,\hat{y}_c^{(i)}$ 可通过式(2-31)计算。

$$\begin{cases} \hat{y}_1^{(i)} = \boldsymbol{w}_1^{\mathrm{T}} \boldsymbol{x}^{(i)} + b_1 \\ \hat{y}_2^{(i)} = \boldsymbol{w}_2^{\mathrm{T}} \boldsymbol{x}^{(i)} + b_2 \\ \quad\vdots \\ \hat{y}_c^{(i)} = \boldsymbol{w}_c^{\mathrm{T}} \boldsymbol{x}^{(i)} + b_c \end{cases} \tag{2-31}$$

式(2-31)中，$\boldsymbol{w}_k \in \mathbb{R}^{d\times 1}$，$\boldsymbol{w}_k = (w_{1k}, w_{2k}, \cdots, w_{dk})^{\mathrm{T}}$，$b_k \in \mathbb{R}$，$k=1,2,\cdots,c$。若给定$m$个训练样本$\boldsymbol{X}$，$\boldsymbol{X}$由式(2-22)给出，则根据式(2-21)可将式(2-31)写为

$$\begin{cases} \hat{\boldsymbol{y}}_1 = \boldsymbol{w}_1^{\mathrm{T}} \boldsymbol{X} + b_1 \boldsymbol{v} \\ \hat{\boldsymbol{y}}_2 = \boldsymbol{w}_2^{\mathrm{T}} \boldsymbol{X} + b_2 \boldsymbol{v} \\ \quad\vdots \\ \hat{\boldsymbol{y}}_c = \boldsymbol{w}_c^{\mathrm{T}} \boldsymbol{X} + b_c \boldsymbol{v} \end{cases} \tag{2-32}$$

式(2-32)中，$\hat{\boldsymbol{y}}_k$为m维行向量，$\hat{\boldsymbol{y}}_k \in \mathbb{R}^{1\times m}$，$\hat{\boldsymbol{y}}_k = (\hat{y}_k^{(1)}, \hat{y}_k^{(2)}, \cdots, \hat{y}_k^{(m)})$，$k=1,2,\cdots,c$；$\boldsymbol{v}$仍为$m$维全1的行向量，$\boldsymbol{v} \in \mathbb{R}^{1\times m}$，$\boldsymbol{v}=(1,1,\cdots,1)$。可见，在多输出线性回归模型中，共有$d\times c$个权重参数和$c$个偏差参数。我们将这$d\times c$个权重用一个矩阵来表示，将$c$个偏差用一个列向量来表示，即

$$\boldsymbol{W} = \begin{pmatrix} w_{11} & w_{12} & \cdots & w_{1c} \\ w_{21} & w_{22} & \cdots & w_{2c} \\ \vdots & \vdots & & \vdots \\ w_{d1} & w_{d2} & \cdots & w_{dc} \end{pmatrix} \tag{2-33}$$

$$\boldsymbol{b} = (b_1, b_2, \cdots, b_c)^{\mathrm{T}} \tag{2-34}$$

由式(2-33)和式(2-34)可将式(2-32)写为

$$\hat{\boldsymbol{Y}} = \boldsymbol{W}^{\mathrm{T}} \boldsymbol{X} + \boldsymbol{b}\boldsymbol{v} \tag{2-35}$$

式中，$\hat{\boldsymbol{Y}} \in \mathbb{R}^{c\times m}$，且

$$\hat{\boldsymbol{Y}} = \begin{pmatrix} \hat{y}_1^{(1)} & \hat{y}_1^{(2)} & \cdots & \hat{y}_1^{(m)} \\ \hat{y}_2^{(1)} & \hat{y}_2^{(2)} & \cdots & \hat{y}_2^{(m)} \\ \vdots & \vdots & & \vdots \\ \hat{y}_c^{(1)} & \hat{y}_c^{(2)} & \cdots & \hat{y}_c^{(m)} \end{pmatrix} \tag{2-36}$$

若将m个训练样本的$c\times m$个标注值记为矩阵$\boldsymbol{Y}$，$\boldsymbol{Y} \in \mathbb{R}^{c\times m}$，$y_k^{(i)}$为第$i$个训练样本的第$k$维标注，即

$$\boldsymbol{Y} = \begin{pmatrix} y_1^{(1)} & y_1^{(2)} & \cdots & y_1^{(m)} \\ y_2^{(1)} & y_2^{(2)} & \cdots & y_2^{(m)} \\ \vdots & \vdots & & \vdots \\ y_c^{(1)} & y_c^{(2)} & \cdots & y_c^{(m)} \end{pmatrix} \tag{2-37}$$

则标注的预测值与标注之差(即误差)矩阵$\boldsymbol{E}$为

$$\boldsymbol{E} = \hat{\boldsymbol{Y}} - \boldsymbol{Y} = \begin{pmatrix} \hat{y}_1^{(1)} - y_1^{(1)} & \hat{y}_1^{(2)} - y_1^{(2)} & \cdots & \hat{y}_1^{(m)} - y_1^{(m)} \\ \hat{y}_2^{(1)} - y_2^{(1)} & \hat{y}_2^{(2)} - y_2^{(2)} & \cdots & \hat{y}_2^{(m)} - y_2^{(m)} \\ \vdots & \vdots & & \vdots \\ \hat{y}_c^{(1)} - y_c^{(1)} & \hat{y}_c^{(2)} - y_c^{(2)} & \cdots & \hat{y}_c^{(m)} - y_c^{(m)} \end{pmatrix} \tag{2-38}$$

式(2-38)中,$\boldsymbol{E}\in\mathbb{R}^{c\times m}$。由此,可将式(2-14)给出的单输出线性回归模型的均方误差代价函数,推广至多输出线性回归模型的均方误差代价函数:

$$J(\boldsymbol{W},\boldsymbol{b})=\frac{1}{m}\sum_{i=1}^{m}\sum_{k=1}^{c}(\hat{y}_k^{(i)}-y_k^{(i)})^2=\frac{1}{m}\sum_{i=1}^{m}\sum_{k=1}^{c}(\boldsymbol{w}_k^{\mathrm{T}}\boldsymbol{x}^{(i)}+b_k-y_k^{(i)})^2$$

$$=\frac{1}{m}\sum_{i=1}^{m}\sum_{k=1}^{c}(\boldsymbol{w}_k^{\mathrm{T}}\boldsymbol{x}+b_k-y_k)^2\big|_{\boldsymbol{x}=\boldsymbol{x}^{(i)},y_k=y_k^{(i)}}=\frac{1}{m}\mathrm{tr}(\boldsymbol{E}\boldsymbol{E}^{\mathrm{T}}) \tag{2-39}$$

式(2-39)中,$\mathrm{tr}(\boldsymbol{A})$表示方阵$\boldsymbol{A}$的迹(trace),即方阵$\boldsymbol{A}$的主对角线上的元素之和,$\mathrm{tr}(\boldsymbol{A})=\sum_{i=1}^{n}a_{ii}$。因此,式(2-18)批梯度下降法中的偏导数计算公式成为

$$\begin{cases}\dfrac{\partial J(\boldsymbol{W},\boldsymbol{b})}{\partial \boldsymbol{b}}=\dfrac{2}{m}\boldsymbol{E}\boldsymbol{v}^{\mathrm{T}}\\[2ex]\dfrac{\partial J(\boldsymbol{W},\boldsymbol{b})}{\partial \boldsymbol{W}}=\dfrac{2}{m}\boldsymbol{X}\boldsymbol{E}^{\mathrm{T}}\end{cases} \tag{2-40}$$

值得说明的是,式(2-40)中的第二式,形式上是对矩阵$\boldsymbol{W}$求偏导数,$\boldsymbol{W}\in\mathbb{R}^{d\times c}$,因此求偏导数的结果也应该是一个$d\times c$大小的矩阵,该矩阵中的元素分别是代价函数$J(\boldsymbol{W},\boldsymbol{b})=\frac{1}{m}\sum_{i=1}^{m}\sum_{k=1}^{c}(\boldsymbol{w}_k^{\mathrm{T}}\boldsymbol{x}^{(i)}+b_k-y_k^{(i)})^2=\frac{1}{m}\sum_{i=1}^{m}\sum_{k=1}^{c}(w_{1k}x_1^{(i)}+w_{2k}x_2^{(i)}+\cdots+w_{dk}x_d^{(i)}+b_k-y_k^{(i)})^2$对权重$w_{jk}$求偏导数的结果,$j=1,2,\cdots,d$,$k=1,2,\cdots,c$。

根据式(2-40)和式(2-17)的矩阵形式式(2-41),可以使用批梯度下降法训练多输出线性回归模型。

$$\begin{cases}\boldsymbol{b}:=\boldsymbol{b}-\eta\dfrac{\partial J(\boldsymbol{W},\boldsymbol{b})}{\partial \boldsymbol{b}}\\[2ex]\boldsymbol{W}:=\boldsymbol{W}-\eta\dfrac{\partial J(\boldsymbol{W},\boldsymbol{b})}{\partial \boldsymbol{W}}\end{cases} \tag{2-41}$$

在下面的实验中,将用多输出线性回归模型来学习一个经典的线性变换公式:**离散傅里叶变换**(discrete Fourier transform,DFT)。

设$x(n)$为M点有限长的复数序列,即在$0\leqslant n\leqslant M-1$内有值,则$x(n)$的$N$点离散傅里叶变换定义为

$$X(k)=\mathrm{DFT}[x(n)]=\sum_{n=0}^{N-1}x(n)\mathrm{e}^{-\mathrm{j}\frac{2\pi}{N}nk} \tag{2-42}$$

式(2-42)中,$k=0,1,\cdots,N-1$;N为离散傅里叶变换的点数,$N\geqslant M$;e为自然常数;j为虚数单位,$\mathrm{j}^2=-1$。如果不理解这个公式,也没有关系,不影响后续实验。通过这个公式,我们可以计算离散时域信号(即序列)$x(n)$的频谱$X(k)$。那么,我们能否用多输出线性回归模型来学习并替代这个公式?

实验2-6(选做) 使用多输出线性回归模型学习离散傅里叶变换,测试并比较频谱。

提示:①训练数据集来源:随机生成N点复数序列作为输入特征,通过离散傅里叶变换公式计算出相应的标注,其中输入特征的维数为$2N$,标注的维数为也为$2N$;②一个复数可拆分成对应其实部与虚部的两个实数;③离散傅里叶变换可使用np.fft.fft()函数通

过快速算法 FFT(fast Fourier transform)实现；④可使用 rng.random()方法生成随机数；⑤可使用 np.sin()函数生成正弦序列作为测试数据集中样本的输入特征，np.pi 为常数 π。

当 $N=128$、训练样本数量为 5000 个、迭代次数为 1000 次、学习率为 0.01 时，我们训练出一个多输出线性回归模型。为了测试该线性回归模型，我们生成一个序列，如图 2-17(a)所示，该序列为两个不同频率、不同振幅的正弦序列的叠加。然后将该序列作为测试样本的输入特征，输入至该线性回归模型，得到一组多维标注的预测值。以该标注预测值画出的单边频谱如图 2-17(b)的下图所示。作为对照，图 2-17(b)的上图为通过 FFT 计算出的该序列的单边频谱。可以看出，我们训练出的多输出线性回归模型，可以较完美地学习并掌握离散傅里叶变换公式，能够胜任离散傅里叶变换任务。

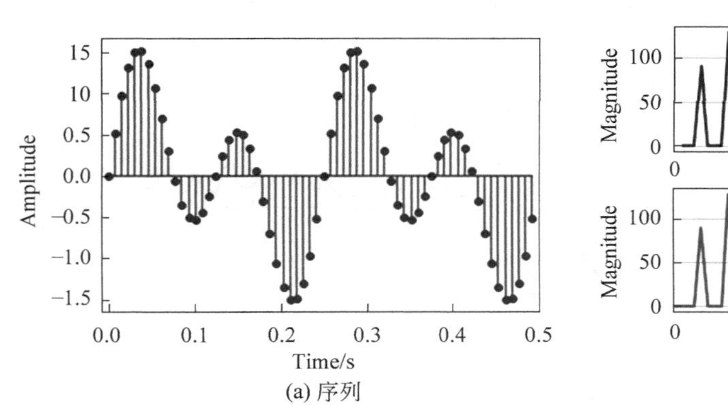

(a) 序列

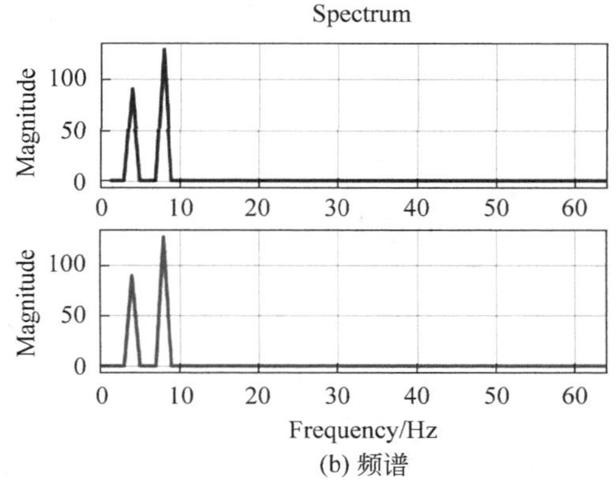

(b) 频谱

图 2-17　实验 2-6 的测试序列及其频谱

实际上，多输出线性回归模型还可以用来学习更多的线性变换或仿射变换。

练一练　你认为还有哪些公式可以用线性回归模型来替代？动手编程验证。

接下来，我们使用实验 2-6 中得到的多输出线性回归模型，来替代离散傅里叶变换。

实验 2-7(选做)　使用线性回归模型滤除序列中的噪声，画出序列在滤波前、滤波后的频谱。

$$y(n)=\sum_{i=0}^{M} b_i x(n-i) \tag{2-43}$$

提示：①可用单输出线性回归模型实现 FIR(finite impulse response)滤波器；②式(2-43)给出了 FIR 滤波器输入序列 $x(n-i)$(通常被称为抽头)与输出序列 $y(n)$之间的运算关系，b_i 为系数，$M+1$ 为系数和抽头的数量；③训练数据集和测试数据集中样本的输入特征为含噪序列，输入特征的维数等于滤波器抽头的数量，样本的标注为无噪序列的一个采样值；④可使用 rng.normal()方法在无噪序列上叠加噪声；⑤使用实验 2-6 中的多输出线性回归模型实现含噪序列和无噪序列的离散傅里叶变换。

当输入特征的维数(滤波器抽头数量)为100、迭代次数为1000次、学习率为0.001、训练样本足够多时,我们训练出一个单输出线性回归模型,用来滤除特定频率正弦序列中的噪声。用来给出训练数据集和测试数据集的无噪序列与含噪序列如图2-18(a)所示。图中的虚线为无噪序列(样本的标注),点线为含噪序列(样本的输入特征),实线为滤波后序列(线性回归模型输出的标注的预测值)。该含噪序列的频谱和滤波后序列的频谱分别如图2-18(b)的上图和下图所示。这两个单边频谱都是基于实验2-6中的多输出线性回归模型的输出预测值画出的。从图中可以看出,由单输出线性回归模型实现的滤波器,可以较好地滤除序列中的噪声;实验2-6中的多输出线性回归模型,可以用来替代离散傅里叶变换。值得说明的是,图2-18(a)中滤波后序列和无噪序列之间存在一些差异,主要原因是滤波器并不能有效滤除与序列频率相同或相近的这部分噪声,因此滤波后序列中仍然存在一些噪声。本实验验证了我们可以使用线性回归方法设计FIR滤波器。

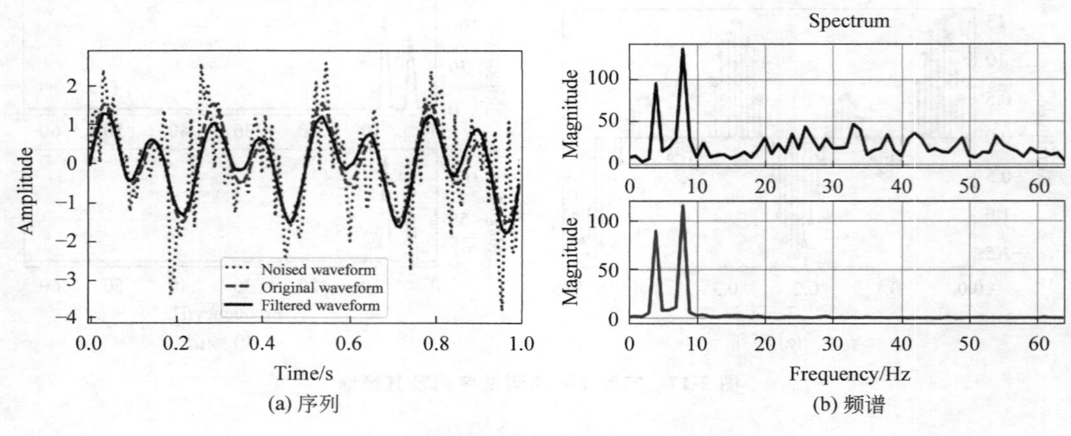

(a) 序列

(b) 频谱

图 2-18 实验 2-7 的测试序列及其频谱

经过本节的学习与动手实践,相信你对机器学习已经有了足够多的了解,掌握了机器学习的一个重要"套路"。在接下来的章节中,我们将着重扩充机器学习这个工具箱:学习新的机器学习方法,完成不同的机器学习任务。

2.2 逻辑回归

在本章开始时我们提及过,除了回归,监督学习中的典型任务还有分类。分类与回归的相同之处是:二者都是根据输入特征来预测标注。分类与回归的不同之处是:回归任务中的标注通常是连续值,而分类任务中的标注则是离散值。

顾名思义,分类是指根据输入特征将每个样本都对应为一个类别(也就是将样本分门别类)。在分类任务中,样本的标注为样本对应的类别。分类任务的目的是预测这个类别标注,即从预先给定的一些类别标注中选择一个作为类别标注的预测值。分类模型的输出是类别标注的预测值。

举个关于课程成绩的例子。老师在对学生提交的作业或试卷评分后,通常可给出一个百分制成绩，以此作为学生的课程成绩。如果教学管理部门要求学生的这门课程成绩为两级分制，那么在提交成绩之前老师还需要将学生的百分制成绩转换为两级分制成绩，即“及格”与“不及格”。这就是一个分类任务。在这个分类任务中，输入特征是0～100的一个数，标注是“及格”与“不及格”。我们可以用1和0来分别代表“及格”与“不及格”。由于标注为两个类别之一，这样的分类任务称为**二分类**(binary classification)任务。如果教学管理部门要求这门课程的成绩为五级分制，那么老师需要将百分制成绩转换为五级分制成绩，即“优”“良”“中”“及格”“不及格”。这也是一个分类任务。这个分类任务中有5个类别标注。像这样类别数量大于2的分类任务称为**多分类**(multiclass classification)任务。

再举一个输入特征维数大于1的二分类例子。很多同学可能都有考研究生的打算，在年底参加研究生入学考试，顺利的话在第二年春天再参加复试。如果把初试成绩和复试成绩作为二维输入特征，“被录取”和“未被录取”作为两个类别，根据同学的初试成绩与复试成绩来预测该同学是否被录取，这就是一个二分类任务。

想一想 在日常生活中有哪些分类的例子？

既然已经清楚什么是分类，那么如何进行分类？即如何根据输入特征来预测类别标注？

2.2.1 二分类与逻辑回归

在线性回归中，我们用输入特征的仿射函数来预测一个连续值：$\hat{y}=\boldsymbol{w}^{\mathrm{T}}\boldsymbol{x}+b$。

既然类别标注是离散值，而离散值的取值范围(例如整数集)又包含在连续值的取值范围(例如实数集)之中，那么我们能否用线性回归方法来进行二分类？

考虑将百分制成绩转换为两级分制成绩这个二分类例子。若训练数据集中有20个训练样本，这些训练样本分别将50～59分的成绩(输入特征)对应为“不及格”(标注)，将60～70分的成绩(输入特征)对应为“及格”(标注)。在二分类任务中，由于只有两个类别，并且这两个类别通常为对立事件(例如“及格”与“不及格”)，我们将这个两个类别的标注分别用一位二进制数值1和0来表示，例如用1表示“及格”(即第1个类别)，用0来表示“不及格”(即第0个类别)。这样，在二分类问题中，我们等于让机器学习模型去学习输出一个接近于0(当输入特征对应于第0个类别时)或1(当输入特征对应于第1个类别时)的预测值。由于模型输出的预测值是一个连续值，我们需要借助一个判决门限来将这个连续的预测值对应为两个离散的类别值之一。显然，这个判决门限的值对分类的准确程度有直接影响。我们姑且将$(0+1)/2=0.5$作为判决门限，即将模型输出的大于0.5的预测值解释为模型预测的结果为第1个类别，将模型输出的小于0.5的预测值解释为模型预测的结果为第0个类别。对于等于0.5的预测值，可以对应为任何一个类别。

实验2-8 使用线性回归对百分制成绩进行二分类，评估训练数据集上分类的准确程度。

提示：①可扫描二维码 grade_dataset 下载成绩数据集的 Jupyter Notebook

Python 代码；②可进行特征缩放，例如标准化，以加速训练；③判决门限取 0.5。

图 2-19(a)给出了线性回归模型在训练数据集 1(即前面提及的训练数据集)上拟合出的直线(图中直线)及预测值对应的类别值(图中虚线)，图中的叉代表训练样本。从分类结果中可以看出，当判决门限为 0.5 时，线性回归模型可以完美地对训练数据集 1 中的样本进行分类，没有任何分类错误。这表明使用线性回归方法可以完成二分类任务。

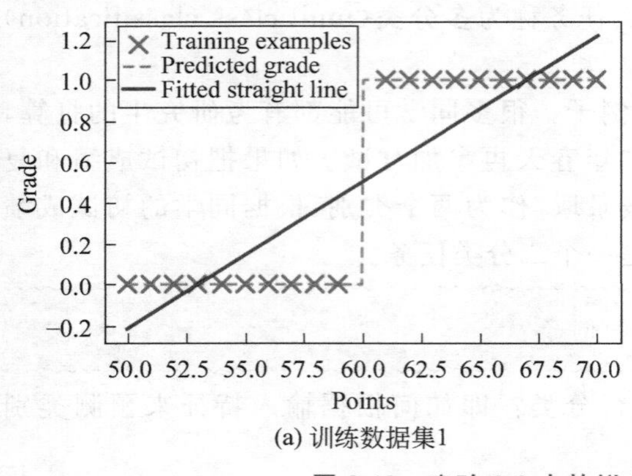

(a) 训练数据集1

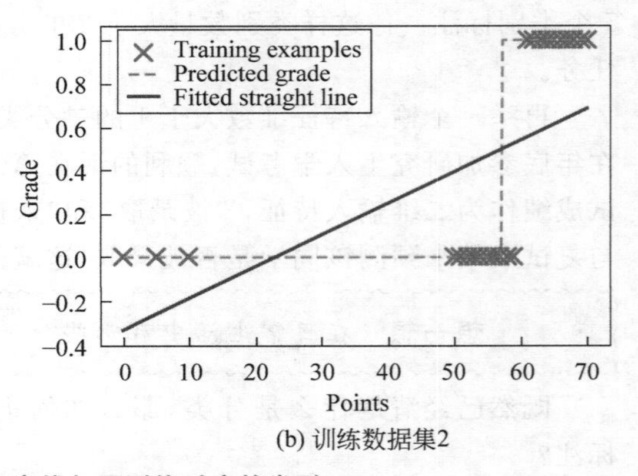

(b) 训练数据集2

图 2-19 实验 2-8 中的拟合直线与预测值对应的类别

训练数据集 2 在训练数据集 1 的基础之上，加入了 3 个训练样本，分别将 0、5、10 分的成绩对应为“不及格”。用训练数据集 2 训练线性回归模型，可得到如图 2-19(b)所示的拟合直线与预测值对应的类别值。然而，用该线性回归模型对训练数据集 2 中的训练样本进行分类，却在两个训练样本上出现了分类错误：模型将这两个第 0 个类别的训练样本错误地对应为第 1 个类别。不过，如果我们调整判决门限的值，例如将判决门限从 0.5 改为 0.53，那么就不会出现分类错误。由此可见，判决门限的适合值与数据集有关，我们需要根据具体的数据集调整判决门限的值，以使模型的分类错误数量最少，尽管这样做较为烦琐。那么，是否存在不需要人工调整判决门限就可以使分类错误尽量少的办法？

想一想 为什么线性回归模型在训练数据集 2 上出现了分类错误？

如图 2-19 所示，这是因为训练数据集 2 中分属两个类别的训练样本“不平衡”(两个类别训练样本的数量、分布不一致)，而线性回归模型试图拟合一条与所有训练样本都尽量“近”的直线(尤其尽量接近对代价函数的值贡献较大的训练样本以尽量减小代价函数的值)。当训练样本“不平衡”时，判决门限 0.5 不再对应两个类别训练样本的分界处，如不调整判决门限，可能会出现分类错误。

为了尽量减小训练样本“不平衡”带来的影响，我们需要让距离两个类别训练样本分界处较远且已被正确分类了的训练样本贡献的误差尽量小(尽量接近于 0)。一种解决办法是，把这条拟合直线的两端“折弯”，让其两端分别接近于两个类别的标注值 0 和 1，如此可以满足上述需求，如图 2-20 所示。

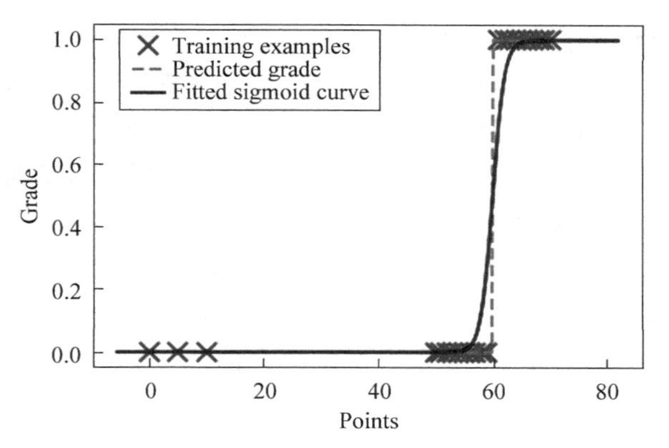

图 2-20　两端"折弯"了的拟合曲线

在数学上，人们常用 S 型函数(sigmoid function)来表示这条两端"折弯"了的拟合曲线。之所以称之为 S 型函数，是因为这个函数的曲线酷似英文字母 S。在本书中，我们习惯上将 S 型函数称为 sigmoid 函数。式(2-44)为 sigmoid 函数的关系式，其函数曲线如图 2-21 所示。

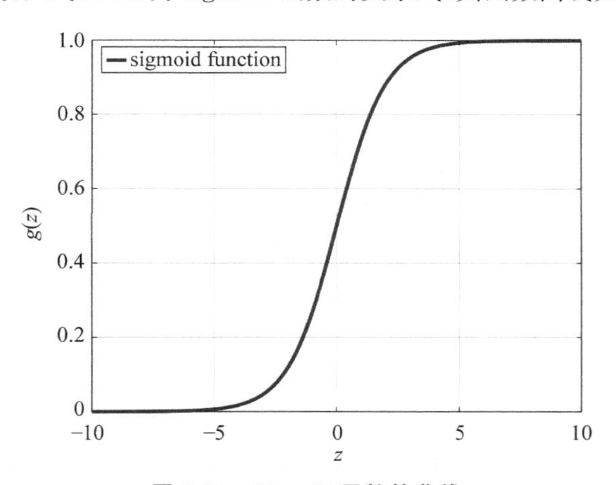

图 2-21　Sigmoid 函数的曲线

$$g(z)=\frac{1}{1+e^{-z}}=\frac{e^{z}}{e^{z}+1} \tag{2-44}$$

式(2-44)中，$z\in\mathbb{R}$；e 为自然常数。当 z 趋近于 $+\infty$ 时，$g(z)$ 趋近于 1；当 z 趋近于 $-\infty$ 时，$g(z)$ 趋近于 0。因此，sigmoid 函数的值域为(0,1)。特别地，当 $z=0$ 时，$g(z)=0.5$。当 z 的取值在 0 附近时，sigmoid 函数近似于一条直线。

练一练　用 Python 画出 sigmoid 函数的曲线。

sigmoid 函数的导数也容易记忆。

$$\frac{\mathrm{d}g(z)}{\mathrm{d}z}=\frac{e^{-z}}{(1+e^{-z})^2}=\frac{1}{1+e^{-z}}\cdot\frac{e^{-z}}{1+e^{-z}}=\frac{1}{1+e^{-z}}\cdot\frac{1+e^{-z}-1}{1+e^{-z}}$$

$$=\frac{1}{1+e^{-z}}\cdot\left(1-\frac{1}{1+e^{-z}}\right)=g(z)(1-g(z)) \tag{2-45}$$

即 sigmoid 函数的导数等于自己乘以 1 减自己(减后再乘)。

如图 2-20 所示,实现二分类的一个办法是,拟合一条曲线,然后根据输入特征在这条曲线上对应的预测值,将输入特征对应至一个类别。可以通过最小化训练样本标注与训练样本输入特征在这条曲线上对应的预测值二者之差,来拟合这条曲线。一般地,在这条曲线上,若输入特征 x 对应的预测值 $\hat{y}>0.5$,则将输入特征 x 对应至第 1 个类别;若输入特征 x 对应的预测值 $\hat{y}<0.5$,则将输入特征 x 对应至第 0 个类别;若输入特征 x 对应的预测值 $\hat{y}=0.5$,则可将输入特征 x 对应至两个类别中的任何一个。

如果我们把 sigmoid 函数 $g(x)$ 作为这条拟合曲线,当 $d=1$ 时,就可以将使预测值 $\hat{y}=g(x)\geqslant 0.5$ 的输入特征 x 对应至第 1 个类别,将使 $\hat{y}=g(x)<0.5$ 的输入特征 x 对应至第 0 个类别,即

$$k=[\hat{y}\geqslant 0.5] \tag{2-46}$$

式(2-46)中,$\hat{y}=g(x)$;k 为输入特征 x 对应的类别值,$k\in\{0,1\}$;式中的方括号称为**艾佛森括号**(Iverson bracket),即当方括号内的条件满足(语句为真)时,算式的结果为 1,当方括号内的条件不满足(语句为假)时,算式的结果为 0,如式(2-47)所示。

$$[Q]=\begin{cases}1 & 若\ Q\ 为真\\ 0 & 若\ Q\ 为假\end{cases} \tag{2-47}$$

从数学上看,如果把函数 $g(x)$的自变量 x 乘以一个系数 w,变为 $g(wx)$,就相当于对函数 $g(x)$的曲线在 x 轴方向上进行缩放,例如图 2-22 所示的点画线 $g(10x)$,图中的 $g(x)$为 sigmoid 函数。如果 $w<0$,还将改变函数曲线在 x 轴方向上的朝向,例如图 2-22 所示的虚线 $g(-2x)$。如果把函数 $g(x)$的自变量 x 加上一个数 b,变为 $g(x+b)$,就相当于对函数 $g(x)$的曲线在 x 轴方向上进行平移,例如图 2-22 所示的点线 $g(x+5)$。故 $g(wx+b)$相当于对函数 $g(x)$的曲线在 x 轴方向上进行平移(向左平移 b/w)并缩放,例如图 2-22 所示的实线 $g(10x+50)$。可见,$g(wx+b)$比 $g(x)$更适合作为上述拟合曲线。对于不同的训练数据集,我们可通过选取不同的 w 与 b 值来调整这条拟合曲线的位置、朝向以及“陡峭程度”,从而为不同的训练数据集确定不同的“最佳”拟合曲线。

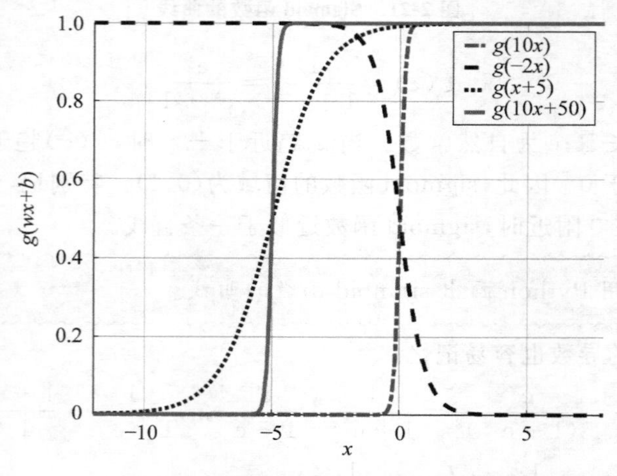

图 2-22 sigmoid 函数的平移与缩放

一般地，对于 d 维输入特征 $\boldsymbol{x}$，我们可根据其在拟合曲线（若 $d=1$）、曲面（若 $d=2$）或超曲面（若 $d\geqslant 3$）上对应的预测值 $\hat{y}=g(\boldsymbol{w}^{\mathrm{T}}\boldsymbol{x}+b)$ 与判决门限 0.5 之间的大小关系，来预测输入特征 $\boldsymbol{x}$ 对应的类别值 k，如式(2-46)所示。这种做法，就是逻辑回归。在逻辑回归中，有

$$\hat{y}=g(z)=g(\boldsymbol{w}^{\mathrm{T}}\boldsymbol{x}+b)=\frac{1}{1+\mathrm{e}^{-(\boldsymbol{w}^{\mathrm{T}}\boldsymbol{x}+b)}}=\frac{\mathrm{e}^{(\boldsymbol{w}^{\mathrm{T}}\boldsymbol{x}+b)}}{1+\mathrm{e}^{(\boldsymbol{w}^{\mathrm{T}}\boldsymbol{x}+b)}} \tag{2-48}$$

式(2-48)中，$\hat{y}\in(0,1)$；$z=\boldsymbol{w}^{\mathrm{T}}\boldsymbol{x}+b$，$\boldsymbol{x}=(x_1,x_2,\cdots,x_d)^{\mathrm{T}}$，$d$ 为输入特征的维数。由于 $g(0)=0.5$、$g(z)$ 单调递增，因此逻辑回归中的分类判决等价于判决 z 的值是否非负，即

$$k=[\hat{y}\geqslant 0.5]=[g(\boldsymbol{w}^{\mathrm{T}}\boldsymbol{x}+b)\geqslant g(0)]=[\boldsymbol{w}^{\mathrm{T}}\boldsymbol{x}+b\geqslant 0]=[z\geqslant 0] \tag{2-49}$$

进一步整理式(2-48)可得

$$\hat{y}(1+\mathrm{e}^{-(\boldsymbol{w}^{\mathrm{T}}\boldsymbol{x}+b)})=1$$

$$\mathrm{e}^{-(\boldsymbol{w}^{\mathrm{T}}\boldsymbol{x}+b)}=\frac{1}{\hat{y}}-1=\frac{1-\hat{y}}{\hat{y}}$$

等式两边取自然对数可得

$$-(\boldsymbol{w}^{\mathrm{T}}\boldsymbol{x}+b)=\ln\left(\frac{1-\hat{y}}{\hat{y}}\right)$$

$$\ln\left(\frac{\hat{y}}{1-\hat{y}}\right)=\boldsymbol{w}^{\mathrm{T}}\boldsymbol{x}+b \tag{2-50}$$

等式(2-50)左边是以自然常数 e 为底的 logit 函数，$\mathrm{logit}(\hat{y})=\ln\left(\frac{\hat{y}}{1-\hat{y}}\right)$，$\hat{y}\in(0,1)$，logit 是 logistic unit 的缩写；等式右边是线性回归的计算式。因此，这种基于线性回归并使用了 logit 函数的方法被称为 logit regression，也被称为 logistic regression。英文 logistic regression 被直译为“逻辑回归”，这是逻辑回归这个名称的由来。虽然逻辑回归基于线性回归，名字里也有回归两个字，但它却是一个地地道道的分类方法，而不是回归方法。

逻辑回归

2.2.2 逻辑回归的训练问题

在 2.2.1 节中，我们得到了通过逻辑回归进行分类(预测)的数学表达式，即式(2-48)和式(2-49)，但其中权重 $\boldsymbol{w}$ 与偏差 b 的取值尚不明确。在本节中，我们来尝试训练逻辑回归模型，以确定 $\boldsymbol{w}$ 与 b 参数的值。

在二分类逻辑回归中，训练样本 $(\boldsymbol{x}^{(i)},y^{(i)})$ 的标注 $y^{(i)}$ 的取值为 0(对应于第 0 个类别，例如 no)或 1(对应于第 1 个类别，例如 yes)，$i=1,2,\cdots,m$，m 为训练样本的数量。因此，可以将 $y^{(i)}$ 看作是一个条件概率：$y^{(i)}=p(C_1|\boldsymbol{x}^{(i)})$，即训练样本 $(\boldsymbol{x}^{(i)},y^{(i)})$ 的输入特征 $\boldsymbol{x}^{(i)}$ 对应为第 1 个类别 C_1 的概率。这是因为：若训练样本的标注 $y^{(i)}=1$，则可以确定该训练样本的输入特征 $\boldsymbol{x}^{(i)}$ 对应为第 1 个类别 C_1，于是有 $p(C_1|\boldsymbol{x}^{(i)})=1=y^{(i)}$，即 $y^{(i)}=p(C_1|\boldsymbol{x}^{(i)})$。另一方面，若训练样本的标注 $y^{(i)}=0$，则可以确定该训练样本的输入特征 $\boldsymbol{x}^{(i)}$ 对应为第 0 个类别 C_0，于是有 $p(C_0|\boldsymbol{x}^{(i)})=1=1-y^{(i)}$。因在二分类任务中，

$p(C_0|\boldsymbol{x}^{(i)})+p(C_1|\boldsymbol{x}^{(i)})=1$,故有 $p(C_1|\boldsymbol{x}^{(i)})=0=y^{(i)}$,即 $y^{(i)}=p(C_1|\boldsymbol{x}^{(i)})$。因此,无论训练样本对应第1个类别还是对应第0个类别,我们都可以将标注 $y^{(i)}$ 看作是输入特征 $\boldsymbol{x}^{(i)}$ 对应为第1个类别的概率: $y^{(i)}=p(C_1|\boldsymbol{x}^{(i)})$。

所以,我们可以将逻辑回归看作是在预测输入特征 $\boldsymbol{x}$ 对应为第1个类别的概率 $p(C_1|\boldsymbol{x})$,尽管其输出预测值 $\hat{y}\in(0,1)$ 的取值范围与概率的取值范围[0,1]略有差异。我们将 $p(C_1|\boldsymbol{x})$ 的预测值记为 $\hat{p}(C_1|\boldsymbol{x})$,即 $\hat{y}=\hat{p}(C_1|\boldsymbol{x})$。从概率的角度,这印证了式(2-45)中判决门限的值取0.5是恰当的,因为:如果 $\hat{y}=\hat{p}(C_1|\boldsymbol{x})\geqslant 0.5$,则有 $\hat{p}(C_0|\boldsymbol{x})=1-\hat{p}(C_1|\boldsymbol{x})\leqslant 0.5$,此时模型认为输入特征 $\boldsymbol{x}$ 对应为第1个类别的概率较大(或相等),将其对应为第1个类别是合理的;反之,如果 $\hat{y}=\hat{p}(C_1|\boldsymbol{x})<0.5$,则模型认为输入特征 $\boldsymbol{x}$ 对应为第0个类别的概率较大,将其对应为第0个类别是合理的。

由于逻辑回归模型输出的预测值 $\hat{y}=g(\boldsymbol{w}^{\mathrm{T}}\boldsymbol{x}+b)$,$\hat{y}$ 的值也取决于 $\boldsymbol{w}$ 和 b 参数的值。因此,确切地说: $\hat{y}=\hat{p}(C_1|\boldsymbol{x};\boldsymbol{w},b)$。这表示 $\hat{y}=\hat{p}(C_1|\boldsymbol{x})$ 的前提是模型参数的取值为 $\boldsymbol{w}$ 和 b。

在训练过程中,与线性回归一样,逻辑回归模型中 $\boldsymbol{w}$ 与 b 的最优解 $\boldsymbol{w}^*$ 与 b^*,也可通过最小化训练数据集上代价函数的值求得,即式(2-9)。我们同样可用梯度下降法来求解该最优化问题。首先,写出逻辑回归中的均方误差代价函数

$$J(\boldsymbol{w},b)=\frac{1}{m}\sum_{i=1}^{m}(\hat{y}^{(i)}-y^{(i)})^2=\frac{1}{m}\sum_{i=1}^{m}\left(\frac{1}{1+\mathrm{e}^{-(\boldsymbol{w}^{\mathrm{T}}\boldsymbol{x}^{(i)}+b)}}-y^{(i)}\right)^2 \tag{2-51}$$

式(2-51)中,$\boldsymbol{w}$ 和 $\boldsymbol{x}^{(i)}$ 都是列向量,$\boldsymbol{w},\boldsymbol{x}^{(i)}\in\mathbb{R}^{d\times 1}$;$\hat{y}^{(i)}=\dfrac{1}{1+\mathrm{e}^{-(\boldsymbol{w}^{\mathrm{T}}\boldsymbol{x}^{(i)}+b)}}$。该代价函数对 b 与 $\boldsymbol{w}$ 的偏导数分别为

$$\begin{aligned}\frac{\partial J(\boldsymbol{w},b)}{\partial b}&=\frac{2}{m}\sum_{i=1}^{m}\left(\frac{1}{1+\mathrm{e}^{-(\boldsymbol{w}^{\mathrm{T}}\boldsymbol{x}^{(i)}+b)}}-y^{(i)}\right)\frac{\mathrm{e}^{-(\boldsymbol{w}^{\mathrm{T}}\boldsymbol{x}^{(i)}+b)}}{(1+\mathrm{e}^{-(\boldsymbol{w}^{\mathrm{T}}\boldsymbol{x}^{(i)}+b)})^2}\\&=\frac{2}{m}\sum_{i=1}^{m}(\hat{y}^{(i)}-y^{(i)})(\hat{y}^{(i)})^2\left(\frac{1}{\hat{y}^{(i)}}-1\right)\\&=\frac{2}{m}\sum_{i=1}^{m}(\hat{y}^{(i)}-y^{(i)})\hat{y}^{(i)}(1-\hat{y}^{(i)})=\frac{2}{m}(\hat{\boldsymbol{y}}\circ\bar{\boldsymbol{y}})\boldsymbol{e}^{\mathrm{T}}\end{aligned} \tag{2-52}$$

$$\begin{aligned}\frac{\partial J(\boldsymbol{w},b)}{\partial \boldsymbol{w}}&=\frac{2}{m}\sum_{i=1}^{m}\boldsymbol{x}^{(i)}\left(\frac{1}{1+\mathrm{e}^{-(\boldsymbol{w}^{\mathrm{T}}\boldsymbol{x}^{(i)}+b)}}-y^{(i)}\right)\frac{\mathrm{e}^{-(\boldsymbol{w}^{\mathrm{T}}\boldsymbol{x}^{(i)}+b)}}{(1+\mathrm{e}^{-(\boldsymbol{w}^{\mathrm{T}}\boldsymbol{x}^{(i)}+b)})^2}\\&=\frac{2}{m}\sum_{i=1}^{m}\boldsymbol{x}^{(i)}(\hat{y}^{(i)}-y^{(i)})(\hat{y}^{(i)})^2\left(\frac{1}{\hat{y}^{(i)}}-1\right)\\&=\frac{2}{m}\sum_{i=1}^{m}\boldsymbol{x}^{(i)}(\hat{y}^{(i)}-y^{(i)})\hat{y}^{(i)}(1-\hat{y}^{(i)})\\&=\frac{2}{m}\boldsymbol{X}(\hat{\boldsymbol{y}}\circ\bar{\boldsymbol{y}}\circ\boldsymbol{e})^{\mathrm{T}}\end{aligned} \tag{2-53}$$

式(2-52)和式(2-53)中,$\circ$ 代表阿达马积(Hadamard product),即对应元素相乘(element-wise product),$(\boldsymbol{A}\circ\boldsymbol{B})_{ij}=(\boldsymbol{A})_{ij}(\boldsymbol{B})_{ij}$;$\boldsymbol{X}$ 由式(2-22)给出,$\boldsymbol{X}\in\mathbb{R}^{d\times m}$;$\boldsymbol{e}$ 由式(2-23)给出,$\boldsymbol{e}\in\mathbb{R}^{1\times m}$;$\hat{\boldsymbol{y}},\bar{\boldsymbol{y}}\in\mathbb{R}^{1\times m}$,$\hat{\boldsymbol{y}}=(\hat{y}^{(1)},\hat{y}^{(2)},\cdots,\hat{y}^{(m)})$,$\bar{\boldsymbol{y}}=(1-\hat{y}^{(1)},1-\hat{y}^{(2)},\cdots,1-\hat{y}^{(m)})$。

在批梯度下降法中，按照式(2-52)、式(2-53)、式(2-17)更新权重 $\boldsymbol{w}$ 与偏差 b，按照式(2-24)计算均方误差代价函数的值。

接下来，我们动手实现该逻辑回归模型，并用酒驾检测数据集训练并测试该逻辑回归模型。酒驾检测数据集中样本的输入特征为由树莓派、Arduino、传感器组成的物联网系统采集的传感器数据，其五维输入特征分别为车内酒精浓度，车内环境温度，驾驶员面部的最高温度、最低温度，以及驾驶员的瞳孔比例；样本的标注为驾驶员是否酒驾，1 表示酒驾，0 表示未酒驾。该数据集中有 384 个样本。扫描二维码 alcohol_dataset 可下载酒驾检测数据集文件以及用来读取该数据集的 Jupyter Notebook Python 代码。

alcohol_dataset

实验 2-9　用酒驾检测数据集训练使用均方误差代价函数的逻辑回归模型，并评估其分类的准确程度。

提示：①可做特征缩放，例如做标准化；②在划分训练数据集与测试数据集之前，应对数据集中的样本随机排序；③可将数据集中的 250 个样本用于训练，其余 134 个样本用于测试；④数据集矩阵的前 5 列为输入特征，最后一列为标注；⑤阿达马积可直接用 *（乘号）实现；⑥可用 np.exp()函数计算自然指数；⑦可按照式(2-49)进行分类。

当随机种子为 1、学习率为 0.1、迭代次数为 1000 次、权重的初始值都为 0 时，均方误差代价函数的值随迭代次数变化的曲线如图 2-23(a)所示。此时训练数据集上的分类错误为 5 个，测试数据集上的分类错误为 1 个。看起来还不错。接下来，把权重的初始值都改为 10、迭代次数增加至 30000 次，将得到如图 2-23(b)所示的均方误差代价函数的值随迭代次数变化的曲线。

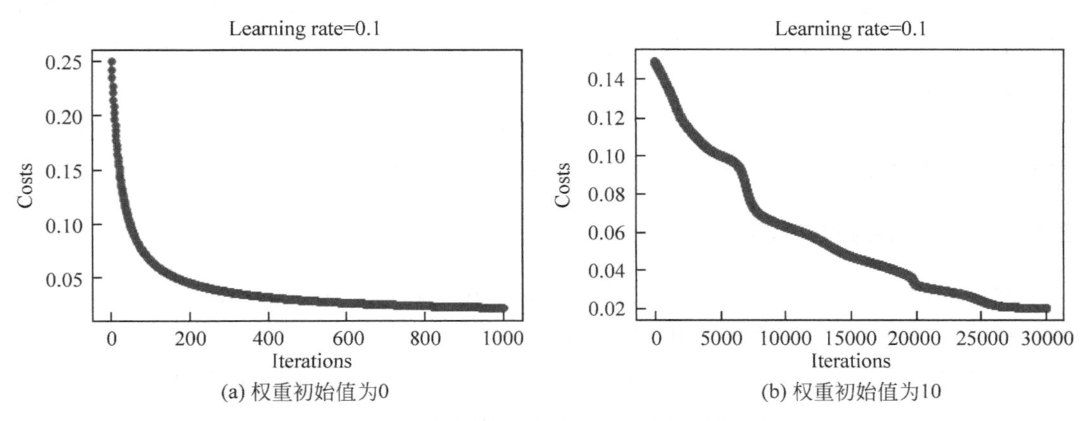

(a) 权重初始值为0　　(b) 权重初始值为10

图 2-23　实验 2-9 中的权重初始值与均方误差代价函数的值

想一想　为什么即便我们使用批梯度下降法，均方误差代价函数的值也不再平稳收敛？

考虑我们使用的均方误差代价函数，见式(2-51)。由于逻辑回归中引入了 sigmoid

函数,均方误差代价函数 $J(\boldsymbol{w},b)$ 不再是凸函数(因 sigmoid 函数不是凸函数,可对照图 2-21 用凸函数定义判断)。因此,在实验 2-9 中,我们并不能保证使用批梯度下降法一定能得到 $\boldsymbol{w}$ 和 b 参数的全局最优解。

图 2-24 给出了当酒驾检测数据集中样本输入特征的维数 $d=1$ 时,均方误差代价函数的值随权重 w 与偏差 b 的变化情况。从图 2-24 中可以看出,我们的代价函数确实不是凸函数。因此,在梯度下降的过程中,梯度的模并不总是越来越小,也可能会再次增大,这使得代价函数的值不再平稳收敛。

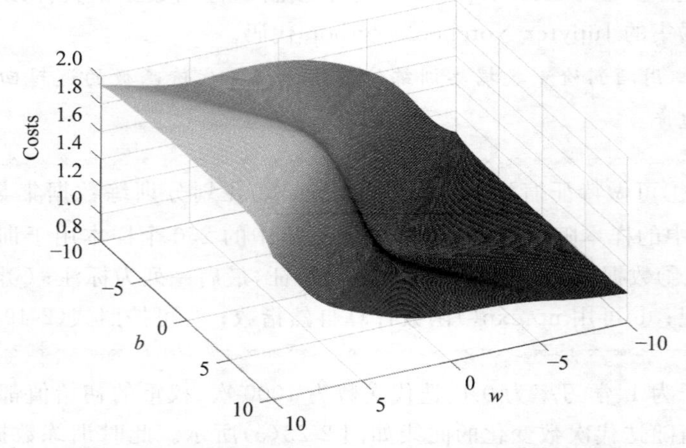

图 2-24 实验 2-9 中均方误差代价函数的值($d=1$ 时)

此时,使用梯度下降法是否能找到全局最优解,与权重和偏差的初始值有很大关系。如果初始值距离全局最优解较远,而初始值附近又存在一些局部最优解,那么模型最终就很可能收敛至局部最优解。这可以解释为什么权重和偏差的初始值不同,模型经过训练后的分类准确程度不同。

那么,对于逻辑回归的训练问题,我们有没有办法像线性回归那样,找到一个为凸函数的代价函数?这样,我们使用批梯度下降法就一定能得到全局最优解。

2.2.3 逻辑回归的代价函数

之前我们一直使用均方误差作为代价函数。在逻辑回归中,我们尝试换一种思路来评价模型的训练效果,即考虑使用不同的代价函数。

在逻辑回归模型的训练过程中,我们希望对于任何一个训练样本的输入特征 $\boldsymbol{x}^{(i)}$,模型输出的标注预测值 $\hat{y}^{(i)}$ 都能够尽量接近该训练样本的标注 $y^{(i)}$。注意到逻辑回归与线性回归的不同之处:逻辑回归模型输出的预测值 $\hat{y}^{(i)}$ 的取值范围是(0,1),即 $\hat{y}^{(i)}\in(0,1)$,且训练样本标注 $y^{(i)}$ 的值要么为 1 要么为 0,即 $y^{(i)}\in\{0,1\}$。因此,让 $\hat{y}^{(i)}$ 尽量接近 $y^{(i)}$ 就等同于最大化 $\hat{y}^{(i)}$(当 $y^{(i)}=1$ 时)或者最大化 $1-\hat{y}^{(i)}$(当 $y^{(i)}=0$ 时)。若想让模型输出的各个训练样本标注的预测值都尽量接近标注,可以让模型输出的各个训练样本标注的预测值 $\hat{y}^{(i)}$(当训练样本的标注 $y^{(i)}=1$ 时)或 $1-\hat{y}^{(i)}$(当训练样本的标注 $y^{(i)}=0$

时)都最大化。模型的训练过程就是一个寻找模型参数最优解 $\boldsymbol{w}^*$、b^* 的过程。可将上述思路用公式表述为

$$\boldsymbol{w}^*, b^* = \underset{\boldsymbol{w}, b}{\operatorname{argmax}}\, \hat{y}^{(1)} \cdots \hat{y}^{(l)} (1-\hat{y}^{(l+1)}) \cdots (1-\hat{y}^{(m)}) \tag{2-54}$$

式(2-54)中,l 代表对应第 1 个类别的训练样本的数量,因此 $m-l$ 为对应第 0 个类别的训练样本的数量。为了方便公式书写,式(2-54)中我们假设对应第 1 个类别的训练样本都排在训练数据集前列。

在 2.2.2 节中我们讨论过,逻辑回归模型输出的预测值 $\hat{y}^{(i)}$ 可以看作是模型给出的输入特征 $\boldsymbol{x}^{(i)}$ 对应第 1 个类别的概率的预测值 $\hat{p}(C_1 | \boldsymbol{x}^{(i)}; \boldsymbol{w}, b)$。因此有 $\hat{y}^{(i)} = \hat{p}(C_1 | \boldsymbol{x}^{(i)}; \boldsymbol{w}, b)$、$1-\hat{y}^{(i)} = 1-\hat{p}(C_1 | \boldsymbol{x}^{(i)}; \boldsymbol{w}, b) = \hat{p}(C_0 | \boldsymbol{x}^{(i)}; \boldsymbol{w}, b)$,即 $1-\hat{y}^{(i)}$ 为模型给出的输入特征 $\boldsymbol{x}^{(i)}$ 对应第 0 个类别的概率的预测值 $\hat{p}(C_0 | \boldsymbol{x}^{(i)}; \boldsymbol{w}, b)$。由此,式(2-54)可写为

$$\begin{aligned}\boldsymbol{w}^*, b^* = \underset{\boldsymbol{w}, b}{\operatorname{argmax}}\, & \hat{p}(C_1 \mid \boldsymbol{x}^{(1)}; \boldsymbol{w}, b) \cdots \hat{p}(C_1 \mid \boldsymbol{x}^{(l)}; \boldsymbol{w}, b) \\ & \cdot \hat{p}(C_0 \mid \boldsymbol{x}^{(l+1)}; \boldsymbol{w}, b) \cdots \hat{p}(C_0 \mid \boldsymbol{x}^{(m)}; \boldsymbol{w}, b)\end{aligned} \tag{2-55}$$

因为在训练过程中各个训练样本$(\boldsymbol{x}^{(i)}, y^{(i)})$都保持不变,所以式(2-55)中的 $\boldsymbol{x}^{(i)}$ 都是固定值,$i=1,2,\cdots,m$。故式(2-55)中各个概率的乘积可以看作是 $\boldsymbol{w}$ 和 b 的函数,记作 $\mathcal{L}(\boldsymbol{w}, b)$。这个函数 $\mathcal{L}(\boldsymbol{w}, b)$ 被称为似然函数(likelihood function),简称似然。像这样通过最大化似然函数来寻找参数 $\boldsymbol{w}$、b 最优解的方法,被称为最大似然估计(maximum likelihood estimation,MLE)。因此,我们的上述思路等同于最大似然估计。

但是,式(2-54)中的这种表述方式有些麻烦,因为需要先判断各个训练样本的标注:如果标注 $y^{(i)}=1$,在式(2-54)中就写为 $\hat{y}^{(i)}$;如果标注 $y^{(i)}=0$,在式中就写为 $1-\hat{y}^{(i)}$。那么,是否存在更加便捷的表述方式?

想一想　如何改进式(2-54)?

$$\begin{aligned}\boldsymbol{w}^*, b^* &= \underset{\boldsymbol{w}, b}{\operatorname{argmax}}\, {\hat{y}^{(1)}}^{y^{(1)}} (1-\hat{y}^{(1)})^{(1-y^{(1)})}\, {\hat{y}^{(2)}}^{y^{(2)}} (1-\hat{y}^{(2)})^{(1-y^{(2)})} \cdots \\ &\quad {\hat{y}^{(m)}}^{y^{(m)}} (1-\hat{y}^{(m)})^{(1-y^{(m)})} \\ &= \underset{\boldsymbol{w}, b}{\operatorname{argmax}} \prod_{i=1}^{m} {\hat{y}^{(i)}}^{y^{(i)}} (1-\hat{y}^{(i)})^{(1-y^{(i)})}\end{aligned} \tag{2-56}$$

如果你想出来了式(2-56)中的这种表述方式,值得表扬一下自己。式(2-56)等价于式(2-54),因为当标注 $y^{(i)}=0$ 时,${\hat{y}^{(i)}}^{y^{(i)}}(1-\hat{y}^{(i)})^{(1-y^{(i)})} = 1-\hat{y}^{(i)}$;当标注 $y^{(i)}=1$ 时,${\hat{y}^{(i)}}^{y^{(i)}}(1-\hat{y}^{(i)})^{(1-y^{(i)})} = \hat{y}^{(i)}$。由于式(2-56)中含有指数,再加上 $\ln(x)$ 是单调递增函数,我们可以用上式中各项乘积的 ln 函数来替代各项乘积而不会影响最优化结果。由此得到

$$\begin{aligned}\boldsymbol{w}^*, b^* &= \underset{\boldsymbol{w}, b}{\operatorname{argmax}} \ln\left(\prod_{i=1}^{m} {\hat{y}^{(i)}}^{y^{(i)}} (1-\hat{y}^{(i)})^{(1-y^{(i)})}\right) \\ &= \underset{\boldsymbol{w}, b}{\operatorname{argmax}} \sum_{i=1}^{m} (y^{(i)} \ln(\hat{y}^{(i)}) + (1-y^{(i)}) \ln(1-\hat{y}^{(i)}))\end{aligned} \tag{2-57}$$

为了判断式(2-57)中的目标函数是否是凸函数,我们将式(2-57)写为最小化的形

式,并且对训练样本数量 m 取平均值(不影响最优化结果):

$$\boldsymbol{w}^*,b^*=\underset{\boldsymbol{w},b}{\operatorname{argmin}}-\frac{1}{m}\sum_{i=1}^{m}(y^{(i)}\ln(\hat{y}^{(i)})+(1-y^{(i)})\ln(1-\hat{y}^{(i)})) \tag{2-58}$$

我们通过最小化式(2-58)中的目标函数,来寻找模型参数 $\boldsymbol{w}$、b 的最优解。因此,该目标函数就是我们的代价函数,即

$$J(\boldsymbol{w},b)=-\frac{1}{m}\sum_{i=1}^{m}(y^{(i)}\ln(\hat{y}^{(i)})+(1-y^{(i)})\ln(1-\hat{y}^{(i)})) \tag{2-59}$$

这个代价函数在形式上是否有些眼熟?想一想熵(entropy)的计算公式

$$H(S)=-\sum_{s_i}p(s_i)\log(p(s_i)) \tag{2-60}$$

式(2-60)为离散随机变量 S 的熵的计算公式,其中的 $p(s_i)$ 表示离散随机变量 S 取值为 s_i 的概率。若式中的对数为自然对数,即 $H(S)=-\sum_{s_i}p(s_i)\ln(p(s_i))$,则熵的单位为奈特(nat)。

如果随机变量 S 的实际概率分布为 $p(s_i)$,而实际概率分布 $p(s_i)$ 的估计值为 $q(s_i)$,那么可以定义交叉熵(cross entropy)为

$$H(p,q)=-\sum_{s_i}p(s_i)\log(q(s_i)) \tag{2-61}$$

交叉熵描述了两个概率分布 $p(s_i)$ 和 $q(s_i)$ 的差异程度。交叉熵越小,表明 $q(s_i)$ 与 $p(s_i)$ 之间的差异就越小。

在逻辑回归中,可以将输入特征 $\boldsymbol{x}$ 看作多元随机变量(随机向量)$\boldsymbol{X}$ 的取值,将标注 y 看作随机变量 Y 的取值,将标注的概率分布看作式(2-61)中的实际概率分布,则有

$$\begin{cases}P(Y=0\mid\boldsymbol{X}=\boldsymbol{x})=1-y\\P(Y=1\mid\boldsymbol{X}=\boldsymbol{x})=y\end{cases}$$

将模型对标注的预测值看作式(2-61)中实际概率分布的估计值,则有

$$\begin{cases}\hat{P}(Y=0\mid\boldsymbol{X}=\boldsymbol{x})=1-\hat{y}\\\hat{P}(Y=1\mid\boldsymbol{X}=\boldsymbol{x})=\hat{y}\end{cases} \tag{2-62}$$

式(2-62)中,$\hat{P}(\cdot)$ 表示 $P(\cdot)$ 的估计值。由此,式(2-61)给出的交叉熵可以写为

$$\begin{aligned}H(p,\hat{p})&=-\sum_{k=0}^{1}P(Y=k\mid\boldsymbol{X}=\boldsymbol{x})\log(\hat{P}(Y=k\mid\boldsymbol{X}=\boldsymbol{x}))\\&=-\begin{bmatrix}P(Y=0\mid\boldsymbol{X}=\boldsymbol{x})\log(\hat{P}(Y=0\mid\boldsymbol{X}=\boldsymbol{x}))\\+P(Y=1\mid\boldsymbol{X}=\boldsymbol{x})\log(\hat{P}(Y=1\mid\boldsymbol{X}=\boldsymbol{x}))\end{bmatrix}\\&=-((1-y^{(i)})\log(1-\hat{y}^{(i)})+y^{(i)}\log(\hat{y}^{(i)}))\end{aligned} \tag{2-63}$$

若式(2-63)中对数的底取自然常数 e,则交叉熵的单位为奈特。可见,式(2-59)代价函数括号中的每个累加项,都是交叉熵,即其损失函数为交叉熵。因此,由式(2-59)给出的代价函数被称为交叉熵代价函数,该函数实际上给出的是交叉熵的算术平均值。交叉熵代价函数常用于监督学习中的分类任务。

交叉熵代价函数

为了便于考查式(2-59)交叉熵代价函数 $J(\boldsymbol{w},b)$ 是否为凸函数，对 $J(\boldsymbol{w},b)$ 做进一步整理。

$$
\begin{aligned}
J(\boldsymbol{w},b) &= -\frac{1}{m}\sum_{i=1}^{m}\left(y^{(i)}\ln(\hat{y}^{(i)})+(1-y^{(i)})\ln(1-\hat{y}^{(i)})\right)\\
&= -\frac{1}{m}\sum_{i=1}^{m}\left(y^{(i)}\ln\left(\frac{1}{1+\mathrm{e}^{-(\boldsymbol{w}^{\mathrm{T}}\boldsymbol{x}^{(i)}+b)}}\right)+(1-y^{(i)})\ln\left(1-\frac{1}{1+\mathrm{e}^{-(\boldsymbol{w}^{\mathrm{T}}\boldsymbol{x}^{(i)}+b)}}\right)\right)\\
&= -\frac{1}{m}\sum_{i=1}^{m}\left(y^{(i)}\ln\left(\frac{\mathrm{e}^{(\boldsymbol{w}^{\mathrm{T}}\boldsymbol{x}^{(i)}+b)}}{1+\mathrm{e}^{(\boldsymbol{w}^{\mathrm{T}}\boldsymbol{x}^{(i)}+b)}}\right)+(1-y^{(i)})\ln\left(\frac{\mathrm{e}^{-(\boldsymbol{w}^{\mathrm{T}}\boldsymbol{x}^{(i)}+b)}}{1+\mathrm{e}^{-(\boldsymbol{w}^{\mathrm{T}}\boldsymbol{x}^{(i)}+b)}}\right)\right)\\
&= \frac{1}{m}\sum_{i=1}^{m}\left(-y^{(i)}\ln\left(\frac{\mathrm{e}^{(\boldsymbol{w}^{\mathrm{T}}\boldsymbol{x}^{(i)}+b)}}{1+\mathrm{e}^{(\boldsymbol{w}^{\mathrm{T}}\boldsymbol{x}^{(i)}+b)}}\right)-(1-y^{(i)})\ln\left(\frac{1}{1+\mathrm{e}^{(\boldsymbol{w}^{\mathrm{T}}\boldsymbol{x}^{(i)}+b)}}\right)\right)\\
&= \frac{1}{m}\sum_{i=1}^{m}\left(-y^{(i)}(\boldsymbol{w}^{\mathrm{T}}\boldsymbol{x}^{(i)}+b)+y^{(i)}\ln(1+\mathrm{e}^{(\boldsymbol{w}^{\mathrm{T}}\boldsymbol{x}^{(i)}+b)})+(1-y^{(i)})\ln(1+\mathrm{e}^{(\boldsymbol{w}^{\mathrm{T}}\boldsymbol{x}^{(i)}+b)})\right)\\
&= \frac{1}{m}\sum_{i=1}^{m}\left(-y^{(i)}(\boldsymbol{w}^{\mathrm{T}}\boldsymbol{x}^{(i)}+b)+\ln(1+\mathrm{e}^{(\boldsymbol{w}^{\mathrm{T}}\boldsymbol{x}^{(i)}+b)})\right)\\
&= \frac{1}{m}\sum_{i=1}^{m}\left(-y(\boldsymbol{w}^{\mathrm{T}}\boldsymbol{x}+b)+\ln(1+\mathrm{e}^{(\boldsymbol{w}^{\mathrm{T}}\boldsymbol{x}+b)})\right)\Big|_{\boldsymbol{x}=\boldsymbol{x}^{(i)},y=y^{(i)}}
\end{aligned}
\tag{2-64}
$$

先说结论，幸运的是，逻辑回归中的交叉熵代价函数是凸函数。那么，如何证明由式(2-64)给出的函数是凸函数？

为了证明该式，我们再引入两个判定凸函数的定理。

【凸函数判定定理1】 若函数的定义域为实数$\mathbb{R}$，且其二阶导数不小于0，则该函数是凸函数。

【凸函数判定定理2】 若函数 $h:\mathbb{R}\rightarrow\mathbb{R}$ 的一阶导数和二阶导数都不小于0，且函数 $g:\mathbb{R}^n\rightarrow\mathbb{R}$ 为凸函数，则函数 $f(\boldsymbol{x})=h(g(\boldsymbol{x}))$ 是凸函数。

我们再次将权重 $\boldsymbol{w}$ 与偏差 b 合并在一起组成新的权重向量 $\widetilde{\boldsymbol{w}}=(w_1,w_2,\cdots,w_d,b)^{\mathrm{T}}$，同时在输入特征 $\boldsymbol{x}$ 中加入常数1元素组成新的输入特征向量 $\widetilde{\boldsymbol{x}}=(x_1,x_2,\cdots,x_d,1)^{\mathrm{T}}$，则有 $\boldsymbol{w}^{\mathrm{T}}\boldsymbol{x}+b=\widetilde{\boldsymbol{w}}^{\mathrm{T}}\widetilde{\boldsymbol{x}}$。

先考查式(2-64)最后一行求和公式内的第一项 $-y(\boldsymbol{w}^{\mathrm{T}}\boldsymbol{x}+b)$。当 $y=0$ 时，第一项 $-y(\boldsymbol{w}^{\mathrm{T}}\boldsymbol{x}+b)=0$；当 $y=1$ 时，$-y(\boldsymbol{w}^{\mathrm{T}}\boldsymbol{x}+b)=-\widetilde{\boldsymbol{w}}^{\mathrm{T}}\widetilde{\boldsymbol{x}}$。根据凸函数定义，容易证明 $-\widetilde{\boldsymbol{w}}^{\mathrm{T}}\widetilde{\boldsymbol{x}}$ 是凸函数(同时也是凹函数)。

再考查式(2-64)最后一行求和公式内的第二项 $\ln(1+\mathrm{e}^{(\boldsymbol{w}^{\mathrm{T}}\boldsymbol{x}+b)})$。令 $g(\widetilde{\boldsymbol{w}})=\widetilde{\boldsymbol{w}}^{\mathrm{T}}\widetilde{\boldsymbol{x}}:\mathbb{R}^{d+1}\rightarrow\mathbb{R}$、$h(z)=\ln(1+\mathrm{e}^z):\mathbb{R}\rightarrow\mathbb{R}$，则 $h(g(\widetilde{\boldsymbol{w}}))=\ln(1+\mathrm{e}^{g(\widetilde{\boldsymbol{w}})})=\ln(1+\mathrm{e}^{(\boldsymbol{w}^{\mathrm{T}}\boldsymbol{x}+b)})$。注意函数 g 的自变量是 $\widetilde{\boldsymbol{w}}$ 而不是 $\widetilde{\boldsymbol{x}}$。因函数 $h(z)=\ln(1+\mathrm{e}^z)$ 的定义域为实数$\mathbb{R}$，且其一阶导数和二阶导数都大于0，即 $\dfrac{\mathrm{d}h}{\mathrm{d}z}=\dfrac{\mathrm{e}^z}{1+\mathrm{e}^z}>0$、$\dfrac{\mathrm{d}^2h}{\mathrm{d}z^2}=-\dfrac{(\mathrm{e}^z)^2}{(1+\mathrm{e}^z)^2}+\dfrac{\mathrm{e}^z}{1+\mathrm{e}^z}=\dfrac{-(\mathrm{e}^z)^2+\mathrm{e}^z+(\mathrm{e}^z)^2}{(1+\mathrm{e}^z)^2}=\dfrac{\mathrm{e}^z}{(1+\mathrm{e}^z)^2}>0$，所以根据判定定理1可知函数 $h(z)$ 为凸函数，且函数 $h(z)$ 满足判定定理2中的前半部分条件。当然，也可以根据 $h(z)=\ln(1+\mathrm{e}^z)$ 的函数曲线以及凸函数的定义，判断出 $h(z)$ 是凸函数，如图2-25所示。函数 $g(\widetilde{\boldsymbol{w}})=\widetilde{\boldsymbol{w}}^{\mathrm{T}}\widetilde{\boldsymbol{x}}$ 与式

(2-64)中求和公式内的第一项一样,是凸函数。因此,根据判断定理 2 可知,函数 $h(g(\widetilde{\boldsymbol{w}}))$是凸函数,即 $\ln(1+\mathrm{e}^{(\boldsymbol{w}^{\mathrm{T}}\boldsymbol{x}+b)})$是凸函数。

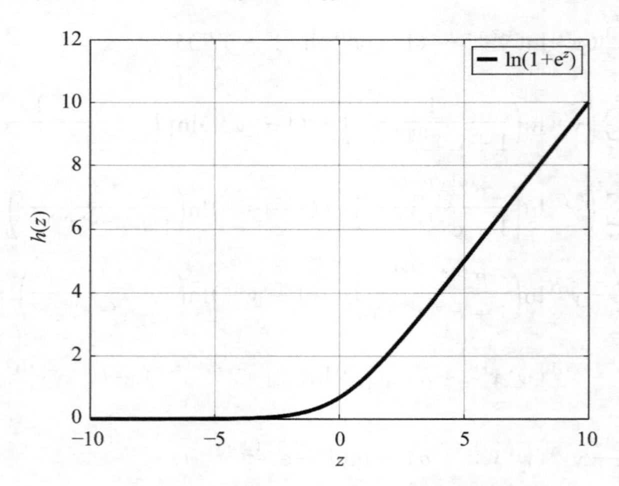

图 2-25 $h(z)=\ln(1+\mathrm{e}^z)$的函数曲线

再根据"凸函数的非负加权之和仍为凸函数",可证明出由式(2-64)给出的交叉熵代价函数是凸函数。因此,在逻辑回归训练过程中,使用交叉熵代价函数,可以保证得到的 $\boldsymbol{w}$、b 参数的最优解一定是全局最优解,这与使用的训练样本($\boldsymbol{x}^{(i)}, y^{(i)}$)无关。使用交叉熵代价函数的逻辑回归模型,与使用均方误差代价函数的线性回归模型,同样具有保证收敛至全局最优解的优良性质。交叉熵代价函数对于逻辑回归模型而言,是画龙点睛之笔,它使逻辑回归模型如虎添翼。

在使用批梯度下降法训练逻辑回归模型时,需要用到代价函数对 $\boldsymbol{w}$ 和 b 的偏导数,我们在此求出交叉熵代价函数对 $\boldsymbol{w}$ 和 b 的偏导数,以供实现逻辑回归模型时参考使用。

$$\begin{cases}\dfrac{\partial J(\boldsymbol{w},b)}{\partial b}=\dfrac{1}{m}\sum_{i=1}^{m}\left(-y^{(i)}+\dfrac{\mathrm{e}^{(\boldsymbol{w}^{\mathrm{T}}\boldsymbol{x}^{(i)}+b)}}{1+\mathrm{e}^{(\boldsymbol{w}^{\mathrm{T}}\boldsymbol{x}^{(i)}+b)}}\right)=\dfrac{1}{m}\sum_{i=1}^{m}(\hat{y}^{(i)}-y^{(i)})=\dfrac{1}{m}\boldsymbol{v}\boldsymbol{e}^{\mathrm{T}} \\ \dfrac{\partial J(\boldsymbol{w},b)}{\partial \boldsymbol{w}}=\dfrac{1}{m}\sum_{i=1}^{m}\left(-y^{(i)}\boldsymbol{x}^{(i)}+\boldsymbol{x}^{(i)}\dfrac{\mathrm{e}^{(\boldsymbol{w}^{\mathrm{T}}\boldsymbol{x}^{(i)}+b)}}{1+\mathrm{e}^{(\boldsymbol{w}^{\mathrm{T}}\boldsymbol{x}^{(i)}+b)}}\right)=\dfrac{1}{m}\sum_{i=1}^{m}\boldsymbol{x}^{(i)}(\hat{y}^{(i)}-y^{(i)})=\dfrac{1}{m}\boldsymbol{X}\boldsymbol{e}^{\mathrm{T}}\end{cases} \tag{2-65}$$

式(2-65)中,$\boldsymbol{X}$ 由式(2-22)给出,$\boldsymbol{X}\in\mathbb{R}^{d\times m}$;$\boldsymbol{e}$ 由式(2-23)给出,$\boldsymbol{e}\in\mathbb{R}^{1\times m}$;$\boldsymbol{v}$ 仍为元素全 1 的行向量,$\boldsymbol{v}\in\mathbb{R}^{1\times m}$。式(2-65)在形式上与线性回归中的偏导数式(2-25)基本相同(除 2 倍系数之外)。

此外,式(2-59)给出的交叉熵代价函数,可以写为如下向量运算的形式,以便于编程实现。

$$\begin{aligned}J(\boldsymbol{w},b)&=-\frac{1}{m}\sum_{i=1}^{m}(y^{(i)}\ln(\hat{y}^{(i)})+(1-y^{(i)})\ln(1-\hat{y}^{(i)})) \\ &=-\frac{1}{m}(\ln(\hat{\boldsymbol{y}})\boldsymbol{y}^{\mathrm{T}}+\ln(\bar{\hat{\boldsymbol{y}}})\bar{\boldsymbol{y}}^{\mathrm{T}})\end{aligned} \tag{2-66}$$

式(2-66)中,$\boldsymbol{y},\bar{\boldsymbol{y}},\hat{\boldsymbol{y}},\bar{\hat{\boldsymbol{y}}}\in\mathbb{R}^{1\times m}$,$\boldsymbol{y}=(y^{(1)},y^{(2)},\cdots,y^{(m)})$,$\bar{\boldsymbol{y}}=(1-y^{(1)},1-y^{(2)},\cdots,$

$1-y^{(m)})$，$\hat{\boldsymbol{y}}=(\hat{y}^{(1)},\hat{y}^{(2)},\cdots,\hat{y}^{(m)})$，$\bar{\hat{\boldsymbol{y}}}=(1-\hat{y}^{(1)},1-\hat{y}^{(2)},\cdots,1-\hat{y}^{(m)})$，$\ln(\hat{\boldsymbol{y}})=(\ln(\hat{y}^{(1)}),\ln(\hat{y}^{(2)}),\cdots,\ln(\hat{y}^{(m)}))$，$\ln(\bar{\hat{\boldsymbol{y}}})=(\ln(1-\hat{y}^{(1)}),\ln(1-\hat{y}^{(2)}),\cdots,\ln(1-\hat{y}^{(m)}))$。

2.2.4　分类任务的性能指标

对于预测值为连续值的回归任务，在线性回归中，我们可使用均方根误差来度量模型的预测性能。而在分类任务中，模型输出的预测值为离散值，与回归有所不同，因而有更多种更直观的评价模型分类性能的指标可供选用。

先考虑一个雷达检测敌机的问题，雷达检测的结果可以是有敌机出现或者没有敌机出现两种情况之一，如果有敌机出现则开启空袭警报。显然，这也可以看作是一个二分类任务。如果有敌机出现，则开启空袭警报；如果没有敌机出现，则不开启空袭警报，这是我们所期望的结果。然而，由于种种原因，雷达的检测结果不大可能百分之百准确，因此会出现两种错误情况：一种是有敌机出现，雷达却没有检测出来，这种情况称为漏报（miss detection），显然漏报的后果可能会非常严重；另一种情况是没有敌机出现，雷达却检测出有敌机，这种情况称为虚警（false alarm），虚警可能导致空袭警报开启，虚惊一场。这两种情况都是我们不希望发生的。我们把漏报发生的概率称为漏报概率，把虚警发生的概率称为虚警概率。在设计雷达及其检测算法时，我们自然希望同时降低漏报概率以及虚警概率。

在机器学习中，也有类似的性能评价指标，这些评价指标大都与混淆矩阵有关联。什么是混淆矩阵？

在二分类任务中，**混淆矩阵**（confusion matrix）是一个两行两列的表：每一行（或每一列）代表一个由模型预测值给出的类别，每一列（或每一行）代表一个由样本标注给出的类别，其中的数字表示样本的数量。表 2-2 给出了一个混淆矩阵的示例，这里假设我们使用机器学习模型对 10000 名未感染某种疾病的患者，以及 1000 名已感染某种疾病的患者分别进行预测，预测是否感染某种疾病，预测的结果统计在表中。其中，第一行第一列数字 999 为模型将实际已感染某种疾病的患者预测为已感染患者的人数，第一行第二列数字 2 为模型将实际未感染某种疾病的患者预测为已感染患者的人数，第二行第一列数字 1 为模型将实际已感染某种疾病的患者预测为未感染患者的人数，第二行第二列数字 9998 为模型将实际未感染某种疾病的患者预测为未感染患者的人数。

表 2-2　混淆矩阵示例

预测类别	实际类别	
	实际已感染 （样本的标注为类别 1）	实际未感染 （样本的标注为类别 0）
预测已感染 （模型预测值对应为类别 1）	999	2
预测未感染 （模型预测值对应为类别 0）	1	9998

也就是说，混淆矩阵中第一行第一列的数字表示有多少原本是第 1 类的样本被正确

预测为第 1 类,即**真阳性**(true positive,TP)样本的数量;第一行第二列的数字表示有多少原本是第 0 类的样本被错误预测为第 1 类,即**假阳性**(false positive,FP)样本的数量;第二行第一列中的数字表示有多少原本是第 1 类的样本被错误预测为第 0 类,即**假阴性**(false negative,FN)样本的数量;第二行第二列中的数字表示有多少原本是第 0 类的样本被正确预测为第 0 类,即**真阴性**(true negative,TN)样本的数量。

混淆矩阵的概念比较容易理解。有了混淆矩阵中的各类样本数量,我们就可以计算更多的分类性能评价指标。我们最关心的是模型分类的准确程度如何,因此第一个想到的性能评价指标,就是**准确度**(accuracy)。准确度是指模型预测正确的样本与样本总数的比率。

$$\text{accuracy}=\frac{\text{TP}+\text{TN}}{\text{TP}+\text{FP}+\text{TN}+\text{FN}} \tag{2-67}$$

在表 2-2 给出的示例中,准确度 $\text{accuracy}=\frac{999+9998}{999+2+9998+1}\approx 0.9997$。

与准确度相对应的评价指标是**错误率**(error rate),是指模型预测错误的样本与样本总数的比率。

$$\text{error rate}=\frac{\text{FP}+\text{FN}}{\text{TP}+\text{FP}+\text{TN}+\text{FN}}=1-\text{accuracy} \tag{2-68}$$

在表 2-2 给出的示例中,错误率 $\text{error rate}=\frac{2+1}{999+2+9998+1}\approx 0.0003$。

接下来我们来了解另外 8 个与混淆矩阵直接关联的评价指标。每个性能评价指标,都只能反映模型的一部分性能,因此通常与其他指标一起使用。

假阳性率(false positive rate,FPR),也是雷达检测问题中的虚警概率(probability of false alarm),即将原本是第 0 类的样本错误地预测为第 1 类的比率。

$$\text{FPR}=\frac{\text{FP}}{\text{FP}+\text{TN}}$$

在表 2-2 给出的示例中,假阳性率 $\text{FPR}=\frac{2}{2+9998}=0.0002$。

与假阳性率相对应的指标是**假阴性率**(false negative rate,FNR),也就是雷达检测问题中的漏报概率(probability of miss detection),即将原本是第 1 类的样本错误预测为第 0 类的比率。

$$\text{FNR}=\frac{\text{FN}}{\text{TP}+\text{FN}}$$

在表 2-2 给出的示例中,假阴性率 $\text{FNR}=\frac{1}{999+1}=0.001$。

真阴性率(true negative rate,TNR),是将第 0 类样本正确预测为第 0 类的比率,也被称为特异度(specificity)。

$$\text{TNR}=\frac{\text{TN}}{\text{FP}+\text{TN}}=1-\text{FPR}$$

在表 2-2 给出的示例中,真阴性率 $\text{TNR}=\frac{9998}{2+9998}=0.9998$。

真阳性率(true positive rate,TPR),是将第 1 类样本正确预测为第 1 类的比率,也被称为**召回率**(recall)、**检测概率**(probability of detection)、**灵敏度**(sensitivity)。

$$\mathrm{TPR}=\frac{\mathrm{TP}}{\mathrm{TP}+\mathrm{FN}}=1-\mathrm{FNR} \tag{2-69}$$

在表 2-2 给出的示例中,真阳性率 $\mathrm{TNR}=\frac{999}{999+1}=0.999$。

阴性预测值(negative predictive value,NPV),是被预测为第 0 类的所有样本中,被正确预测的比率。

$$\mathrm{NPV}=\frac{\mathrm{TN}}{\mathrm{TN}+\mathrm{FN}}$$

在表 2-2 给出的示例中,阴性预测值 $\mathrm{NPV}=\frac{9998}{9998+1}\approx 0.9999$。

阳性预测值(positive predictive value,PPV),是被预测为第 1 类的所有样本中,被正确预测的比率,也被称为**精度**(precision)。

$$\mathrm{PPV}=\frac{\mathrm{TP}}{\mathrm{TP}+\mathrm{FP}} \tag{2-70}$$

在表 2-2 给出的示例中,阴阳预测值 $\mathrm{PPV}=\frac{999}{999+2}\approx 0.998$。

误发现率(false discovery rate,FDR),是被预测为第 1 类的所有样本中,被错误预测的比率。

$$\mathrm{FDR}=\frac{\mathrm{FP}}{\mathrm{TP}+\mathrm{FP}}=1-\mathrm{PPV}$$

在表 2-2 给出的示例中,误发现率 $\mathrm{FDR}=\frac{2}{999+2}\approx 0.002$。

误遗漏率(false omission rate,FOR),是被预测为第 0 类的所有样本中,被错误预测的比率。

$$\mathrm{FOR}=\frac{\mathrm{FN}}{\mathrm{TN}+\mathrm{FN}}=1-\mathrm{NPV}$$

在表 2-2 给出的示例中,误遗漏率 $\mathrm{FOR}=\frac{1}{9998+1}\approx 0.0001$。

精度和召回率这两个词我们可能会经常遇到。精度就是上述的阳性预测值,召回率就是真阳性率。为了便于理解这两个性能评价指标,我们以飞盘游戏为例做个类比。

想象这样一个场景,在公园里的草坪上你的同学不断地把飞盘抛给你。但是这个同学喜欢搞恶作剧,他每次抛给你的,可能是飞盘,也可能是烂柿子等其他物品。你的任务是争取接住他抛给你的所有飞盘,并且避开他抛给你的所有烂柿子。这里的飞盘相当于二分类任务中的第 1 个类别,烂柿子相当于第 0 个类别。你的同学抛出飞盘相当于样本的标注为第 1 个类别,抛出烂柿子相当于样本的标注为第 0 个类别。假设你徒手接物的技艺高超,任何物品,只要想接,都一定能接住。当你认为抛给你的是飞盘时,你就会伸手去接,这相当于你给出的预测值对应第 1 个类别。当你认为抛给你的是烂柿子时,你就不会去接,并且尽量躲避,这相当于你给出的预测值对应第 0 个类别。

召回率就是你接抛给你的飞盘的比率,例如,你的同学总共抛给你 5 个飞盘,你接了其中的 3 个,那么召回率就是 3/5=0.6。召回率可以想象为你召回飞盘的比率。而精度就是在你所有接的物品中,飞盘所占的比率。例如你一共接了 8 个物品,其中包括 6 个飞盘和 2 个烂柿子,那么精度就是 6/8=0.75。精度可以想象为你接飞盘的精准程度。

召回率和精度等性能评价指标经常成对使用。在性能评估时,通常需要同时权衡至少两个性能指标,不够直观方便。那么,是否有更加简便的办法,只使用一个性能评价指标?

我们可以使用 **F 值**(F-score)这个评价指标,它将召回率和精度两个指标合并在一起。F 值的定义为

$$F_\beta = \frac{1}{\frac{\alpha}{\text{精度}} + \frac{1-\alpha}{\text{召回率}}} = \frac{1}{\frac{1}{1+\beta^2}\cdot\frac{1}{\text{精度}} + \frac{\beta^2}{1+\beta^2}\cdot\frac{1}{\text{召回率}}}$$
$$= (1+\beta^2)\frac{\text{召回率}\cdot\text{精度}}{\text{召回率}+\beta^2\cdot\text{精度}} = \frac{(1+\beta^2)\cdot \text{TP}}{(\text{TP}+\text{FP})+\beta^2\cdot(\text{TP}+\text{FN})} \tag{2-71}$$

式(2-71)中,$\alpha=\frac{1}{1+\beta^2}$,$\beta>0$。上式也被称为 **$F_\beta$ 值**(F-beta score)。

如果式(2-71)中的 $\beta>1$,那么召回率对上式值的影响较大(因为此时上式分母中召回率这一项的系数 $1-\alpha$ 比精度这一项的系数 α 要大),即更加重视召回率;如果 $0<\beta<1$,那么精度对上式值的影响较大,即更加重视精度。

特别地,如果 $\beta=1$,则表示召回率和精度同等重要。此时,式(2-71)成为

$$F_1 = \frac{2\cdot\text{召回率}\cdot\text{精度}}{\text{召回率}+\text{精度}} = \frac{2\cdot\text{TP}}{2\cdot\text{TP}+\text{FP}+\text{FN}} = \frac{2}{\frac{1}{\text{精度}}+\frac{1}{\text{召回率}}} \tag{2-72}$$

式(2-72)被称为 **F_1 值**(F1-score)。从上式的右手侧可以看出,F_1 值实际上是召回率和精度的调和平均数(harmonic mean)。

从上述 F 值计算公式中可以看出,当召回率和精度都为 1 时,F 值达到最大值 1;当召回率或精度接近于 0 时,F 值也接近于 0。因此,F 值越大,代表模型的分类性能越好。

分类任务的性能评价指标还有很多,例如从**皮尔逊相关系数**(Pearson correlation coefficient)推出的**马修斯相关系数**(Matthews correlation coefficient,MCC)、以及交叉熵等。我们在此简单列出,不再详细推导。

皮尔逊相关系数 $\rho_{X,Y}$ 是两个随机变量(X 与 Y)的协方差除以它们各自的标准差(σ_X 与 σ_Y)之积,本质上是归一化的协方差。

$$\rho_{X,Y} = \frac{\mathbb{E}((X-\mu_X)(Y-\mu_Y))}{\sigma_X\sigma_Y} \tag{2-73}$$

式中,$\mathbb{E}(\cdot)$代表取期望值(expected value);μ_X、μ_Y 分别为随机变量 X、Y 的均值。与协方差一样,皮尔逊相关系数只能反映两个变量之间的线性相关性,其取值范围为[−1,1]。如果皮尔逊相关系数为 1,则表示两个随机变量完全线性相关,如果为−1 则表示负相关,如果为 0 则表示没有线性关系。马修斯相关系数本质上是二分类任务中的皮尔逊相关系数,即

$$MCC = \frac{TP \cdot TN - FP \cdot FN}{\sqrt{(TP + FP)(TP + FN)(TN + FP)(TN + FN)}} \tag{2-74}$$

马修斯相关系数的取值范围与皮尔逊相关系数一样，也是[−1,1]。其中，1 表示模型输出预测值对应的类别与样本标注的类别完全一致（当 FP、FN 都为 0 时，即不存在错误分类的样本），−1 表示完全不一致（当 TP、TN 都为 0 时，即不存在正确分类的样本），而 0 表示没有关系。因此，马修斯相关系数越大，代表模型的分类性能越好。

至于交叉熵这个性能指标，与我们在逻辑回归模型训练过程中使用的交叉熵代价函数一样。

2.2.5 逻辑回归实践

作为逻辑回归的最后一节，本节中我们将实现基于交叉熵代价函数的逻辑回归，并用酒驾检测数据集来训练、评估逻辑回归模型。

实验 2-10 用酒驾检测数据集训练使用交叉熵代价函数的逻辑回归模型，并用召回率、精度、F_1 值等指标评估其分类性能。

提示：①可进行特征缩放；②在划分训练数据集与测试数据集之前，应对数据集中的样本随机排序；③可将数据集中的 250 个样本用于训练，其余 134 个样本用于测试；④可使用 np.log() 函数计算自然对数；⑤在统计混淆矩阵时，可能会用到 np.logical_and()、np.sum()等函数。

修改权重的初始值，观察不同初始值下代价函数的值随迭代次数变化的曲线，以及模型的分类性能度量指标。

想一想 为什么在训练过程中，逻辑回归模型 $\boldsymbol{w}$、b 参数的收敛速度相对较慢（相比线性回归）？

这是因为 sigmoid 函数 $g(z)$ 的特点，当自变量 z 的绝对值大于 3 时，其函数值 $g(z)$ 非常接近于 0 或 1，从而使很多训练样本上的预测误差的绝对值较小，这使得权重与偏差参数更新时的搜索步长相对较小，导致收敛速度相对较慢。

逻辑回归和线性回归都是神经网络和深度学习的基础，在接下来的学习中我们还会遇到。

2.3 支持向量机

我们知道，在逻辑回归中，$z=\boldsymbol{w}^{\mathrm{T}}\boldsymbol{x}+b$，$\hat{y}=g(z)=\frac{1}{1+\mathrm{e}^{-z}}=\frac{1}{1+\mathrm{e}^{-(\boldsymbol{w}^{\mathrm{T}}\boldsymbol{x}+b)}}$。当 z 趋近于 $+\infty$ 时，$\hat{y}=g(z)$ 趋近于 1；当 z 趋近于 $-\infty$ 时，$\hat{y}=g(z)$ 趋近于 0；当 $z=0$ 时，$\hat{y}=g(z)=0.5$。因此，逻辑回归模型的训练过程可以看作是模型学习使由第 0 类训练样本输入特征计算出的 z 值为一个较小的负值、同时使由第 1 类训练样本输入特征计算出的

z 值为一个较大的正值的过程。逻辑回归的分类过程就是比较由输入特征 $\boldsymbol{x}$ 计算出的 z 值是否大于 0 的过程：如果 $z \geqslant 0$，则将输入特征对应为第 1 个类别，否则对应为第 0 个类别。如果由第 0 类样本输入特征计算出的 z 值大于或等于 0，或者由第 1 类样本输入特征计算出的 z 值小于 0，则发生了分类错误。可见，逻辑回归等监督学习模型，本质上是先将输入特征向量映射为一个标量，再将此标量的值与固定的判决门限（例如 0）做比较，从而实现二分类。

想一想 既然如此，有何办法减少分类错误？

若想减少分类错误，从直觉上看，一个办法是让输入特征映射的标量值都远离判决门限，起码让所有训练样本输入特征映射的标量值都尽量远离判决门限，与此同时，尽量缩小这个标量值的动态范围，使这个标量的值更难越过判决门限。

这个想法在**支持向量机**（support vector machine，SVM）中得以实现。本书中我们将支持向量机简称为 SVM。

2.3.1 支持向量机及其训练问题

从名称上看，支持向量机这个词有点古怪、不知所云。这个名字是从输入特征的角度描述该方法的特别之处。向量这个词，就是线性代数中的向量，在机器学习中指输入特征向量。支持向量的英文为 support vector，也被译为支撑向量。顾名思义，支持向量就像是支撑开心脏冠状动脉的心脏支架一样，支撑起两个类别训练样本输入特征之间的一条“保护带”。

尽管 SVM 这个名称与输入特征向量颇有渊源，但是如果从模型输出的标量预测值的角度看，将更有助于理解 SVM。

在逻辑回归模型的预测过程中，我们首先通过仿射函数 $z = \boldsymbol{w}^{\mathrm{T}}\boldsymbol{x} + b$，将输入特征向量 $\boldsymbol{x}$ 对应为标量 z，然后根据 z 值的正负将输入特征 $\boldsymbol{x}$ 对应至类别 k，$k = [z \geqslant 0]$，与图 2-26(a)所示的判决门限 0 相同。然而，在逻辑回归模型的训练过程中，并没有附加由两个类别训练样本输入特征计算出的 z 值之间须大于某一间隔的要求，也没有对 z 值的大小做任何要求，也就是说，两个类别训练样本对应的 z 值之间并没有“保护带”，并且 z 值的动态范围也可能会较大，所以模型在预测时可能会因 z 值容易越过判决门限 0 而使分类错误数量增多。

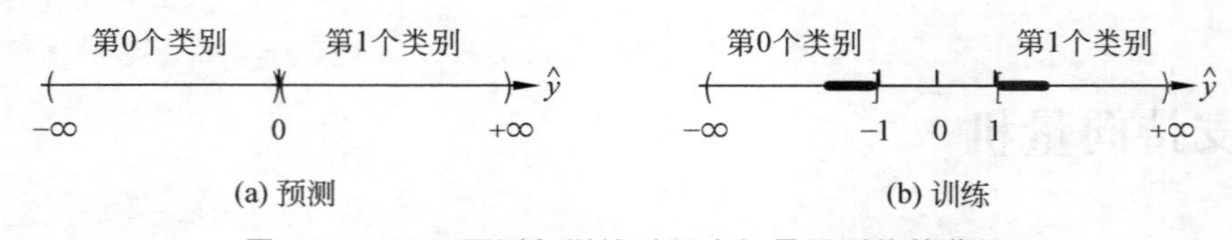

图 2-26 SVM 预测与训练过程中标量预测值的范围

在 SVM 中，我们人为规定由两个类别训练样本输入特征计算出的 z 值之差的绝对值须大于或等于 2，具体来说，我们规定由第 1 类训练样本输入特征计算出的 z 值须大于或等于 1，由第 0 类训练样本输入特征计算出的 z 值须小于或等于 -1，如图 2-26(b)所

示。这样，两个类别训练样本对应的 z 值之间就有一条宽度为 2 的“保护带”。更进一步地，为了使 z 值的动态范围更小，更不容易越过判决门限 0，在 SVM 中，同时也要求 $z=\boldsymbol{w}^{\mathrm{T}}\boldsymbol{x}+b$ 计算式中权重向量 $\boldsymbol{w}$ 的模 $\|\boldsymbol{w}\|$ 尽可能小。因为两个列向量 $\boldsymbol{w}$ 和 $\boldsymbol{x}$ 的点积为

$$\boldsymbol{w}\cdot\boldsymbol{x}=\boldsymbol{w}^{\mathrm{T}}\boldsymbol{x}=\sum_{i=1}^{d}w_i x_i=\|\boldsymbol{w}\|\ \|\boldsymbol{x}\|\cos\theta \tag{2-75}$$

式(2-75)中，θ 是向量 $\boldsymbol{w}$ 和 $\boldsymbol{x}$ 之间的夹角，$0\leqslant\theta\leqslant\pi$。可见，对于给定的输入特征 $\boldsymbol{x}$，减小权重向量 $\boldsymbol{w}$ 的模 $\|\boldsymbol{w}\|$，将有助于减小 z 值的大小。而随着 z 值的减小，z 值的动态范围也将随之缩小，从而使 z 值更难越过上述宽度固定的“保护带”。由于上述思路已给出了约束函数和目标函数，在 SVM 中，不需要定义代价函数，也不需要再使用 sigmoid 函数，所以上述的 z 值就是模型最终给出的预测值 $\hat{y}$。

由此，如图 2-26(a)所示，SVM 的预测过程可表述为

$$\hat{y}=z=\boldsymbol{w}^{\mathrm{T}}\boldsymbol{x}+b \tag{2-76}$$

$$k=[\hat{y}\geqslant 0] \tag{2-77}$$

SVM 的训练问题用数学语言可表述为

$$\begin{aligned}&\underset{\boldsymbol{w},b}{\text{minimize}}\ \frac{1}{2}\|\boldsymbol{w}\|^2\\&\text{subject to}\quad y^{(i)}(\boldsymbol{w}^{\mathrm{T}}\boldsymbol{x}^{(i)}+b)\geqslant 1\end{aligned} \tag{2-78}$$

式(2-78)中，subject to 的意思是“在……条件下”；$y^{(i)}(\boldsymbol{w}^{\mathrm{T}}\boldsymbol{x}^{(i)}+b)\geqslant 1$ 为约束函数，$i=1,2,\cdots,m$；$\frac{1}{2}\|\boldsymbol{w}\|^2$ 为目标函数。由于向量 $\boldsymbol{w}$ 的模 $\|\boldsymbol{w}\|=\sqrt{w_1^2+w_2^2+\cdots+w_d^2}$ 不如模的平方 $\|\boldsymbol{w}\|^2=w_1^2+w_2^2+\cdots+w_d^2$ 更便于求偏导数，而且使 $\|\boldsymbol{w}\|^2$ 取值最小的 $\boldsymbol{w}$ 值也使 $\|\boldsymbol{w}\|$ 的取值最小，因此在上述最优化问题中我们使用 $\frac{1}{2}\|\boldsymbol{w}\|^2$ 来替代 $\|\boldsymbol{w}\|$。其中的系数 $\frac{1}{2}$ 并不影响求解结果，只是为了让计算偏导数后的结果看起来更加简洁。在 SVM 中，训练样本 $(\boldsymbol{x}^{(i)},y^{(i)})$ 的标注 $y^{(i)}$ 的取值略有不同：如果训练样本对应为第 1 个类别，则 $y^{(i)}=1$；如果训练样本对应为第 0 个类别，则 $y^{(i)}=-1$。如前所述，由于我们希望由第 1 个类别训练样本输入特征计算出的标注预测值 $\hat{y}^{(i)}$ 不小于 1，而此时 $y^{(i)}=1$，因此可表示为 $y^{(i)}\hat{y}^{(i)}\geqslant 1$，即 $y^{(i)}(\boldsymbol{w}^{\mathrm{T}}\boldsymbol{x}^{(i)}+b)\geqslant 1$。同时我们也希望由第 0 个类别训练样本输入特征计算出的标注预测值 $\hat{y}^{(i)}$ 不大于 -1，而此时 $y^{(i)}=-1$，因此也可表示为 $y^{(i)}\hat{y}^{(i)}\geqslant 1$，即 $y^{(i)}(\boldsymbol{w}^{\mathrm{T}}\boldsymbol{x}^{(i)}+b)\geqslant 1$。所以，无论训练样本 $(\boldsymbol{x}^{(i)},y^{(i)})$ 对应于哪个类别，我们都希望 $y^{(i)}(\boldsymbol{w}^{\mathrm{T}}\boldsymbol{x}^{(i)}+b)\geqslant 1$ 成立，这就是式(2-78)中的约束函数。

支持向量机

根据我们学过的知识，可以判断出式(2-78)中的目标函数和约束函数都是凸函数，因此该最优化问题是凸优化问题。进一步来看，式(2-78)中的目标函数是二次函数，其约束函数是仿射函数，因此该凸优化问题是**二次规划**(quadratic program，QP)问题。

由式(2-78)给出的这种形式的 SVM 被称为**硬间隔 SVM**(hard margin SVM)，因为其约束函数 $y^{(i)}(\boldsymbol{w}^{\mathrm{T}}\boldsymbol{x}^{(i)}+b)\geqslant 1$ 要求所有训练样本对应的预测值 $\hat{y}^{(i)}$(即上述的 z 值)都必

须在“保护带”之外，最多只能落在“保护带”上。

2.3.2 支持向量机训练问题初步求解

为了求解式(2-78)给出的最优化问题，我们引入拉格朗日乘子(Lagrange multipliers)并使用拉格朗日乘子法(method of Lagrange multipliers)。其基本思想是，通过构建一个拉格朗日函数(Lagrangian function)，将约束问题转换为无约束问题。用于非线性规划的 Karush-Kuhn-Tucker(KKT)方法进一步推广了拉格朗日乘子法，支持不等式约束条件。

我们先将式(2-78)中的约束函数改写为“$\leqslant 0$”的形式，即$-(y^{(i)}(\boldsymbol{w}^{\mathrm{T}}\boldsymbol{x}^{(i)}+b)-1)\leqslant 0, i=1,2,\cdots,m$。然后构建拉格朗日函数$\mathcal{L}(\boldsymbol{w},b,\boldsymbol{\alpha})$

$$\mathcal{L}(\boldsymbol{w},b,\boldsymbol{\alpha})=\frac{1}{2}\ \|\boldsymbol{w}\|^2-\sum_{i=1}^{m}\alpha_i(y^{(i)}(\boldsymbol{w}^{\mathrm{T}}\boldsymbol{x}^{(i)}+b)-1) \tag{2-79}$$

式(2-79)中，$\boldsymbol{\alpha}=(\alpha_1,\alpha_2,\cdots,\alpha_m)^{\mathrm{T}}$，为拉格朗日乘子，$\alpha_i\geqslant 0$；$\mathcal{L}(\boldsymbol{w},b,\boldsymbol{\alpha})$是 $\boldsymbol{w}$、b、$\boldsymbol{\alpha}$ 的函数。作为必要条件，将式(2-79)分别对 $\boldsymbol{w}$ 和 b 求偏导数，并将偏导数置为零，可得

$$\begin{cases}\dfrac{\partial\ \mathcal{L}(\boldsymbol{w},b,\boldsymbol{\alpha})}{\partial \boldsymbol{w}}=\boldsymbol{w}-\sum\limits_{i=1}^{m}\alpha_i y^{(i)}\boldsymbol{x}^{(i)}=\boldsymbol{0}\\ \dfrac{\partial\ \mathcal{L}(\boldsymbol{w},b,\boldsymbol{\alpha})}{\partial b}=-\sum\limits_{i=1}^{m}\alpha_i y^{(i)}=0\end{cases}$$

即

$$\begin{cases}\boldsymbol{w}=\sum\limits_{i=1}^{m}\alpha_i y^{(i)}\boldsymbol{x}^{(i)}\\ \sum\limits_{i=1}^{m}\alpha_i y^{(i)}=0\end{cases} \tag{2-80}$$

可见，只要我们能求出 α_i，就能求出权重 $\boldsymbol{w}$。求 α_i 的过程涉及求解对偶问题(dual problem)(这里为二次规划问题)，本书中不再详细讨论。求解对偶问题需要满足几个 KKT 条件。其中一个条件，即 KKT 对偶互补条件(KKT dual complementarity condition)，为

$$-\alpha_i(y^{(i)}(\boldsymbol{w}^{\mathrm{T}}\boldsymbol{x}^{(i)}+b)-1)=0 \tag{2-81}$$

式(2-81)中，$i=1,2,\cdots,m$。由该条件可知，如果训练样本对应的预测值不在“保护带”的两个边界点(1 或 -1)上，即 $y^{(i)}(\boldsymbol{w}^{\mathrm{T}}\boldsymbol{x}^{(i)}+b)-1\neq 0$，那么这些训练样本对应的拉格朗日乘子 $\alpha_i=0$。另一方面，如果 $\alpha_i>0$，则必有 $y^{(i)}(\boldsymbol{w}^{\mathrm{T}}\boldsymbol{x}^{(i)}+b)-1=0$，也就是说，只有对应的预测值在“保护带”两个边界点上的训练样本，其拉格朗日乘子 α_i 才可能不为 0。对照 $\boldsymbol{w}=\sum\limits_{i=1}^{m}\alpha_i y^{(i)}\boldsymbol{x}^{(i)}$ 可知，权重 $\boldsymbol{w}$ 的值，仅取决于拉格朗日乘子 α_i 不为 0 的训练样本，即对应的预测值位于“保护带”两个边界点上的训练样本，这样的训练样本的输入特征就是支持向量。

此外，在求解 α_i 的过程中，仅用到了训练样本之间这种形式的运算：$y^{(i)}y^{(j)}(\boldsymbol{x}^{(i)}\cdot\boldsymbol{x}^{(j)})$，$i=1,2,\cdots,m$，$j=1,2,\cdots,m$。也就是说，支持向量的选取，取决于训练样本之间输

入特征的点积，而与输入特征的维数没有关系。这个性质很重要，在 2.3.3 节中我们将会用到。

则根据式(2-80)，可将标注的预测值 $\hat{y}$ 写为

$$\hat{y} = \boldsymbol{w}^{\mathrm{T}}\boldsymbol{x} + b = \Big(\sum_{i=1}^{m}\alpha_i y^{(i)}\boldsymbol{x}^{(i)}\Big)^{\mathrm{T}}\boldsymbol{x} + b = \sum_{i=1}^{m}\alpha_i y^{(i)}\,(\boldsymbol{x}^{(i)})^{\mathrm{T}}\boldsymbol{x} + b$$

$$= \sum_{i=1}^{m}\alpha_i y^{(i)}(\boldsymbol{x}^{(i)} \cdot \boldsymbol{x}) + b \tag{2-82}$$

如果我们已经求出了 α_i(通过对偶问题求得)和 b(通过支持向量训练样本求得)，那么就可以根据式(2-82)计算预测值并根据式(2-77)做分类。式(2-82)中的 α_i 大多为 0，因此在计算预测值时，我们只需要使用少数对应的 α_i 不为 0 的训练样本(即支持向量训练样本)。所以，在完成 SVM 模型的训练之后，我们不需要再保留训练数据集中除支持向量训练样本之外的其他训练样本。那么，为什么还需要保留少数支持向量训练样本，而不像线性回归和逻辑回归那样，在通过训练得到 $\boldsymbol{w}$ 和 b 参数后就可以不再保留训练数据集中的所有训练样本？

注意到式(2-82)中的点积为输入特征 $\boldsymbol{x}$ 与支持向量之间的点积，因此需要保留支持向量训练样本。当然，我们也可以不保留这些训练样本，而在分类过程中仅使用求得的 $\boldsymbol{w}$ 和 b 参数，不过这样就享受不到**核技巧**(kernel trick)带来的好处了。

2.3.3　核技巧

先明确两个称谓。我们把机器学习模型的输入变量称为输入特征。在此之前，我们将机器学习模型的输入特征等同于我们获得的原始数据变量，例如在酒驾检测中我们将通过传感器采集的原始数据，包括车内环境温度、驾驶员面部最高温度和最低温度等，直接作为机器学习模型的输入特征。这些原始数据变量称为**属性**(attribute)。机器学习模型的输入特征来源于属性，但可以不等同于属性，例如输入特征可以是属性的线性组合或者平方等运算结果。

在本节中，我们把属性记为 $\boldsymbol{x}$，把来源于属性的输入特征记为 $\phi(\boldsymbol{x})$。$\phi(\cdot)$表示特征映射(feature mapping)，即把属性映射为输入特征。例如，当属性 $\boldsymbol{x}=(x_1, x_2)^{\mathrm{T}}$ 时，输入特征 $\phi(\boldsymbol{x})$可以为

$$\phi(\boldsymbol{x}) = \begin{pmatrix} x_1^2 \\ x_1 x_2 \\ x_2^2 \end{pmatrix}$$

在这个例子中，机器学习模型的输入特征就是 x_1^2、x_1x_2、x_2^2。可见，属性的维数与输入特征的维数可以不相同。只要定义了特征映射 $\phi(\cdot)$，就可以由属性 $\boldsymbol{x}$ 计算出输入特征 $\phi(\boldsymbol{x})$。当我们明确区分属性与输入特征时，可以把式(2-82)改写为

$$\hat{y} = \sum_{i=1}^{m}\alpha_i y^{(i)}(\phi(\boldsymbol{x}^{(i)}) \cdot \phi(\boldsymbol{x})) + b = \sum_{i=1}^{m}\alpha_i y^{(i)} k(\boldsymbol{x}^{(i)}, \boldsymbol{x}) + b \tag{2-83}$$

式(2-83)中，$k(\boldsymbol{x}^{(i)}, \boldsymbol{x})$称为**核函数**(kernel function)。式中仅支持向量对应的 α_i 不为 0。在 2.3.2 节中我们提及过，在求解 α_i 的过程中，仅需计算训练样本之间的

$y^{(i)}y^{(j)}(\boldsymbol{x}^{(i)}\cdot\boldsymbol{x}^{(j)})$。因此,在把 $\boldsymbol{x}^{(i)}\cdot\boldsymbol{x}$ 替换为 $\phi(\boldsymbol{x}^{(i)})\cdot\phi(\boldsymbol{x})=k(\boldsymbol{x}^{(i)},\boldsymbol{x})$、把 $\boldsymbol{x}^{(i)}\cdot\boldsymbol{x}^{(j)}$ 替换为 $\phi(\boldsymbol{x}^{(i)})\cdot\phi(\boldsymbol{x}^{(j)})=k(\boldsymbol{x}^{(i)},\boldsymbol{x}^{(j)})$之后,并不影响式(2-78)最优化问题最优解的形式。

显然,$\phi(\boldsymbol{x})=\boldsymbol{x}$ 是一种最基本的特征映射。当 $\phi(\boldsymbol{x})=\boldsymbol{x}$ 时,$k(\boldsymbol{x}^{(i)},\boldsymbol{x})=\phi(\boldsymbol{x}^{(i)})\cdot\phi(\boldsymbol{x})=\boldsymbol{x}^{(i)}\cdot\boldsymbol{x}$,式(2-83)就是式(2-82)。此时,核函数 $k(\boldsymbol{x}^{(i)},\boldsymbol{x})=\boldsymbol{x}^{(i)}\cdot\boldsymbol{x}$,这个核函数被称为**线性核**(linear kernel)。当然,核函数 $k(\boldsymbol{x}^{(i)},\boldsymbol{x})$可以是除线性核之外的其他函数,只是对于同一训练数据集,使用不同核函数训练得到的支持向量可能不同,因为训练过程中 $y^{(i)}y^{(j)}k(\boldsymbol{x}^{(i)},\boldsymbol{x}^{(j)})$的计算结果取决于核函数,而这个计算结果又决定了哪些 α_i 不为0,也就是决定了选择哪些训练样本的输入特征作为支持向量。

到目前为止,我们把属性 $\boldsymbol{x}$ 映射为输入特征 $\phi(\boldsymbol{x})$,又把点积 $\boldsymbol{x}^{(i)}\cdot\boldsymbol{x}^{(j)}$ 推广为核函数 $k(\boldsymbol{x}^{(i)},\boldsymbol{x}^{(j)})$。如此折腾为哪般?使用核函数有什么好处?

考虑这样一个核函数:

$$\begin{aligned}k(\boldsymbol{x}^{(i)},\boldsymbol{x})&=(\boldsymbol{x}^{(i)}\cdot\boldsymbol{x})^2=\left(\sum_{j=1}^{d}x_j^{(i)}x_j\right)\left(\sum_{k=1}^{d}x_k^{(i)}x_k\right)=\sum_{j=1}^{d}\sum_{k=1}^{d}(x_j^{(i)}x_k^{(i)})(x_jx_k)\\&=(x_1^{(i)}x_1^{(i)}\quad x_1^{(i)}x_2^{(i)}\quad\cdots\quad x_d^{(i)}x_d^{(i)})\begin{bmatrix}x_1x_1\\x_1x_2\\\vdots\\x_dx_d\end{bmatrix}=\phi(\boldsymbol{x}^{(i)})\cdot\phi(\boldsymbol{x})\end{aligned}\tag{2-84}$$

例如,当 $d=2$ 时,由式(2-84)可得:$\phi(\boldsymbol{x})=\begin{bmatrix}x_1x_1\\x_1x_2\\x_2x_1\\x_2x_2\end{bmatrix}=\begin{bmatrix}x_1^2\\x_1x_2\\x_2x_1\\x_2^2\end{bmatrix}$。

可见,使用 $k(\boldsymbol{x}^{(i)},\boldsymbol{x})=(\boldsymbol{x}^{(i)}\cdot\boldsymbol{x})^2$ 核函数,其效果相当于扩展了输入特征的维数,例如将二维的属性 $\boldsymbol{x}=(x_1,x_2)^{\mathrm{T}}$ 扩展为四维的输入特征 $\phi(\boldsymbol{x})=(x_1^2,x_1x_2,x_2x_1,x_2^2)^{\mathrm{T}}$,而且不会增加太多运算量(每次调用该核函数仅多了一个标量的平方运算)。更重要的是,输入更高维的特征可能有助于提高机器学习模型的准确性,因为从直觉上看,可供训练过程求解的权重的数量多了(扩大了可供模型选择的输入特征的范围),而且更多的属性组合,更有可能反映出属性之间的真实关系。

因此,使用核函数可能有助于提高分类的准确性。付出较小的代价(增加一些运算量),就有可能获得显著收益(分类准确性提高),核技巧是一个很棒的主意。

但是,并非所有函数都能作为核函数。可以证明,只要函数对于任意数据集的核矩阵(kernel matrix)满足对称半正定(symmetric positive semidefinite)条件,就可以作为核函数。

以上我们举的核函数例子,符合 $k(\boldsymbol{x}^{(i)},\boldsymbol{x})=(\boldsymbol{x}^{(i)}\cdot\boldsymbol{x})^n$ 的形式,被称为**齐次多项式**(homogeneous polynomial)核。再举两个常见的核函数例子。

$$k(\boldsymbol{x}^{(i)},\boldsymbol{x})=((\boldsymbol{x}^{(i)}\cdot\boldsymbol{x})+c)^n\tag{2-85}$$

式(2-85)被称为**非齐次多项式**(inhomogeneous polynomial)核。当 $n=2$ 时,有

$$k(\boldsymbol{x}^{(i)},\boldsymbol{x})=((\boldsymbol{x}^{(i)}\cdot\boldsymbol{x})+c)^2=\sum_{j=1}^{d}\sum_{k=1}^{d}(x_j^{(i)}x_k^{(i)})(x_jx_k)+\sum_{j=1}^{d}(\sqrt{2c}\,x_j^{(i)})(\sqrt{2c}\,x_j)+c^2$$

此时若 $d=2$，则有 $\phi(\boldsymbol{x})=\begin{pmatrix} x_1^2 \\ x_1x_2 \\ x_2x_1 \\ x_2^2 \\ \sqrt{2c}\,x_1 \\ \sqrt{2c}\,x_2 \\ c \end{pmatrix}$。

也就是说，如果使用非齐次多项式核，其效果相当于输入特征中不仅包含原始数据变量，还包含常量，以及原始数据变量的各种乘方组合。输入特征的维数取决于非齐次多项式核的参数 n。

举一个无穷维输入特征的核函数例子。

$$k(\boldsymbol{x}^{(i)},\boldsymbol{x})=\mathrm{e}^{-\frac{\|\boldsymbol{x}^{(i)}-\boldsymbol{x}\|^2}{2\sigma^2}}=\mathrm{e}^{\frac{(\boldsymbol{x}^{(i)})^{\mathrm{T}}\boldsymbol{x}}{\sigma^2}-\frac{\|\boldsymbol{x}^{(i)}\|^2}{2\sigma^2}-\frac{\|\boldsymbol{x}\|^2}{2\sigma^2}}=\mathrm{e}^{\frac{(\boldsymbol{x}^{(i)})^{\mathrm{T}}\boldsymbol{x}}{\sigma^2}}\mathrm{e}^{-\frac{\|\boldsymbol{x}^{(i)}\|^2}{2\sigma^2}-\frac{\|\boldsymbol{x}\|^2}{2\sigma^2}}$$

$$=\left(\sum_{j=0}^{\infty}\frac{\left(\frac{(\boldsymbol{x}^{(i)})^{\mathrm{T}}\boldsymbol{x}}{\sigma^2}\right)^j}{j\,!}\right)\mathrm{e}^{-\frac{\|\boldsymbol{x}^{(i)}\|^2}{2\sigma^2}-\frac{\|\boldsymbol{x}\|^2}{2\sigma^2}} \tag{2-86}$$

这个核被称为**径向基函数**(radial basis function，RBF)核，或**高斯核**(Gaussian kernel)，其中 σ 为参数。

对于 SVM 而言，从模型输入的角度来看，使用核函数带来的好处是，在较低维空间中难以用一个超平面分隔开来的两个类别训练样本的输入特征，在将它们非线性映射到一个较高维空间之后，就有可能在较高维空间中用一个超平面分隔开来(但是不能保证)。

从模型输出的标量预测值角度来看，如果不使用核函数(相当于使用线性核函数)，如式(2-82)所示，则标量预测值 $\hat{y}$ 可以看作是由输入特征 $\boldsymbol{x}$ 与各个支持向量的点积通过仿射运算得出。由于输入特征 $\boldsymbol{x}$ 与支持向量的点积可以看作是输入特征 $\boldsymbol{x}$ 在支持向量上的标量投影再乘以支持向量的模，因此当支持向量确定后，可以粗略地认为二者的点积或多或少反映了二者之间的相似程度。

如果使用齐次多项式核函数，则标量预测值 $\hat{y}$ 可以看作是由输入特征 $\boldsymbol{x}$ 在各个支持向量上的标量投影的 n 次方通过仿射运算得出。因此，齐次多项式核更加重视绝对值较大的标量投影而更加忽视绝对值较小的标量投影。所以，如果标量投影的大小能够较好地反映输入特征 $\boldsymbol{x}$ 与支持向量之间的相似程度，那么使用齐次多项式核函数可能有助于提高模型预测的准确性。

如果使用高斯核函数，则标量预测值 $\hat{y}$ 可以看作是由反映输入特征 $\boldsymbol{x}$ 与各个支持向量之间欧几里得距离(Euclidean distance)的指标通过仿射运算得出。欧几里得距离 $\|\boldsymbol{x}^{(i)}-\boldsymbol{x}\|$ 越小，$\mathrm{e}^{-\frac{\|\boldsymbol{x}^{(i)}-\boldsymbol{x}\|^2}{2\sigma^2}}$ 的值就越大；欧几里得距离 $\|\boldsymbol{x}^{(i)}-\boldsymbol{x}\|$ 越大，$\mathrm{e}^{-\frac{\|\boldsymbol{x}^{(i)}-\boldsymbol{x}\|^2}{2\sigma^2}}$ 的值就越小。因此，如果输入特征 $\boldsymbol{x}$ 与支持向量之间的欧几里得距离能够较好地反映二者之间的相似程度(距离越小越相似)，那么使用高斯核函数可能有助于提高模型预测的准确性。

2.3.4 软间隔支持向量机

有些时候,训练数据集中存在着个别这样的训练样本:其输入特征对应的预测值$\hat{y}^{(i)}$相距“保护带”的边界点较近,如果继续减小权重向量$\boldsymbol{w}$的模$\|\boldsymbol{w}\|$,其对应的预测值$\hat{y}^{(i)}$将会过小,并落在“保护带”之内;但是如果忽略这样的训练样本,那么权重向量$\boldsymbol{w}$的模$\|\boldsymbol{w}\|$还可以再减小许多。这种情况下,如果使用硬间隔SVM,那么经过训练得到的SVM模型的权重向量$\boldsymbol{w}$的模仍然较大。该SVM模型在预测过程中,由于权重向量$\boldsymbol{w}$的模较大,可能会导致较多的分类错误。

如果我们允许少数这样的训练样本输入特征对应的预测值落在“保护带”内,甚至越过判决门限0,并继续减小权重向量$\boldsymbol{w}$的模$\|\boldsymbol{w}\|$,那么这样训练得到的SVM模型在预测过程中,由于权重向量的模更小,分类错误可能更少。为此,我们将硬间隔SVM扩展为**软间隔SVM**(soft margin SVM)。

在软间隔SVM中,我们允许一些训练样本对应的预测值落在“保护带”内,此时$-1<y^{(i)}\hat{y}^{(i)}<1$,或$-1<y^{(i)}(\boldsymbol{w}^{\mathrm{T}}\boldsymbol{x}^{(i)}+b)<1$。但我们又不希望有过多这样的训练样本(否则分类错误可能会更多),因此需要给每个这样的训练样本都附加上一个损失值,然后让总的损失最小。直观上看,我们可以将训练样本对应的预测值越过边界点距离,作为该训练样本上的损失值:

$$\xi_i=\max(0,1-y^{(i)}(\boldsymbol{w}^{\mathrm{T}}\boldsymbol{x}^{(i)}+b)) \tag{2-87}$$

式(2-87)中,如果训练样本对应的预测值没有越过边界点,即$y^{(i)}(\boldsymbol{w}^{\mathrm{T}}\boldsymbol{x}^{(i)}+b)\geqslant 1$,那么$\xi_i=0$,此时不产生任何损失;如果训练样本对应的预测值越过了边界点,即$y^{(i)}(\boldsymbol{w}^{\mathrm{T}}\boldsymbol{x}^{(i)}+b)<1$,那么$\xi_i=1-y^{(i)}(\boldsymbol{w}^{\mathrm{T}}\boldsymbol{x}^{(i)}+b)>0$,此时产生的损失与预测值越过边界点的距离成正比。由式(2-87)给出的损失函数被称为**折页损失**(hinge loss)函数,因为$L(z)=\max(0,1-z)$的函数曲线像一个折页,如图2-27所示。

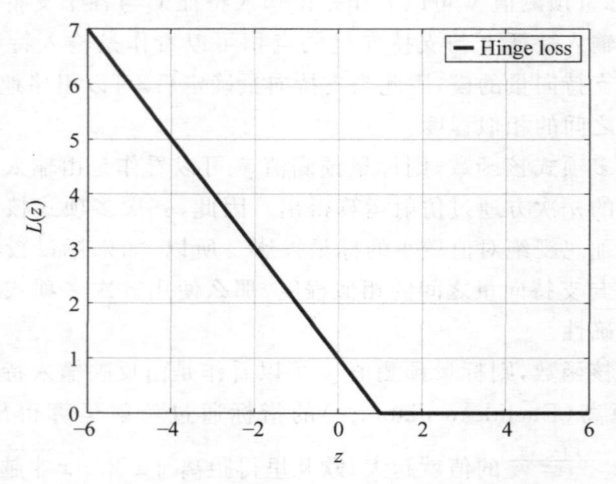

图2-27 $L(z)=\max(0,1-z)$的函数曲线

将所有 m 个训练样本上的总损失 $\sum_{i=1}^{m}\xi_i$ 加入到由式(2-78)给出的硬间隔 SVM 最优化问题的目标函数中，得到

$$\begin{aligned}&\underset{w,b}{\text{minimize}}\ \frac{1}{2}\ \|\boldsymbol{w}\|^2+C\sum_{i=1}^{m}\xi_i\\&\text{subject to } y^{(i)}(\boldsymbol{w}^{\mathrm{T}}\boldsymbol{x}^{(i)}+b)\geqslant 1-\xi_i\end{aligned}\tag{2-88}$$

式(2-88)中，$\xi_i\geqslant 0, i=1,2,\cdots,m$；$C$ 是超参数，$C\geqslant 0$，用来给出上述两个目标中后者的相对重要程度。C 值越大，所有训练样本对应的预测值越过边界点的代价权重就越大，为了使目标函数的值尽量小，ξ_i 就不得不更小，软间隔 SVM 就越接近于硬间隔 SVM。约束函数从式(2-78)中的 $y^{(i)}(\boldsymbol{w}^{\mathrm{T}}\boldsymbol{x}^{(i)}+b)\geqslant 1$ 调整为式(2-88)中的 $y^{(i)}(\boldsymbol{w}^{\mathrm{T}}\boldsymbol{x}^{(i)}+b)\geqslant 1-\xi_i$，表示允许训练样本对应的预测值越过边界点。如果第 i 个训练样本对应的预测值没有越过边界点，则 $\xi_i=0$；如果第 i 个训练样本对应的预测值越过了边界点，则 $\xi_i>0$，由 $y^{(i)}(\boldsymbol{w}^{\mathrm{T}}\boldsymbol{x}^{(i)}+b)\geqslant 1-\xi_i$ 给出的约束条件变得更加宽松。通过求解式(2-88)给出的最优化问题可得到软间隔 SVM 模型的 $\boldsymbol{w}$ 和 b 参数。

2.3.5　支持向量机实践

本节中，我们使用现成的 scikit-learn 库来实现 SVM 的训练与分类，并用酒驾检测数据集评估 SVM 的分类性能。

实验 2-11　用 scikit-learn 库训练 SVM 模型，并用酒驾检测数据集评估 SVM 的分类性能。

提示：①将酒驾检测数据集中样本的标注 0 替换为 −1，可使用 np.where()函数；②可使用 svm.SVC 类的 fit()方法训练 SVM 模型，使用该类的 predict()方法进行分类；③尝试不同的核函数以及不同的 C 值。

表 2-3 给出了当随机种子为 1、训练样本数量为 250 个、svm.SVC 类的参数为缺省值时，使用不同 C 值和不同核函数的 SVM 模型的分类性能。括号之外的数字为分类错误总数，括号中的第一个数字是训练数据集上的分类错误数量，第二个数字是测试数据集上的分类错误数量。

表 2-3　SVM 模型的分类性能

核函数	C=0.1	C=1	C=10	C=100	C=1000
线性核	5 (5+0)	6 (5+1)	5 (4+1)	3 (2+1)	4 (3+1)
多项式核	56 (35+21)	7 (7+0)	5 (2+3)	4 (0+4)	6 (0+6)
高斯核	7 (6+1)	6 (4+2)	3 (1+2)	3 (0+3)	3 (0+3)

从表 2-3 中可以看出，当 C 值在 1～1000 时，使用高斯核的分类错误总数较少。使用高斯核时，SVM 模型输入特征的维数相当于无穷维，相比线性核和多项式核，使用高斯

核时分类错误总数更少并不意外。同时,这也表明就酒驾检测数据集而言,相比标量投影,样本输入特征之间的欧几里得距离更能反映样本输入特征之间的相似程度。

想一想 当 C 值减小到一定程度时(例如使用多项式核时 $C=0.1$),训练数据集和测试数据集上的分类错误数量显著增多,这是为什么?

当 C 值减小时,训练样本对应的预测值越过边界点的代价的权重减小,意味着式(2-88)中代价 $C\sum_{i=1}^{m}\xi_i$ 相对减小。因此,在训练过程中模型对训练样本对应的预测值是否越过边界点的重视程度相对减小,也就是说模型对分类结果是否正确越来越不重视,因此模型在训练数据集和测试数据集上的分类错误数量越来越多。

想一想 当 C 值增大时(例如 1~100),训练数据集上的分类错误数量不断减少,为什么会这样?

我们知道,C 值越大,预测值越过边界点的代价的权重就越大,意味着式(2-88)中代价 $C\sum_{i=1}^{m}\xi_i$ 相对增大,因此 SVM 模型在训练过程中对正确分类训练样本越来越重视。C 值越大 SVM 模型就越接近于硬间隔 SVM。

想一想 为什么当训练数据集上的分类错误数量不断减少(或保持不变)时,测试数据集上的分类错误数量却在增多?

简而言之,这是因为发生了过拟合,我们将在 2.3.6 节中详细讨论。

想一想 如果我们使用线性核,为什么不论如何调整 C 值(例如 10~1000 时),模型在训练数据集上的分类错误数量都无法减少至使用多项式核与高斯核时那样少?

简而言之,这是因为欠拟合,我们同样将在 2.3.6 节中详细讨论。

2.3.6 过拟合与欠拟合

在 2.3.5 节的实践中,我们通过调整模型参数,可以使模型在训练数据集上的分类错误数量为 0。那么,这是否意味着这样的模型在实际应用中的分类错误数量也为 0?

如果我们能够将实际应用中所有可能出现的输入特征取值都包含在训练数据集中,也就是说训练数据集包含实际应用中可能出现的全部情况,并且输入特征也包含了影响标注取值的全部因素,那么,我们只需训练出一个在训练数据集上分类错误数量低至 0 的模型,就可以将该模型用于实际应用,该模型在实际应用中的分类错误数量也将低至 0。

然而,这只是理想情况,在实际中,仅仅上述第一个条件就很难满足。而且更重要的是,如果我们能够获得由实际应用中输入特征的全部可能取值构成的训练数据集,那么我们只需根据输入特征直接查找该训练数据集就可以得到输入特征对应的标注，为什么还要费时费力训练一个机器学习模型来预测标注？

想一想 我们根据训练数据集建立机器学习模型的目的是什么？

没错，正是为了将模型用于训练数据集以外的模型未曾见过的数据集，用来完成分类、预测等监督学习任务。将训练后的模型应用于其未曾见过的数据集，在机器学习中称为泛化，也就是广义化、普遍化的意思，在 2.1.3 节中我们已初步学习过泛化的概念。

我们希望，通过训练，模型最终在训练数据集以外的实际数据集上的分类错误数量较少。在 2.1.4 节中我们学习过，可以使用验证数据集来代表训练数据集以外的实际数据集，在没有验证数据集的情况下，也可以使用测试数据集。

实验 2-12 画出 SVM 模型在训练数据集和测试数据集上的分类错误数量随 C 值变化的曲线。

提示：①使用酒驾检测数据集和 scikit-learn 库训练、评估 SVM 模型；②可使用多项式核。

当随机种子为 1、C 值的范围在[0.1,7]时，使用多项式核画出的分类错误数量随 C 值变化的曲线如图 2-28 所示。可见，随着 C 值增大，SVM 模型在训练数据集上的分类错误数量不断减少或保持不变，因此就该训练数据集而言，C 值越大越好。对于测试数据集来说，当 C 值从 0.1 增大至 4.3 时，SVM 模型在测试数据集上的分类错误数量不断减少或保持不变。这是我们希望得到的结果。然而，当 C 值从 4.4 开始继续增大时，模型在测试数据集上的分类错误数量却开始增多。这是为什么？

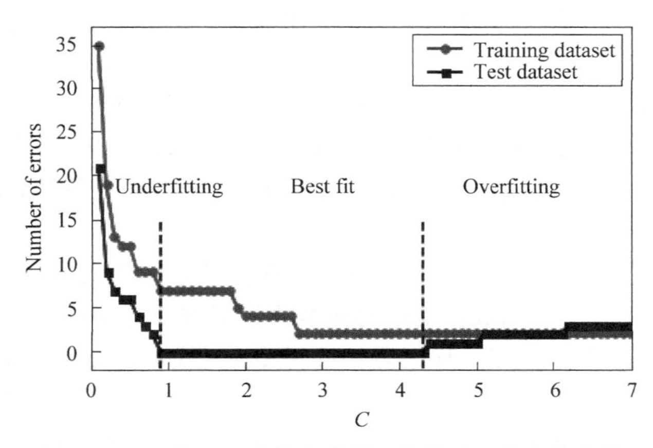

图 2-28 实验 2-12 中的分类错误数量随 C 值变化曲线

这是因为，C 值越大，SVM 模型越接近于硬间隔 SVM，模型越严格地将训练数据集中训练样本对应的预测值控制在边界点之外（或之上），因此模型在训练数据集上的分类

错误数量就越少。但是,模型严格地将训练数据集中训练样本对应的预测值控制在边界点之外(或之上)的代价是,训练过程得到的权重 $\boldsymbol{w}$ 的模 $\|\boldsymbol{w}\|$ 可能较大,而测试数据集中的样本通常又不同于训练数据集中的样本,因此较大的权重的模将导致测试数据集中样本输入特征对应的预测值更容易越过边界点甚至判决门限 0,从而增加模型在测试数据集上的分类错误数量。

如果模型在训练数据集上的分类错误数量较少,但在测试数据集上的分类错误数量却高于预期,我们说模型**过拟合**(overfitting),如图 2-28 中右侧虚线的右侧所示。顾名思义,过拟合就是模型过度拟合训练数据集。也有人从均值与方差的角度,把模型过拟合称为模型具有"高方差"(high variance,即标注预测值的方差较大)。我们可以把过拟合通俗地理解为"过火",就像水果熟得过透。

另一方面,如果模型在训练数据集上和测试数据集上的分类错误数量都高于预期,我们说模型**欠拟合**(underfitting),也就是说模型在两个数据集上的分类错误数量都还有进一步减少的潜力,如图 2-28 中左侧虚线的左侧所示。也有人从均值与方差的角度,把模型欠拟合称为模型具有"高偏差"(high bias,即标注预测值的均值与样本标注之差的绝对值较大)。我们可以把欠拟合通俗地理解为"欠火候",就像水果还没有熟透。

如图 2-28 中两条虚线之间所示,最佳拟合(best fit)介于过拟合与欠拟合之间,即模型在测试数据集上的分类错误数量较少。我们希望机器学习模型经过训练之后达到最佳拟合。为此,我们需要想方设法避免模型过拟合或者欠拟合。

如果模型欠拟合,可能是因为模型过于"简单",未能充分拟合训练样本,无法准确地建立输入与输出之间的对应关系;也可能是训练时的迭代次数或 epoch 数过少;还可能是模型的输入特征中没有包含与标注有关的全部因素。例如,如果使用线性回归模型来拟合非线性关系,我们说使用的模型过于"简单"。再例如,使用线性核的 SVM 模型比使用高斯核的 SVM 模型可能更"简单"。因此,如果模型欠拟合,可以考虑使用更加"复杂"的机器学习模型、增加训练时的迭代次数或 epoch 数、增加输入特征的维数等。

另一方面,如果模型过拟合,我们可以使用一些方法来避免过拟合,包括使用更加"简单"的机器学习模型,增加训练数据集中训练样本的数量(包括使用数据增加 data augmentation 技术),提前停止训练过程,去掉无关、冗余的输入特征,使用 regularization(调整)技术等。

模型是否过拟合或者欠拟合,可以根据模型在测试数据集上的分类错误数量变化曲线进行判断(例如图 2-28)。当数据集中的样本数量不够多时,我们可以使用 k 份交叉验证(k-fold cross-validation,也有人称之为 k 重交叉验证或 k 折交叉验证)方法来估算模型在训练数据集上和测试数据集上的分类错误数量。这个方法较简单:我们将数据集中现有的样本平均分成 k 份,将其中的 1 份用于测试(或验证),将余下的 $k-1$ 份用于训练,如图 2-29 所示。重复训练并评估模型 k 次,让这 k 份样本轮流充当测试样本(或验证样本)。然后将这 k 次的评估结果取平均,例如将分类错误数量取算术平均。最后,使用不同"复杂度"的模型或者同一模型的不同超参数值,多次运行 k 份交叉验证,得到模型在训练数据集和测试数据集上的分类错误数量变化曲线。

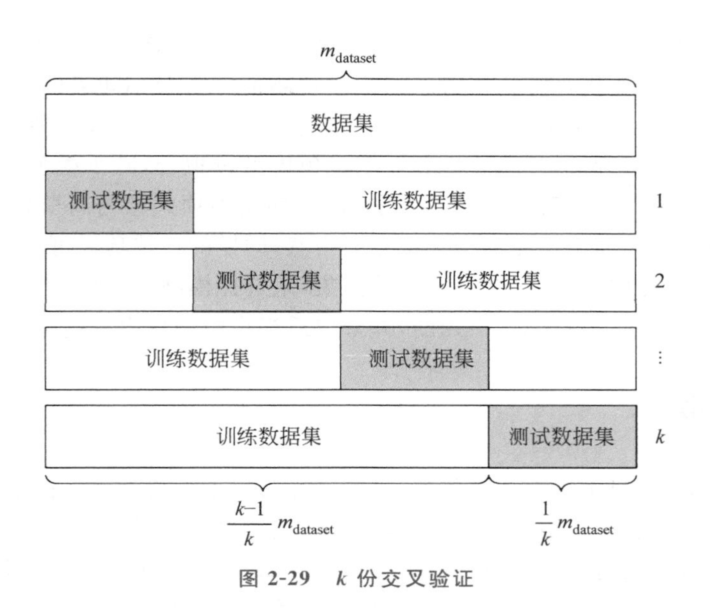

图 2-29 k 份交叉验证

实验 2-13 使用 k 份交叉验证，画出多项式核 SVM 模型在训练数据集和测试数据集上的分类错误数量随 C 值变化曲线。

提示： ①可使用酒驾检测数据集；②沿指定轴连接两个数组可使用 np.concatenate()函数；③注意仅通过训练数据集确定特征缩放参数。

当随机种子为 1、份数 k 为 4 时，使用多项式核画出的分类错误数量随 C 值变化的曲线如图 2-30 所示。可见，此时 C 值为 1.5～3.5 时，可使模型在测试数据集上的分类错误数量最少，模型达到最佳拟合。更改随机种子，观察随机种子对分类错误数量的影响。

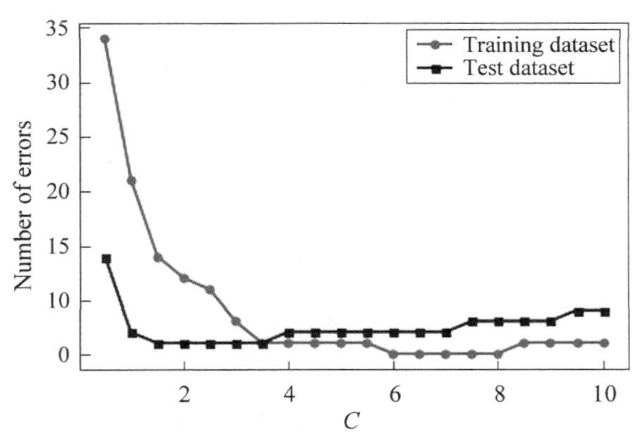

图 2-30 实验 2-13 中的分类错误数量随 C 值变化曲线

到目前为止，我们已经学习过线性回归、逻辑回归、SVM 3 种机器学习方法。三者的相同之处主要在于，在做预测时都基于输入特征的仿射函数 $\boldsymbol{w}^{\mathrm{T}}\boldsymbol{x}+b$。不同之处主要在

于,前两者以某种方式最小化标注的预测值与训练样本标注之间的误差,而硬间隔 SVM 模型则是在保持两个类别训练样本对应的标注预测值之间最小间隔的同时,最小化权重 $\boldsymbol{w}$ 的模 $\|\boldsymbol{w}\|$,以使标注的预测值更加不易越过边界点。软间隔 SVM 则允许一些预测值越过边界点,甚至越过判决门限,这样有助于避免模型过拟合,减少模型在测试数据集上的分类错误数量。在 SVM 中还可以引入核技巧,使用多项式核与高斯核等核函数,以增加模型的"复杂度",有助于避免模型欠拟合。当然,同样的核技巧也可用于线性回归和逻辑回归。在机器学习中,面对一个给定的数据集,来选择模型、调整超参数时,可以根据模型在测试数据集上的性能指标做出判断,并采取适当措施避免模型过拟合或欠拟合。

2.4 *k* 近邻

首先,恭喜你,经过本章前 3 节的学习,你已经入门了机器学习。在接下来的章节中,我们将步入进阶之旅,学习更多的机器学习方法,完成更多的任务。

从本节开始,我们将尝试完成多分类任务。在 2.2 节中我们学习过,多分类任务是涉及 3 个或 3 个以上类别的分类任务。举个例子,传统上,我们在大四下学期利用一个学期的时间完成毕业设计。毕业设计的成绩采用五级分制,分别是"优秀""良好""中等""及格""不及格"。假设你的毕业设计成绩取决于 3 个因素:指导教师对你的评价、评阅教师对你的评价、以及答辩委员会对你的评价,那么这就构成了一个多分类任务,输入特征为指导教师、评阅教师、答辩委员会给你的评分,输出的标注预测值对应为"优秀""良好""中等""及格""不及格"5 个类别中的一个。

如图 2-31 所示,假如只根据指导教师评分(x_1)和答辩委员会评分(x_2)来给出 3 种毕业设计成绩之一("优秀""良好"或"中等"),图中的圆圈、三角、叉分别代表对应不同成绩类别的训练样本,那么我们如何将任意输入特征 $\boldsymbol{x}=(x_1,x_2)^{\mathrm{T}}$ 对应为这 3 个类别之一,从而完成多分类任务?

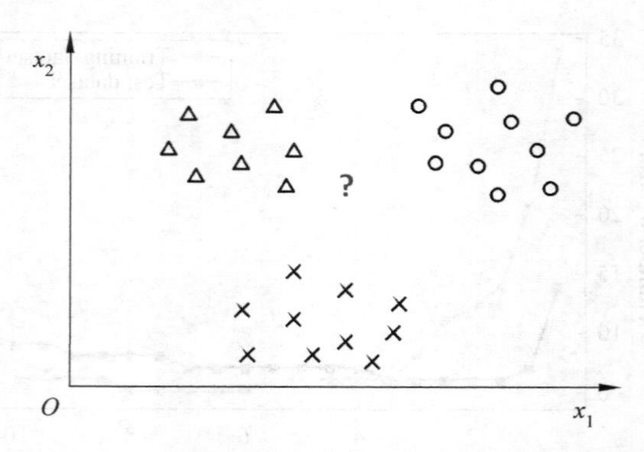

图 2-31　多分类任务示例

显然,一个直观的办法是,看看输入特征 $\boldsymbol{x}$ 距离哪个类别训练样本的输入特征最近,就把输入特征 $\boldsymbol{x}$ 对应为哪个类别。如果再进一步简化问题,我们只需要找到一个距离输入特征 $\boldsymbol{x}$ 最近的训练样本输入特征向量,然后将输入特征 $\boldsymbol{x}$ 对应为由该训练样本标注给出的类别即可完成多分类任务，毕竟很有可能“近朱者赤，近墨者黑”。

至少通过这种方法，我们可以完成多分类任务，很简单。这种分类方法被称为最近邻(1-nearest neighbor，1-NN)法，也就是只根据 1 个邻近的训练样本来进行分类。更一般地，我们可通过增加邻近训练样本的数量，将最近邻法推广成 k 近邻(k-nearest neighbors，k-NN)法。

2.4.1　k 近邻分类

我们用数学算式来描述 k 近邻分类方法。与之前相同，训练数据集中有 m 个训练样本，其中第 i 个训练样本记作($\boldsymbol{x}^{(i)}$，$y^{(i)}$)，$\boldsymbol{x}^{(i)} \in \mathbb{R}^{d\times 1}$，$\boldsymbol{x}^{(i)}=(x_1^{(i)},x_2^{(i)},\cdots,x_d^{(i)})^{\mathrm{T}}$，$d$ 为训练样本输入特征的维数，$y^{(i)}\in\mathbb{R}$，$y^{(i)}$ 为训练样本的标注，在分类任务中的取值为训练样本对应的类别值。

在 k 近邻中，k 是需要人工设置的超参数，用来指定分类时考虑的相距最近的训练样本的数量。由于在分类时只需要计算当前输入特征 $\boldsymbol{x}$ 与各个训练样本输入特征之间的距离，并选择距离当前输入特征 $\boldsymbol{x}$ 最近的 k 个训练样本，因此使用 k 近邻法进行分类，在分类之前并不需要经过实际训练，但是需要保存所有的训练样本，这与我们之前学过的方法有所不同。之前学过的方法，例如线性回归与逻辑回归，在训练模型后不再需要训练样本。

k 近邻分类时，首先计算输入特征 $\boldsymbol{x}$ 与各个训练样本输入特征 $\boldsymbol{x}^{(i)}$ 之间的距离 $r^{(i)}$，$i=1,2,\cdots,m$，通常使用欧几里得距离，即

$$r^{(i)}(\boldsymbol{x},\boldsymbol{x}^{(i)})=\sqrt{(x_1-x_1^{(i)})^2+(x_2-x_2^{(i)})^2+\cdots+(x_d-x_d^{(i)})^2} \tag{2-89}$$

由于仅根据距离的相对大小来选取相距最近的 k 个训练样本，在实际计算欧几里得距离时可以不用开根号，即

$$\begin{aligned}\widetilde{r}^{(i)}(\boldsymbol{x},\boldsymbol{x}^{(i)})&=(x_1-x_1^{(i)})^2+(x_2-x_2^{(i)})^2+\cdots+(x_d-x_d^{(i)})^2\\&=(\boldsymbol{x}-\boldsymbol{x}^{(i)})\cdot(\boldsymbol{x}-\boldsymbol{x}^{(i)})=(\boldsymbol{x}-\boldsymbol{x}^{(i)})^{\mathrm{T}}(\boldsymbol{x}-\boldsymbol{x}^{(i)})\end{aligned} \tag{2-90}$$

然后，在计算出的 m 个距离值 $\widetilde{r}^{(i)}$ 中(需计算与每一个训练样本输入特征之间的距离)，找出最小的 k 个，并将这 k 个距离值对应的训练样本的标注记为 $y^{(j)}$，$j=1,2,\cdots,k$。

最后，再根据这 k 个训练样本的标注，给出输入特征 $\boldsymbol{x}$ 对应的标注预测值 $\hat{y}$，这个标注的预测值就是分类过程给出的类别值。通常使用众数(mode)，来给出标注的预测值 $\hat{y}$，也就是这 k 个标注值中出现次数最多的那个标注值(即“少数服从多数”)。

如果碰巧第 k 小的距离值与第 $k+1$ 小的距离值相等，或者与排在其后的多个距离值相等，怎么办？至少有 3 种解决办法：①只选择从小到大排序后返回的前 k 个距离值；②如果大小相等的距离值的数量超过需要选择的数量，从中随机选择需要的数量；③如果大小相等的距离值的数量超过需要选择的数量，选择所有大小相等的距离值，并暂时将 k 值增大。

接下来，我们动手编程实现 k 近邻。在多分类任务中，我们使用轮椅数据集来评估机器学习方法。该数据集可用来识别老年人或患者坐在轮椅上的姿势，以此预警可能会出现的健康问题。数据集中样本的输入特征为安装在轮椅上的 3 个压力传感器和 1 个超声波传感器采集的数据，因此输入特征的维数为 4(输入特征与属性一一对应)。其中，压

力传感器的读数范围是 0～1023,超声波传感器的读数范围是 0～15cm(分辨率为0.3cm)。每个训练样本标注的取值为 4 个类别值之一:1 代表坐姿正常;2 代表坐姿偏右,可能出现了呼吸、右肾等问题;3 代表坐姿偏左,可能出现了呼吸、左肾等问题;4 代表坐姿前倾,可能出现了膝盖、背部等问题。该数据集中有 308 个样本。扫描二维码 wheelchair_dataset 可下载轮椅数据集文件以及用来读取该数据集的 Jupyter Notebook Python 代码。

wheelchair_dataset

由于距离是影响 k 近邻分类的主要因素,如果各维输入特征的取值范围不同,那么它们对分类结果的影响程度不同。为了使各维输入特征在 k 近邻分类中都具有同样的重要性(若各维输入特征都是对预测标注同样重要的因素),我们需要使各维输入特征映射的取值范围相同或相近,因此在 k 近邻中,常使用归一化特征缩放技术。当然,如果各维输入特征的取值更接近于正态分布或者存在异常值,那么使用标准化特征缩放技术可能更加合适。另一方面,轮椅数据集中的输入特征对应各个传感器的读数,且这些传感器的读数范围都已知,因此我们可以通过人工设置将这些传感器的读数归一化。例如,压力传感器的读数(输入特征的前三维)范围是 0～1023,因此可将这些读数都减去最小值 0 后再除以最大值与最小值之差 1023;超声波传感器的读数(输入特征的第四维)范围是 0～50(15/0.3=50),因此可将这些读数都减去最小值 0 后再除以最大值与最小值之差 50。

实验 2-14 使用 k 近邻对轮椅数据集进行分类,并通过 k 份交叉验证,观察 k 近邻中的不同 k 值对分类错误数量的影响。

提示:①碰巧 k 近邻、k 份交叉验证以及第 3 章中的 k 均值名字中都有 k,但是这 3 个 k 并不是一回事,应将它们看作不同的变量;②使用归一化特征缩放技术;③可用 np.argsort()函数对数组中的元素进行排序并返回排序后的索引;④可使用 SciPy 的 stats.mode()函数返回众数数组,需先导入:from scipy import stats;⑤可使用.astype()方法强制转换为指定数据类型。

当随机种子为 1、k 份交叉验证的份数 k 为 4 时,训练数据集与测试数据集上的分类错误数量随 k 近邻的 k 值变化曲线如图 2-32 所示。从图中可以看出,k 值为 4 时,测试数据集上的分类错误数量最少。可见,k 近邻中的 k 值过小或过大都可能会使测试数据集上的分类错误数量增多。为什么会这样?

从微观上看,k 近邻分类的结果仅取决于距离当前输入特征 $\boldsymbol{x}$ 最近的 k 个训练样本的标注。当 k 值变化时,分类时考虑的训练样本标注的数量发生了变化,因此分类结果也可能发生变化。从宏观上看,随着 k 值增大,各个类别之间的分界线变得越来越平滑,因为每个分类结果都将取决于更大范围内的训练样本,分类结果的波动越来越小。由于类别之间的分界线变得更加平滑,k 近邻模型变得更加"简单"。也就是说,当 k 值较大时,可能会发生欠拟合。另一方面,当 k 值取最小值 1 时,各个类别之间的分界线最"复杂",此时 k 近邻模型也最"复杂",因此可能会发生过拟合。所以,一个大小适中的 k 值将使 k 近邻在测试数据集上的分类错误数量最少。

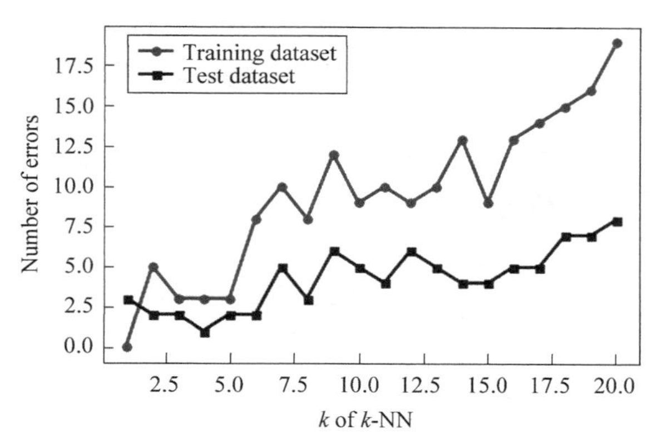

图 2-32　实验 2-14 中的分类错误数量随 k 值变化曲线

2.4.2　多分类任务的性能指标

在二分类任务中，我们通过混淆矩阵，计算精度、召回率、F_1 值等性能评价指标。二分类任务中的性能指标可以推广至多分类任务。

首先，把二分类任务中的 2×2 大小的混淆矩阵扩展为 $c\times c$ 大小的混淆矩阵，c 为多分类任务中的类别数量。表 2-4 给出了一个 4×4 大小的轮椅数据集混淆矩阵例子。多分类任务的混淆矩阵，每一列之和仍为数据集中每一个类别样本的数量。

表 2-4　多分类混淆矩阵示例

预测类别	实际类别			
	实际类别为“坐姿正常”	实际类别为“坐姿偏右”	实际类别为“坐姿偏左”	实际类别为“坐姿前倾”
预测类别为“坐姿正常”	85	2	0	1
预测类别为“坐姿偏右”	0	96	1	2
预测类别为“坐姿偏左”	2	1	17	0
预测类别为“坐姿前倾”	1	1	2	97

在多分类任务中，我们可以为每个类别都定义精度和召回率等性能指标。精度是被预测为某一类别的所有样本中，正确预测样本的数量占比。例如，从上述混淆矩阵中可以看出，“坐姿正常”这个类别的精度为 85/(85+2+0+1)=85/88≈96.6%，“坐姿偏右”这个类别的精度为 96/(0+96+1+2)=96/99≈97%，“坐姿偏左”这个类别的精度是 17/(2+1+17+0)=17/20=85%，“坐姿前倾”这个类别的精度是 97/(1+1+2+97)=97/101≈96%。

常与精度一起使用的另一个指标是召回率，召回率是将某一类别的所有样本正确预测为该类别的比率。例如，“坐姿正常”这个类别的召回率为 85/(85+0+2+1)=85/88≈

96.6%,"坐姿偏右"这个类别的召回率为96/(2+96+1+1)=96/100=96%,"坐姿偏左"这个类别的召回率是17/(0+1+17+2)=17/20=85%,"坐姿前倾"这个类别的召回率为97/(1+2+0+97)=97/100=97%。

有了精度和召回率,就可以按照式(2-72)为每一个类别都计算一个 F_1 值。例如,"坐姿正常"这个类别的 F_1 值为

$$\frac{2\times\frac{85}{88}\times\frac{85}{88}}{\frac{85}{88}+\frac{85}{88}}=\frac{85}{88}\approx 96.6\%$$

"坐姿偏右"这个类别的 F_1 值为

$$\frac{2\times\frac{96}{100}\times\frac{96}{99}}{\frac{96}{100}+\frac{96}{99}}=\frac{2\times 96\times 96}{96\times 99+96\times 100}=\frac{192}{199}\approx 96.5\%$$

"坐姿偏左"这个类别的 F_1 值为

$$\frac{2\times\frac{17}{20}\times\frac{17}{20}}{\frac{17}{20}+\frac{17}{20}}=\frac{17}{20}=85\%$$

"坐姿前倾"这个类别的 F_1 值为

$$\frac{2\times\frac{97}{100}\times\frac{97}{101}}{\frac{97}{100}+\frac{97}{101}}=\frac{2\times 97\times 97}{97\times 101+97\times 100}=\frac{194}{201}\approx 96.5\%$$

到目前为止,这些性能指标的推广都很自然。但是,是否还记得我们为什么引入 F_1 值这个指标?因为我们想只用一个数值来度量模型的分类性能。但是在上述例子中有4个类别,我们计算出了4个 F_1 值,怎么办?

最简单的办法是,把4个 F_1 值加起来求算术平均,即(96.6%+96.5%+85%+96.5%)/4=93.65%。这样计算出来的结果被称为**宏平均 F_1 值**(macro-averaged F1-score)。可见,宏平均 F_1 值对每个类别的重视程度都相同。与二分类任务中 F_1 值的范围一样,宏平均 F_1 值的范围也是0~1,值越大表示模型的分类性能越好。

其他一些用于二分类任务的性能指标,也可以扩展至多分类任务,例如马修斯相关系数

$$\mathrm{MCC}=\frac{as-\boldsymbol{h}\cdot\boldsymbol{l}}{\sqrt{(a^2-\boldsymbol{h}\cdot\boldsymbol{h})(a^2-\boldsymbol{l}\cdot\boldsymbol{l})}} \tag{2-91}$$

式(2-91)中,a 表示混淆矩阵中所有元素之和;s 表示混淆矩阵中对角线元素之和;$\boldsymbol{h}=(h_1,h_2,\cdots,h_c)$、$\boldsymbol{l}=(l_1,l_2,\cdots,l_c)$都是 c 维向量,c 是类别的数量,h_i 表示混淆矩阵中第 i 行的元素之和,l_j 表示混淆矩阵中第 j 列的元素之和。多分类任务中马修斯相关系数的最大值仍是1(当不存在任何分类错误时),但最小值在-1~0,具体取决于数据集。

再如,由式(2-63)给出的交叉熵在多分类任务中可扩展为

$$-\sum_{k=1}^{c} P(Y=k \mid \boldsymbol{X}=\boldsymbol{x}) \log(\hat{P}(Y=k \mid \boldsymbol{X}=\boldsymbol{x})) \tag{2-92}$$

式(2-92)中，c 是类别的数量。与二分类任务中的交叉熵相比，只是类别数量有所改变。

实验 2-15　使用宏平均 F_1 值、马修斯相关系数替代实验 2-14 中的分类错误数量，评估 k 近邻分类性能。

提示：计算矩阵对角线上的元素之和可使用 np.trace() 函数。

当随机种子为 1、k 份交叉验证的份数 k 为 4 时，训练数据集与测试数据集上的宏平均 F_1 值与马修斯相关系数随 k 近邻的 k 值变化曲线如图 2-33 所示。从图中可以看出，当 k 近邻的 k 值为 4 时，测试数据集上的宏平均 F_1 值、马修斯相关系数都最高，这与实验 2-14 的结果一致。

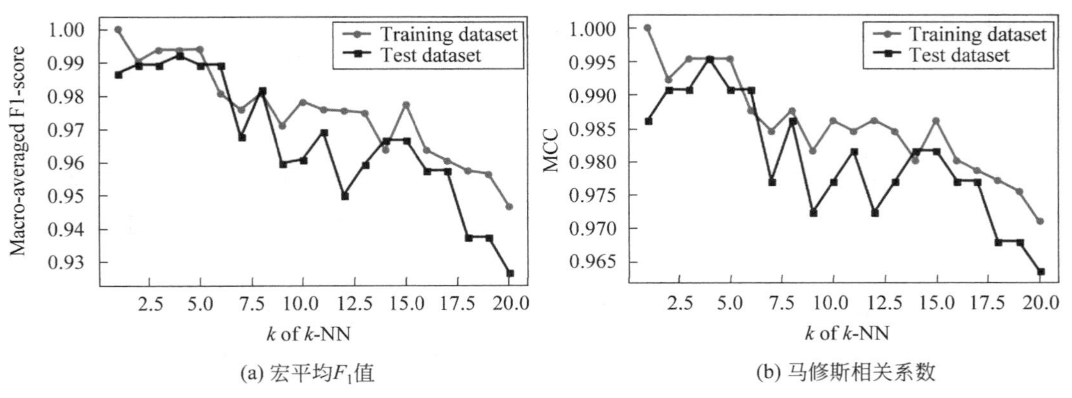

(a) 宏平均F_1值　　(b) 马修斯相关系数

图 2-33　实验 2-15 中的宏平均 F_1 值与马修斯相关系数随 k 值变化曲线

在二分类任务中，度量模型性能的指标很多；在多分类任务中，度量模型性能的指标更多。可根据具体应用、数据集的特点(例如数据集中各个类别样本的数量是否平衡)等方面进行选择。例如，分类错误数量不大适合用于各个类别样本数量不平衡的数据集，这种情况可使用马修斯相关系数；F_1 值更适用于同时注重精度和召回率的应用领域。

2.5　朴素贝叶斯

在 2.4 节中，我们按照“近朱者赤，近墨者黑”的思路，来完成多分类任务。

想一想　是否还有其他完成分类任务的思路？

看到“顺藤摸瓜”这个成语之后，会有什么启发？想到黑猫警长、狄仁杰、福尔摩斯破案？例如，在黑猫警长动画片中有一集为《吃红土的小偷》，黑猫警长根据案发现场留下的脚印，以及目击证人描述的嫌疑人体型大小，推测出嫌疑人。这种思路是否可用来进行分类？如果把破案用到的一系列线索，对应机器学习模型的输入特征，那么嫌疑人就对应模型输出的类别预测值。也就是说,根据输入特征来顺藤摸瓜,最终给出哪个类别是最有可能对应这些输入特征的类别。

这个思路就是本节中我们将要学习的方法:**朴素贝叶斯**(naïve Bayes)。Naïve 这个词本意是"天真的、幼稚的"。所以这里所谓的"朴素"就是"理想中的、最简单的"意思,朴素贝叶斯可以理解为"理想贝叶斯"或者"最简贝叶斯"。

2.5.1 朴素贝叶斯分类器

贝叶斯这个词,我们并不陌生。在概率论课程中,我们学习过贝叶斯公式。简要回顾一下,条件概率公式

$$P(AB)=P(B\mid A)P(A)=P(A\mid B)P(B) \tag{2-93}$$

即两个事件,事件 A 和事件 B,它们同时发生的概率,等于在事件 A 发生的条件下事件 B 发生的概率,乘以事件 A 发生的概率,或者等于在事件 B 发生的条件下事件 A 发生的概率,乘以事件 B 发生的概率。由此可得全概率公式

$$\begin{aligned} P(A) &= P(A\mid B_1)P(B_1)+P(A\mid B_2)P(B_2)+\cdots+P(A\mid B_n)P(B_n) \\ &= \sum_{k=1}^{n} P(A\mid B_k)P(B_k) \end{aligned} \tag{2-94}$$

式(2-94)中,A、B_k 为试验 E 的事件。B_k 称为试验 E 的样本空间 S 的一个划分,$S=B_1\cup B_2\cup\cdots\cup B_n$,对每次试验,事件 B_k 中必有一个且仅有一个发生。由此可得出贝叶斯公式

$$P(B_k\mid A)=\frac{P(A\mid B_k)P(B_k)}{P(A)}=\frac{P(A\mid B_k)P(B_k)}{\sum\limits_{j=1}^{n} P(A\mid B_j)P(B_j)} \tag{2-95}$$

式(2-95)中,$k=1,2,\cdots,c$,$P(B_k)$称为**先验概率**(prior probability),即在考虑任何证据之前根据以往经验得到的随机事件的概率分布。在黑猫警长这个例子里,先验概率是在没有看到脚印等相关证据时,认为大象是小偷的概率。$P(B_k|A)$这个条件概率称为在 A 发生条件下 B_k 的**后验概率**(posterior probability),即在考虑证据 A 之后随机事件的条件概率分布。例如,后验概率是在看到地上留下的脚印之后,认为大象是小偷的概率。$P(A|B_k)$就是在大象是小偷的前提下出现地上这种脚印的条件概率。如果把条件概率 $P(A|B_k)$看成是 B_k 的函数,那么这个函数就是似然函数,简称似然,在 2.2.3 节中我们曾提及过。

"似然"翻译自英文 likelihood,看上去很有文采,不过如果直译为"可能性",将更有助于理解。likelihood 这个词涉及统计学中的两种主义:频率主义(frequentist)和贝叶斯主义(Bayesian)。这两种主义就像是一个信奉"先有鸡"(模型是固定的,由模型产生结果数据)、另一个信奉"先有蛋"(数据结果是固定的,根据结果生成模型)。因此,这里不必过于纠结 likelihood 到底对应什么概念,只需要知道 likelihood 就是把条件概率 $P(A|B_k)$(或条件概率之积)看作是条件 B_k 的函数就可以了,也就是说 A 发生的概率随 B_k 的变化而变化。

在分类任务中,输入特征 $\boldsymbol{x}=(x_1,x_2,\cdots,x_d)^{\mathrm{T}}$ 相当于脚印等证据,类别 C_k 相当于可能的嫌疑人,例如大象、河马、野猪等。根据贝叶斯公式,可以得到

$$p(C_k \mid \boldsymbol{x})=\frac{p(\boldsymbol{x} \mid C_k)p(C_k)}{p(\boldsymbol{x})}=\frac{p(\boldsymbol{x} \mid C_k)p(C_k)}{\sum_{j=1}^{n} p(\boldsymbol{x} \mid C_j)p(C_j)}=\frac{p(\boldsymbol{x}C_k)}{\sum_{j=1}^{n} p(\boldsymbol{x}C_j)} \tag{2-96}$$

式(2-96)中，$k=1,2,\cdots,c$，c 为类别的数量；$p(C_k|\boldsymbol{x})$为输入特征 $\boldsymbol{x}$ 对应类别 C_k 的后验概率；$p(C_k)$为类别 C_k 的先验概率；$p(\boldsymbol{x}|C_k)$为似然。从式(2-96)我们可以看出，输入特征 $\boldsymbol{x}$ 对应为类别 C_k 的概率，等于类别 C_k 与输入特征 $\boldsymbol{x}$ 同时出现的概率除以各个类别与输入特征 $\boldsymbol{x}$ 同时出现的概率之和。如果我们能计算出输入特征 $\boldsymbol{x}$ 对应各个类别的后验概率 $p(C_k|\boldsymbol{x})$，$k=1,2,\cdots,c$，那么使后验概率 $p(C_k|\boldsymbol{x})$最大的类别 C_k，就是输入特征 $\boldsymbol{x}$ 最可能对应的类别，我们把这个类别的类别值作为分类结果 $\hat{y}$(标注的预测值)

$$\hat{y}=\operatorname*{argmax}_k p(C_k \mid \boldsymbol{x}) \tag{2-97}$$

这就是贝叶斯分类器，很直观。式(2-97)给出的这种判决规则称为**最大后验概率准则**(maximum a posteriori probability，MAP)。

下面我们尝试进一步整理式(2-97)。注意到在式 $p(C_k|\boldsymbol{x})=\dfrac{p(\boldsymbol{x}|C_k)p(C_k)}{p(\boldsymbol{x})}$中，$p(\boldsymbol{x})$与 k 的取值无关，因此式(2-97)可写为

$$\hat{y}=\operatorname*{argmax}_k p(\boldsymbol{x} \mid C_k)p(C_k) \tag{2-98}$$

式(2-98)中，$p(\boldsymbol{x}|C_k)$为

$$\begin{aligned} p(\boldsymbol{x} \mid C_k) &= p(x_1,x_2,\cdots,x_d \mid C_k) \\ &= p(x_1 \mid x_2,\cdots,x_d,C_k)p(x_2 \mid x_3,\cdots,x_d,C_k)\cdots p(x_{d-1} \mid x_d,C_k)p(x_d \mid C_k) \end{aligned} \tag{2-99}$$

如果各维输入特征 $x_1,x_2,\cdots,x_d$ 之间相互条件独立的话，则有 $p(x_j|x_{j+1},\cdots,x_d,C_k)=p(x_j|C_k)$。因此，为了简化计算，我们在此做出各维输入特征之间都相互独立的假设，尽管这个假设通常不完全符合实际情况。在此回顾一下独立与不相关的区别。独立(independent)与不相关(uncorrelated)原本是一个意思，指两个随机变量之间没有任何统计关系，即一个随机变量的取值完全不影响另一个随机变量的取值。但我们通常说的相关(correlation)一般是指线性相关，因为两个随机变量之间也可能会非线性相关。因此，我们常说的不相关通常是不等于独立的。所以，如果独立，就一定不相关(线性相关)；反之不一定成立。对于零均值二元正态分布而言，独立和不相关是等价的。

例如，对于轮椅数据集，我们假设各个压力传感器和超声波传感器采集的数据之间相互独立。而实际上，当人坐在轮椅上时，这些传感器的读数大多都会发生改变；当人离开时，也会大多发生改变。因此，这些传感器的读数之间有一定的相关性，并不是完全相互独立的。各维输入特征之间都相互独立的这个假设很理想化，所以这样的贝叶斯分类器被称为朴素贝叶斯分类器。虽然这个假设很少成立，但是在很多时候，朴素贝叶斯分类器仍能取得不错的分类性能。根据这个假设，式(2-98)和式(2-99)可简化为

$$\begin{aligned} \hat{y} &= \operatorname*{argmax}_k p(x_1 \mid C_k)p(x_2 \mid C_k)\cdots p(x_d \mid C_k)p(C_k) \\ &= \operatorname*{argmax}_k p(C_k)\prod_{j=1}^{d} p(x_j \mid C_k) \end{aligned} \tag{2-100}$$

式(2-100)是朴素贝叶斯分类器进行分类的公式。那么，朴素贝叶斯分类器如何进行

训练?

从式(2-100)可以看出,用朴素贝叶斯分类器进行分类的前提是,需要知道 $p(C_k)$ 以及 $p(x_j|C_k)$,$k=1,2,\cdots,c$。对于先验概率 $p(C_k)$,我们可以通过简单的统计方法从训练数据集中获得

$$p(C_k)=\frac{\sum_{i=1}^{m}[y^{(i)}=k]}{m} \tag{2-101}$$

式(2-101)中,$k=1,2,\cdots,c$;m 为训练样本的数量。这里的方括号为艾佛森括号,即

$$[y^{(i)}=k]=\begin{cases}1 & 若\ y^{(i)}=k\\ 0 & 若\ y^{(i)}\neq k\end{cases}$$

因此,式(2-101)是在统计训练数据集中对应为第 k 个类别 C_k 的训练样本的占比。类似地,若各维输入特征 x_j 的取值为离散值,我们可通过统计求得 $p(x_j|C_k)$

$$p(x_j\mid C_k)=\frac{p(x_jC_k)}{p(C_k)}=\frac{\dfrac{\sum_{i=1}^{m}[x_j^{(i)}=x_j,y^{(i)}=k]}{m}}{\dfrac{\sum_{i=1}^{m}[y^{(i)}=k]}{m}}=\frac{\sum_{i=1}^{m}[x_j^{(i)}=x_j,y^{(i)}=k]}{\sum_{i=1}^{m}[y^{(i)}=k]} \tag{2-102}$$

式(2-102)中,$k=1,2,\cdots,c$;$j=1,2,\cdots,d$。这就是朴素贝叶斯分类器的训练过程,也很直观。

2.5.2 朴素贝叶斯分类器进阶

使用2.5.1节中的统计方法"训练"朴素贝叶斯分类器时,可能会受训练数据集中样本数量较少、输入特征维数较多、输入特征可能取值的数量较多等方面影响,使得式(2-102)中的一些 $p(x_j|C_k)=0$,从而导致式(2-100)中的 $p(C_k)\prod_{j=1}^{d}p(x_j|C_k)=0$。也就是说,只要在分类过程中遇到了训练过程中未曾见过的输入特征 x_j 的取值,朴素贝叶斯分类器就可能无法正常进行分类,从而影响分类的性能。如何解决这个问题?

这种情况下,我们可以使用拉普拉斯平滑(Laplace smoothing)方法,将式(2-101)和式(2-102)分别替换为

$$p(C_k)=\frac{\alpha+\sum_{i=1}^{m}[y^{(i)}=k]}{\alpha c+m} \tag{2-103}$$

$$p(x_j\mid C_k)=\frac{\alpha+\sum_{i=1}^{m}[x_j^{(i)}=x_j,y^{(i)}=k]}{\alpha n_j+\sum_{i=1}^{m}[y^{(i)}=k]} \tag{2-104}$$

式(2-104)中,$k=1,2,\cdots,c$;$j=1,2,\cdots,d$;α 为平滑参数,$\alpha>0$,例如 α 可取1;n_j 为

第 j 个输入特征 x_j 的可能取值(离散值)的数量。

如果输入特征的取值连续,怎么办?这种情况下,我们可以给朴素贝叶斯分类器加入事件模型,也就是对输入特征取值的分布做某种假设。对于连续的输入特征取值,我们可以假设对应于各个类别的各维输入特征的取值都服从正态分布(高斯分布),但是对应于每个类别每维输入特征的正态分布参数可以不相同,这时的朴素贝叶斯也称为**高斯朴素贝叶斯**(Gaussian naïve Bayes)。

通过引入正态分布事件模型,将每个类别的每维输入特征的取值都建模为正态分布,因此可将条件概率 $p(x_j|C_k)$ 写为

$$p(x_j \mid C_k)=\frac{1}{\sqrt{2\pi}\sigma_{jk}}\mathrm{e}^{-\frac{1}{2}\left(\frac{x_j-\mu_{jk}}{\sigma_{jk}}\right)^2} \tag{2-105}$$

式(2-105)中,$k=1,2,\cdots,c$;$j=1,2,\cdots,d$;μ_{jk}、σ_{jk} 分别为对应于第 k 个类别 C_k 的第 j 个输入特征的均值、标准差。

朴素贝叶斯

那么,高斯朴素贝叶斯分类器如何进行训练?也就是说如何确定每个正态分布的参数?

既然我们假设每维输入特征的取值都服从正态分布,那么就可以通过训练数据集中的 m 个训练样本来估计对应于每一个类别的每一维输入特征的正态分布参数。具体来说,每个正态分布的均值的无偏估计量就是训练数据集中对应于类别 C_k 的所有训练样本的第 j 个输入特征的算术平均值,即

$$\mu_{jk}=\frac{1}{m_k}\sum_{i=1}^{m_k}x_j^{(i)} \tag{2-106}$$

而方差的无偏估计量为

$$\sigma_{jk}^2=\frac{1}{m_k-1}\sum_{i=1}^{m_k}(x_j^{(i)}-\mu_{jk})^2 \tag{2-107}$$

式(2-106)和式(2-107)中,$k=1,2,\cdots,c$;$j=1,2,\cdots,d$;m_k 为对应于第 k 个类别 C_k 的训练样本数量;$x_j^{(i)}$ 为对应于第 k 个类别 C_k 的第 i 个训练样本的第 j 个输入特征。式(2-107)中算术平均的分母之所以是 m_k-1 而不是 m_k,是因为尽管 μ_{jk} 是均值的无偏估计量(即估计值的期望值与实际值之间不存在偏差),但并不代表基于具体的某一个训练数据集估计出来的均值一定与实际值相等。无偏只是期望意义上的无偏,不代表具体的估计值一定与实际值相等。由于均值的估计值与实际值之间往往存在一定的差,导致通过 $\sigma_{jk}^2=\frac{1}{m_k}\sum_{i=1}^{m_k}(x_j^{(i)}-\mu_{jk})^2$ 估算出来的方差,在期望意义上通常小于实际方差,只有当均值的估计值与实际值相等时,通过该式估算出来的方差才与实际值相等。可以证明,对于服从正态分布的随机变量,其方差无偏估计量的计算公式中,算术平均的分母为 m_k-1。

在估算出 μ_{jk}、σ_{jk}^2(或 σ_{jk})这些正态分布的参数之后,我们就可以用高斯朴素贝叶斯分类器进行分类,分类过程与朴素贝叶斯分类器一样。

需要注意的是,在计算机中 64 位浮点数所能够表示的最小数约为 2×10^{-308},看起来已经足够小。然而,在高斯朴素贝叶斯分类过程中,在计算 $p(C_k)\prod_{j=1}^{d}p(x_j \mid C_k)$ 时,仍有

可能发生下溢,即计算结果的绝对值小于 2×10^{-308}。因此,在编程实现高斯朴素贝叶斯分类器时,我们可以对该计算式取以自然常数 e 为底的对数,这样既可有效限制计算结果的取值范围,又不会改变分类结果,即

$$
\begin{aligned}
\hat{y} &= \underset{k}{\operatorname{argmax}} \ln\left(p(C_k)\prod_{j=1}^{d} p(x_j \mid C_k)\right) = \underset{k}{\operatorname{argmax}}\left(\ln(p(C_k)) + \sum_{j=1}^{d}\ln(p(x_j \mid C_k))\right) \\
&= \underset{k}{\operatorname{argmax}}\left(\ln(p(C_k)) + \sum_{j=1}^{d}\ln\left(\frac{1}{\sqrt{2\pi}\sigma_{jk}}\mathrm{e}^{-\frac{1}{2}\left(\frac{x_j-\mu_{jk}}{\sigma_{jk}}\right)^2}\right)\right) \\
&= \underset{k}{\operatorname{argmax}}\left(\ln(p(C_k)) - \frac{1}{2}\sum_{j=1}^{d}\left(\frac{x_j-\mu_{jk}}{\sigma_{jk}}\right)^2 - \sum_{j=1}^{d}\ln(\sqrt{2\pi}\sigma_{jk})\right) \\
&= \underset{k}{\operatorname{argmax}}\left(\ln(p(C_k)) - \frac{1}{2}\sum_{j=1}^{d}\left(\frac{x_j-\mu_{jk}}{\sigma_{jk}}\right)^2 - \sum_{j=1}^{d}\ln(\sigma_{jk}) - d\ln(\sqrt{2\pi})\right) \\
&= \underset{k}{\operatorname{argmax}}\left(\ln(p(C_k)) - \frac{1}{2}\sum_{j=1}^{d}\left(\frac{x_j-\mu_{jk}}{\sigma_{jk}}\right)^2 - \sum_{j=1}^{d}\ln(\sigma_{jk})\right)
\end{aligned}
\tag{2-108}
$$

2.5.3 朴素贝叶斯实践

在本节中,我们将动手编程实现高斯朴素贝叶斯分类器的训练与分类过程,并用轮椅数据集评估该分类器的性能。由于在高斯朴素贝叶斯分类器中我们已经将各维输入特征的取值建模为正态分布,式(2-108)中已包含对输入特征做标准化的计算,故可不必额外再对输入特征做特征缩放。

实验 2-16 实现高斯朴素贝叶斯分类器,并评估其分类性能。

提示:①返回数组在指定轴上的选定切片可使用 np.compress()函数;②计算均值可使用 np.mean()函数;③计算由方差的无偏估计量得出的标准差可使用 ddof 参数为 1 的 np.std(…, ddof=1)函数;④返回数组中最大值元素的索引可使用 np.argmax()函数。

当随机种子为 1、训练样本数量为 200、测试样本数量为 108 时,高斯朴素贝叶斯分类器在测试数据集与训练数据集上的宏平均 F_1 值分别为 0.968 和 0.992,马修斯相关系数分别为 0.987 和 0.986。可见,即便我们假设各维输入特征之间都相互独立且都服从正态分布,使用高斯朴素贝叶斯分类器也能得到较好的分类结果。

为了验证各维输入特征之间是否如我们假设的那样完全相互独立,我们使用 np.corrcoef()函数计算轮椅数据集中样本各维输入特征之间的皮尔逊相关系数。皮尔逊相关系数用来衡量各维输入特征之间的线性相关性,它的值为−1~1。如果皮尔逊相关系数大于 0,表示两维输入特征之间呈正线性相关;如果皮尔逊相关系数小于 0,表示两维输入特征之间呈负线性相关;如果皮尔逊相关系数为 0,表示两维输入特征之间不具有线性相关性。从计算结果中可以看出,轮椅数据集中样本的四维输入特征之间的皮尔逊相关系数的绝对值最大可达 0.667,最小为 0.055。这说明各维输入特征之间或多或少存在线性相关性,因此各维输入特征之间并不满足相互独立这个假设。

朴素贝叶斯分类器的核心思路是根据给定的输入特征,选择后验概率最大的类别作

为分类的输出结果。在分类过程中为了简化问题,做出了各维输入特征都相互独立的假设,尽管这个假设通常不完全符合实际情况。在高斯朴素贝叶斯分类器中,我们又进一步假设各维输入特征的取值都服从正态分布。尽管我们做了这些假设,使得朴素贝叶斯分类器看上去较简单,但它只需要少量的训练样本即可估计出分类过程中所需的各个参数,这是它的优点。

在机器学习中,像朴素贝叶斯分类器这样,侧重于通过寻找训练样本的输入特征与对应类别之间的联合概率分布 $p(x_jC_k)$ 来进行分类的模型,被称为生成模型(generative model)。之前我们学习过的分类模型,包括逻辑回归、SVM、k 近邻,都属于另外一类模型,被称为判别模型(discriminative model),这类模型倾向于直接通过训练样本寻找类别之间的分界线来进行分类。这两个词描述的概念较为笼统,以后遇到这两个词时知道是怎么回事就可以了。

2.6 神经网络

经过前面 2.1～2.5 节的学习,终于迎来了本章的最后一节。压轴的往往是最重要的。

在之前的两节中,我们学习了使用 k 近邻和朴素贝叶斯方法完成多分类任务。那么,我们是否可以对之前学习过的二分类方法加以改进,以便用来完成多分类任务?答案是肯定的。本节中,我们以用于二分类任务的(二分类)逻辑回归为例,先将二分类逻辑回归升级为可用于多分类任务的**多分类逻辑回归**(multinomial logistic regression)。多分类逻辑回归也被称为 softmax 回归(softmax regression)。

2.6.1 多分类逻辑回归

在二分类逻辑回归中,我们先通过线性回归计算一个中间结果 z,然后将这个中间结果代入 sigmoid 函数 $g(z)$中,计算出标注的预测值 $\hat{y}$,$\hat{y}\in(0,1)$,即模型预测的输入特征 $\boldsymbol{x}$ 对应于第 1 个类别的概率。最后,再通过 $\hat{y}$ 与固定门限 0.5 的大小关系来预测输入特征 $\boldsymbol{x}$ 对应的类别:如果 $\hat{y}\geqslant 0.5$,则将输入特征 $\boldsymbol{x}$ 对应为第 1 个类别;如果 $\hat{y}<0.5$,则将输入特征 $\boldsymbol{x}$ 对应为第 0 个类别。

$\hat{y}$ 之所以可以看作是模型预测的输入特征 $\boldsymbol{x}$ 对应于第 1 个类别的概率,是因为我们在训练模型时,将第 1 个类别训练样本的标注值 $y^{(i)}$ 取为 1,将第 0 个类别训练样本的标注值 $y^{(i)}$ 取为 0。也就是说,当第 1 个类别的训练样本出现时,其对应为第 1 个类别的概率是 1,对应为第 0 个类别的概率是 0;当第 0 个类别的训练样本出现时,其对应为第 0 个类别的概率是 1,对应为第 1 个类别的概率是 0。因此,二分类逻辑回归模型将尽力去学习预测输入特征 $\boldsymbol{x}$ 对应于第 1 个类别的概率。

那么,如果分类任务中有 3 个或者更多的类别怎么办?

想一想 怎样表示输入特征 $\boldsymbol{x}$ 对应于多个类别的概率?

如果有多个类别,那么当对应于某一个类别的训练样本出现时,模型将该训练样本对应为该类别的概率应为 1,对应为其他类别的概率应为 0。如果用一个列向量表示,可以

写为

$$\begin{bmatrix}1\\0\\\vdots\\0\end{bmatrix} \quad \text{当训练样本对应于第 1 个类别时}$$

$$\begin{bmatrix}0\\1\\\vdots\\0\end{bmatrix} \quad \text{当训练样本对应于第 2 个类别时}$$

以此类推。这种编码方式称为 one-hot,也就是向量的元素中只有一个 1,其余元素都是 0。与之相反的编码方式,即向量的元素中只有一个 0,其余全是 1,称为 one-cold。在二分类任务中,我们将两个类别分别记为第 1 个类别和第 0 个类别;而在多分类任务中,我们将多个类别分别记为第 1 个类别、第 2 个类别、第 3 个类别……。one-hot 列向量可以用艾佛森括号表示为

$$\boldsymbol{y}=\begin{bmatrix}y_1\\y_2\\\vdots\\y_c\end{bmatrix}=\begin{bmatrix}[y=1]\\[y=2]\\\vdots\\[y=c]\end{bmatrix} \tag{2-109}$$

式(2-109)中,c 为类别的数量。也就是说,在多分类任务中,我们可以将标量标注值 $y\in\{1,2,\cdots,c\}$ 写为 one-hot 列向量 $\boldsymbol{y}=(y_1,y_2,\cdots,y_c)^{\mathrm{T}}$ 的形式。每个 one-hot 列向量中的元素之和都等于 1。因此,在多分类任务中,如果我们将标量标注值 y 扩展为 one-hot 列向量 $\boldsymbol{y}$,就相当于我们让模型尽力去学习预测输入特征 $\boldsymbol{x}$ 分别对应于各个类别的概率。

在二分类逻辑回归中,我们通过 sigmoid 函数将逻辑回归输出的预测值 $\hat{y}$ 限制在(0,1)区间,预测值 $\hat{y}$ 可以看作是模型给出的输入特征 $\boldsymbol{x}$ 对应于第 1 个类别的概率。那么,在多分类任务中,我们是否可以照猫画虎,通过类似的方法让模型给出输入特征 $\boldsymbol{x}$ 对应于每个类别的概率?

当然可以。在多分类任务中,我们将二分类任务中的 sigmoid 函数 $g(z)=\dfrac{1}{1+\mathrm{e}^{-z}}=\dfrac{\mathrm{e}^z}{\mathrm{e}^z+1}=\dfrac{\mathrm{e}^z}{\mathrm{e}^z+\mathrm{e}^0}$ 推广为

$$g(z_j)=\frac{\mathrm{e}^{z_j}}{\mathrm{e}^{z_1}+\mathrm{e}^{z_2}+\cdots+\mathrm{e}^{z_c}}=\frac{\mathrm{e}^{z_j}}{\sum_{l=1}^{c}\mathrm{e}^{z_l}} \tag{2-110}$$

式(2-110)中,$j=1,2,\cdots,c$;$g(z_j)\in(0,1)$。这个函数就是 **softmax 函数**(softmax function)。输入特征 $\boldsymbol{x}$ 对应于每个类别的概率的预测值,都可以通过式(2-110)给出。然后,比较这些概率预测值的大小,并将输入特征 $\boldsymbol{x}$ 对应为概率预测值最大的类别。这就是多分类逻辑回归。

图 2-34 给出了 $c=2$ 时的 softmax 函数曲面(自变量为 z_1 和 z_2)。当 $c=2$ 时,若令 $z_2=0$,则由式(2-110)就得到了 sigmoid 函数。所以,sigmoid 函数是 softmax 函数的特殊形式。

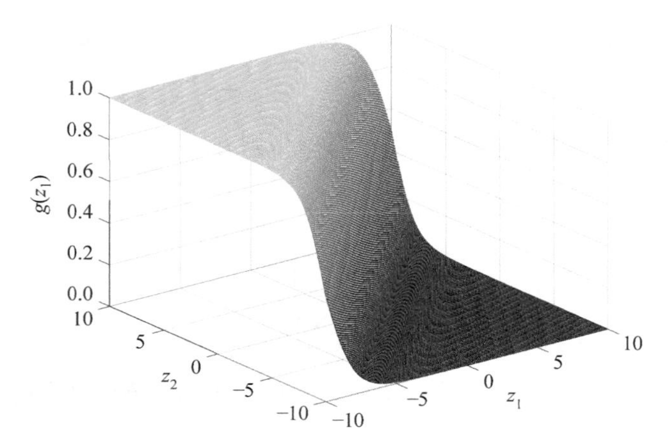

图 2-34　softmax 函数曲面($c=2$)

那么,如何得到式(2-110)中的 z_j,$j=1,2,\cdots,c$? 回想一下,在多输出线性回归中,我们将具有相同输入特征的多个单输出线性回归模型合并在一起,用来预测多维标注。在二分类逻辑回归中,$z=\boldsymbol{w}^{\mathrm{T}}\boldsymbol{x}+b$,也就是通过一个线性回归模型得到 z。在多分类逻辑回归中,可以通过 c 个线性回归模型分别得到 $z_1,z_2,\cdots,z_c$。当然,也可以用 $c-1$ 个线性回归模型,只是如果这样就需要将其中的一个类别对应为零向量,这样的多分类逻辑回归模型参数没有"冗余"。

综上所述,多分类逻辑回归如图 2-35 所示。其分类过程如下。

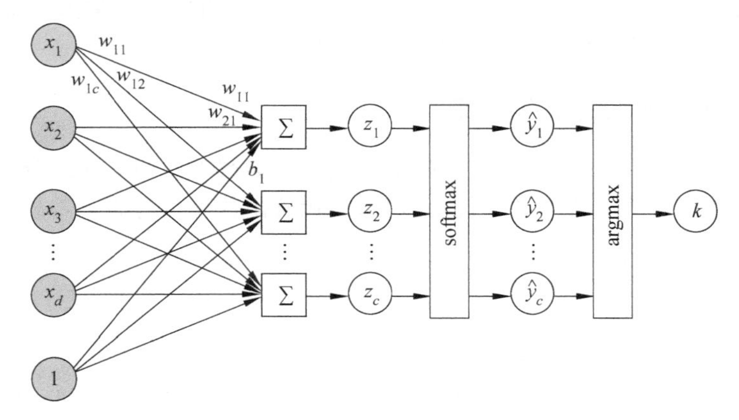

图 2-35　多分类逻辑回归

若多分类逻辑回归模型的输入为 d 维输入特征 $\boldsymbol{x}$,则有 $z_j=\boldsymbol{w}_j^{\mathrm{T}}\boldsymbol{x}+b_j$。其中,$j=1,2,\cdots,c$,$\boldsymbol{w}_j\in\mathbb{R}^{d\times 1}$,$\boldsymbol{w}_j=(w_{1j},w_{2j},\cdots,w_{dj})^{\mathrm{T}}$,$\boldsymbol{w}_j$ 与 b_j 分别为图 2-35 中第 j 个线性回归模型的权重与偏差。若进一步将 c 个线性回归模型的输出 $z_1,z_2,\cdots,z_c$ 组成列向量 $\boldsymbol{z}=$

$(z_1,z_2,\cdots,z_c)^{\mathrm{T}}$,则有

$$\boldsymbol{z}=\boldsymbol{W}^{\mathrm{T}}\boldsymbol{x}+\boldsymbol{b} \tag{2-111}$$

式(2-111)中,$\boldsymbol{z}\in\mathbb{R}^{c\times1}$;$\boldsymbol{b}\in\mathbb{R}^{c\times1}$,$\boldsymbol{b}=(b_1,b_2,\cdots,b_c)^{\mathrm{T}}$;$\boldsymbol{W}$由式(2-33)给出,$\boldsymbol{W}\in\mathbb{R}^{d\times c}$。如果将图 2-35 中 softmax 函数的输出 $\hat{y}_1=g(z_1)=\dfrac{\mathrm{e}^{z_1}}{\sum_{l=1}^{c}\mathrm{e}^{z_l}}$、$\hat{y}_2=g(z_2)=\dfrac{\mathrm{e}^{z_2}}{\sum_{l=1}^{c}\mathrm{e}^{z_l}}$、…、$\hat{y}_c=g(z_c)=\dfrac{\mathrm{e}^{z_c}}{\sum_{l=1}^{c}\mathrm{e}^{z_l}}$ 组成列向量 $\hat{\boldsymbol{y}}=(\hat{y}_1,\hat{y}_2,\cdots,\hat{y}_c)^{\mathrm{T}}$,则有

$$\hat{\boldsymbol{y}}=g(\boldsymbol{z})=\frac{1}{\sum_{l=1}^{c}\mathrm{e}^{z_l}}\begin{bmatrix}\mathrm{e}^{z_1}\\ \mathrm{e}^{z_2}\\ \vdots\\ \mathrm{e}^{z_c}\end{bmatrix} \tag{2-112}$$

最后,多分类逻辑回归模型将输入特征 $\boldsymbol{x}$ 对应为概率预测值最大的第 k 个类别。

$$k=\underset{j}{\operatorname{argmax}}\,\hat{y}_j \tag{2-113}$$

式(2-113)中,$j,k\in\{1,2,\cdots,c\}$。由于

$$\begin{aligned}\underset{j}{\operatorname{argmax}}\,\hat{y}_j&=\underset{j}{\operatorname{argmax}}\,g(z_j)=\underset{j}{\operatorname{argmax}}\frac{\mathrm{e}^{z_j}}{\sum_{l=1}^{c}\mathrm{e}^{z_l}}=\underset{j}{\operatorname{argmax}}\,\mathrm{e}^{z_j}=\underset{j}{\operatorname{argmax}}\,z_j\\&=\underset{j}{\operatorname{argmax}}(\boldsymbol{w}_j^{\mathrm{T}}\boldsymbol{x}+b_j)\end{aligned}$$

因此,在多分类逻辑回归的分类过程中,也可以使用式(2-114)得到输入特征 $\boldsymbol{x}$ 对应的预测类别,以减少分类过程的运算量。

$$k=\underset{j}{\operatorname{argmax}}(\boldsymbol{w}_j^{\mathrm{T}}\boldsymbol{x}+b_j) \tag{2-114}$$

式(2-114)中,$\boldsymbol{w}_j$ 和 b_j 分别是第 j 个线性回归模型的权重与偏差。那么,如何得到这些 $\boldsymbol{w}_j$ 和 b_j 参数?即如何训练多分类逻辑回归模型?

2.6.2 多分类逻辑回归的训练

可以将二分类逻辑回归的训练过程,推广至多分类逻辑回归。在二分类逻辑回归中,使用的是由式(2-59)给出的交叉熵代价函数,该代价函数可以写为

$$\begin{aligned}J(\boldsymbol{w},b)&=-\frac{1}{m}\sum_{i=1}^{m}(y^{(i)}\ln(\hat{y}^{(i)})+(1-y^{(i)})\ln(1-\hat{y}^{(i)}))\\&=-\frac{1}{m}\sum_{i=1}^{m}\sum_{j=0}^{1}y_j^{(i)}\ln(\hat{y}_j^{(i)})\end{aligned} \tag{2-115}$$

式(2-115)中,$y_0^{(i)}=1-y^{(i)}$ 可以看作是输入特征对应于第 0 个类别的概率,$y_1^{(i)}=y^{(i)}$ 可以看作是输入特征对应于第 1 个类别的概率;$\hat{y}_0^{(i)}=1-\hat{y}^{(i)}$ 是模型预测的输入特征对应于第 0 个类别的概率,$\hat{y}_1^{(i)}=\hat{y}^{(i)}$ 是模型预测的输入特征对应于第 1 个类别的概率。

在二分类逻辑回归中,用 0 和 1 分别代表两个类别;而在多分类逻辑回归中,用 1,2,…,c 分别代表 c 个类别。在多分类逻辑回归中,类别的数量有所增加,可以将由式(2-115)给出的用于二分类任务的交叉熵代价函数推广为由式(2-116)给出的用于多

分类任务的交叉熵代价函数。从最大化训练样本的输入特征与标注之间的互信息(mutual information)的角度,也可以推导出这个代价函数。

$$J(\boldsymbol{W},\boldsymbol{b})=-\frac{1}{m}\sum_{i=1}^{m}\sum_{j=1}^{c}y_j^{(i)}\ln(\hat{y}_j^{(i)})=-\frac{1}{m}\sum_{i=1}^{m}\ln(\hat{y}_{y^{(i)}}^{(i)})$$
$$=-\frac{1}{m}\sum_{i=1}^{m}\ln(\hat{y}_y)\big|_{x=\boldsymbol{x}^{(i)},y=y^{(i)}} \tag{2-116}$$

式(2-116)中,$y_j^{(i)}$ 为第 i 个训练样本($\boldsymbol{x}^{(i)},y^{(i)}$)的标注 $y^{(i)}$ 对应的 one-hot 向量$(y_1^{(i)},y_2^{(i)},\cdots,y_c^{(i)})^{\mathrm{T}}$中的第 j 个元素,$y_j^{(i)}\in\{0,1\}$,$y_j^{(i)}=[y^{(i)}=j]$,$\sum_{j=1}^{c}y_j^{(i)}=1$,这里的方括号为艾佛森括号;$\hat{y}_j^{(i)}$ 为 $y_j^{(i)}$ 的预测值,$\hat{y}_j^{(i)}\in(0,1)$,$\sum_{j=1}^{c}\hat{y}_j^{(i)}=1$;$i=1,2,\cdots,m$,$j=1,2,\cdots,c$,$m$ 为训练样本的数量,c 为类别的数量;$\sum_{j=1}^{c}y_j^{(i)}\ln(\hat{y}_j^{(i)})=\ln(\hat{y}_{y^{(i)}}^{(i)})$,是因为在 one-hot 向量$(y_1^{(i)},y_2^{(i)},\cdots,y_c^{(i)})^{\mathrm{T}}$中,只有第 $y^{(i)}$ 个元素 $y_{y^{(i)}}^{(i)}$ 的值为 1,其余元素的值都为 0。式(2-116)中化简后的损失函数为 $L=-\ln(\hat{y}_y)$,因此也有人将该损失函数称为负对数似然(negative log-likelihood,NLL)损失函数。

多分类
逻辑回归

定义了代价函数,就可以使用梯度下降法,来寻找使代价函数的值最小的模型参数最优解 $\boldsymbol{W}^*$ 和 $\boldsymbol{b}^*$。在使用梯度下降法寻找模型参数最优解的过程中,需要用到代价函数对权重与偏差的偏导数,故在此先求出偏导数。进一步整理式(2-116)

$$J(\boldsymbol{W},\boldsymbol{b})=-\frac{1}{m}\sum_{i=1}^{m}\sum_{j=1}^{c}y_j^{(i)}\ln(\hat{y}_j^{(i)})$$
$$=-\frac{1}{m}\sum_{i=1}^{m}\sum_{j=1}^{c}y_j^{(i)}\ln\left(\frac{\mathrm{e}^{(\boldsymbol{w}_j^{\mathrm{T}}\boldsymbol{x}^{(i)}+b_j)}}{\sum_{k=1}^{c}\mathrm{e}^{(\boldsymbol{w}_k^{\mathrm{T}}\boldsymbol{x}^{(i)}+b_k)}}\right)$$
$$=-\frac{1}{m}\sum_{i=1}^{m}\sum_{j=1}^{c}\left(y_j^{(i)}(\boldsymbol{w}_j^{\mathrm{T}}\boldsymbol{x}^{(i)}+b_j)-y_j^{(i)}\ln\left(\sum_{k=1}^{c}\mathrm{e}^{(\boldsymbol{w}_k^{\mathrm{T}}\boldsymbol{x}^{(i)}+b_k)}\right)\right)$$
$$=-\frac{1}{m}\sum_{i=1}^{m}\left(\sum_{j=1}^{c}y_j^{(i)}(\boldsymbol{w}_j^{\mathrm{T}}\boldsymbol{x}^{(i)}+b_j)-\ln\left(\sum_{k=1}^{c}\mathrm{e}^{(\boldsymbol{w}_k^{\mathrm{T}}\boldsymbol{x}^{(i)}+b_k)}\right)\sum_{j=1}^{c}y_j^{(i)}\right)$$
$$=-\frac{1}{m}\sum_{i=1}^{m}\left(\sum_{j=1}^{c}y_j^{(i)}(\boldsymbol{w}_j^{\mathrm{T}}\boldsymbol{x}^{(i)}+b_j)-\ln\left(\sum_{k=1}^{c}\mathrm{e}^{(\boldsymbol{w}_k^{\mathrm{T}}\boldsymbol{x}^{(i)}+b_k)}\right)\right) \tag{2-117}$$

可将多分类逻辑回归的代价函数 $J(\boldsymbol{W},\boldsymbol{b})$ 记作 $J(\boldsymbol{w}_1,\cdots,\boldsymbol{w}_c,b_1,\cdots,b_c)$,先求由式(2-117)给出的代价函数对 b_j 和 $\boldsymbol{w}_j$ 的偏导数,$j=1,2,\cdots,c$。

练一练　求由式(2-117)给出的代价函数对 b_j 和 $\boldsymbol{w}_j$ 的偏导数。

$$\frac{\partial J(\boldsymbol{w}_1,\cdots,\boldsymbol{w}_c,b_1,\cdots,b_c)}{\partial b_j}=-\frac{1}{m}\sum_{i=1}^{m}\left(y_j^{(i)}-\frac{\mathrm{e}^{(\boldsymbol{w}_j^{\mathrm{T}}\boldsymbol{x}^{(i)}+b_j)}}{\sum_{k=1}^{c}\mathrm{e}^{(\boldsymbol{w}_k^{\mathrm{T}}\boldsymbol{x}^{(i)}+b_k)}}\right)$$

$$=\frac{1}{m}\sum_{i=1}^{m}(\hat{y}_j^{(i)}-y_j^{(i)})=\frac{1}{m}\boldsymbol{v}\boldsymbol{e}_j^{\mathrm{T}} \tag{2-118}$$

$$\frac{\partial J(\boldsymbol{w}_1,\cdots,\boldsymbol{w}_c,b_1,\cdots,b_c)}{\partial \boldsymbol{w}_j}=-\frac{1}{m}\sum_{i=1}^{m}\left[y_j^{(i)}\boldsymbol{x}^{(i)}-\boldsymbol{x}^{(i)}\frac{\mathrm{e}^{(\boldsymbol{w}_j^{\mathrm{T}}\boldsymbol{x}^{(i)}+b_j)}}{\sum_{k=1}^{c}\mathrm{e}^{(\boldsymbol{w}_k^{\mathrm{T}}\boldsymbol{x}^{(i)}+b_k)}}\right]$$

$$=\frac{1}{m}\sum_{i=1}^{m}\boldsymbol{x}^{(i)}(\hat{y}_j^{(i)}-y_j^{(i)})=\frac{1}{m}\boldsymbol{X}\boldsymbol{e}_j^{\mathrm{T}} \tag{2-119}$$

式(2-118)和式(2-119)中,$\boldsymbol{X}$ 由式(2-22)给出,$\boldsymbol{X}\in\mathbb{R}^{d\times m}$;$\boldsymbol{v}$ 仍为 m 维全 1 行向量,$\boldsymbol{v}\in\mathbb{R}^{1\times m}$,$\boldsymbol{v}=(1,1,\cdots,1)$;$\boldsymbol{e}_j\in\mathbb{R}^{1\times m}$,

$$\boldsymbol{e}_j=\hat{\boldsymbol{y}}_j-\boldsymbol{y}_j=(\hat{y}_j^{(1)}-y_j^{(1)},\hat{y}_j^{(2)}-y_j^{(2)},\cdots,\hat{y}_j^{(m)}-y_j^{(m)}) \tag{2-120}$$

式(2-120)中,$\hat{\boldsymbol{y}}_j,\boldsymbol{y}_j\in\mathbb{R}^{1\times m}$,$\hat{\boldsymbol{y}}_j=(\hat{y}_j^{(1)},\hat{y}_j^{(2)},\cdots,\hat{y}_j^{(m)})$,$\boldsymbol{y}_j=(y_j^{(1)},y_j^{(2)},\cdots,y_j^{(m)})$,$j=1,2,\cdots,c$。

从形式上看,多分类逻辑回归中代价函数的偏导数,即式(2-118)和式(2-119),与二分类逻辑回归中代价函数的偏导数式(2-65)一样,唯一的差别在于多分类逻辑回归中需要分别求出 c 个线性回归模型的权重与偏差参数,而在二分类逻辑回归中,只需要求一个线性回归模型的权重与偏差参数。根据式(2-118)和式(2-119),可写出代价函数对 $\boldsymbol{b}$ 与 $\boldsymbol{W}$ 的偏导数为

$$\begin{cases}\dfrac{\partial J(\boldsymbol{W},\boldsymbol{b})}{\partial \boldsymbol{b}}=\dfrac{1}{m}\boldsymbol{E}\boldsymbol{v}^{\mathrm{T}}\\[2ex]\dfrac{\partial J(\boldsymbol{W},\boldsymbol{b})}{\partial \boldsymbol{W}}=\dfrac{1}{m}\boldsymbol{X}\boldsymbol{E}^{\mathrm{T}}\end{cases} \tag{2-121}$$

式(2-121)中,$\boldsymbol{W}$ 由式(2-33)给出,$\boldsymbol{W}\in\mathbb{R}^{d\times c}$;$\boldsymbol{b}$ 由式(2-34)给出,$\boldsymbol{b}\in\mathbb{R}^{c\times 1}$;$\boldsymbol{E}$ 由式(2-38)给出,$\boldsymbol{E}\in\mathbb{R}^{c\times m}$,

$$\boldsymbol{E}=\hat{\boldsymbol{Y}}-\boldsymbol{Y} \tag{2-122}$$

式(2-122)中,$\boldsymbol{Y}$ 为式(2-109)在数据集上的矩阵形式,在形式上与式(2-37)一样,$\boldsymbol{Y}\in\mathbb{R}^{c\times m}$;$\hat{\boldsymbol{Y}}$ 由式(2-36)给出,$\hat{\boldsymbol{Y}}\in\mathbb{R}^{c\times m}$。写出式(2-112)的矩阵形式为

$$\hat{\boldsymbol{Y}}=\mathrm{e}^{\boldsymbol{Z}}\oslash(\boldsymbol{U}\mathrm{e}^{\boldsymbol{Z}}) \tag{2-123}$$

式(2-123)中,$\oslash$代表阿达马除法(Hadamard division),即对应元素相除,$(\boldsymbol{A}\oslash\boldsymbol{B})_{ij}=\dfrac{(\boldsymbol{A})_{ij}}{(\boldsymbol{B})_{ij}}$;$\boldsymbol{U}$ 是 $c\times c$ 大小的 1 矩阵(matrix of ones),$\boldsymbol{U}\in\mathbb{R}^{c\times c}$,由式(2-124)给出;$\boldsymbol{Z}\in\mathbb{R}^{c\times m}$,由式(2-125)给出。

$$\boldsymbol{U}=\begin{bmatrix}1&1&\cdots&1\\1&1&\cdots&1\\\vdots&\vdots&&\vdots\\1&1&\cdots&1\end{bmatrix} \tag{2-124}$$

$$\boldsymbol{Z}=\begin{bmatrix}z_1^{(1)}&z_1^{(2)}&\cdots&z_1^{(m)}\\z_2^{(1)}&z_2^{(2)}&\cdots&z_2^{(m)}\\\vdots&\vdots&&\vdots\\z_c^{(1)}&z_c^{(2)}&\cdots&z_c^{(m)}\end{bmatrix} \tag{2-125}$$

写出式(2-111)在数据集上的矩阵形式如下：

$$\boldsymbol{Z}=\boldsymbol{W}^{\mathrm{T}}\boldsymbol{X}+\boldsymbol{b}\boldsymbol{v} \tag{2-126}$$

式(2-126)中，$\boldsymbol{Z}$ 由式(2-125)给出，$\boldsymbol{Z}\in\mathbb{R}^{c\times m}$；$\boldsymbol{W}$ 由式(2-33)给出，$\boldsymbol{W}\in\mathbb{R}^{d\times c}$；$\boldsymbol{b}$ 由式(2-34)给出，$\boldsymbol{b}\in\mathbb{R}^{c\times 1}$；$\boldsymbol{X}$ 由式(2-22)给出，$\boldsymbol{X}\in\mathbb{R}^{d\times m}$；$\boldsymbol{v}\in\mathbb{R}^{1\times m}$，$\boldsymbol{v}=(1,1,\cdots,1)$。

在训练过程中如果需要计算交叉熵代价函数，可使用式(2-116)的如下矩阵形式：

$$J(\boldsymbol{W},\boldsymbol{b})=-\frac{1}{m}\sum_{i=1}^{m}\sum_{j=1}^{c}y_j^{(i)}\ln(\hat{y}_j^{(i)})=-\frac{1}{m}\mathrm{tr}(\boldsymbol{Y}^{\mathrm{T}}\ln(\hat{\boldsymbol{Y}})) \tag{2-127}$$

式(2-127)中，$\mathrm{tr}(\boldsymbol{A})$表示方阵 $\boldsymbol{A}$ 的迹，即主对角线上的元素之和；$\boldsymbol{Y}$ 为式(2-109)的矩阵形式，在形式上与式(2-37)一样；$\hat{\boldsymbol{Y}}$ 由式(2-123)计算得出。

根据式(2-121)和式(2-41)，就可以使用批梯度下降法训练多分类逻辑回归模型。

实验 2-17 实现多分类逻辑回归，并用轮椅数据集评估其分类性能。

提示：①可对输入特征做标准化；②计算自然指数可使用 np.exp()函数；③阿达马除法可直接用“/”(除号)实现；④计算自然对数可使用 np.log()函数；⑤计算方阵的迹可使用 np.trace()函数；⑥将整数型索引值转换为 one-hot 向量，可参考如下例子。

```
index = np.array([0, 1, 2, 1])
one_hot = np.zeros((3, index.size))
one_hot[index, np.arange(index.size)] = 1
```

当随机种子为 1、训练样本数量为 200 个、测试样本数量为 108 个、学习率为 0.1、迭代次数为 5400 次时，该多分类逻辑回归模型在训练数据集和测试数据集上的分类错误数量都为 0。

2.6.3 二分类神经网络

在 2.2 节二分类逻辑回归中，我们把百分制成绩对应为“及格”或“不及格”两个类别之一。如果在成绩数据集中再加入 3 个训练样本，分别把 25、30、35 分对应为“及格”(尽管这不符合常识)，那么用二分类逻辑回归对其进行分类，将会得到怎样的结果？可扫描二维码 grade_dataset_ext 下载扩充后成绩数据集的 Jupyter Notebook Python 代码。

grade_dataset_ext

练一练 使用二分类逻辑回归对扩充后的成绩数据集进行分类，画出训练样本以及模型拟合出的反映输入特征与标注预测值之间函数关系的曲线。

逻辑回归模型拟合出的反映输入特征与标注预测值之间函数关系的曲线如图 2-36 中的实线所示。在二分类逻辑回归中，若该拟合曲线的函数值(即标注的预测值)大于或等于 0.5，则将输入特征对应为第 1 个类别，否则对应为第 0 个类别，如图 2-36 中的虚线所示。图中的叉代表训练样本。使用该拟合曲线对成绩数据集中的样本进行分类，分类错误数量较多(29 个样本中有 13 个样本被对应为错误的类别)。在 2.2 节中我们讨论过，二分类逻辑回归中的这条拟合曲线，是经过缩放与平移之后的 sigmoid 函数曲线。从

图 2-21 中可以看出,一条 sigmoid 函数曲线,即便经过缩放与平移,也无法足够接近这个成绩数据集中的所有训练样本,这是产生较多分类错误的主要原因。

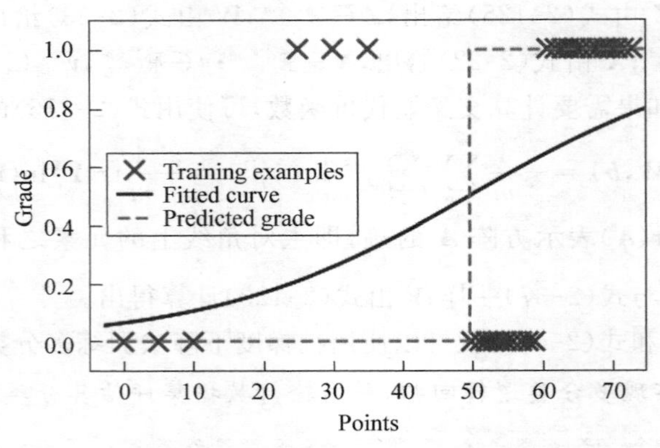

图 2-36 逻辑回归模型拟合出的曲线

从直观上看,一条 sigmoid 函数曲线并不足以接近图 2-36 所示的两个类别训练样本相互“混杂”的所有训练样本。但是,如果多条 sigmoid 函数曲线叠加在一起,则叠加后的曲线有可能可以足够接近所有这些训练样本。如图 2-37(a)所示,如果我们使用 3 条 sigmoid 函数曲线 $g(z)=\dfrac{1}{1+e^{-z+17.5}}$、$g(z)=\dfrac{1}{1+e^{z-42.5}}$、$g(z)=\dfrac{1}{1+e^{-z+60}}$来分别作为训练数据集中两个类别训练样本之间的 3 条“过渡带”,然后再将这 3 条曲线与 $g(z)=-1$ 这条水平直线(即偏差 -1)叠加在一起,就得到了如图 2-37(b)中实线所示的叠加后的曲线。从图中可以看出,使用这条曲线对成绩数据集中的样本进行分类,不会出现分类错误。

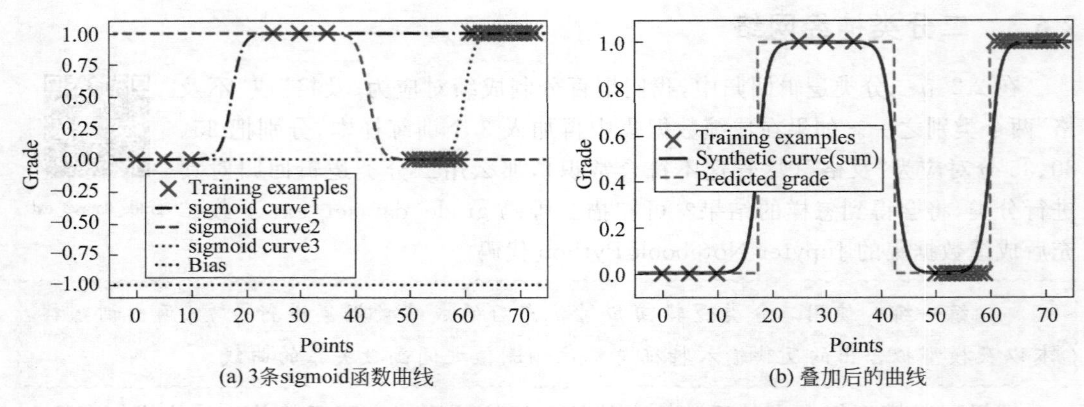

(a) 3条sigmoid函数曲线　　(b) 叠加后的曲线

图 2-37 多条 sigmoid 函数曲线及其叠加后的曲线(设想)

想一想 如何改进二分类逻辑回归模型,使其在训练过程中拟合出如图 2-37(b)所示的用于分类的曲线,以获得更好的分类性能?

既然该拟合曲线为多条 sigmoid 函数曲线的叠加,那么可以考虑使用多个二分类逻辑回归模型，每个二分类逻辑回归模型拟合一条 sigmoid 函数曲线，然后将这些拟合曲线与水平直线（偏差）叠加在一起，得到上述叠加后曲线。图 2-38 示出了这个改进后的模型。图中左侧的每一个圆圈称为一个节点（node），代表一维输入特征或常数 1，这一排节点构成了**输入层**（input layer）。在深度学习中，也有人将节点称为单元（unit）。图中中间这排的每一个灰色椭圆代表一个节点，中间这一排节点构成了**隐含层**（hidden layer）。之所以称为隐含层是因为中间这排节点既不是输入节点也不是输出节点，从模型外部看不到。图中的每一个隐含层节点，实际上都是一个逻辑回归模型，因为其中包含了输入特征（或常数 1）与权重（或偏差）的乘加运算以及 sigmoid 函数运算，图中的 $g(\cdot)$ 代表 sigmoid 函数。图中右侧这排的每一个灰色椭圆代表一个节点，每个节点输出一维模型给出的预测值，右侧这一排节点构成了**输出层**（output layer）。图 2-38 中的输出层只有一个节点，该节点实际上是一个线性回归模型，因为其中包含了各个逻辑回归模型的输出值 a_j（或常数 1）与权重（或偏差）的乘加运算，$j=1,2,\cdots,n$，n 为逻辑回归模型的数量（即隐含层节点的数量）。

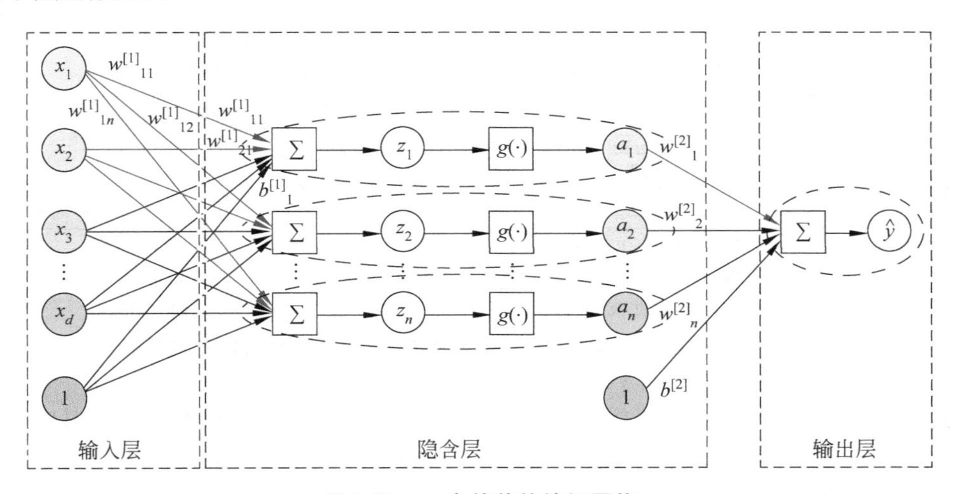

图 2-38　一个简单的神经网络

如此改进，就得到了一个**人工神经网络**（artificial neural network，ANN）模型，通常简称为神经网络模型。这个模型为什么叫作神经网络？跟神经两个字有什么关系？这是因为模型中的隐含层节点和输出层节点与大脑中的神经元（neuron）在结构上有相似之处：节点的多个输入就像神经元中的树突（dendrite）；节点的输出就像神经元中的轴突（axon）；节点的 sigmoid 函数起着与“神经元激活附近神经元”相似的作用。因此在神经网络中，sigmoid 等函数被统称为**激活函数**（activation function）。

由于输入层中的每个节点只起到存储变量的作用，而不做任何运算，因此在计算神经网络的层数时，通常不把输入层计算在内。所以如图 2-38 所示的神经网络的层数为 2 层。如果神经网络的层数多于 2 层，则称为深度神经网络（deep neural network，DNN）。像图 2-38 中这样的神经网络，数据从输入层进入，经过隐含层向输出层一层一层传递，节点之间的连接不存在

二分类
神经网络

反馈环路,被称为前馈神经网络(feedforward neural network,FNN)。也有人将前馈神经网络称为多层感知机(multi-layer perceptron,MLP),尽管多层感知机原指一种激活函数为门限函数(threshold function)的前馈神经网络。如果节点之间的连接存在反馈环路,这样的神经网络被称为循环神经网络(recurrent neural network,RNN),也有人称之为递归神经网络。前馈神经网络是最基本的神经网络。本节所讲述的神经网络也是前馈神经网络。

那么,这样改进的实际效果如何?我们用均方误差代价函数和批梯度下降法训练如图 2-38 所示的改进后模型,得到的 3 条 sigmoid 函数曲线和水平直线(偏差)如图 2-39(a)所示。将这 3 条 sigmoid 函数曲线与这个偏差叠加在一起,得到如图 2-39(b)中实线所示的叠加后的曲线。使用这条曲线对成绩数据集中的样本进行分类,没有出现分类错误,与我们的预期一致,尽管这条曲线的形状与我们所预期的尚有一些差别。

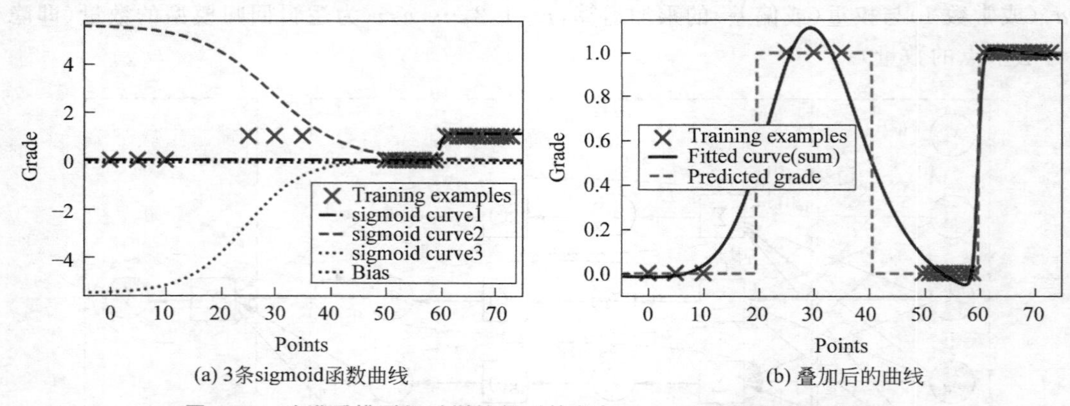

(a) 3条sigmoid函数曲线 (b) 叠加后的曲线

图 2-39 改进后模型经过训练得到的多条 sigmoid 函数曲线及其叠加

进一步地,如果在上述改进模型的训练过程中,将 3 条 sigmoid 函数曲线对应的 3 个权重固定为 1,可得到如图 2-40(a)所示的 3 条 sigmoid 函数曲线及其偏差,以及如图 2-40(b)中实线所示的叠加后的曲线。这条曲线的形状符合我们之前的预期,而且使用这条曲线对成绩数据集中的样本进行分类也没有出现任何分类错误。这个部分权重固定为 1 的改进后模型,训练时间比未固定权重的改进后模型更短(因所需的迭代次数更少)。

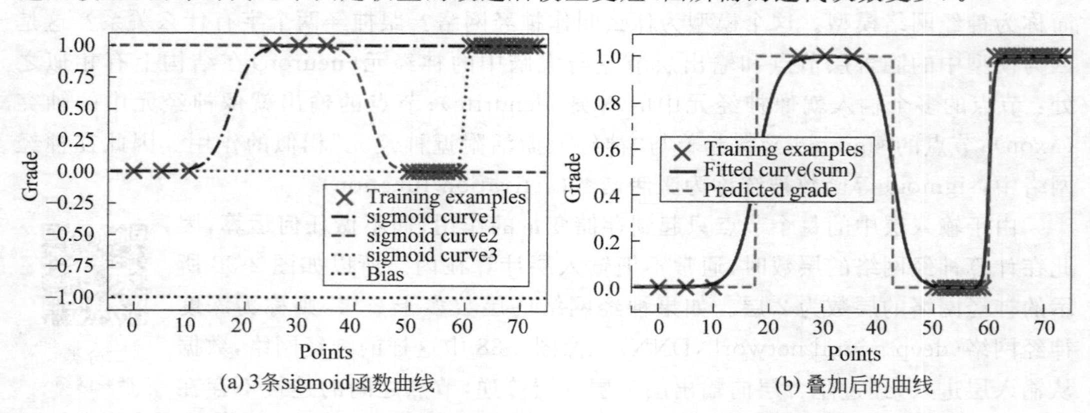

(a) 3条sigmoid函数曲线 (b) 叠加后的曲线

图 2-40 改进后固定权重模型经过训练得到的多条 sigmoid 函数曲线及其叠加

这两个改进后的模型都是简单的神经网络模型。只需经过训练就可以自动得到这些 sigmoid 函数曲线及偏差，这正是神经网络的神奇之处。以上分析与实验解释了为什么神经网络模型可以比逻辑回归模型的分类性能更好。

更一般地，在神经网络中，激活函数不局限于 sigmoid 函数。因为从直观上看，只要多条激活函数曲线叠加之后的曲线能够接近训练数据集中的所有训练样本就可以用来完成二分类任务。而且只要激活函数（例如 sigmoid 函数）曲线的数量足够多，也就是神经网络隐含层中节点的数量足够多，这条叠加后的曲线就能够接近两个类别训练样本任意“混杂”的所有训练样本。我们的分析结论与普适逼近定理（universal approximation theorem）相一致。上述分析与实验中训练样本的输入特征维数为 1。如果输入特征的维数为 2，则上述曲线就成为了曲面；如果输入特征的维数更多，则上述曲线就成为了超曲面。

在前馈神经网络中，除了 sigmoid 函数，常用的激活函数还包括**线性激活函数**（linear activation function）和 **ReLU**（rectified linear unit，整流线性单元）激活函数。所谓的线性激活函数，就是 $g(z)=z$，其效果相当于不使用任何激活函数，例如可以认为图 2-38 输出层节点中使用的是线性激活函数。但神经网络隐含层节点的激活函数通常不使用线性激活函数。这是因为，如果隐含层节点使用线性激活函数，则其成为线性回归模型，并且直接与输出层节点的线性回归部分级联，两级线性回归模型的作用仅相当于一个线性回归模型（可自行推导证明），隐含层失去了存在的意义。

ReLU 激活函数的数学表达式为

$$g(z)=\max(0,z)=z[z>0] \tag{2-128}$$

式(2-128)中的方括号为艾佛森括号。也就是说，当 $z\geqslant 0$ 时，$g(z)=z$，ReLU 激活函数相当于线性激活函数；当 $z<0$ 时，$g(z)=0$，如图 2-41 所示。该函数的效果与半波整流电路一样。

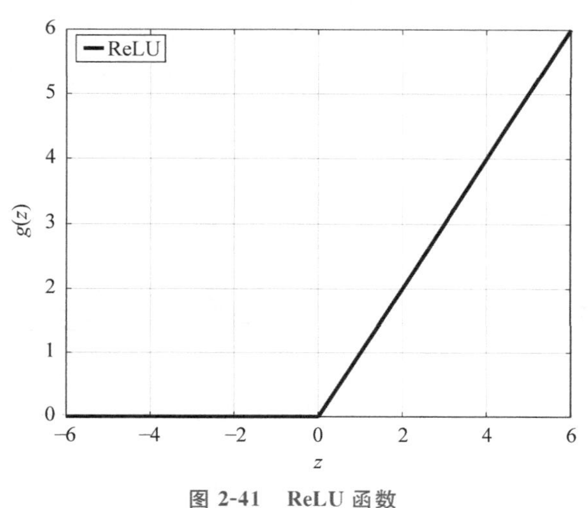

图 2-41 ReLU 函数

当 $z>0$ 时，ReLU 函数的导数为 1；当 $z<0$ 时，ReLU 函数的导数为 0；当 $z=0$ 时，

ReLU 函数不可微,其导数无定义。但在实际应用中,当 $z=0$ 时,可以假定其导数为 0 或者为 1,因为在实际应用中 $z=0$ 的可能性很小,其导数对应哪个值几乎没什么影响。故可以把 ReLU 函数的导数写为

$$\frac{\mathrm{d}g(z)}{\mathrm{d}z}=[z>0] \tag{2-129}$$

通常神经网络同一层中的节点使用相同的激活函数。对于二分类任务,神经网络隐含层节点的激活函数可以使用 sigmoid 函数,这样,其输出层节点的激活函数就可以使用线性激活函数(即不使用激活函数),并在训练过程中使用均方误差代价函数。在训练时,可将输出层线性回归模型的权重固定为 1,以减少训练时间。为了进一步减少训练时间(减少迭代次数),神经网络隐含层节点可使用 ReLU 激活函数。使用 ReLU 激活函数也有助于减轻梯度消失问题(vanishing gradient problem)对神经网络训练的影响。在二分类任务中,如果神经网络隐含层节点的激活函数不使用 sigmoid 函数,那么其输出层节点的激活函数通常使用 sigmoid 函数。这是因为二分类任务中训练样本的标注取值为 0 或 1,sigmoid 函数(或多个 sigmoid 函数叠加)的曲线(或曲面、超曲面)更适合用来接近所有的训练样本(可减小因两个类别训练样本“不平衡”带来的影响)。而在回归任务中,神经网络输出层节点的激活函数一般使用线性激活函数(即不使用激活函数),此时输出层节点成为线性回归模型。

2.6.4 二分类神经网络的分类

以隐含层节点使用 ReLU 激活函数、输出层节点使用 sigmoid 激活函数的 2 层前馈神经网络为例,讲解用于二分类任务的神经网络。

图 2-42 给出了一个比图 2-38 更一般的二分类神经网络。图中的输入层共有 d 个节点,每个节点对应输入特征中的一维变量,d 为输入特征的维数。通常不把对应偏差 b 的常数 1 节点也计算在内。隐含层共有 n 个节点,n 是神经网络中一个通常需要人工设置的超参数。n 的选取与数据集、隐含层节点使用的激活函数等因素有关。例如,对于

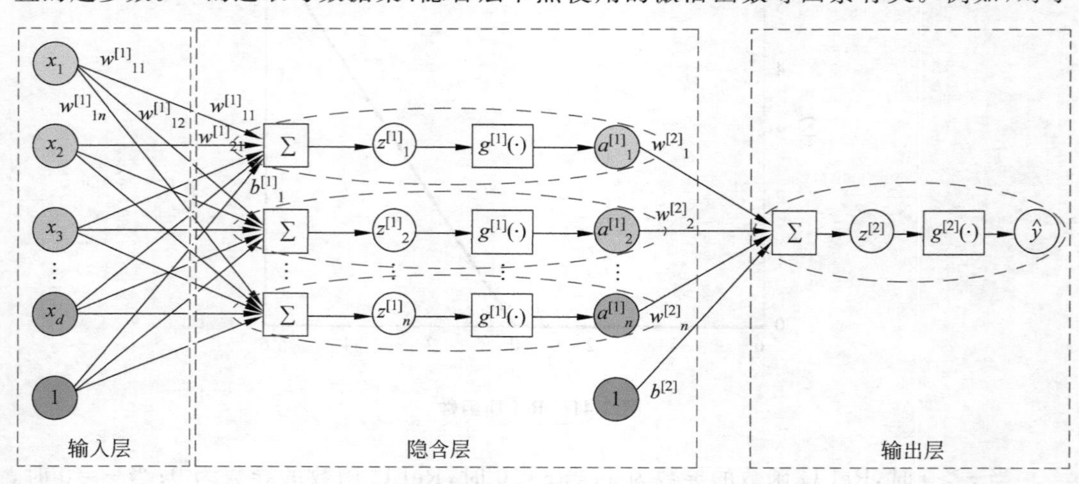

图 2-42 二分类神经网络

2.6.3 节中的成绩数据集，由于数据集中两个类别训练样本之间存在 3 条“过渡带”，若使用 sigmoid 激活函数，n 的取值可以为 3(或更大一些)，这样，模型经过训练拟合出的用于分类的这条曲线才有可能接近所有的训练样本，从而使模型在训练数据集上的分类错误数量接近于 0。若使用 ReLU 激活函数，n 的取值通常还可以再大一些。这是因为从函数曲线上看，两个 ReLU 函数之差，例如 $g(z)=\max(0,z+1)-\max(0,z)$，其曲线形状接近于 sigmoid 函数曲线，因此这样的分段函数也被称为硬 sigmoid(hard sigmoid)函数。由于用于二分类任务，输出层只需要 1 个节点。

将输入层的 d 维输入特征以及常数 1 的加权和记为 $z_j^{[1]}$，即

$$z_j^{[1]}=(\boldsymbol{w}_j^{[1]})^{\mathrm{T}}\boldsymbol{x}+b_j^{[1]}=\sum_{l=1}^{d}w_{lj}^{[1]}x_l+b_j^{[1]} \tag{2-130}$$

在神经网络中，我们用上标[1]表示第 1 层(即隐含层，因为输入层不计算在层数之内)的变量、参数或激活函数，用上标[2]表示第 2 层(即输出层)的变量、参数或激活函数。式(2-130)中，$\boldsymbol{x}$ 为输入特征，$\boldsymbol{x}\in\mathbb{R}^{d\times1}$，$\boldsymbol{x}=(x_1,x_2,\cdots,x_d)^{\mathrm{T}}$；$\boldsymbol{w}_j^{[1]}\in\mathbb{R}^{d\times1}$，$\boldsymbol{w}_j^{[1]}=(w_{1j}^{[1]},w_{2j}^{[1]},\cdots,w_{dj}^{[1]})^{\mathrm{T}}$，$w_{lj}^{[1]}$是隐含层(第 1 层)中第 j 个节点的第 l 个输入特征的权重，$l=1,2,\cdots,d$；$b_j^{[1]}$ 为隐含层中第 j 个节点对应的偏差；$j=1,2,\cdots,n$，n 为隐含层节点的数量。

进一步地，我们把隐藏层中由式(2-130)给出的这 n 个加权和组成一个 n 维列向量 $\boldsymbol{z}^{[1]}$

$$\boldsymbol{z}^{[1]}=(\boldsymbol{W}^{[1]})^{\mathrm{T}}\boldsymbol{x}+\boldsymbol{b}^{[1]} \tag{2-131}$$

式(2-131)中，$\boldsymbol{z}^{[1]}\in\mathbb{R}^{n\times1}$，$\boldsymbol{z}^{[1]}=(z_1^{[1]},z_2^{[1]},\cdots,z_n^{[1]})^{\mathrm{T}}$；$\boldsymbol{b}^{[1]}$ 为隐含层的偏差，$\boldsymbol{b}^{[1]}\in\mathbb{R}^{n\times1}$，$\boldsymbol{b}^{[1]}=(b_1^{[1]},b_2^{[1]},\cdots,b_n^{[1]})^{\mathrm{T}}$；$\boldsymbol{W}^{[1]}$为隐含层的权重，$\boldsymbol{W}^{[1]}\in\mathbb{R}^{d\times n}$，

$$\boldsymbol{W}^{[1]}=\begin{pmatrix} w_{11}^{[1]} & w_{12}^{[1]} & \cdots & w_{1n}^{[1]} \\ w_{21}^{[1]} & w_{22}^{[1]} & \cdots & w_{2n}^{[1]} \\ \vdots & \vdots & & \vdots \\ w_{d1}^{[1]} & w_{d2}^{[1]} & \cdots & w_{dn}^{[1]} \end{pmatrix} \tag{2-132}$$

当输入特征为数据集中第 i 个样本的输入特征 $\boldsymbol{x}^{(i)}$时，式(2-131)为

$$\boldsymbol{z}^{[1](i)}=(\boldsymbol{W}^{[1]})^{\mathrm{T}}\boldsymbol{x}^{(i)}+\boldsymbol{b}^{[1]} \tag{2-133}$$

式(2-133)中，$\boldsymbol{z}^{[1](i)}\in\mathbb{R}^{n\times1}$，$\boldsymbol{z}^{[1](i)}=(z_1^{[1](i)},z_2^{[1](i)},\cdots,z_n^{[1](i)})^{\mathrm{T}}$，$z_j^{[1](i)}=(\boldsymbol{w}_j^{[1]})^{\mathrm{T}}\boldsymbol{x}^{(i)}+b_j^{[1]}$，$j=1,2,\cdots,n$。更进一步地，为了便于编程实现、并减少程序运行时间，我们把 m 个样本在隐含层的加权和记为一个矩阵 $\boldsymbol{Z}^{[1]}$

$$\boldsymbol{Z}^{[1]}=(\boldsymbol{W}^{[1]})^{\mathrm{T}}\boldsymbol{X}+\boldsymbol{b}^{[1]}\boldsymbol{v} \tag{2-134}$$

式(2-134)中，$\boldsymbol{X}$ 为 m 个样本的输入特征矩阵，由式(2-22)给出，$\boldsymbol{X}\in\mathbb{R}^{d\times m}$；$\boldsymbol{v}$ 仍为 m 维元素都为 1 的行向量，$\boldsymbol{v}\in\mathbb{R}^{1\times m}$，$\boldsymbol{v}=(1,1,\cdots,1)$；$\boldsymbol{Z}^{[1]}\in\mathbb{R}^{n\times m}$，

$$\boldsymbol{Z}^{[1]}=\begin{pmatrix} z_1^{[1](1)} & z_1^{[1](2)} & \cdots & z_1^{[1](m)} \\ z_2^{[1](1)} & z_2^{[1](2)} & \cdots & z_2^{[1](m)} \\ \vdots & \vdots & & \vdots \\ z_n^{[1](1)} & z_n^{[1](2)} & \cdots & z_n^{[1](m)} \end{pmatrix} \tag{2-135}$$

如图 2-42 所示，在隐含层中，加权和 $z_j^{[1]}$ 为隐含层激活函数 $g^{[1]}(\cdot)$的输入，激活函

数的输出(即隐含层节点的输出)记为 $a_j^{[1]}$,即

$$a_j^{[1]} = g^{[1]}(z_j^{[1]}) \tag{2-136}$$

在本节的二分类神经网络中,我们使用 ReLU 函数作为隐含层节点的激活函数,因此有

$$a_j^{[1]} = z_j^{[1]}[z_j^{[1]} > 0] \tag{2-137}$$

式(2-137)中的方括号为艾佛森括号。同样,我们将隐藏层中 n 个节点的输出组成一个 n 维列向量 $\boldsymbol{a}^{[1]}$

$$\boldsymbol{a}^{[1]} = g^{[1]}(\boldsymbol{z}^{[1]}) \tag{2-138}$$

式(2-138)中,$\boldsymbol{a}^{[1]} \in \mathbb{R}^{n\times 1}$,$\boldsymbol{a}^{[1]} = (a_1^{[1]}, a_2^{[1]}, \cdots, a_n^{[1]})^{\mathrm{T}}$。当输入特征为数据集中第 i 个样本的输入特征 $\boldsymbol{x}^{(i)}$ 时,式(2-138)为

$$\boldsymbol{a}^{[1](i)} = g^{[1]}(\boldsymbol{z}^{[1](i)}) \tag{2-139}$$

式(2-139)中,$\boldsymbol{a}^{[1](i)} \in \mathbb{R}^{n\times 1}$,$\boldsymbol{a}^{[1](i)} = (a_1^{[1](i)}, a_2^{[1](i)}, \cdots, a_n^{[1](i)})^{\mathrm{T}}$,$a_j^{[1](i)} = g^{[1]}(z_j^{[1](i)})$,$j=1,2,\cdots,n$。再将 m 个样本在隐含层的输出记为矩阵 $\boldsymbol{A}^{[1]}$

$$\boldsymbol{A}^{[1]} = g^{[1]}(\boldsymbol{Z}^{[1]}) \tag{2-140}$$

式(2-140)中,$\boldsymbol{A}^{[1]} \in \mathbb{R}^{n\times m}$,

$$\boldsymbol{A}^{[1]} = \begin{bmatrix} a_1^{[1](1)} & a_1^{[1](2)} & \cdots & a_1^{[1](m)} \\ a_2^{[1](1)} & a_2^{[1](2)} & \cdots & a_2^{[1](m)} \\ \vdots & \vdots & & \vdots \\ a_n^{[1](1)} & a_n^{[1](2)} & \cdots & a_n^{[1](m)} \end{bmatrix} \tag{2-141}$$

再看如图 2-42 所示的输出层。因其只有 1 个节点,输出层中的加权和可记为 $z^{[2]}$:

$$z^{[2]} = (\boldsymbol{w}^{[2]})^{\mathrm{T}}\boldsymbol{a}^{[1]} + b^{[2]} = \sum_{j=1}^{n} w_j^{[2]} a_j^{[1]} + b^{[2]} \tag{2-142}$$

式(2-142)中,$\boldsymbol{a}^{[1]}$ 为当输入特征为 $\boldsymbol{x}$ 时,隐含层 n 个节点的输出,$\boldsymbol{a}^{[1]} \in \mathbb{R}^{n\times 1}$,$\boldsymbol{a}^{[1]} = (a_1^{[1]}, a_2^{[1]}, \cdots, a_n^{[1]})^{\mathrm{T}}$;$\boldsymbol{w}^{[2]}$ 为输出层(第 2 层)的权重,$\boldsymbol{w}^{[2]} \in \mathbb{R}^{n\times 1}$,$\boldsymbol{w}^{[2]} = (w_1^{[2]}, w_2^{[2]}, \cdots, w_n^{[2]})^{\mathrm{T}}$;$b^{[2]}$ 为输出层的偏差。将 m 个样本在输出层的加权和记为一个 m 维行向量 $\boldsymbol{z}^{[2]}$

$$\boldsymbol{z}^{[2]} = (\boldsymbol{w}^{[2]})^{\mathrm{T}}\boldsymbol{A}^{[1]} + b^{[2]}\boldsymbol{v} \tag{2-143}$$

式(2-143)中,$\boldsymbol{z}^{[2]} \in \mathbb{R}^{1\times m}$,$\boldsymbol{z}^{[2]} = (z^{[2](1)}, z^{[2](2)}, \cdots, z^{[2](m)})$,$z^{[2](i)} = (\boldsymbol{w}^{[2]})^{\mathrm{T}}\boldsymbol{a}^{[1](i)} + b^{[2]}$,$i=1,2,\cdots,m$;$\boldsymbol{v}$ 仍为 m 维元素都为 1 的行向量;$\boldsymbol{A}^{[1]}$ 由式(2-141)给出。式(2-142)中的加权和 $z^{[2]}$ 为输出层激活函数 $g^{[2]}(\cdot)$ 的输入,该激活函数的输出(即输出层节点的输出,也是神经网络模型的输出)为 $\hat{y}$,即

$$\hat{y} = g^{[2]}(z^{[2]}) \tag{2-144}$$

在本节的二分类神经网络中,我们使用 sigmoid 函数作为输出层节点的激活函数,故有

$$\hat{y} = \frac{1}{1+\mathrm{e}^{-z^{[2]}}} \tag{2-145}$$

与在二分类逻辑回归中的做法一样,我们根据 $\hat{y}$ 与固定判决门限 0.5 之间的大小关系,按照式(2-46)来将输入特征 $\boldsymbol{x}$ 对应为第 1 个类别(若 $\hat{y} \geqslant 0.5$)或者第 0 个类别(若 $\hat{y} <$

0.5)。继续将 m 个样本在输出层的输出记为一个 m 维行向量 $\hat{\boldsymbol{y}}$,则有

$$\hat{\boldsymbol{y}} = g^{[2]}(\boldsymbol{z}^{[2]}) \tag{2-146}$$

式(2-146)中,$\hat{\boldsymbol{y}} \in \mathbb{R}^{1\times m}$,$\hat{\boldsymbol{y}} = (\hat{y}^{(1)}, \hat{y}^{(2)}, \cdots, \hat{y}^{(m)})$,$\hat{y}^{(i)} = g^{[2]}(z^{[2](i)})$,$i=1,2,\cdots,m$;$\boldsymbol{z}^{[2]}$ 由式(2-143)给出。

至此,若已知 m 个样本的输入特征矩阵 $\boldsymbol{X}$ 以及神经网络模型各层的权重 $\boldsymbol{W}^{[1]}$、$\boldsymbol{w}^{[2]}$ 与偏差 $\boldsymbol{b}^{[1]}$、$b^{[2]}$,就可以根据式(2-134)、式(2-140)、式(2-143)、式(2-146)求得这 m 个样本的标注预测值向量 $\hat{\boldsymbol{y}}$,再根据式(2-46)将标注的预测值对应为相应的类别,从而完成二分类任务。像这样按照从输入层到输出层的顺序,逐层计算各层输出结果的过程,被称为**正向传播**(forward propagation)。

2.6.5　二分类神经网络的训练

如何训练这个二分类神经网络?也就是如何确定权重 $\boldsymbol{W}^{[1]}$、$\boldsymbol{w}^{[2]}$ 与偏差 $\boldsymbol{b}^{[1]}$、$b^{[2]}$ 的值?

注意到 $\boldsymbol{W}^{[1]}$ 中有 nd 个权重参数,$\boldsymbol{w}^{[2]}$ 中有 n 个权重参数,$\boldsymbol{b}^{[1]}$ 中有 n 个偏差参数,$b^{[2]}$ 为标量,因此总共有 $nd+2n+1$ 个需要在训练过程中确定的参数,比二分类逻辑回归模型的参数多了 $(nd+2n+1)-(d+1)=(n-1)d+2n$ 个。

尽管模型参数的数量增加了,但是从输出的角度看,二分类神经网络模型的输出仍为一个标量,并且其输出层中唯一的节点本身也是一个二分类逻辑回归模型(若输出层的激活函数为 sigmoid 函数),因此二分类神经网络的训练过程可以参照二分类逻辑回归的训练过程,并且仍然可以使用梯度下降法以及二分类逻辑回归中使用的交叉熵代价函数,通过最小化代价函数的值,求得各个参数的最优解,即

$$\boldsymbol{W}^{[1]*}, \boldsymbol{w}^{[2]*}, \boldsymbol{b}^{[1]*}, b^{[2]*} = \underset{\boldsymbol{W}^{[1]}, \boldsymbol{w}^{[2]}, \boldsymbol{b}^{[1]}, b^{[2]}}{\operatorname{argmin}} J(\boldsymbol{W}^{[1]}, \boldsymbol{w}^{[2]}, \boldsymbol{b}^{[1]}, b^{[2]})$$

不过美中不足的是,在神经网络中,由于层数的增加,代价函数往往不是所有各层参数的凸函数,因此通过梯度下降法找到的最优解并不能保证一定是全局最优解,很可能只是局部最优解。

首先,参照式(2-59)写出二分类神经网络的交叉熵代价函数

$$\begin{aligned} J(\boldsymbol{W}^{[1]}, \boldsymbol{w}^{[2]}, \boldsymbol{b}^{[1]}, b^{[2]}) &= -\frac{1}{m}\sum_{i=1}^{m}(y^{(i)}\ln(\hat{y}^{(i)}) + (1-y^{(i)})\ln(1-\hat{y}^{(i)})) \\ &= -\frac{1}{m}\sum_{i=1}^{m}(y\ln(\hat{y}) + (1-y)\ln(1-\hat{y}))\,\big|_{\boldsymbol{x}=\boldsymbol{x}^{(i)}, y=y^{(i)}} \end{aligned} \tag{2-147}$$

练一练　参照逻辑回归中的式(2-64),整理代价函数式(2-147)。

$$\begin{aligned} J(\boldsymbol{W}^{[1]}, \boldsymbol{w}^{[2]}, \boldsymbol{b}^{[1]}, b^{[2]}) &= -\frac{1}{m}\sum_{i=1}^{m}(y^{(i)}\ln(\hat{y}^{(i)}) + (1-y^{(i)})\ln(1-\hat{y}^{(i)})) \\ &= -\frac{1}{m}\sum_{i=1}^{m}\left(y^{(i)}\ln\left(\frac{1}{1+\mathrm{e}^{-z^{[2](i)}}}\right) + (1-y^{(i)})\ln\left(1-\frac{1}{1+\mathrm{e}^{-z^{[2](i)}}}\right)\right) \end{aligned}$$

$$
\begin{aligned}
&= \frac{1}{m}\sum_{i=1}^{m}(y^{(i)}\ln(1+\mathrm{e}^{z^{[2](i)}})+(1-y^{(i)})(\ln(1+\mathrm{e}^{-z^{[2](i)}}) \\
&\quad -\ln(\mathrm{e}^{-z^{[2](i)}}))) \\
&= \frac{1}{m}\sum_{i=1}^{m}(\ln(1+\mathrm{e}^{-z^{[2](i)}})+z^{[2](i)}(1-y^{(i)})) \\
&= \frac{1}{m}\sum_{i=1}^{m}(\ln(1+\mathrm{e}^{z^{[2](i)}})-y^{(i)}z^{[2](i)}) \\
&= \frac{1}{m}\sum_{i=1}^{m}(\ln(1+\mathrm{e}^{(\boldsymbol{w}^{[2]})^{\mathrm{T}}\boldsymbol{a}^{[1](i)}+b^{[2]}})-y^{(i)}((\boldsymbol{w}^{[2]})^{\mathrm{T}}\boldsymbol{a}^{[1](i)}+b^{[2]}))
\end{aligned} \tag{2-148}
$$

然后,求代价函数对参数 $b^{[2]}$、$\boldsymbol{w}^{[2]}$、$\boldsymbol{b}^{[1]}$、$\boldsymbol{W}^{[1]}$ 的偏导数。掌握求代价函数对各层参数偏导数的方法,是理解神经网络训练过程的关键。

练一练 求代价函数对第 2 层参数 $b^{[2]}$、$\boldsymbol{w}^{[2]}$ 的偏导数,可参照式(2-65)。

$$
\begin{aligned}
\frac{\partial J(\boldsymbol{W}^{[1]},\boldsymbol{w}^{[2]},\boldsymbol{b}^{[1]},b^{[2]})}{\partial b^{[2]}} &= \frac{1}{m}\sum_{i=1}^{m}\left[\frac{\mathrm{e}^{(\boldsymbol{w}^{[2]})^{\mathrm{T}}\boldsymbol{a}^{[1](i)}+b^{[2]}}}{1+\mathrm{e}^{(\boldsymbol{w}^{[2]})^{\mathrm{T}}\boldsymbol{a}^{[1](i)}+b^{[2]}}}-y^{(i)}\right] \\
&= \frac{1}{m}\sum_{i=1}^{m}(\hat{y}^{(i)}-y^{(i)})=\frac{1}{m}\boldsymbol{v}\boldsymbol{e}^{\mathrm{T}}
\end{aligned} \tag{2-149}
$$

式(2-149)中,$\boldsymbol{e}$ 由式(2-23)给出,$\boldsymbol{e}\in\mathbb{R}^{1\times m}$;$\boldsymbol{v}$ 为元素全 1 的行向量,$\boldsymbol{v}\in\mathbb{R}^{1\times m}$。

$$
\begin{aligned}
\frac{\partial J(\boldsymbol{W}^{[1]},\boldsymbol{w}^{[2]},\boldsymbol{b}^{[1]},b^{[2]})}{\partial \boldsymbol{w}^{[2]}} &= \frac{1}{m}\sum_{i=1}^{m}\left[\boldsymbol{a}^{[1](i)}\frac{\mathrm{e}^{(\boldsymbol{w}^{[2]})^{\mathrm{T}}\boldsymbol{a}^{[1](i)}+b^{[2]}}}{1+\mathrm{e}^{(\boldsymbol{w}^{[2]})^{\mathrm{T}}\boldsymbol{a}^{[1](i)}+b^{[2]}}}-y^{(i)}\boldsymbol{a}^{[1](i)}\right] \\
&= \frac{1}{m}\sum_{i=1}^{m}\boldsymbol{a}^{[1](i)}(\hat{y}^{(i)}-y^{(i)})=\frac{1}{m}\boldsymbol{A}^{[1]}\boldsymbol{e}^{\mathrm{T}}
\end{aligned} \tag{2-150}
$$

式(2-150)中,$\boldsymbol{A}^{[1]}$ 由式(2-141)给出,$\boldsymbol{A}^{[1]}\in\mathbb{R}^{n\times m}$。

在求代价函数对参数 $b^{[2]}$、$\boldsymbol{w}^{[2]}$ 的偏导数过程中,我们使用了链式法则(chain rule)来求复合函数的偏导数。这种对代价函数直接求偏导数的过程相对直观便于理解。但是这种方法的计算式有时较为冗长,尤其对于层数较多的神经网络而言。为了简化计算式,我们写出中间变量,使用链式法则按照从输出层到输入层的顺序逐层求代价函数对各层参数的偏导数。这种计算偏导数的方法,被称为**反向传播**(backpropagation,BP)算法。

以求代价函数对第 2 层参数 $b^{[2]}$、$\boldsymbol{w}^{[2]}$ 的偏导数为例,使用反向传播求偏导数。先写出式(2-147)中的损失函数为

$$
L=-(y\ln(\hat{y})+(1-y)\ln(1-\hat{y})) \tag{2-151}
$$

由此,式(2-147)成为

$$
J(\boldsymbol{W}^{[1]},\boldsymbol{w}^{[2]},\boldsymbol{b}^{[1]},b^{[2]})=\frac{1}{m}\sum_{i=1}^{m}L\mid_{\boldsymbol{x}=\boldsymbol{x}^{(i)},y=y^{(i)}} \tag{2-152}
$$

由式(2-151)、式(2-144)、式(2-142)、式(2-136)、式(2-130)可得如图 2-43 所示的链

式法则图。

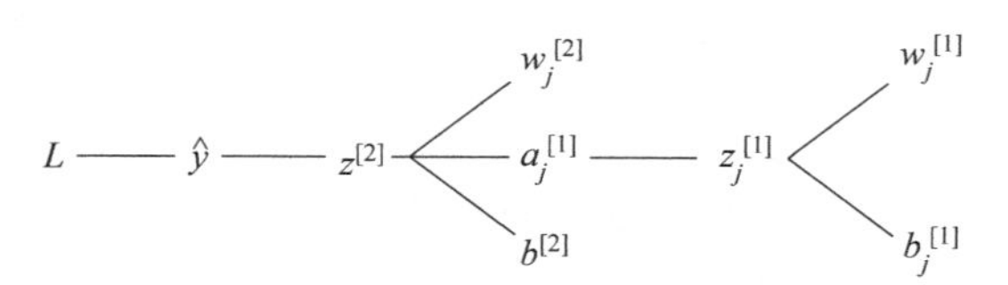

图 2-43　链式法则图(二分类神经网络)

由式(2-151)可得

$$\frac{\mathrm{d}L}{\mathrm{d}\hat{y}}=-\left(\frac{y}{\hat{y}}-\frac{1-y}{1-\hat{y}}\right)=-\frac{y(1-\hat{y})-\hat{y}(1-y)}{\hat{y}(1-\hat{y})}$$

$$=-\frac{y-y\hat{y}-\hat{y}+\hat{y}y}{\hat{y}(1-\hat{y})}=\frac{\hat{y}-y}{\hat{y}(1-\hat{y})} \tag{2-153}$$

式(2-153)中,$\hat{y}$ 由式(2-144)、式(2-145)给出。参照式(2-45)可得

$$\frac{\mathrm{d}\hat{y}}{\mathrm{d}z^{[2]}}=\frac{1}{1+\mathrm{e}^{-z^{[2]}}}\left(1-\frac{1}{1+\mathrm{e}^{-z^{[2]}}}\right)=\hat{y}(1-\hat{y}) \tag{2-154}$$

由此,参照图 2-43 可以写出

$$\frac{\partial L}{\partial b^{[2]}}=\frac{\mathrm{d}L}{\mathrm{d}\hat{y}}\cdot\frac{\mathrm{d}\hat{y}}{\mathrm{d}z^{[2]}}\cdot\frac{\partial z^{[2]}}{\partial b^{[2]}}=\frac{\hat{y}-y}{\hat{y}(1-\hat{y})}\hat{y}(1-\hat{y})=\hat{y}-y \tag{2-155}$$

式(2-155)中,$\frac{\partial z^{[2]}}{\partial b^{[2]}}=1$,根据式(2-142)计算得出。因此,由式(2-155)和式(2-152)可得

$$\frac{\partial J(\boldsymbol{W}^{[1]},\boldsymbol{w}^{[2]},\boldsymbol{b}^{[1]},b^{[2]})}{\partial b^{[2]}}=\frac{1}{m}\sum_{i=1}^{m}\frac{\partial L}{\partial b^{[2]}}\bigg|_{\boldsymbol{x}=\boldsymbol{x}^{(i)},y=y^{(i)}}=\frac{1}{m}\sum_{i=1}^{m}(\hat{y}-y)\big|_{\boldsymbol{x}=\boldsymbol{x}^{(i)},y=y^{(i)}}$$

$$=\frac{1}{m}\sum_{i=1}^{m}(\hat{y}^{(i)}-y^{(i)}) \tag{2-156}$$

殊途同归,式(2-156)与式(2-149)的计算结果一样。

练一练　求代价函数对 $\boldsymbol{w}^{[2]}$ 的偏导数。

参照图 2-43 可写出

反向传播求偏导数

$$\frac{\partial L}{\partial \boldsymbol{w}^{[2]}}=\frac{\mathrm{d}L}{\mathrm{d}\hat{y}}\cdot\frac{\mathrm{d}\hat{y}}{\mathrm{d}z^{[2]}}\cdot\frac{\partial z^{[2]}}{\partial \boldsymbol{w}^{[2]}}=\frac{\hat{y}-y}{\hat{y}(1-\hat{y})}\hat{y}(1-\hat{y})\boldsymbol{a}^{[1]}=(\hat{y}-y)\boldsymbol{a}^{[1]} \tag{2-157}$$

式中,$\frac{\partial z^{[2]}}{\partial \boldsymbol{w}^{[2]}}=\boldsymbol{a}^{[1]}$,根据式(2-142)计算得出。因此,由式(2-157)和式(2-152)得到

$$\frac{\partial J(\boldsymbol{W}^{[1]},\boldsymbol{w}^{[2]},\boldsymbol{b}^{[1]},b^{[2]})}{\partial \boldsymbol{w}^{[2]}}=\frac{1}{m}\sum_{i=1}^{m}\frac{\partial L}{\partial \boldsymbol{w}^{[2]}}\bigg|_{\boldsymbol{x}=\boldsymbol{x}^{(i)},y=y^{(i)}}=\frac{1}{m}\sum_{i=1}^{m}(\hat{y}-y)\boldsymbol{a}^{[1]}\big|_{\boldsymbol{x}=\boldsymbol{x}^{(i)},y=y^{(i)}}$$

$$=\frac{1}{m}\sum_{i=1}^{m}\boldsymbol{a}^{[1](i)}(\hat{y}^{(i)}-y^{(i)}) \tag{2-158}$$

式(2-158)与式(2-150)的计算结果也一样。用同样的方法,参照图 2-43,继续求代价函数对第 1 层参数 $\boldsymbol{b}^{[1]}$、$\boldsymbol{W}^{[1]}$ 的偏导数。为了简化问题,我们先求代价函数对 $b_j^{[1]}$、$\boldsymbol{w}_j^{[1]}$ 的偏导数,$j=1,2,\cdots,n$。

练一练 求代价函数对 $b_j^{[1]}$、$\boldsymbol{w}_j^{[1]}$ 的偏导数。

根据式(2-142)可得

$$\frac{\partial z^{[2]}}{\partial a_j^{[1]}}=w_j^{[2]} \tag{2-159}$$

式中,$j=1,2,\cdots,n$。根据式(2-136)、式(2-137),参照式(2-129)可得

$$\frac{\mathrm{d}a_j^{[1]}}{\mathrm{d}z_j^{[1]}}=[z_j^{[1]}>0] \tag{2-160}$$

由此,参照图 2-43 可以写出

$$\begin{aligned}\frac{\partial L}{\partial b_j^{[1]}}&=\frac{\mathrm{d}L}{\mathrm{d}\hat{y}}\cdot\frac{\mathrm{d}\hat{y}}{\mathrm{d}z^{[2]}}\cdot\frac{\partial z^{[2]}}{\partial a_j^{[1]}}\cdot\frac{\mathrm{d}a_j^{[1]}}{\mathrm{d}z_j^{[1]}}\cdot\frac{\partial z_j^{[1]}}{\partial b_j^{[1]}}=\frac{\hat{y}-y}{\hat{y}(1-\hat{y})}\hat{y}(1-\hat{y})w_j^{[2]}[z_j^{[1]}>0]\\&=(\hat{y}-y)w_j^{[2]}[z_j^{[1]}>0]\end{aligned} \tag{2-161}$$

式(2-161)中,$\frac{\partial z_j^{[1]}}{\partial b_j^{[1]}}=1$,根据式(2-130)计算得出,$j=1,2,\cdots,n$。因此,由式(2-161)和式(2-152)得到

$$\begin{aligned}\frac{\partial J(\boldsymbol{W}^{[1]},\boldsymbol{w}^{[2]},\boldsymbol{b}^{[1]},b^{[2]})}{\partial b_j^{[1]}}&=\frac{1}{m}\sum_{i=1}^{m}\frac{\partial L}{\partial b_j^{[1]}}\bigg|_{x=x^{(i)},y=y^{(i)}}\\&=\frac{1}{m}\sum_{i=1}^{m}(\hat{y}-y)w_j^{[2]}[z_j^{[1]}>0]\big|_{x=x^{(i)},y=y^{(i)}}\\&=\frac{1}{m}w_j^{[2]}\sum_{i=1}^{m}(\hat{y}^{(i)}-y^{(i)})[z_j^{[1](i)}>0]=\frac{1}{m}w_j^{[2]}[\boldsymbol{z}_j^{[1]}>0]\boldsymbol{e}^{\mathrm{T}}\end{aligned} \tag{2-162}$$

式(2-162)中,方括号为艾佛森括号;$\boldsymbol{z}_j^{[1]}\in\mathbb{R}^{1\times m}$,$\boldsymbol{z}_j^{[1]}=(z_j^{[1](1)},z_j^{[1](2)},\cdots,z_j^{[1](m)})$,$j=1,2,\cdots,n$;$\boldsymbol{e}$ 由式(2-23)给出,$\boldsymbol{e}\in\mathbb{R}^{1\times m}$。

进一步地,由式(2-162)可写出其向量形式为

$$\frac{\partial J(\boldsymbol{W}^{[1]},\boldsymbol{w}^{[2]},\boldsymbol{b}^{[1]},b^{[2]})}{\partial \boldsymbol{b}^{[1]}}=\frac{1}{m}((\boldsymbol{w}^{[2]}\boldsymbol{v})\circ[\boldsymbol{Z}^{[1]}>0])\boldsymbol{e}^{\mathrm{T}} \tag{2-163}$$

式中,$\circ$ 代表阿达马积;$\boldsymbol{Z}^{[1]}\in\mathbb{R}^{n\times m}$,由式(2-135)给出;$\boldsymbol{w}^{[2]}\in\mathbb{R}^{n\times 1}$,$\boldsymbol{w}^{[2]}=(w_1^{[2]},w_2^{[2]},\cdots,w_n^{[2]})^{\mathrm{T}}$;$\boldsymbol{v}$ 为元素全 1 的行向量,$\boldsymbol{v}\in\mathbb{R}^{1\times m}$。若在编程实现中使用广播操作,则在式(2-163)中不需要点乘 $\boldsymbol{v}$ 向量。

为了求代价函数对 $\boldsymbol{W}^{[1]}$ 的偏导数,我们仍然先求代价函数对 $\boldsymbol{w}_j^{[1]}$ 的偏导数。

参照图 2-43 可以写出

$$\begin{aligned}\frac{\partial L}{\partial \boldsymbol{w}_j^{[1]}}&=\frac{\mathrm{d}L}{\mathrm{d}\hat{y}}\cdot\frac{\mathrm{d}\hat{y}}{\mathrm{d}z^{[2]}}\cdot\frac{\partial z^{[2]}}{\partial a_j^{[1]}}\cdot\frac{\mathrm{d}a_j^{[1]}}{\mathrm{d}z_j^{[1]}}\cdot\frac{\partial z_j^{[1]}}{\partial \boldsymbol{w}_j^{[1]}}=\frac{\hat{y}-y}{\hat{y}(1-\hat{y})}\hat{y}(1-\hat{y})w_j^{[2]}[z_j^{[1]}>0]\boldsymbol{x}\\&=(\hat{y}-y)w_j^{[2]}[z_j^{[1]}>0]\boldsymbol{x}\end{aligned} \tag{2-164}$$

式(2-164)中，$\frac{\partial z_j^{[1]}}{\partial \boldsymbol{w}_j^{[1]}}=\boldsymbol{x}$，根据式(2-130)计算得出，$j=1,2,\cdots,n$。因此，由式(2-164)和式(2-152)得到

$$\begin{aligned}\frac{\partial J(\boldsymbol{W}^{[1]},\boldsymbol{w}^{[2]},\boldsymbol{b}^{[1]},b^{[2]})}{\partial \boldsymbol{w}_j^{[1]}} &= \frac{1}{m}\sum_{i=1}^{m}\left.\frac{\partial L}{\partial \boldsymbol{w}_j^{[1]}}\right|_{\boldsymbol{x}=\boldsymbol{x}^{(i)},y=y^{(i)}} \\ &= \frac{1}{m}\sum_{i=1}^{m}(\hat{y}-y)w_j^{[2]}[z_j^{[1]}>0]\boldsymbol{x}\,|_{\boldsymbol{x}=\boldsymbol{x}^{(i)},y=y^{(i)}} \\ &= \frac{1}{m}w_j^{[2]}\sum_{i=1}^{m}(\hat{y}^{(i)}-y^{(i)})[z_j^{[1](i)}>0]\boldsymbol{x}^{(i)} \\ &= \frac{1}{m}w_j^{[2]}\boldsymbol{X}([\boldsymbol{z}_j^{[1]}>0]\circ\boldsymbol{e})^{\mathrm{T}}\end{aligned} \tag{2-165}$$

式(2-165)中，$\boldsymbol{X}\in\mathbb{R}^{d\times m}$，由式(2-22)给出。进一步地，由式(2-165)可写出其矩阵形式为

$$\frac{\partial J(\boldsymbol{W}^{[1]},\boldsymbol{w}^{[2]},\boldsymbol{b}^{[1]},b^{[2]})}{\partial \boldsymbol{W}^{[1]}}=\frac{1}{m}\boldsymbol{X}((\boldsymbol{w}^{[2]}\boldsymbol{e})\circ[\boldsymbol{Z}^{[1]}>0])^{\mathrm{T}} \tag{2-166}$$

在训练过程中，如果需要计算交叉熵代价函数的值，可参照式(2-66)。根据式(2-149)、式(2-150)、式(2-158)、式(2-166)以及式(2-167)，可以使用批梯度下降法训练二分类神经网络模型。

$$\begin{cases} b^{[2]}:=b^{[2]}-\eta\dfrac{\partial J(\boldsymbol{W}^{[1]},\boldsymbol{w}^{[2]},\boldsymbol{b}^{[1]},b^{[2]})}{\partial b^{[2]}} \\ \boldsymbol{w}^{[2]}:=\boldsymbol{w}^{[2]}-\eta\dfrac{\partial J(\boldsymbol{W}^{[1]},\boldsymbol{w}^{[2]},\boldsymbol{b}^{[1]},b^{[2]})}{\partial \boldsymbol{w}^{[2]}} \\ \boldsymbol{b}^{[1]}:=\boldsymbol{b}^{[1]}-\eta\dfrac{\partial J(\boldsymbol{W}^{[1]},\boldsymbol{w}^{[2]},\boldsymbol{b}^{[1]},b^{[2]})}{\partial \boldsymbol{b}^{[1]}} \\ \boldsymbol{W}^{[1]}:=\boldsymbol{W}^{[1]}-\eta\dfrac{\partial J(\boldsymbol{W}^{[1]},\boldsymbol{w}^{[2]},\boldsymbol{b}^{[1]},b^{[2]})}{\partial \boldsymbol{W}^{[1]}} \end{cases} \tag{2-167}$$

式(2-167)中，η 为学习率。

实验2-18 实现二分类神经网络，并用酒驾检测数据集评估其分类性能。

提示：可使用 rng.random()等方法生成随机值初始化权重与偏差参数。

为什么不能继续使用零来初始化权重与偏差参数？如果 $\boldsymbol{W}^{[1]}$、$\boldsymbol{w}^{[2]}$、$\boldsymbol{b}^{[1]}$、$b^{[2]}$ 的初始值都为零，那么根据式(2-133)、式(2-140)、式(2-143)计算出来的 $\boldsymbol{Z}^{[1]}$、$\boldsymbol{A}^{[1]}$、$\boldsymbol{z}^{[2]}$ 都将为零，这使得由式(2-150)、式(2-163)、式(2-166)计算出来的偏导数都为零，从而导致 $\boldsymbol{W}^{[1]}$、$\boldsymbol{w}^{[2]}$、$\boldsymbol{b}^{[1]}$ 参数始终为零。因此，在神经网络中，常使用随机值来初始化权重与偏差参数。

当随机种子为1、训练样本数量为250个、测试样本数量为134个、学习率为0.1、迭代次数为1000次、隐含层节点数量为2时，该二分类神经网络模型在训练数据集和测试数据集上的分类错误数量分别为3个和1个，总体上少于同样条件下二分类逻辑回归模型的分类错误数量。

尝试使用不同的随机种子值,重新运行程序。使用不同随机种子得到的 $\boldsymbol{W}^{[1]}$ 等参数总体上可能差别较大,这说明代价函数不是所有权重与偏差的凸函数,使用不同的权重与偏差参数初始值可能会得到不同的最优解(局部最优解)。

2.6.6 多分类神经网络

如果把用于二分类任务的二分类神经网络与用于多分类任务的多分类逻辑回归结合在一起,就得到了可用于多分类任务的多分类神经网络,如图 2-44 所示。

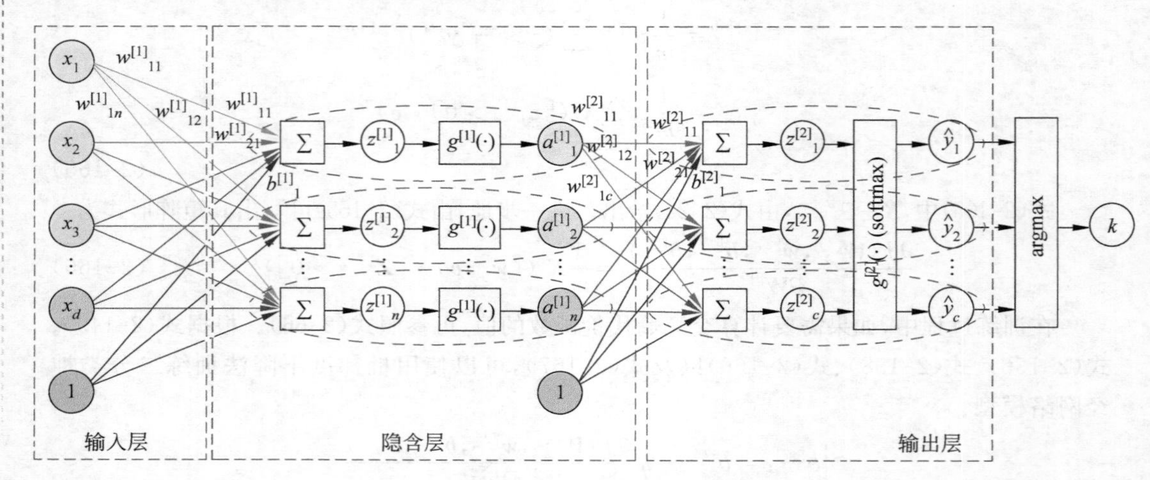

图 2-44 多分类神经网络

多分类神经网络的输入层与隐含层,与二分类神经网络相同。不同之处在于,多分类神经网络输出层节点的数量从二分类神经网络中的 1 个,增加至 c 个,c 为类别的数量。相应地,多分类神经网络输出层节点的激活函数从二分类神经网络中的 sigmoid 函数推广为 softmax 函数。

由于多分类神经网络输出层的节点数量为 c 个,相应地,其输出层(第 2 层)的偏差 $\boldsymbol{b}^{[2]}$ 为一个 $c\times 1$ 大小的列向量,$\boldsymbol{b}^{[2]}\in\mathbb{R}^{c\times 1}$,$\boldsymbol{b}^{[2]}=(b_1^{[2]},b_2^{[2]},\cdots,b_c^{[2]})^{\mathrm{T}}$;其输出层的权重 $\boldsymbol{W}^{[2]}$ 为一个 $n\times c$ 大小的矩阵,$\boldsymbol{W}^{[2]}\in\mathbb{R}^{n\times c}$,

$$\boldsymbol{W}^{[2]}=\begin{bmatrix} w_{11}^{[2]} & w_{12}^{[2]} & \cdots & w_{1c}^{[2]} \\ w_{21}^{[2]} & w_{22}^{[2]} & \cdots & w_{2c}^{[2]} \\ \vdots & \vdots & & \vdots \\ w_{n1}^{[2]} & w_{n2}^{[2]} & \cdots & w_{nc}^{[2]} \end{bmatrix} \tag{2-168}$$

式(2-168)中,n 为多分类神经网络隐含层节点的数量。由此,当输入特征为 $\boldsymbol{x}$ 时,输出层中第 h 个节点上的加权和 $z_h^{[2]}$ 为

$$z_h^{[2]}=(\boldsymbol{w}_h^{[2]})^{\mathrm{T}}\boldsymbol{a}^{[1]}+b_h^{[2]}=\sum_{j=1}^{n}w_{jh}^{[2]}a_j^{[1]}+b_h^{[2]} \tag{2-169}$$

式(2-169)中,$\boldsymbol{a}^{[1]}$ 为当输入特征为 $\boldsymbol{x}$ 时,隐含层 n 个节点的输出,$\boldsymbol{a}^{[1]}\in\mathbb{R}^{n\times 1}$,$\boldsymbol{a}^{[1]}=(a_1^{[1]},a_2^{[1]},\cdots,a_n^{[1]})^{\mathrm{T}}$;$\boldsymbol{w}_h^{[2]}$ 为输出层第 h 个节点的权重,$\boldsymbol{w}_h^{[2]}\in\mathbb{R}^{n\times 1}$,$\boldsymbol{w}_h^{[2]}=$

$(w_{1h}^{[2]}, w_{2h}^{[2]}, \cdots, w_{nh}^{[2]})^{\mathrm{T}}$；$b_h^{[2]}$ 为输出层第 h 个节点的偏差；$h=1,2,\cdots,c$。进一步地，把输出层中由式(2-169)给出的这 c 个加权和组成一个 c 维列向量 $\boldsymbol{z}^{[2]}$

$$\boldsymbol{z}^{[2]} = (\boldsymbol{W}^{[2]})^{\mathrm{T}} \boldsymbol{a}^{[1]} + \boldsymbol{b}^{[2]} \tag{2-170}$$

式(2-170)中，$\boldsymbol{z}^{[2]} \in \mathbb{R}^{c\times 1}$，$\boldsymbol{z}^{[2]} = (z_1^{[2]}, z_2^{[2]}, \cdots, z_c^{[2]})^{\mathrm{T}}$；$\boldsymbol{b}^{[2]}$ 为输出层的偏差，$\boldsymbol{b}^{[2]} \in \mathbb{R}^{c\times 1}$，$\boldsymbol{b}^{[2]} = (b_1^{[2]}, b_2^{[2]}, \cdots, b_c^{[2]})^{\mathrm{T}}$；$\boldsymbol{W}^{[2]}$ 为输出层的权重，由式(2-168)给出，$\boldsymbol{W}^{[2]} \in \mathbb{R}^{n\times c}$。当输入特征为数据集中第 i 个样本的输入特征 $\boldsymbol{x}^{(i)}$ 时，式(2-170)为

$$\boldsymbol{z}^{[2](i)} = (\boldsymbol{W}^{[2]})^{\mathrm{T}} \boldsymbol{a}^{[1](i)} + \boldsymbol{b}^{[2]} \tag{2-171}$$

式(2-171)中，$\boldsymbol{z}^{[2](i)} \in \mathbb{R}^{c\times 1}$，$\boldsymbol{z}^{[2](i)} = (z_1^{[2](i)}, z_2^{[2](i)}, \cdots, z_c^{[2](i)})^{\mathrm{T}}$，$z_h^{[2](i)} = (\boldsymbol{w}_h^{[2]})^{\mathrm{T}} \boldsymbol{a}^{[1](i)} + b_h^{[2]}$，$h=1,2,\cdots,c$。更进一步地，把 m 个样本在输出层的加权和写为一个 $c\times m$ 大小的矩阵 $\boldsymbol{Z}^{[2]}$

$$\boldsymbol{Z}^{[2]} = (\boldsymbol{W}^{[2]})^{\mathrm{T}} \boldsymbol{A}^{[1]} + \boldsymbol{b}^{[2]} \boldsymbol{v} \tag{2-172}$$

式(2-172)中，$\boldsymbol{A}^{[1]}$ 由式(2-141)给出，$\boldsymbol{A}^{[1]} \in \mathbb{R}^{n\times m}$；$\boldsymbol{v}$ 仍为 m 维元素都为 1 的行向量；$\boldsymbol{Z}^{[2]} \in \mathbb{R}^{c\times m}$，

$$\boldsymbol{Z}^{[2]} = \begin{pmatrix} z_1^{[2](1)} & z_1^{[2](2)} & \cdots & z_1^{[2](m)} \\ z_2^{[2](1)} & z_2^{[2](2)} & \cdots & z_2^{[2](m)} \\ \vdots & \vdots & & \vdots \\ z_c^{[2](1)} & z_c^{[2](2)} & \cdots & z_c^{[2](m)} \end{pmatrix} \tag{2-173}$$

如图 2-44 所示，由式(2-169)给出的加权和 $z_h^{[2]}$ 为输出层第 h 个节点激活函数 $g^{[2]}(\cdot)$ 的输入，该激活函数的输出(即输出层第 h 个节点的输出)为 $\hat{y}_h$：

$$\hat{y}_h = g^{[2]}(z_h^{[2]}) \tag{2-174}$$

在多分类神经网络中，输出层节点的激活函数通常为 softmax 函数，参照式(2-110)可写出

$$\hat{y}_h = \frac{\mathrm{e}^{z_h^{[2]}}}{\mathrm{e}^{z_1^{[2]}} + \mathrm{e}^{z_2^{[2]}} + \cdots + \mathrm{e}^{z_c^{[2]}}} = \frac{\mathrm{e}^{z_h^{[2]}}}{\sum_{l=1}^{c} \mathrm{e}^{z_l^{[2]}}} \tag{2-175}$$

同样，将输出层中 c 个节点的输出组成一个 c 维列向量 $\hat{\boldsymbol{y}}$：

$$\hat{\boldsymbol{y}} = g^{[2]}(\boldsymbol{z}^{[2]}) = \frac{1}{\sum_{l=1}^{c} \mathrm{e}^{z_l^{[2]}}} \begin{pmatrix} \mathrm{e}^{z_1^{[2]}} \\ \mathrm{e}^{z_2^{[2]}} \\ \vdots \\ \mathrm{e}^{z_c^{[2]}} \end{pmatrix} \tag{2-176}$$

式(2-176)中，$\hat{\boldsymbol{y}} \in \mathbb{R}^{c\times 1}$，$\hat{\boldsymbol{y}} = (\hat{y}_1, \hat{y}_2, \cdots, \hat{y}_c)^{\mathrm{T}}$。当输入特征为数据集中第 i 个样本的输入特征 $\boldsymbol{x}^{(i)}$ 时，式(2-176)为

$$\hat{\boldsymbol{y}}^{(i)} = g^{[2]}(\boldsymbol{z}^{[2](i)}) = \frac{1}{\sum_{l=1}^{c} \mathrm{e}^{z_l^{[2](i)}}} \begin{pmatrix} \mathrm{e}^{z_1^{[2](i)}} \\ \mathrm{e}^{z_2^{[2](i)}} \\ \vdots \\ \mathrm{e}^{z_c^{[2](i)}} \end{pmatrix} \tag{2-177}$$

将 m 个样本在输出层 c 个节点上的输出记为矩阵 $\hat{\boldsymbol{Y}}$,则有

$$\hat{\boldsymbol{Y}}=g^{[2]}(\boldsymbol{Z}^{[2]})=\mathrm{e}^{\boldsymbol{Z}^{[2]}}\oslash(\boldsymbol{U}\mathrm{e}^{\boldsymbol{Z}^{[2]}}) \tag{2-178}$$

式(2-178)中,$\oslash$代表阿达马除法,即对应元素相除;$\boldsymbol{U}$ 是 $c\times c$ 大小的 1 矩阵,$\boldsymbol{U}\in\mathbb{R}^{c\times c}$,由式(2-124)给出;$\boldsymbol{Z}^{[2]}$ 由式(2-173)给出,$\boldsymbol{Z}^{[2]}\in\mathbb{R}^{c\times m}$;$\hat{\boldsymbol{Y}}$ 由式(2-36)给出,$\hat{\boldsymbol{Y}}\in\mathbb{R}^{c\times m}$。

在得到预测值矩阵 $\hat{\boldsymbol{Y}}$ 之后,就可以参照式(2-113)或式(2-114)将每个样本分别对应为一个类别,从而完成整个数据集(m 个样本)上的多分类任务。

2.6.7 多分类神经网络的训练

多分类神经网络的训练过程可参照多分类逻辑回归的训练过程,并可使用反向传播求交叉熵代价函数对各层权重与偏差的偏导数。先写出式(2-116)中的损失函数为

$$L=-\sum_{h=1}^{c}y_h\ln(\hat{y}_h) \tag{2-179}$$

式(2-179)中,$y_h=[y=h]$,方括号为艾佛森括号,$h=1,2,\cdots,c$;$y_h\in\{0,1\}$,$\sum\limits_{h=1}^{c}y_h=1$;$\hat{y}_h\in(0,1)$,$\sum\limits_{h=1}^{c}\hat{y}_h=1$。由此,多分类神经网络的代价函数可以写为

$$J(\boldsymbol{W}^{[1]},\boldsymbol{W}^{[2]},\boldsymbol{b}^{[1]},\boldsymbol{b}^{[2]})=\frac{1}{m}\sum_{i=1}^{m}L\mid_{\boldsymbol{x}=\boldsymbol{x}^{(i)},y=y^{(i)}} \tag{2-180}$$

同样,为了简化问题,我们先求代价函数对 $b_h^{[2]}$、$\boldsymbol{w}_h^{[2]}$、$b_j^{[1]}$、$\boldsymbol{w}_j^{[1]}$ 的偏导数,$h=1,2,\cdots,c$,$j=1,2,\cdots,n$,再写出代价函数对 $\boldsymbol{b}^{[2]}$、$\boldsymbol{W}^{[2]}$、$\boldsymbol{b}^{[1]}$、$\boldsymbol{W}^{[1]}$ 的偏导数。

练一练 求多分类神经网络中代价函数对各层权重与偏差 $b_h^{[2]}$、$\boldsymbol{w}_h^{[2]}$、$b_j^{[1]}$、$\boldsymbol{w}_j^{[1]}$ 的偏导数,在此基础上写出代价函数对 $\boldsymbol{b}^{[2]}$、$\boldsymbol{W}^{[2]}$、$\boldsymbol{b}^{[1]}$、$\boldsymbol{W}^{[1]}$ 的偏导数。

首先,求代价函数对第 2 层参数 $\boldsymbol{b}^{[2]}$、$\boldsymbol{W}^{[2]}$ 的偏导数。

由式(2-179)可得

$$\frac{\partial L}{\partial\hat{y}_h}=-\frac{y_h}{\hat{y}_h} \tag{2-181}$$

式(2-181)中,$\hat{y}_h$ 由式(2-174)、式(2-175)给出。由式(2-175)可知,$\hat{y}_h$ 不仅是 $z_h^{[2]}$ 的函数,也是 $z_1^{[2]},z_2^{[2]},\cdots,z_c^{[2]}$ 的函数;同样,$\hat{y}_l$ 也是 $z_1^{[2]},z_2^{[2]},\cdots,z_c^{[2]}$ 的函数,$l=1,2,\cdots,c$,$l\neq h$。我们需要分别求 $\hat{y}_h$ 和 $\hat{y}_l$ 对 $z_h^{[2]}$ 的偏导数。$\hat{y}_h$ 对 $z_h^{[2]}$ 的偏导数为

$$\begin{aligned}\frac{\partial\hat{y}_h}{\partial z_h^{[2]}}&=\frac{\mathrm{e}^{z_h^{[2]}}}{\mathrm{e}^{z_1^{[2]}}+\mathrm{e}^{z_2^{[2]}}+\cdots+\mathrm{e}^{z_c^{[2]}}}-\frac{\mathrm{e}^{z_h^{[2]}}\mathrm{e}^{z_h^{[2]}}}{(\mathrm{e}^{z_1^{[2]}}+\mathrm{e}^{z_2^{[2]}}+\cdots+\mathrm{e}^{z_c^{[2]}})^2}\\&=\frac{\mathrm{e}^{z_h^{[2]}}(\mathrm{e}^{z_1^{[2]}}+\mathrm{e}^{z_2^{[2]}}+\cdots+\mathrm{e}^{z_c^{[2]}})-\mathrm{e}^{z_h^{[2]}}\mathrm{e}^{z_h^{[2]}}}{(\mathrm{e}^{z_1^{[2]}}+\mathrm{e}^{z_2^{[2]}}+\cdots+\mathrm{e}^{z_c^{[2]}})^2}\\&=\frac{\mathrm{e}^{z_h^{[2]}}(\mathrm{e}^{z_1^{[2]}}+\mathrm{e}^{z_2^{[2]}}+\cdots+\mathrm{e}^{z_c^{[2]}}-\mathrm{e}^{z_h^{[2]}})}{(\mathrm{e}^{z_1^{[2]}}+\mathrm{e}^{z_2^{[2]}}+\cdots+\mathrm{e}^{z_c^{[2]}})^2}\end{aligned}$$

$$= \frac{e^{z_h^{[2]}}}{e^{z_1^{[2]}} + e^{z_2^{[2]}} + \cdots + e^{z_c^{[2]}}} \cdot \left(1 - \frac{e^{z_h^{[2]}}}{e^{z_1^{[2]}} + e^{z_2^{[2]}} + \cdots + e^{z_c^{[2]}}}\right)$$
$$= \hat{y}_h(1 - \hat{y}_h) \tag{2-182}$$

式(2-182)与式(2-45)在形式上一致。当 $l \neq h$ 时，$\hat{y}_l$ 对 $z_h^{[2]}$ 的偏导数为

$$\frac{\partial \hat{y}_l}{\partial z_h^{[2]}} = -\frac{e^{z_l^{[2]}} e^{z_h^{[2]}}}{(e^{z_1^{[2]}} + e^{z_2^{[2]}} + \cdots + e^{z_c^{[2]}})^2} = -\hat{y}_l \hat{y}_h \tag{2-183}$$

由式(2-179)可知 L 是 $\hat{y}_1, \hat{y}_2, \cdots, \hat{y}_c$ 的函数，并由式(2-175)可知 $\hat{y}_1, \hat{y}_2, \cdots, \hat{y}_c$ 都是 $z_h^{[2]}$ 的函数，故 L 对 $z_h^{[2]}$ 的偏导数为

$$\frac{\partial L}{\partial z_h^{[2]}} = \sum_{l=1}^{c}\left(\frac{\partial L}{\partial \hat{y}_l} \cdot \frac{\partial \hat{y}_l}{\partial z_h^{[2]}}\right) = \sum_{l \neq h}\left(\frac{\partial L}{\partial \hat{y}_l} \cdot \frac{\partial \hat{y}_l}{\partial z_h^{[2]}}\right) + \frac{\partial L}{\partial \hat{y}_h} \cdot \frac{\partial \hat{y}_h}{\partial z_h^{[2]}}$$
$$= \sum_{l \neq h}\left(\left(-\frac{y_l}{\hat{y}_l}\right) \cdot (-\hat{y}_l \hat{y}_h)\right) + \left(-\frac{y_h}{\hat{y}_h}\right) \cdot (\hat{y}_h(1 - \hat{y}_h))$$
$$= \sum_{l \neq h}(y_l \hat{y}_h) - y_h + y_h \hat{y}_h = \hat{y}_h \sum_{l=1}^{c} y_l - y_h = \hat{y}_h - y_h \tag{2-184}$$

又根据式(2-169)可求出 $\frac{\partial z_h^{[2]}}{\partial b_h^{[2]}} = 1$，由此可得 L 对 $b_h^{[2]}$ 的偏导数为

$$\frac{\partial L}{\partial b_h^{[2]}} = \frac{\partial L}{\partial z_h^{[2]}} \cdot \frac{\partial z_h^{[2]}}{\partial b_h^{[2]}} = \hat{y}_h - y_h \tag{2-185}$$

因此，由式(2-185)和式(2-180)可得

$$\frac{\partial J(\boldsymbol{W}^{[1]}, \boldsymbol{W}^{[2]}, \boldsymbol{b}^{[1]}, \boldsymbol{b}^{[2]})}{\partial b_h^{[2]}} = \frac{1}{m}\sum_{i=1}^{m} \left.\frac{\partial L}{\partial b_h^{[2]}}\right|_{\boldsymbol{x}=\boldsymbol{x}^{(i)}, y=y^{(i)}} = \frac{1}{m}\sum_{i=1}^{m} (\hat{y}_h - y_h)\big|_{\boldsymbol{x}=\boldsymbol{x}^{(i)}, y=y^{(i)}}$$
$$= \frac{1}{m}\sum_{i=1}^{m}(\hat{y}_h^{(i)} - y_h^{(i)}) = \frac{1}{m}\boldsymbol{e}_h \boldsymbol{v}^{\mathrm{T}} \tag{2-186}$$

式(2-186)中，$\boldsymbol{v}$ 为元素全 1 的行向量，$\boldsymbol{v} \in \mathbb{R}^{1\times m}$；$\boldsymbol{e}_h \in \mathbb{R}^{1\times m}$，

$$\boldsymbol{e}_h = \hat{\boldsymbol{y}}_h - \boldsymbol{y}_h = (\hat{y}_h^{(1)} - y_h^{(1)}, \hat{y}_h^{(2)} - y_h^{(2)}, \cdots, \hat{y}_h^{(m)} - y_h^{(m)}) \tag{2-187}$$

式(2-187)中，$\hat{\boldsymbol{y}}_h, \boldsymbol{y}_h \in \mathbb{R}^{1\times m}$，$\hat{\boldsymbol{y}}_h = (\hat{y}_h^{(1)}, \hat{y}_h^{(2)}, \cdots, \hat{y}_h^{(m)})$，$\boldsymbol{y}_h = (y_h^{(1)}, y_h^{(2)}, \cdots, y_h^{(m)})$，$h = 1, 2, \cdots, c$。进一步地，由式(2-186)可写出其向量形式为

$$\frac{\partial J(\boldsymbol{W}^{[1]}, \boldsymbol{W}^{[2]}, \boldsymbol{b}^{[1]}, \boldsymbol{b}^{[2]})}{\partial \boldsymbol{b}^{[2]}} = \frac{1}{m}\boldsymbol{E}\boldsymbol{v}^{\mathrm{T}} \tag{2-188}$$

式(2-188)中，$\boldsymbol{E} \in \mathbb{R}^{c\times m}$，在形式上与式(2-38)相同；$\boldsymbol{b}^{[2]} \in \mathbb{R}^{c\times 1}$，$\boldsymbol{b}^{[2]} = (b_1^{[2]}, b_2^{[2]}, \cdots, b_c^{[2]})^{\mathrm{T}}$。

为了求代价函数对 $\boldsymbol{W}^{[2]}$ 的偏导数，先求

$$\frac{\partial L}{\partial \boldsymbol{w}_h^{[2]}} = \frac{\partial L}{\partial z_h^{[2]}} \cdot \frac{\partial z_h^{[2]}}{\partial \boldsymbol{w}_h^{[2]}} = (\hat{y}_h - y_h)\boldsymbol{a}^{[1]} \tag{2-189}$$

式(2-189)中，$\frac{\partial z_h^{[2]}}{\partial \boldsymbol{w}_h^{[2]}} = \boldsymbol{a}^{[1]}$，根据式(2-169)计算得出。因此，由式(2-189)和式(2-180)可得

$$\frac{\partial J(\boldsymbol{W}^{[1]},\boldsymbol{W}^{[2]},\boldsymbol{b}^{[1]},\boldsymbol{b}^{[2]})}{\partial \boldsymbol{w}_h^{[2]}}=\frac{1}{m}\sum_{i=1}^{m}\frac{\partial L}{\partial \boldsymbol{w}_h^{[2]}}\bigg|_{\boldsymbol{x}=\boldsymbol{x}^{(i)},y=y^{(i)}}=\frac{1}{m}\sum_{i=1}^{m}(\hat{y}_h-y_h)\boldsymbol{a}^{[1]}\big|_{\boldsymbol{x}=\boldsymbol{x}^{(i)},y=y^{(i)}}$$

$$=\frac{1}{m}\sum_{i=1}^{m}\boldsymbol{a}^{[1](i)}(\hat{y}_h^{(i)}-y_h^{(i)})=\frac{1}{m}\boldsymbol{A}^{[1]}\boldsymbol{e}_h^{\mathrm{T}} \tag{2-190}$$

式(2-190)中，$\boldsymbol{a}^{[1]}\in\mathbb{R}^{n\times1}$，$\boldsymbol{a}^{[1]}=(a_1^{[1]},a_2^{[1]},\cdots,a_n^{[1]})^{\mathrm{T}}$；$\boldsymbol{a}^{[1](i)}\in\mathbb{R}^{n\times1}$，$\boldsymbol{a}^{[1](i)}=(a_1^{[1](i)},a_2^{[1](i)},\cdots,a_n^{[1](i)})^{\mathrm{T}}$；$\boldsymbol{A}^{[1]}$由式(2-141)给出，$\boldsymbol{A}^{[1]}\in\mathbb{R}^{n\times m}$；$\boldsymbol{e}_h$ 由式(2-187)给出，$\boldsymbol{e}_h\in\mathbb{R}^{1\times m}$。进一步地，由式(2-190)可写出其矩阵形式为

$$\frac{\partial J(\boldsymbol{W}^{[1]},\boldsymbol{W}^{[2]},\boldsymbol{b}^{[1]},\boldsymbol{b}^{[2]})}{\partial \boldsymbol{W}^{[2]}}=\frac{1}{m}\boldsymbol{A}^{[1]}\boldsymbol{E}^{\mathrm{T}} \tag{2-191}$$

式(2-191)中，$\boldsymbol{E}\in\mathbb{R}^{c\times m}$，在形式上与式(2-38)相同；$\boldsymbol{W}^{[2]}$由式(2-168)给出，$\boldsymbol{W}^{[2]}\in\mathbb{R}^{n\times c}$。

接下来，求代价函数对第1层参数 $b_j^{[1]}$、$\boldsymbol{b}^{[1]}$的偏导数。

由式(2-169)可知 $z_h^{[2]}$ 是 $a_1^{[1]},a_2^{[1]},\cdots,a_n^{[1]}$ 的函数，$h=1,2,\cdots,c$，故 $z_1^{[2]},z_2^{[2]},\cdots,z_c^{[2]}$ 都是 $a_j^{[1]}$ 的函数，$j=1,2,\cdots,n$。又根据该式可求出$\frac{\partial z_h^{[2]}}{\partial a_j^{[1]}}=w_{jh}^{[2]}$、根据式(2-137)可求出$\frac{\partial a_j^{[1]}}{\partial z_j^{[1]}}=[z_j^{[1]}>0]$，这里的方括号为艾佛森括号，因此 L 对 $z_j^{[1]}$ 的偏导数为

$$\frac{\partial L}{\partial z_j^{[1]}}=\sum_{h=1}^{c}\left(\frac{\partial L}{\partial z_h^{[2]}}\cdot\frac{\partial z_h^{[2]}}{\partial a_j^{[1]}}\right)\cdot\frac{\partial a_j^{[1]}}{\partial z_j^{[1]}}=\sum_{h=1}^{c}((\hat{y}_h-y_h)\,w_{jh}^{[2]})[z_j^{[1]}>0] \tag{2-192}$$

根据式(2-130)可求出$\frac{\partial z_j^{[1]}}{\partial b_j^{[1]}}=1$，由此可得

$$\frac{\partial L}{\partial b_j^{[1]}}=\frac{\partial L}{\partial z_j^{[1]}}\cdot\frac{\partial z_j^{[1]}}{\partial b_j^{[1]}}=\sum_{h=1}^{c}((\hat{y}_h-y_h)\,w_{jh}^{[2]})[z_j^{[1]}>0] \tag{2-193}$$

因此，由式(2-193)和式(2-180)可得

$$\frac{\partial J(\boldsymbol{W}^{[1]},\boldsymbol{W}^{[2]},\boldsymbol{b}^{[1]},\boldsymbol{b}^{[2]})}{\partial b_j^{[1]}}=\frac{1}{m}\sum_{i=1}^{m}\frac{\partial L}{\partial b_j^{[1]}}\bigg|_{\boldsymbol{x}=\boldsymbol{x}^{(i)},y=y^{(i)}}$$

$$=\frac{1}{m}\sum_{i=1}^{m}\sum_{h=1}^{c}((\hat{y}_h-y_h)\,w_{jh}^{[2]})[z_j^{[1]}>0]\bigg|_{\boldsymbol{x}=\boldsymbol{x}^{(i)},y=y^{(i)}}$$

$$=\frac{1}{m}\sum_{i=1}^{m}\sum_{h=1}^{c}((\hat{y}_h^{(i)}-y_h^{(i)})\,w_{jh}^{[2]})[z_j^{[1](i)}>0] \tag{2-194}$$

进一步地，由式(2-194)写出其向量形式为

$$\frac{\partial J(\boldsymbol{W}^{[1]},\boldsymbol{W}^{[2]},\boldsymbol{b}^{[1]},\boldsymbol{b}^{[2]})}{\partial \boldsymbol{b}^{[1]}}=\frac{1}{m}((\boldsymbol{W}^{[2]}E)\circ[\boldsymbol{Z}^{[1]}>0])\,\boldsymbol{v}^{\mathrm{T}} \tag{2-195}$$

式(2-195)中，$\circ$代表阿达马积；$\boldsymbol{b}^{[1]}\in\mathbb{R}^{n\times1}$，$\boldsymbol{b}^{[1]}=(b_1^{[1]},b_2^{[1]},\cdots,b_n^{[1]})^{\mathrm{T}}$；$\boldsymbol{W}^{[2]}$由式(2-168)给出，$\boldsymbol{W}^{[2]}\in\mathbb{R}^{n\times c}$；$\boldsymbol{E}\in\mathbb{R}^{c\times m}$，在形式上与式(2-38)相同；$\boldsymbol{Z}^{[1]}$由式(2-135)给出，$\boldsymbol{Z}^{[1]}\in\mathbb{R}^{n\times m}$；$\boldsymbol{v}$ 仍为 m 维全1行向量，$\boldsymbol{v}\in\mathbb{R}^{1\times m}$。

最后，求代价函数对 $\boldsymbol{w}_j^{[1]}$、$\boldsymbol{W}^{[1]}$的偏导数。根据式(2-130)可求出$\frac{\partial z_j^{[1]}}{\partial \boldsymbol{w}_j^{[1]}}=\boldsymbol{x}$，故有

$$\frac{\partial L}{\partial \boldsymbol{w}_j^{[1]}}=\frac{\partial L}{\partial z_j^{[1]}}\cdot\frac{\partial z_j^{[1]}}{\partial \boldsymbol{w}_j^{[1]}}=\sum_{h=1}^{c}((\hat{y}_h-y_h)\,w_{jh}^{[2]})[z_j^{[1]}>0]\boldsymbol{x} \tag{2-196}$$

因此，由式(2-196)和式(2-180)可得

$$\begin{aligned}\frac{\partial J(\boldsymbol{W}^{[1]},\boldsymbol{W}^{[2]},\boldsymbol{b}^{[1]},\boldsymbol{b}^{[2]})}{\partial \boldsymbol{w}_j^{[1]}} &= \frac{1}{m}\sum_{i=1}^{m}\frac{\partial L}{\partial \boldsymbol{w}_j^{[1]}}\bigg|_{\boldsymbol{x}=\boldsymbol{x}^{(i)},y=y^{(i)}} \\ &= \frac{1}{m}\sum_{i=1}^{m}\sum_{h=1}^{c}((\hat{y}_h-y_h)w_{jh}^{[2]})[z_j^{[1]}>0]\boldsymbol{x}\bigg|_{\boldsymbol{x}=\boldsymbol{x}^{(i)},y=y^{(i)}} \\ &= \frac{1}{m}\sum_{i=1}^{m}\sum_{h=1}^{c}((\hat{y}_h^{(i)}-y_h^{(i)})w_{jh}^{[2]})[z_j^{[1](i)}>0]\boldsymbol{x}^{(i)}\end{aligned} \tag{2-197}$$

进一步地，由式(2-197)写出其矩阵形式为

$$\frac{\partial J(\boldsymbol{W}^{[1]},\boldsymbol{W}^{[2]},\boldsymbol{b}^{[1]},\boldsymbol{b}^{[2]})}{\partial \boldsymbol{W}^{[1]}} = \frac{1}{m}\boldsymbol{X}((\boldsymbol{W}^{[2]}\boldsymbol{E})\circ[\boldsymbol{Z}^{[1]}>0])^{\mathrm{T}} \tag{2-198}$$

式(2-198)中，$\boldsymbol{W}^{[1]}$ 由式(2-132)给出，$\boldsymbol{W}^{[1]}\in\mathbb{R}^{d\times n}$；$\boldsymbol{X}$ 由式(2-22)给出，$\boldsymbol{X}\in\mathbb{R}^{d\times m}$。

根据式(2-188)、式(2-191)、式(2-195)、式(2-198)以及式(2-199)，就可以使用批梯度下降法训练多分类神经网络模型。在训练过程中如果需要计算代价函数的值，可参照式(2-127)。

$$\begin{cases}\boldsymbol{b}^{[2]}:=\boldsymbol{b}^{[2]}-\eta\dfrac{\partial J(\boldsymbol{W}^{[1]},\boldsymbol{W}^{[2]},\boldsymbol{b}^{[1]},\boldsymbol{b}^{[2]})}{\partial \boldsymbol{b}^{[2]}} \\ \boldsymbol{W}^{[2]}:=\boldsymbol{W}^{[2]}-\eta\dfrac{\partial J(\boldsymbol{W}^{[1]},\boldsymbol{W}^{[2]},\boldsymbol{b}^{[1]},\boldsymbol{b}^{[2]})}{\partial \boldsymbol{W}^{[2]}} \\ \boldsymbol{b}^{[1]}:=\boldsymbol{b}^{[1]}-\eta\dfrac{\partial J(\boldsymbol{W}^{[1]},\boldsymbol{W}^{[2]},\boldsymbol{b}^{[1]},\boldsymbol{b}^{[2]})}{\partial \boldsymbol{b}^{[1]}} \\ \boldsymbol{W}^{[1]}:=\boldsymbol{W}^{[1]}-\eta\dfrac{\partial J(\boldsymbol{W}^{[1]},\boldsymbol{W}^{[2]},\boldsymbol{b}^{[1]},\boldsymbol{b}^{[2]})}{\partial \boldsymbol{W}^{[1]}}\end{cases} \tag{2-199}$$

式中，η 为学习率。

实验 2-19　实现多分类神经网络，并用轮椅数据集评估其分类性能。

当随机种子为 1、训练样本数量为 200 个、测试样本数量为 108 个、学习率为 0.1、迭代次数为 1000 次、隐含层节点数量为 3 时，该多分类神经网络模型在训练数据集和测试数据集上的分类错误数量都为 0。尝试使用不同的随机种子值，观察得到的权重与偏差参数的值。

2.7　本章实验分析

如果你已经独立完成了本章前 6 节中的各个实验，祝贺你，可以跳过本节学习。如果未能独立完成，也没有关系，因为在本节中，我们将对本章中出现的各个实验做进一步分析讨论。

实验 2-1　使用气温数据集和批梯度下降法训练线性回归模型，并画出均方误差代价函数的值随迭代次数变化的曲线。

分析： 先导入 NumPy 库、Matplotlib 库，并使用气温数据集附带的 Python 代码读取该数据集文件，其中的 data 数组(矩阵)大小为 $m\times(d+1)$，即 3960×5。将该矩阵的第 0

列作为标注，其余 d 列（4 列）作为输入特征。可将该矩阵中的前 3000 行保存至训练数据集，后 960 行保存至测试数据集。为了方便后续计算，可将每个数据集中的输入特征与标注分别保存。确认训练数据集输入特征矩阵（数组）的大小为 4×3000，训练数据集标注向量的大小为 1×3000，测试数据集输入特征矩阵的大小为 4×960，测试数据集标注向量的大小为 1×960。然后参照 2.1.3 节中的“批梯度下降法”实现线性回归模型的训练过程。首先，初始化权重 $\boldsymbol{w}$ 和偏差 b，可都赋值为 0，注意权重应为 $d\times1(4\times1)$ 大小的列向量，可使用.reshape((−1, 1))方法将其设置为列向量。如果使用 $\boldsymbol{v}$ 向量，则可通过 np.ones()函数将其初始化为全 1 的 1×3000 大小的行向量。接着开始反复迭代权重 $\boldsymbol{w}$ 和偏差 b，直到满足停止条件。这里我们使用给定的迭代次数（例如 20 次）作为停止条件，因此，可使用 for 循环来实现迭代过程。在 for 循环中，先按照式(2-21)计算标注的预测值向量（大小为 1×3000），再按照式(2-23)计算误差向量（大小为 1×3000），然后按照式(2-25)计算偏导数，接着按照式(2-26)更新权重 $\boldsymbol{w}$ 和偏差 b。最后，按照式(2-24)计算本次迭代中均方误差代价函数的值，并保存。其中，向量或矩阵之间的乘法可使用 np.dot()函数实现，求矩阵的转置矩阵可使用矩阵的.T 属性实现。至此，for 循环结束。用 print()函数打印最新得到的权重 $\boldsymbol{w}$ 和偏差 b，并使用 plt.plot()函数画出保存的各次迭代得到的均方误差代价函数的值。

lab_2-1

现在，如果你尚未完成实验 2-1，请尝试独立完成本实验。如果仍有困难，再参考附录 A 中经过注释的实验程序。本实验的程序文件可通过扫描二维码 lab_2-1 下载。

实验 2-2 使用气温数据集评估实验 2-1 中的线性回归模型，计算模型在训练数据集和测试数据集上的均方根误差。画出当输入特征的维数为 1 时，训练过程中每次迭代拟合出的直线的变化情况（选做）。

分析：本实验可在实验 2-1 程序的基础之上加入均方根误差计算。以计算训练数据集上的均方根误差为例。首先，按照式(2-21)计算标注的预测值向量（大小为 1×3000），再按照式(2-23)计算误差向量（大小为 1×3000），然后按照式(2-24)计算均方误差，最后计算均方误差的平方根，得到训练数据集上的均方根误差。对于测试数据集，由于其中的样本数量与训练数据集不同，因此可再创建一个 $\boldsymbol{v}$ 向量，通过 np.ones()函数将其初始化为全 1 的 1×960 大小的行向量；或者借助于广播操作，无须使用 $\boldsymbol{v}$ 向量。

lab_2-2

现在，如果你尚未完成实验 2-2，请尝试独立完成本实验。如果仍有困难，再参考附录 A 中经过注释的实验程序。本实验的程序文件可通过扫描二维码 lab_2-2 下载。

实验 2-3 使用气温数据集和随机梯度下降法训练线性回归模型，画出均方误差代价函数的值随迭代次数变化的曲线，并计算该线性回归模型在训练数据集和测试数据集上的均方根误差。

分析：本实验程序可基于实验 2-2 程序，修改其中的训练过程。由于需要对训练样本随机排序，为了便于比对结果，先使用 np.random.default_rng()函数构造一个指定随机种子的随机数生成器 rng。在本书后续的实验中，如需要使用随机数，通常先用 np.random.default_rng()函数构造指定随机种子的随机数生成器。对于随机梯度下降法，我们使用给定的 epoch 遍数(例如 1 遍)作为停止条件。所以训练过程的主循环仍可使用 for 循环，只是这个 for 循环是对每个 epoch 进行循环。在每个 epoch 开始后，先对训练数据集中的训练样本随机排序，可使用 rng.shuffle()方法。然后，再用一个 for 循环(内循环)对训练样本进行循环。在内循环之内，先使用当前训练样本($\boldsymbol{x}^{(i)}$，$y^{(i)}$)的输入特征预测其标注，公式为 $\hat{y}^{(i)}=\boldsymbol{w}^{\mathrm{T}}\boldsymbol{x}^{(i)}+b$；再计算误差，公式为 $e=\hat{y}^{(i)}-y^{(i)}$；然后根据误差来更新权重与偏差，公式为 $b:=b-2\eta e$ 和 $\boldsymbol{w}:=\boldsymbol{w}-2\eta e\boldsymbol{x}^{(i)}$；最后计算均方误差 e^2。至此，内循环结束；外循环结束。

lab_2-3

现在，如果你尚未完成实验 2-3，请尝试独立完成本实验。如果仍有困难，再参考附录 A 中经过注释的实验程序。本实验的程序文件可通过扫描二维码 lab_2-3 下载。

实验 2-4　使用气温数据集和小批梯度下降法训练线性回归模型，画出均方误差代价函数的值随迭代次数变化的曲线，并计算该线性回归模型在训练数据集和测试数据集上的均方根误差。

分析：小批梯度下降法介于批梯度下降法与随机梯度下降法之间，可在实验 2-3 程序的基础之上，修改其内循环(for 循环)。与随机梯度下降法不同的是，小批梯度下降法的内循环是对小批进行循环(而不是对训练样本)。因此，需要根据训练样本的数量与批长来确定循环次数。需要注意的是，如果训练样本数量不能被批长整除，那么余下的训练样本(无论余下多少)应作为最后一个小批。在内循环之内，可先将当前的一小批训练样本保存至输入特征矩阵(对于输入特征)和标注向量(对于标注)，然后参照批梯度下降法更新权重与偏差，并计算均方误差代价函数的值。与批梯度下降法不同的是，这里的训练样本数量为批长。当然，最后一个小批中的样本数量可能小于批长。

lab_2-4

现在，如果你尚未完成实验 2-4，请尝试独立完成本实验。如果仍有困难，再参考附录 A 中经过注释的实验程序。本实验的程序文件可通过扫描二维码 lab_2-4 下载。

实验 2-5　对气温数据集样本的输入特征做特征缩放(标准化、最小最大归一化、均值归一化)，并用该数据集训练、评估线性回归模型。

分析：本实验可基于实验 2-2 程序。在本书后续的实验中，如无特殊说明，默认使用批梯度下降法。特征缩放的实现代码可加在读入气温数据集之后、划分数据集之前。由于本实验需要实现 3 种可选的特征缩放方法，因此可在参数设置部分增加一个指定特征缩放方法的参数，以方便选择特征缩放方法。使用 np.mean()函数和 np.std()函数，按照式(2-30)，对输入特征做标准化。注意应仅使用训练样本来求各维输入特征的均值和标准差。求标准差时，可给 np.std()函数加上 ddof=1 参数，以通过方差的无偏估计量来求标准差。使用 np.amin()函数和 np.amax()函数，分别按照式(2-28)、式(2-29)对输入特征做最小最大归一化、均值归一化。上述 4 个函数有一个共同的参数：axis，用来指定沿哪个轴进行计算。简单地说,如果设置参数 axis=0,则函数分别对矩阵的各列进行计算;如果设置参数 axis=1,则函数分别对矩阵的各行进行计算。

现在,如果你尚未完成实验 2-5,尝试独立完成本实验。如果仍有困难,再参考附录 A 中经过注释的实验程序。本实验的程序文件可通过扫描二维码 lab_2-5 下载。

lab_2-5

实验 2-6(选做) 使用多输出线性回归模型学习离散傅里叶变换,测试并比较频谱。

分析:由式(2-42)给出的离散傅里叶变换的输入为 N 个复数,输出也为 N 个复数。由于我们在推导线性回归模型的过程中,默认样本的输入特征与标注都为实数,故可将离散傅里叶变换中的每一个复数都拆分成实部与虚部两个实数,由此得出多输出线性回归模型输入特征的维数为 $2N$,输出标注预测值的维数也为 $2N$。为了让模型学习离散傅里叶变换公式,将该公式的输入作为训练样本的输入特征,将该公式的输出作为训练样本的标注。这些训练样本的输入特征可为均匀分布的随机数,标注为使用这些随机数通过 FFT 计算而来的离散傅里叶变换的输出。均匀分布的随机数可使用 rng.random()方法生成;FFT 可使用 np.fft.fft()函数实现。

可使用批梯度下降法训练该线性回归模型,故本实验程序可基于实验 2-2 的程序。训练开始之前,可将 $2N\times2N$ 大小的权重矩阵和 $2N\times1$ 大小的偏差向量中的元素都初始化为 0。在 for 循环(迭代循环)内部,先按照式(2-35)计算标注的预测值,再按照式(2-38)计算误差,最后按照式(2-40)和式(2-41)更新权重与偏差,按照式(2-39)计算均方误差代价函数的值。计算方阵的迹可用 np.trace()函数实现。

为了测试该模型,可用 np.sin()函数生成一个正弦序列(或多个正弦序列之和),作为测试数据集中样本的输入特征。测试数据集中样本的标注可使用该正弦序列通过 FFT 计算得出。为了更加直观地观察该模型的输出结果,将模型输出的 $2N$ 个标注预测值合并为 N 个复数,根据这 N 个复数的模可画出双边频谱(或进一步将双边频谱转换为如图 2-17(b)所示的单边频谱)。计算复数的模可使用 np.abs()函数。

lab_2-6

现在,如果你尚未完成实验 2-6,尝试独立完成本实验。如果仍有困难,再参考附录 A 中经过注释的实验程序。本实验的程序文件可通过扫描二维码 lab_2-6 下载。

实验 2-7(选做) 使用线性回归模型滤除序列中的噪声,画出序列在滤波前、滤波后的频谱。

$$y(n)=\sum_{i=0}^{M}b_i x(n-i) \tag{2-43}$$

分析:由于使用实验 2-6 中的多输出线性回归模型,本实验的程序可附在实验 2-6 程序之后。训练数据集和测试数据集中样本的输入特征为含噪序列,样本的标注为无噪序列在某一时刻的值。无噪序列可为通过 np.sin()函数生成的正弦序列(或多个正弦序列之和),含噪序列可由在无噪序列上叠加通过 rng.normal()方法生成的随机数得到。输入特征的维数也是滤波器的抽头数量。该单输出线性回归模型可使用批梯度下降法训练,训练及测试过程可参考实验 2-2 的程序。最后，将测试样本的输入特征（含噪序列）和该单输出线性回归模型输出的预测值（滤波后序列），分别作为实验 2-6 中的多输出线性回归模型的输入特征，得到模型输出的预测值，根据这些预测值计算并画出这两个序列的频谱。

现在，如果你尚未完成实验 2-7，尝试独立完成本实验。如果仍有困难，再参考附录 A 中经过注释的实验程序。本实验的程序文件可通过扫描二维码 lab_2-7 下载。

lab_2-7

实验 2-8　使用线性回归对百分制成绩进行二分类，评估训练数据集上分类的准确程度。

分析：成绩数据集由 Jupyter Notebook 文件给出。为了加快训练速度，可对该数据集中的输入特征（百分制成绩）做特征缩放，例如做标准化。然后参考实验 2-2 的程序，用批梯度下降法训练线性回归模型。再用经过训练后的线性回归模型预测训练样本的标注（0 或 1，分别代表"不及格"与"及格"）。用判决门限（例如 0.5）将模型输出的标注预测值，对应为类别值 0 或 1：若预测值大于或等于 0.5，则判决为 1；若预测值小于 0.5，则判决为 0。比较训练样本的标注与经过判决得到的类别值。

lab_2-8

现在，如果你尚未完成实验 2-8，尝试独立完成本实验。如果仍有困难，再参考附录 A 中经过注释的实验程序。本实验的程序文件可通过扫描二维码 lab_2-8 下载。

实验 2-9　用酒驾检测数据集训练使用均方误差代价函数的逻辑回归模型，并评估其分类的准确程度。

分析：可使用酒驾检测数据集附带的 Python 代码读取该数据集文件。读入数据集后，先对样本随机排序，再将这些样本划分至训练数据集和测试数据集。为了便于比对结果，可统一将一定数量的样本划分至训练数据集，例如 250 个，再将其余的样本划分至测试数据集。然后进行特征缩放，可使用标准化。将酒驾数据集矩阵的前 5 列作为输入特征，第 6 列作为标注。接着使用批梯度下降法训练该逻辑回归模型，其中偏导数的计算参照式(2-52)和式(2-53)。逻辑回归的预测过程参照式(2-48)和式(2-49)。其中的自然指数计算可使用 np.exp()函数，阿达马积的计算可使用 *（乘号），代价函数的计算式可参照式(2-51)和式(2-24)。这里的分类准确程度，可使用分类错误的样本的数量度量。在统计分类错误数量时，可能会用到 np.abs()和 np.sum()等函数。

lab_2-9

现在，如果你尚未完成实验 2-9，尝试独立完成本实验。如果仍有困难，再参考附录 A 中经过注释的实验程序。本实验的程序文件可通过扫描二维码 lab_2-9 下载。

实验 2-10　用酒驾检测数据集训练使用交叉熵代价函数的逻辑回归模型，并用召回率、精度、F_1 值等指标评估其分类性能。

分析：可基于实验 2-9 的程序。由于本实验与实验 2-9 的主要区别在于代价函数不同，因此在程序中需要修改偏导数以及代价函数值的计算部分。偏导数的计算可参照式

(2-65),代价函数值的计算可参照式(2-66)。可使用 np.log()函数计算自然对数。此外,在程序中还需实现混淆矩阵的统计,以及召回率、精度、F_1 值的计算。统计混淆矩阵可参考表 2-2,可用 np.logical_and()函数对向量中的元素做逻辑与运算,用 np.sum()函数累加与运算的结果("真"为 1,"假"为 0)。召回率、精度、F_1 值的计算可分别参照式(2-69)、式(2-70)以及式(2-72)。

现在,如果你尚未完成实验 2-10,尝试独立完成本实验。如果仍有困难,再参考附录 A 中经过注释的实验程序。本实验的程序文件可通过扫描二维码 lab_2-10 下载。

lab_2-10

实验 2-11 用 scikit-learn 库训练 SVM 模型,并用酒驾检测数据集评估 SVM 的分类性能。

分析:由于使用 scikit-learn 库,可先导入 svm 模块:from sklearn import svm。在读入酒驾检测数据集后,需要将其中的标注 0 替换为标注 −1,可使用 np.where()函数完成替换。然后,再对样本随机排序、做特征缩放(例如标准化)、划分数据集。在使用 clf.fit()方法训练 SVM 模型之前,需要先实例化 svm.SVC 类:clf = svm.SVC(kernel=svm_kernel, C=svm_C)。svm_kernel 可以为'linear'、'poly'、'rbf'三者之一,分别代表线性核、多项式核、高斯核。svm_C 的值可以设置为 0.1～1000。使用 clf.predict()方法进行分类。注意对统计混淆矩阵做相应修改。

现在,如果你尚未完成实验 2-11,尝试独立完成本实验。如果仍有困难,再参考附录 A 中经过注释的实验程序。本实验的程序文件可通过扫描二维码 lab_2-11 下载。

lab_2-11

实验 2-12 画出 SVM 模型在训练数据集和测试数据集上的分类错误数量随 C 值变化的曲线。

分析:可以实验 2-11 的程序为基础。C 值的范围可在 0.1～7,步长为 0.1。初始化两个(也可一个)用来保存训练数据集上和测试数据集上的分类错误数量的数组。因 C 值的取值范围已知,故可用 for 循环依次计算使用多项式核的 SVM 模型在不同 C 值下的分类错误数量并保存。可用 plt.plot()函数分别画出两个数据集上的分类错误数量随 C 值变化的曲线,横轴为 C 值,纵轴为分类错误数量。

现在,如果你尚未完成实验 2-12,尝试独立完成本实验。如果仍有困难,再参考附录 A 中经过注释的实验程序。本实验的程序文件可通过扫描二维码 lab_2-12 下载。

lab_2-12

实验 2-13 使用 k 份交叉验证,画出多项式核 SVM 模型在训练数据集和测试数据集上的分类错误数量随 C 值变化曲线。

分析:以实验 2-12 的程序为基础,在其中 C 值 for 循环的内部(或者外部),再增加一个 for 循环,用来实现 k 份交叉验证。由于 k 份交叉验证将数据集中的样本平均划分为 k 份,每次轮流将其中的 1 份作为测试样本,其余的 $k-1$ 份作为训练样本,因此该 for 循环共需循环 k 次。每次该循环开始时,都需要根据当前循环变量的值将数据集(酒驾检测数据集)划分为测试数据集与训练数据集,然后根据训练数据集中样本的输入特征确定特征缩放(例如标准化)的参数。在构造训练数据集时可能需要将两个数组合并为一个数组,此时可使用 np.concatenate()函数。

现在,如果你尚未完成实验 2-13,尝试独立完成本实验。如果仍有困难,再参考附录 A 中经过注释的实验程序。本实验的程序文件可通过扫描二维码 lab_2-13 下载。

lab_2-13

实验 2-14　使用 k 近邻对轮椅数据集进行分类,并通过 k 份交叉验证,观察 k 近邻中的不同 k 值对分类错误数量的影响。

分析:轮椅数据集数组的每一行为一个样本,前 4 列为样本的输入特征,第 5 列为样本的标注(其可能的取值为 1、2、3、4,分别代表 4 个类别)。在读入数据集后,对样本随机排序。可用.astype()方法将整数型的输入特征值转换为浮点型,并对输入特征做归一化。其中,前三维输入特征的范围是 0～1023,第四维输入特征的范围是 0～50。k 近邻分类无须训练即可直接使用训练数据集进行分类。分类时,由于需要计算当前样本与所有训练样本在输入特征空间中的欧几里得距离,因此可用一个 for 循环,将数据集中的所有样本轮流作为“当前样本”。此外,由于需要尝试 k 近邻中的不同 k 值,所以也需要一个对 k 近邻中不同 k 值进行循环的 for 循环。另外,使用 k 份交叉验证,也需要一个对 k 份交叉验证中的 k 个不同数据集进行循环的 for 循环。在这 3 个 for 循环中,可以把 k 份交叉验证的 for 循环作为最外层循环,以避免多次划分同样的 k 份交叉验证数据集,从而减少程序运行时间。可以把 k 近邻中 k 值的 for 循环作为中间层循环,把对数据集中所有样本的 for 循环作为最内层循环。在最外层 for 循环开始后,参照实验 2-13 的程序,将一部分样本划分至当前测试数据集,然后将余下的样本划分至当前训练数据集。在最内层 for 循环开始后,参照式(2-90)计算当前样本与数据集中所有样本的距离(或距离的平方),并使用 np.argsort()函数对这些距离从小到大进行排序并得到排序后的索引,再根据索引查找前 k 个(k 近邻中的 k)训练样本对应的标注,最后根据这 k 个标注的众数预测出当前样本对应的类别值。可使用 SciPy 的 stats.mode()函数给出众数(需先导入 stats: from scipy import stats)。为了得到训练数据集和测试数据集两个数据集上的分类错误数量,可分别使用两个最内层的 for 循环,也可为这两个数据集再增加一个 for 循环。最后,使用 plt.plot()函数画出分类错误数量(纵坐标)随 k 近邻中的 k 值(横坐标)变化的曲线。

现在,如果你尚未完成实验 2-14,尝试独立完成本实验。如果仍有困难,再参考附录中经过注释的实验程序。本实验的程序文件可通过扫描二维码 lab_2-14 下载。

lab_2-14

实验 2-15　使用宏平均 F_1 值、马修斯相关系数替代实验 2-14 中的分类错误数量,评估 k 近邻分类性能。

分析:可在实验 2-14 的程序基础上实现统计混淆矩阵,计算宏平均 F_1 值和马修斯相关系数。不同 k 值(k 近邻中的 k)下的混淆矩阵统计可在最内层 for 循环中实现。在分别得到训练数据集和测试数据集上的混淆矩阵后,先按照式(2-69)、式(2-70)以及式(2-72)计算每个 k 值下每个类别上的召回率、精度以及 F_1 值,再求各个类别 F_1 值的算术平均值,得到每个 k 值下的宏平均 F_1 值,同时可按照式(2-91)计算每个 k 值下的马修斯相关系数。求混淆矩阵对角线上的元素之和 s 可使用 np.trace()函数。最后,使用 plt.plot()函数画出训练数据集和测试数据集上的宏平均 F_1 值和马修斯相关系数随 k 近邻中 k 值变化的曲线。

lab_2-15

现在,如果你尚未完成实验 2-15,尝试独立完成本实验。如果仍有困难,再参考附录 A 中经过注释的实验程序。本实验的程序文件可通过扫描二维码 lab_2-15 下载。

实验 2-16 实现高斯朴素贝叶斯分类器,并评估其分类性能。

分析:本实验中不用做性能比较,故可不使用 k 份交叉验证。将轮椅数据集中随机排序后的样本划分至训练数据集(例如 200 个)和测试数据集(例如 108 个)。由于在训练过程中,需要估计每一个类别训练样本的每一维输入特征的正态分布参数(均值与标准差),因此可先用 np.compress()函数将训练数据集中对应同一类别的训练样本的输入特征抽取出来单独组成一个数组,以方便后续计算。之后,可用 np.mean()函数和 np.std(…, ddof=1)函数分别估算各个类别训练样本的各维输入特征的均值与标准差。得到这些参数之后,就可以对测试数据集(或训练数据集)中的各个样本进行分类。分类过程按照式(2-108)。其中,计算以自然常数 e 为底的自然对数可使用 np.log()函数,最后一步寻找数组中最大值元素的索引可使用 np.argmax()函数。统计混淆矩阵、计算宏平均 F_1 值和马修斯相关系数,可参照实验 2-15 的程序。

lab_2-16

现在,如果你尚未完成实验 2-16,尝试独立完成本实验。如果仍有困难,再参考附录 A 中经过注释的实验程序。本实验的程序文件可通过扫描二维码 lab_2-16 下载。

实验 2-17 实现多分类逻辑回归,并用轮椅数据集评估其分类性能。

分析:先读入轮椅数据集,随机排序样本,对输入特征做标准化,并划分训练数据集(例如 200 个训练样本)与测试数据集(例如 108 个测试样本)。将训练样本的标注(类别值 1、2、3、4)转换为 one-hot 向量,以便于在训练过程中计算误差。一种转换方法是,先将转换输出的 one-hot 向量的矩阵(二维数组)中的元素赋值为 0,再将每个 one-hot 向量中索引等于类别值的元素赋值为 1,正如提示部分给出的代码所示。模型的权重与偏差参数的初始值可赋值为 0。训练过程可使用批梯度下降法,用 for 循环实现迭代。循环开始后,先按照式(2-126)计算 $\boldsymbol{Z}$,再按照式(2-123)计算标注预测值矩阵 $\hat{\boldsymbol{Y}}$,然后再按照式(2-122)求出误差矩阵 $\boldsymbol{E}$。注意这里每个训练样本的标注都是一个 one-hot 向量。计算式(2-123)中的自然指数可使用 np.exp()函数,阿达马除法可用"/"(除号)。接下来,按照式(2-121)和式(2-41)更新权重矩阵 $\boldsymbol{W}$ 与偏差向量 $\boldsymbol{b}$,按照式(2-127)计算代价函数的值,其中计算自然对数可使用 np.log()函数,计算迹可使用 np.trace()函数。按照式(2-114)实现多分类逻辑回归的预测过程。

lab_2-17

现在,如果你尚未完成实验 2-17,尝试独立完成本实验。如果仍有困难,再参考附录 A 中经过注释的实验程序。本实验的程序文件可通过扫描二维码 lab_2-17 下载。

实验 2-18　实现二分类神经网络，并用酒驾检测数据集评估其分类性能。

分析： 本实验的程序可以实验 2-10 程序为基础。增加一个隐含层节点数量参数 n，并使用 rng.random()方法产生随机值，用来初始化各层的权重与偏差参数。在迭代次数 for 循环中，正向传播的计算过程可按照式(2-134)、式(2-140)、式(2-143)以及式(2-146)，反向传播过程以及更新权重与偏差参数可按照式(2-23)、式(2-149)、式(2-150)、式(2-158)、式(2-166)以及式(2-167)，计算交叉熵代价函数可参照式(2-66)。式中的艾佛森括号代表方括号内逻辑表达式的运算结果("真"为 1，"假"为 0)。

lab_2-18

现在，如果你尚未完成实验 2-18，尝试独立完成本实验。如果仍有困难，再参考附录 A 中经过注释的实验程序。本实验的程序文件可通过扫描二维码 lab_2-18 下载。

实验 2-19　实现多分类神经网络，并用轮椅数据集评估其分类性能。

分析： 本实验的程序可在实验 2-17 程序基础之上，增加隐含层节点数量参数 n，使用 rng.random()方法产生随机值初始化各层的权重与偏差参数，将第 2 层的权重参数改为一个 $n \times c$ 大小的矩阵，将第 2 层的偏差参数改为一个 $c \times 1$ 大小的向量。在迭代次数 for 循环中，正向传播的计算过程可按照式(2-134)、式(2-140)、式(2-172)、式(2-178)以及式(2-114)，反向传播过程以及更新权重与偏差参数可按照式(2-122)、式(2-188)、式(2-191)、式(2-195)、式(2-198)以及式(2-199)，计算代价函数可参照式(2-127)。

lab_2-19

现在，如果你尚未完成实验 2-19，尝试独立完成本实验。如果仍有困难，再参考附录 A 中经过注释的实验程序。本实验的程序文件可通过扫描二维码 lab_2-19 下载。

2.8　本章小结

监督学习是最常见的机器学习范式。在监督学习中，人们使用带有标注的训练样本来训练模型，以使模型能够预测训练样本之外的输入特征对应的标注，从而完成回归、分类等任务。

线性回归是一个基本的用来完成回归任务的监督学习方法，它通过拟合训练样本输入特征与其标注之间的仿射函数来做出预测。线性回归中通常使用均方误差代价函数，通过最小化代价函数在训练数据集上的值，来得到权重与偏差的最优解。由于线性回归中的均方误差代价函数是凸函数，因此该最优解是全局最优解。寻找最优解可使用梯度下降法，包括批梯度下降法、随机梯度下降法以及小批梯度下降法。当样本的标注为向量(而非标量)时，多个线性回归模型可合并在一起，组成一个多输出线性回归模型。

逻辑回归是一个基本的用来完成二分类任务的监督学习方法，它在线性回归的基础之上，增加了 sigmoid 函数，将线性回归模型输出的预测值映射至(0,1)区间，用来解决训练样本"不平衡"问题，以提高分类的准确程度。由于引入了 sigmoid 函数，在逻辑回归中,交叉熵代价函数是其权重与偏差参数的凸函数。多个逻辑回归模型可以合并在一起,构成一个多分类逻辑回归模型,用来完成多分类任务。

与逻辑回归中拟合训练样本的分类思路不同,在硬间隔支持向量机中,人为规定由两个类别训练样本输入特征计算出的预测值之间须有一条以判决门限 0 为中心、宽度为 2 的"保护带",并且要求权重向量的模尽可能小,以使预测值更不容易越过判决门限 0。软间隔支持向量机进一步允许少数训练样本输入特征对应的预测值落在"保护带"内,以减小权重向量的模。

在多分类任务中,基于"近朱者赤,近墨者黑"的思路,k 近邻根据在输入特征空间中,与当前输入特征相距最近的 k 个训练样本的类别,按照"少数服从多数"的规则,将当前输入特征对应为"多数派"的类别。而朴素贝叶斯分类器则"顺藤摸瓜",将输入特征对应为后验概率最大的类别。朴素贝叶斯分类器假设各维输入特征都相互独立,高斯朴素贝叶斯分类器又进一步假设对应于各个类别的各维输入特征都服从高斯分布(正态分布)。

多个二分类逻辑回归模型输出的预测值叠加在一起,可以用来拟合两个类别训练样本相互"混杂"的训练样本,这样就得到了一个神经网络模型。尽管在神经网络中代价函数通常不是各层权重与偏差参数的凸函数,但由于神经网络模型相比逻辑回归等模型更加"复杂",可以用来提高分类的准确程度。虽然神经网络模型的层数与节点数量有所增加,但其仍可沿用线性回归模型与逻辑回归模型中的代价函数及其训练过程中使用的梯度下降法。为了减少多层神经网络模型参数的数量并具备平移不变性(translation invariance),在图像等领域,人们常使用卷积神经网络(convolutional neural network, CNN 或 ConvNet)。

机器学习中的监督学习方法还有很多,例如决策树(decision tree)等。尽管受限于篇幅无法一一详细讲解,但是如果掌握了本书中讲授的原理与方法,这些监督学习方法并不难以理解。在本书余下的两章中,我们将进一步学习机器学习中其他两种较常见的范式。

2.9 思考与练习

1. 什么是监督学习?
2. 什么是回归?举例说明。
3. 写出线性回归的回归过程的函数关系式,并解释其中的各个变量。
4. 什么是凸函数?
5. 什么是凸优化问题?
6. 写出线性回归训练过程中的最优化问题。
7. 写出线性回归中的批梯度下降法。
8. 写出线性回归中的随机梯度下降法。
9. 写出线性回归中的小批梯度下降法。
10. 什么是特征缩放?为什么需要进行特征缩放?
11. 写出最小最大归一化和标准化特征缩放的公式。
12. 画出多输出线性回归模型的示意图。

13. 什么是分类？它与回归有何不同？
14. 写出 sigmoid 函数及其导数。
15. 写出逻辑回归分类过程的计算公式。
16. 写出逻辑回归中的交叉熵代价函数。
17. 什么是精度？什么是召回率？
18. 简述支持向量机进行分类的思路。
19. 什么是过拟合？什么是欠拟合？
20. 如何进行 k 份交叉验证？
21. 简述 k 近邻法。
22. 朴素贝叶斯分类器如何进行分类？做了哪些假设？
23. 写出 softmax 函数及其偏导数。
24. 画出多分类逻辑回归模型的示意图。
25. 为什么神经网络模型的分类性能可以比逻辑回归模型更好？
26. 写出 ReLU 函数及其导数。
27. 画出一个神经网络模型的示意图。

第3章

无监督学习

在监督学习中，我们使用带有标注的训练样本来训练模型。这些标注往往需要人工给出。如果没有这些标注，或者没有训练样本，我们是否还能够从数据中学习？此外，是否能够自动生成样本的标注？

在这些情况下，我们可以考虑使用无监督学习方法。所谓的**无监督学习**（unsupervised learning），是一种从无标注数据中进行学习、发掘数据中隐藏结构的学习范式。

无监督学习中的一个常见任务是**聚类**（clustering）。聚类是指将数据集中相似的样本划分到同一个群组（cluster）中，如同“物以类聚，人以群分”。例如，在图书馆中我们将学科领域相同或相近的图书摆放在同一排书架上，这个过程就可以看作是聚类。在这个例子中，每一本图书是一个样本，每一排书架是一个群组。聚类就是将每一个样本都对应到一个群组中，使得同一群组中的样本都是在某种程度上相似的样本。

那么，如何进行聚类？一个常见的聚类方法为**k 均值**（k-means）。

3.1 k 均值

k 均值在名称上与 k 近邻相像。二者之间的相同之处是，k 均值方法也使用两个样本的输入特征在欧几里得空间中的距离来度量两个样本之间的相似程度。但不同的是，k 近邻完成的是分类任务，借助于带有类别标注的训练样本，来预测无标注样本的类别；而 k 均值完成的是聚类任务，将一批无标注样本“自动”划分成多个群组。

3.1.1 k 均值聚类

在聚类中，我们把一定数量的样本（m 个样本）划分成若干个群组，使得每个群组中的样本都“比较相似”。那么，究竟划分为多少个群组“比较恰当”？不同的聚类方法给出的答案不同。在 k 均值中，将样本划分成 k 个群组，k 是使用该方法之前需要给出的超参数。

当已知群组数量 k 时，我们可将聚类问题描述为：输入 m 个样本的输入特征 $\boldsymbol{x}^{(1)}, \boldsymbol{x}^{(2)}, \cdots, \boldsymbol{x}^{(m)}$，输出 k 个样本集合 $\mathcal{G}_1, \mathcal{G}_2, \cdots, \mathcal{G}_k$。其中，$\boldsymbol{x}^{(i)} =$

$(x_1^{(i)},x_2^{(i)},\cdots,x_d^{(i)})^{\mathrm{T}}$，$d$ 为输入特征的维数，$x_1^{(i)}$ 表示第 i 个样本的第 1 个特征，$(\cdot)^{\mathrm{T}}$ 表示矩阵的转置，$i\in\{1,2,\cdots,m\}$，$2\leqslant k\leqslant m-1$。

接下来的问题是，如何用公式描述同一群组中的样本都"比较相似"？其中一类办法是，使用样本之间的欧几里得距离来度量样本之间的相似程度。

想一想　有哪些可用来度量同一群组中样本相似程度的基于欧几里得距离的指标？

我们可以认为，如果两个样本在欧几里得空间中距离比较接近，那么这两个样本"比较相似"。如果我们希望同一群组中的样本都"比较相似"，那么这些样本之间的欧几里得距离都应该较小。如何度量这些样本之间在欧几里得距离上的接近程度？我们既可以用群组中任意两个样本之间距离的最大值来度量该群组样本之间的接近程度，也可以用群组中任意两个样本之间的平均距离来度量。样本 $\boldsymbol{x}^{(i)}$ 到群组 $\mathcal{G}_j$ 中所有样本的平均距离可表示为

$$\frac{1}{|\mathcal{G}_j|}\sum_{l=1}^{m}\|\boldsymbol{x}^{(i)}-\boldsymbol{x}^{(l)}\|_2[\boldsymbol{x}^{(l)}\in\mathcal{G}_j]$$

式中，$\|\cdot\|_2$ 表示 ℓ^2 范数，$\|\boldsymbol{x}^{(i)}-\boldsymbol{x}^{(l)}\|_2=\sqrt{(x_1^{(i)}-x_1^{(l)})^2+(x_2^{(i)}-x_2^{(l)})^2+\cdots+(x_d^{(i)}-x_d^{(l)})^2}$；$|\mathcal{G}_j|$ 表示群组 $\mathcal{G}_j$ 中的样本数量；$i\in\{1,2,\cdots,m\}$，$j\in\{1,2,\cdots,k\}$；这里的方括号仍为艾佛森括号，即

$$[\boldsymbol{x}^{(l)}\in\mathcal{G}_j]=\begin{cases}1, & 若\ \boldsymbol{x}^{(l)}\in\mathcal{G}_j\\ 0 & 若\ \boldsymbol{x}^{(l)}\notin\mathcal{G}_j\end{cases}$$

如果我们用平均距离来作为度量指标，那么很自然地我们希望所有样本到其群组中所有样本平均距离的平均值最小，以使每个群组中的样本都尽可能"相似"，即

$$\underset{\boldsymbol{x}^{(i)}\in\mathcal{G}_j}{\text{minimize}}\ \frac{1}{m}\sum_{i=1}^{m}\sum_{j=1}^{k}[\boldsymbol{x}^{(i)}\in\mathcal{G}_j]\frac{1}{|\mathcal{G}_j|}\sum_{l=1}^{m}\|\boldsymbol{x}^{(i)}-\boldsymbol{x}^{(l)}\|_2[\boldsymbol{x}^{(l)}\in\mathcal{G}_j] \tag{3-1}$$

我们希望通过调整将样本划分至不同的群组，来最小化式(3-1)中目标函数的值。为此，首先考查

$$\begin{aligned}\frac{1}{|\mathcal{G}_j|}\sum_{l=1}^{m}\|\boldsymbol{x}^{(i)}-\boldsymbol{x}^{(l)}\|_2[\boldsymbol{x}^{(l)}\in\mathcal{G}_j] &= \frac{1}{|\mathcal{G}_j|}\sum_{l=1}^{m}\|(\boldsymbol{x}^{(i)}-\boldsymbol{x}^{(l)})[\boldsymbol{x}^{(l)}\in\mathcal{G}_j]\|_2\\ &\geqslant\left\|\frac{1}{|\mathcal{G}_j|}\sum_{l=1}^{m}(\boldsymbol{x}^{(i)}-\boldsymbol{x}^{(l)})[\boldsymbol{x}^{(l)}\in\mathcal{G}_j]\right\|_2\\ &=\left\|\frac{1}{|\mathcal{G}_j|}|\mathcal{G}_j|\boldsymbol{x}^{(i)}-\frac{1}{|\mathcal{G}_j|}\sum_{l=1}^{m}\boldsymbol{x}^{(l)}[\boldsymbol{x}^{(l)}\in\mathcal{G}_j]\right\|_2\\ &=\left\|\boldsymbol{x}^{(i)}-\frac{1}{|\mathcal{G}_j|}\sum_{l=1}^{m}\boldsymbol{x}^{(l)}[\boldsymbol{x}^{(l)}\in\mathcal{G}_j]\right\|_2=\|\boldsymbol{x}^{(i)}-\boldsymbol{c}_j\|_2\end{aligned} \tag{3-2}$$

式(3-2)中，$\boldsymbol{c}_j$ 为

$$\boldsymbol{c}_j=\frac{1}{|\mathcal{G}_j|}\sum_{l=1}^{m}\boldsymbol{x}^{(l)}[\boldsymbol{x}^{(l)}\in\mathcal{G}_j]=\frac{1}{|\mathcal{G}_j|}\sum_{\boldsymbol{x}\in\mathcal{G}_j}\boldsymbol{x} \tag{3-3}$$

即 $\boldsymbol{c}_j$ 为第 j 个群组 $\mathcal{G}_j$ 中所有样本输入特征的算术平均值，因此 $\boldsymbol{c}_j$ 是群组 $\mathcal{G}_j$ 的形心(centroid)，$j\in\{1,2,\cdots,k\}$。根据式(3-2)可将式(3-1)写为

$$\begin{aligned}&\underset{\boldsymbol{x}^{(i)}\in\mathcal{G}_j}{\text{minimize}}\frac{1}{m}\sum_{i=1}^{m}\sum_{j=1}^{k}[\boldsymbol{x}^{(i)}\in\mathcal{G}_j]\frac{1}{|\mathcal{G}_j|}\sum_{l=1}^{m}\|\boldsymbol{x}^{(i)}-\boldsymbol{x}^{(l)}\|_2[\boldsymbol{x}^{(l)}\in\mathcal{G}_j]\\&=\underset{\boldsymbol{x}^{(i)}\in\mathcal{G}_j}{\text{minimize}}\frac{1}{m}\sum_{i=1}^{m}\sum_{j=1}^{k}[\boldsymbol{x}^{(i)}\in\mathcal{G}_j]\|\boldsymbol{x}^{(i)}-\boldsymbol{c}_j\|_2\end{aligned}\tag{3-4}$$

式(3-4)中的目标函数 $\frac{1}{m}\sum_{i=1}^{m}\sum_{j=1}^{k}[\boldsymbol{x}^{(i)}\in\mathcal{G}_j]\|\boldsymbol{x}^{(i)}-\boldsymbol{c}_j\|_2$ 表示 m 个欧几里得距离(即 ℓ^2 范数)的平均值。如果 $\boldsymbol{c}_1,\boldsymbol{c}_2,\cdots,\boldsymbol{c}_k$ 保持不变，那么最小化其中的每一个距离，都有助于最小化该目标函数。当 $\boldsymbol{c}_1,\boldsymbol{c}_2,\cdots,\boldsymbol{c}_k$ 保持不变时，由式(3-4)可得

$$\begin{aligned}\min_{\boldsymbol{x}^{(i)}\in\mathcal{G}_j}\frac{1}{m}\sum_{i=1}^{m}\sum_{j=1}^{k}[\boldsymbol{x}^{(i)}\in\mathcal{G}_j]\|\boldsymbol{x}^{(i)}-\boldsymbol{c}_j\|_2&=\frac{1}{m}\sum_{i=1}^{m}\min_{\boldsymbol{x}^{(i)}\in\mathcal{G}_j}\sum_{j=1}^{k}[\boldsymbol{x}^{(i)}\in\mathcal{G}_j]\|\boldsymbol{x}^{(i)}-\boldsymbol{c}_j\|_2\\&=\frac{1}{m}\sum_{i=1}^{m}\min_{j\in\{1,2,\cdots,k\}}\|\boldsymbol{x}^{(i)}-\boldsymbol{c}_j\|_2\end{aligned}\tag{3-5}$$

也就是说，此时对所有的 $i\in\{1,2,\cdots,m\}$ 都最小化式(3-6)中目标函数的值，就可以使式(3-4)中目标函数的值最小。

$$\min_{j\in\{1,2,\cdots,k\}}\|\boldsymbol{x}^{(i)}-\boldsymbol{c}_j\|_2\tag{3-6}$$

亦即，将每一个样本 $\boldsymbol{x}^{(i)}$ 都划分至形心距其最近的群组，$i=1,2,\cdots,m$，就可以使式(3-4)中目标函数的值最小。

$$j^*=\underset{j\in\{1,2,\cdots,k\}}{\text{argmin}}\|\boldsymbol{x}^{(i)}-\boldsymbol{c}_j\|_2\tag{3-7}$$

式(3-7)中，j^* 为形心距离样本 $\boldsymbol{x}^{(i)}$ 最近的群组的索引。注意到如果将式(3-7)中的 ℓ^2 范数 $\|\cdot\|_2$ 替换成 ℓ^2 范数的平方 $\|\cdot\|_2^2$，并不会影响计算结果，而且还可以省掉根号运算，有助于减少运算量。因此，我们用 ℓ^2 范数的平方来替代 ℓ^2 范数，即

$$j^*=\underset{j\in\{1,2,\cdots,k\}}{\text{argmin}}\|\boldsymbol{x}^{(i)}-\boldsymbol{c}_j\|_2^2\tag{3-8}$$

然而，当按照式(3-8)把所有样本都重新划分至新的群组之后，这些群组的形心可能会发生变化，因为形心是群组中所有样本输入特征的算术平均值，群组中的样本发生了变化，形心也可能发生变化。很自然地，我们会想到重新计算各个群组的形心。那么，如果我们用新计算出来的形心覆盖掉之前已有的形心，会起到什么作用?

此时，我们是在保持样本与群组之间对应关系不变的情况下，来调整式(3-4)中的 $\boldsymbol{c}_1,\boldsymbol{c}_2,\cdots,\boldsymbol{c}_k$，以使式(3-4)中目标函数的值最小，即

$$\underset{\boldsymbol{c}_1,\boldsymbol{c}_2,\cdots,\boldsymbol{c}_k}{\text{minimize}}\frac{1}{m}\sum_{i=1}^{m}\sum_{j=1}^{k}[\boldsymbol{x}^{(i)}\in\mathcal{G}_j]\|\boldsymbol{x}^{(i)}-\boldsymbol{c}_j\|_2\tag{3-9}$$

在这种情况下，式(3-9)中的目标函数是凸函数。因此，由式(3-9)给出的最优化问题在目标函数梯度为零处取得全局最优解。为了便于求解该最优化问题，人们将式(3-9)中的 ℓ^2 范数 $\|\cdot\|_2$ 同样替换成 ℓ^2 范数的平方 $\|\cdot\|_2^2$，尽管这样做求得的解与式(3-9)的解很多情况下并不相同，即

$$\underset{\boldsymbol{c}_1,\boldsymbol{c}_2,\cdots,\boldsymbol{c}_k}{\text{minimize}}\frac{1}{m}\sum_{i=1}^{m}\sum_{j=1}^{k}[\boldsymbol{x}^{(i)}\in\mathcal{G}_j]\|\boldsymbol{x}^{(i)}-\boldsymbol{c}_j\|_2^2\tag{3-10}$$

若令 $J(\boldsymbol{c}_1,\boldsymbol{c}_2,\cdots,\boldsymbol{c}_k)=\frac{1}{m}\sum_{i=1}^{m}\sum_{j=1}^{k}[\boldsymbol{x}^{(i)}\in\mathcal{G}_j]\|\boldsymbol{x}^{(i)}-\boldsymbol{c}_j\|_2^2$,则有

$$\frac{\partial J(\boldsymbol{c}_1,\boldsymbol{c}_2,\cdots,\boldsymbol{c}_k)}{\partial \boldsymbol{c}_j}=\frac{2}{m}\sum_{i=1}^{m}(\boldsymbol{c}_j-\boldsymbol{x}^{(i)})[\boldsymbol{x}^{(i)}\in\mathcal{G}_j]=\boldsymbol{0} \tag{3-11}$$

式(3-11)中,$j=1,2,\cdots,k$。由式(3-11)可解出

$$\boldsymbol{c}_j=\frac{1}{|\mathcal{G}_j|}\sum_{i=1}^{m}\boldsymbol{x}^{(i)}[\boldsymbol{x}^{(i)}\in\mathcal{G}_j] \tag{3-12}$$

式(3-12)中,$j=1,2,\cdots,k$。由此可见,当 $\boldsymbol{c}_1,\boldsymbol{c}_2,\cdots,\boldsymbol{c}_k$ 为各群组的形心时,式(3-10)中目标函数的值最小。所以,上述问题的答案是,如果我们用新计算出来的形心覆盖掉之前已有的形心,实际上是在最小化式(3-10)中目标函数的值。因此,在某种意义上这样做也有助于最小化式(3-4)中目标函数的值。

同样,在重新计算出各个群组的形心之后,又需要根据新的形心来将各个样本划分至新的群组。如此循环下去,直到式(3-4)中目标函数的值不再显著减小,即收敛。

那么,为什么式(3-4)中目标函数的值会收敛?如前所述,上述两步迭代中的每一步都试图在现有条件下最小化式(3-4)中的目标函数。因此从直觉上看,式(3-4)中目标函数的值大体上将会随着循环次数的增加而减小,直到不再显著减小。当样本与群组之间的对应关系不再发生改变时,群组的形心不再发生变化,式(3-4)中目标函数的值也不再发生变化。所以,当样本与群组之间的对应关系不再变化时,我们可认为式(3-4)中目标函数的值收敛。

接下来的问题是,在收敛之后,我们会得到全局最优解吗(使目标函数的值全局最小的样本与群组之间的对应关系)?由于式(3-4)给出的最优化问题,并不是凸优化问题,因此不能保证收敛后得到全局最优解。所以,k 均值的聚类结果仍会受到初始值的影响。

综上所述,k 均值聚类方法如下。

【k 均值聚类方法】

输入:m 个样本的输入特征 $\boldsymbol{x}^{(1)},\boldsymbol{x}^{(2)},\cdots,\boldsymbol{x}^{(m)}$;群组的数量 k。

输出:m 个样本与 k 个群组的对应关系(也可为 k 个群组的形心 $\boldsymbol{c}_1,\boldsymbol{c}_2,\cdots,\boldsymbol{c}_k$)。

(1) 初始化 k 个群组的形心 $\boldsymbol{c}_1,\boldsymbol{c}_2,\cdots,\boldsymbol{c}_k$。尽管我们可以用随机值来初始化,但是由于初始值对聚类结果有影响,常见的做法是:从 m 个样本中随机取 k 个样本,将这 k 个样本的输入特征分别作为 $\boldsymbol{c}_1,\boldsymbol{c}_2,\cdots,\boldsymbol{c}_k$ 的初始值。

(2) 重复如下两步迭代,直到满足停止条件。停止条件可以是:各个样本与群组之间的对应关系不再发生改变。

① 按照式(3-8)将 m 个样本分别划分至 k 个群组之一。

② 按照式(3-3)更新 k 个群组的形心 $\boldsymbol{c}_1,\boldsymbol{c}_2,\cdots,\boldsymbol{c}_k$。

当然,在上述迭代的第一步中,也可以只将一个样本划分至 k 个群组之一,这样在第二步中只需更新发生了变化的两个群组的形心。这种做法通常可以更早收敛,并且更便于实现。

3.1.2 k 值与轮廓系数

k 均值方法最初被用于向量量化(vector quantization)。向量量化是指用码本中的 k

个既定码字(向量)之一来替换一个输入向量。码本中的 k 个码字就是通过 k 均值聚类得到的 k 个群组的形心。因此,向量量化就是将输入向量替换为距离其最近的形心向量的过程。在向量量化中,k(码本中码字的数量)是训练码本时人工给出的值,通常为 2 的整数次幂,例如 64、256 等。

但是在一些其他应用里,我们事先并不清楚聚为多少个类"比较适合",即不知道 k 的取值。如何找到"适合"的 k 值?

由于 k 是 k 均值的超参数,我们可以通过多次尝试来确定一个"比较适合"的 k 值。那么,什么是"比较适合"? 如何度量? 这涉及另外一个问题: 如何评价聚类的结果? 如果聚类的结果较好,那么就可以认为当前 k 的取值"比较适合"。

在无监督学习中,我们使用的数据集通常不带有标注数据,无法像在监督学习中那样通过比较预测值与标注之间的差距来评估模型的性能。因此,很多时候我们只好从对聚类的预期入手,通过度量聚类结果与我们预期结果之间的差距,来评估聚类结果。例如,我们希望聚类结果中同群组的样本之间距离较近,而不同群组的样本之间距离较远。一个相关的度量指标是**轮廓系数**(silhouette coefficient),其定义为

$$s_j^{(i)}=\frac{b_j^{(i)}-a_j^{(i)}}{\max(a_j^{(i)},b_j^{(i)})} \tag{3-13}$$

式(3-13)中,$s_j^{(i)}$ 为第 i 个样本(在第 j 个群组中)的轮廓系数;$\max(a_j^{(i)},b_j^{(i)})$表示取 $a_j^{(i)}$ 和 $b_j^{(i)}$ 两个数中的较大者;$a_j^{(i)}$ 为第 i 个样本到其所在群组 $\mathcal{G}_j$ 中所有其他样本的距离的平均值,$a_j^{(i)}\geqslant 0$;$b_j^{(i)}$ 为第 i 个样本到距其最近的另一个群组中所有样本的距离的平均值,$b_j^{(i)}\geqslant 0$,即

$$a_j^{(i)}=\frac{1}{|\mathcal{G}_j|-1}\sum_{l=1}^{m}\|\boldsymbol{x}^{(i)}-\boldsymbol{x}^{(l)}\|_2[\boldsymbol{x}^{(l)}\in\mathcal{G}_j] \tag{3-14}$$

$$b_j^{(i)}=\min_{h=1,2,\cdots,k;h\neq j}\left(\frac{1}{|\mathcal{G}_h|}\sum_{l=1}^{m}\|\boldsymbol{x}^{(i)}-\boldsymbol{x}^{(l)}\|_2[\boldsymbol{x}^{(l)}\in\mathcal{G}_h]\right) \tag{3-15}$$

可见,轮廓系数 $s_j^{(i)}$ 的取值范围为$[-1,1]$。当 $s_j^{(i)}>0$ 时,表明当前样本与其所在群组中的其他样本更为"相似",聚类方法将其划分至了"正确"的群组;当 $s_j^{(i)}<0$ 时,表明当前样本与另一个群组中的样本更为"相似",更应该被划分至另一个群组,聚类方法将其划分至了"错误"的群组。

为了用一个标量数值来作为聚类结果的评价指标,我们对 m 个样本的轮廓系数做算术平均,将该平均值记为 $\bar{s}$,则有

$$\bar{s}=\frac{1}{m}\sum_{l=1}^{m}\sum_{j=1}^{k}s_j^{(i)}[\boldsymbol{x}^{(i)}\in\mathcal{G}_j] \tag{3-16}$$

综上,我们可使用平均轮廓系数 $\bar{s}$ 来评价 k 均值聚类结果。当 k 值未知时,可以尝试使用不同的 k 值进行聚类并分别计算平均轮廓系数,然后选取最大的平均轮廓系数对应的 k 值,作为"适合"的 k 值。

3.1.3 k 均值实践

在本节中,我们编程实现 k 均值聚类方法,并使用第 2 章中多分类任务的轮椅数据集

（不包括其中的标注）以及平均轮廓系数，来评价 k 均值聚类。

实验3-1 实现 k 均值聚类，并观察其在轮椅数据集上的聚类结果。更改随机种子后再次观察聚类结果。

提示：①可对输入特征做特征缩放；②由于轮椅数据集中包含4个类别的样本，所以 k 均值聚类中的 k 值可取4；③既可使用多重循环的方式，又可使用矩阵形式实现 k 均值聚类；④在多个相邻整数中以相同的概率随机抽取一个或多个可使用 rng.integers() 方法；⑤可能会用到 np.copy()、np.expand_dims()、np.array_equal() 等函数；⑥如果对编写实验程序没有任何思路、无从下手，可参考3.4节。

如果对照轮椅数据集中的标注，可以看出 k 均值聚类为各个样本分配的群组的序号，比较接近于样本的类别标注。如果更改随机种子的值，聚类的结果将有所不同。

实验3-2 计算实验3-1中 k 均值聚类的平均轮廓系数，并画出不同 k 值下的平均轮廓系数。

提示：计算向量之间的欧几里得距离（范数）可使用 np.linalg.norm() 函数。

图3-1示出了当 $2 \leqslant k \leqslant 10$、随机种子为11时的平均轮廓系数。从图3-1中可以看出，平均轮廓系数为正数，表明大体上 k 均值将样本划分至了“正确”的群组。更改随机种子的值，观察平均轮廓系数的变化。可以看出，平均轮廓系数受随机种子的影响较大，这表明形心的初始值对聚类结果有较大影响。

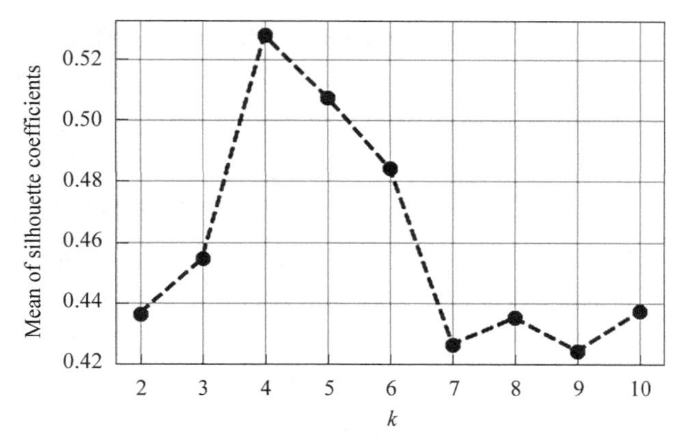

图3-1 不同 k 值下的平均轮廓系数

3.2 主成分分析

除了聚类，无监督学习中的另一个常见任务是**降维**（dimensionality reduction）。顾名思义，降维是指把较高维的数据转换为较低维的数据，去除原数据中的冗余与噪声，在减少数据量的同时尽量保留原数据的主要特性。例如，当我们用摆放在同一间教室内4个角落上的4个温度传感器的读数来预测教室内讲台处的室温时，预测模型的输入为由同一时刻4个温度传感器的读数组成的四维向量，显然这种情况下模型的输入数据中存在冗余，可使用降维方法降低输入数据的维数，例如从四维降至一维。

降维方法可分为线性方法及非线性方法。一种常见的线性降维方法是**主成分分析**(principal component analysis，PCA)。主成分分析是指计算数据中的"主要成分"，也是一种特征提取(feature extraction)方法。

3.2.1 主成分分析降维

从直觉上看，如果把较高维的数据转换为较低维的数据，可能会损失数据中包含的一部分信息。因此，我们希望在转换过程中损失的信息越少越好，以便最大程度地保留数据中包含的信息。

我们知道，熵是用来描述随机变量取值不确定程度的度量指标。我们可以把数据集中样本的每维输入特征都看作一个随机变量。对于一个具有 m 个样本、d 维输入特征的数据集来说，共有 d 个随机变量。每个随机变量的熵越大，代表每维输入特征所包含的信息量越大。特别地，对于零均值正态分布的连续随机变量来说，其微分熵(differential entropy)是其方差的单调递增函数，即方差越小，微分熵越小。如果每维输入特征都服从均值为零的正态分布，并且各维输入特征之间都不相关，那么我们去掉方差最小的随机变量所对应的这维输入特征，就可以使降维过程中减少的信息量最小。去掉数据集中样本的部分输入特征的过程就是一种降维。

至此，我们已经得到了一种降维方法。但是，在上述降维过程中，我们不仅假设各维输入特征都服从零均值正态分布，而且假设各维输入特征之间都不相关。在机器学习中，我们经常假设各维输入特征都服从正态分布，这是因为根据中心极限定理(central limit theorem，CLT)，许多个独立同分布随机变量之和趋近于正态分布，因此，自然界中的很多随机变量都服从正态分布，例如同质人群的身高。对于均值不为零的正态随机变量，我们只需要减去其样本平均值即可得到均值近似为零的正态随机变量，因为样本平均值是随机变量均值的无偏估计量。然而，在机器学习中，数据集中样本的各维输入特征之间都不相关是一种较为理想的假设，很多时候各维输入特征之间或多或少存在相关性。例如，在气温数据集中，在某大都市A点处传感器采集的气温数据，与同一时刻在该大都市B点处传感器采集的气温数据之间存在相关性。那么，在这种情况下该如何降维？

如果我们能从数据集中提取出一组新的各维不相关的样本输入特征，就可以继续使用上述降维方法来进行降维。我们知道，如果两个随机变量 X_1、X_2 的皮尔逊相关系数 $\rho_{X_1,X_2}=\dfrac{\mathbb{E}((X_1-\bar{X}_1)(X_2-\bar{X}_2))}{\sigma_{X_1}\sigma_{X_2}}=0$，即 $\mathbb{E}((X_1-\bar{X}_1)(X_2-\bar{X}_2))=\mathbb{E}(X_1X_2)-\mathbb{E}(X_1)\mathbb{E}(X_2)=0$，那么这两个随机变量不相关，即二者之间不存在线性关系。其中 $\mathbb{E}(\cdot)$ 代表取期望值，$\bar{X}_1$、$\bar{X}_2$ 分别是随机变量 X_1、X_2 的均值，$\mathbb{E}((X_1-\bar{X}_1)(X_2-\bar{X}_2))$ 是随机变量 X_1、X_2 的协方差(covariance)。更一般地，对于 d 个随机变量 $X_1,X_2,\cdots,X_d$

来说，如果在其 $d\times d$ 大小的协方差矩阵中，除主对角线上的元素之外，其余元素都为 0，即式(3-17)成立，那么这 d 个随机变量之间都不相关。

$$\boldsymbol{C}=\begin{pmatrix}\mathbb{E}((X_1-\bar{X}_1)(X_1-\bar{X}_1)) & \mathbb{E}((X_1-\bar{X}_1)(X_2-\bar{X}_2)) & \cdots & \mathbb{E}((X_1-\bar{X}_1)(X_d-\bar{X}_d)) \\ \mathbb{E}((X_2-\bar{X}_2)(X_1-\bar{X}_1)) & \mathbb{E}((X_2-\bar{X}_2)(X_2-\bar{X}_2)) & \cdots & \mathbb{E}((X_2-\bar{X}_2)(X_d-\bar{X}_d)) \\ \vdots & \vdots & \ddots & \vdots \\ \mathbb{E}((X_d-\bar{X}_d)(X_1-\bar{X}_1)) & \mathbb{E}((X_d-\bar{X}_d)(X_2-\bar{X}_2)) & \cdots & \mathbb{E}((X_d-\bar{X}_d)(X_d-\bar{X}_d))\end{pmatrix}$$

$$=\begin{pmatrix}\mathbb{E}((X_1-\bar{X}_1)^2) & 0 & \cdots & 0 \\ 0 & \mathbb{E}((X_2-\bar{X}_2)^2) & \cdots & 0 \\ \vdots & \vdots & \ddots & \vdots \\ 0 & 0 & \cdots & \mathbb{E}((X_d-\bar{X}_d)^2)\end{pmatrix} \tag{3-17}$$

式(3-17)中，$\bar{X}_1,\bar{X}_2,\cdots,\bar{X}_d$ 分别是随机变量 $X_1,X_2,\cdots,X_d$ 的均值。因此，如果我们能从数据集中提取出一组新的输入特征，满足式(3-17)，那么这些输入特征之间就都不相关。如何提取这组新的输入特征？

先考虑如何计算协方差矩阵。如果随机变量 $X_1,X_2,\cdots,X_d$ 的均值都为 0，则式(3-17)成为

$$\boldsymbol{C}=\begin{pmatrix}\mathbb{E}(X_1X_1) & \mathbb{E}(X_1X_2) & \cdots & \mathbb{E}(X_1X_d) \\ \mathbb{E}(X_2X_1) & \mathbb{E}(X_2X_2) & \cdots & \mathbb{E}(X_2X_d) \\ \vdots & \vdots & \ddots & \vdots \\ \mathbb{E}(X_dX_1) & \mathbb{E}(X_dX_2) & \cdots & \mathbb{E}(X_dX_d)\end{pmatrix}=\begin{pmatrix}\mathbb{E}(X_1X_1) & 0 & \cdots & 0 \\ 0 & \mathbb{E}(X_2X_2) & \cdots & 0 \\ \vdots & \vdots & \ddots & \vdots \\ 0 & 0 & \cdots & \mathbb{E}(X_dX_d)\end{pmatrix} \tag{3-18}$$

若数据集中有 m 个样本，样本输入特征的维数为 d，且每维输入特征的均值都是 0，那么可通过下式计算协方差矩阵：

$$\boldsymbol{C}=\frac{1}{m-1}\boldsymbol{X}\boldsymbol{X}^{\mathrm{T}} \tag{3-19}$$

式(3-19)中，$\boldsymbol{C}\in\mathbb{R}^{d\times d}$；$\boldsymbol{X}$ 为数据集中的样本组成的矩阵，$\boldsymbol{X}\in\mathbb{R}^{d\times m}$，$\boldsymbol{X}$ 由式(2-22)给出。式(3-19)中的除数是 $m-1$ 而不是 m，是因为方差的无偏估计量为 $\frac{1}{m-1}\sum_{i=1}^{m}(x^{(i)}-\bar{x})^2$，其中，$\bar{x}=\frac{1}{m}\sum_{i=1}^{m}x^{(i)}$。由式(3-18)可以看出 $\boldsymbol{C}=\boldsymbol{C}^{\mathrm{T}}$，即协方差矩阵 $\boldsymbol{C}$ 是对称矩阵。对称矩阵可以被正交矩阵(orthogonal matrix)对角化，即存在一个正交矩阵 $\boldsymbol{Q}$，使得

$$\boldsymbol{Q}^{-1}\boldsymbol{C}\boldsymbol{Q}=\boldsymbol{\Lambda}$$

其中，$\boldsymbol{Q}^{-1}$ 为矩阵 $\boldsymbol{Q}$ 的逆矩阵；$\boldsymbol{\Lambda}$ 为对角矩阵，即非主对角线上的元素都是 0。把式(3-19)代入上式可得

$$\frac{1}{m-1}\boldsymbol{Q}^{-1}\boldsymbol{X}\boldsymbol{X}^{\mathrm{T}}\boldsymbol{Q}=\boldsymbol{\Lambda}$$

又因为 $\boldsymbol{Q}$ 为正交矩阵,$\boldsymbol{Q}^{-1}=\boldsymbol{Q}^{\mathrm{T}}$,因此有

$$\frac{1}{m-1}(\boldsymbol{Q}^{\mathrm{T}}\boldsymbol{X})(\boldsymbol{Q}^{\mathrm{T}}\boldsymbol{X})^{\mathrm{T}}=\boldsymbol{\Lambda} \tag{3-20}$$

若令

$$\widetilde{\boldsymbol{X}}=\boldsymbol{Q}^{\mathrm{T}}\boldsymbol{X} \tag{3-21}$$

式(3-21)中,$\widetilde{\boldsymbol{X}}\in\mathbb{R}^{d\times m}$,那么由式(3-19)和式(3-20)可得

$$\widetilde{\boldsymbol{C}}=\frac{1}{m-1}\widetilde{\boldsymbol{X}}\,\widetilde{\boldsymbol{X}}^{\mathrm{T}}=\frac{1}{m-1}(\boldsymbol{Q}^{\mathrm{T}}\boldsymbol{X})(\boldsymbol{Q}^{\mathrm{T}}\boldsymbol{X})^{\mathrm{T}}=\boldsymbol{\Lambda}$$

即 $\widetilde{\boldsymbol{X}}$ 的协方差矩阵 $\widetilde{\boldsymbol{C}}$ 是对角矩阵。也就是说,$\widetilde{\boldsymbol{X}}$ 中的各维输入特征之间都不相关。因此,$\widetilde{\boldsymbol{X}}$ 就是我们想要求得的具有不相关输入特征的 m 个样本的输入特征矩阵。在求得 $\widetilde{\boldsymbol{X}}$ 后,就可以按照如前所述的降维方法对 $\widetilde{\boldsymbol{X}}$ 进行降维。这种降维方法就是主成分分析降维。由于 $\boldsymbol{Q}$ 是正交矩阵,式(3-21)可以理解为 $\boldsymbol{X}$ 经过旋转(或反射、旋转反射)得到 $\widetilde{\boldsymbol{X}}$。

综上所述,主成分分析降维方法如下。

【主成分分析降维方法】

输入:m 个样本的 d 维输入特征 $\boldsymbol{x}^{(1)},\boldsymbol{x}^{(2)},\cdots,\boldsymbol{x}^{(m)}$。

输出:m 个样本的 $\widetilde{d}$ 维新输入特征 $\widetilde{\widetilde{\boldsymbol{x}}}^{(1)},\widetilde{\widetilde{\boldsymbol{x}}}^{(2)},\cdots,\widetilde{\widetilde{\boldsymbol{x}}}^{(m)}$,$\widetilde{d}\leqslant d$。

(1) 零均值化。将输入的各个样本的输入特征 $\boldsymbol{x}^{(1)},\boldsymbol{x}^{(2)},\cdots,\boldsymbol{x}^{(m)}$ 减去其样本平均值,即

$$\boldsymbol{x}^{(i)}:=\boldsymbol{x}^{(i)}-\frac{1}{m}\sum_{j=1}^{m}\boldsymbol{x}^{(j)} \tag{3-22}$$

式(3-22)中,“$:=$”表示赋值;$i=1,2,\cdots,m$。

(2) 按照式(3-19)计算协方差矩阵 $\boldsymbol{C}$。

(3) 通过特征分解(eigendecomposition)求协方差矩阵 $\boldsymbol{C}$ 的 d 个特征值及对应的特征向量,并将它们按照特征值从大到小的顺序进行排列:λ_1 为最大的特征值,$\boldsymbol{q}_1$ 为 λ_1 对应的特征向量;λ_d 为最小的特征值,$\boldsymbol{q}_d$ 为 λ_d 对应的特征向量。$\boldsymbol{q}_1,\boldsymbol{q}_2,\cdots,\boldsymbol{q}_d$ 就是矩阵 $\boldsymbol{Q}$ 的 d 个列向量,$\lambda_1,\lambda_2,\cdots,\lambda_d$ 就是对角矩阵 $\boldsymbol{\Lambda}$ 主对角线上的 d 个元素。

(4) 取前 $\widetilde{d}$ 个特征值对应的特征向量 $\boldsymbol{q}_1,\boldsymbol{q}_2,\cdots,\boldsymbol{q}_{\widetilde{d}}$ 作为列向量,组成矩阵 $\widetilde{\boldsymbol{Q}}$,$\widetilde{\boldsymbol{Q}}\in\mathbb{R}^{d\times\widetilde{d}}$。并参照式(3-21)计算矩阵 $\widetilde{\widetilde{\boldsymbol{X}}}$,$\widetilde{\widetilde{\boldsymbol{X}}}=\widetilde{\boldsymbol{Q}}^{\mathrm{T}}\boldsymbol{X}$,$\widetilde{\widetilde{\boldsymbol{X}}}\in\mathbb{R}^{\widetilde{d}\times m}$。$\widetilde{\widetilde{\boldsymbol{X}}}=(\widetilde{\widetilde{\boldsymbol{x}}}^{(1)},\widetilde{\widetilde{\boldsymbol{x}}}^{(2)},\cdots,\widetilde{\widetilde{\boldsymbol{x}}}^{(m)})$ 为待输出的 m 个 $\widetilde{d}$ 维样本输入特征 $\widetilde{\widetilde{\boldsymbol{x}}}^{(1)},\widetilde{\widetilde{\boldsymbol{x}}}^{(2)},\cdots,\widetilde{\widetilde{\boldsymbol{x}}}^{(m)}$ 组成的矩阵。

至此,我们得到降维后的 m 个样本的新输入特征 $\widetilde{\widetilde{\boldsymbol{x}}}^{(1)},\widetilde{\widetilde{\boldsymbol{x}}}^{(2)},\cdots,\widetilde{\widetilde{\boldsymbol{x}}}^{(m)}$,从而完成降维任务。需要说明的是,降维后的各维新输入特征的均值仍是 0。

那么,如何确定 $\widetilde{d}$ 的值?至少有以下 3 种办法:① 人工指定 $\widetilde{d}$ 的值,选择前 $\widetilde{d}$ 个较大的特征值,或根据系统需求确定 $\widetilde{d}$ 的值;② 选择使前 $\widetilde{d}$ 个特征值之和足够大的 $\widetilde{d}$ 值,即满足 $\dfrac{\sum_{j=1}^{\widetilde{d}}\lambda_j}{\sum_{j=1}^{d}\lambda_j}\geqslant\alpha$ 的最小 $\widetilde{d}$ 值,α 为预设门限,$0<\alpha<1$,例如取 $\alpha=0.9$;③ 结合后续的回归、

分类、聚类等模型，选择使后续模型性能较好的 $\widetilde{d}$ 值。

上述降维过程用到了协方差矩阵的特征分解。是否还有其他办法可以从数据集中提取出新的各维不相关的输入特征，以满足式(3-18)？

考虑到特征分解仅适用于包括实对称矩阵在内的正规方阵，而奇异值分解(singular value decomposition，SVD)可用于任何复矩阵，比特征分解更具有普遍性。因此，我们尝试对样本的输入特征矩阵 $\boldsymbol{X}$ 做奇异值分解。通过奇异值分解，$\boldsymbol{X}$ 可被分解为 3 个矩阵之积，即

$$\boldsymbol{X}=\boldsymbol{U\Sigma V}^{\mathrm{T}}$$

其中，$\boldsymbol{U}$、$\boldsymbol{V}$ 为正交矩阵，即 $\boldsymbol{U}^{\mathrm{T}}=\boldsymbol{U}^{-1}$，$\boldsymbol{V}^{\mathrm{T}}=\boldsymbol{V}^{-1}$，$\boldsymbol{U}\in\mathbb{R}^{d\times d}$，$\boldsymbol{V}\in\mathbb{R}^{m\times m}$；$\boldsymbol{\Sigma}$ 为(矩形)对角矩阵，$\boldsymbol{\Sigma}\in\mathbb{R}^{d\times m}$。若令

$$\widetilde{\boldsymbol{X}}=\boldsymbol{U}^{\mathrm{T}}\boldsymbol{X} \tag{3-23}$$

可知 $\widetilde{\boldsymbol{X}}\in\mathbb{R}^{d\times m}$，则由式(3-19)可得

$$\begin{aligned}\widetilde{\boldsymbol{C}}&=\frac{1}{m-1}\widetilde{\boldsymbol{X}}\widetilde{\boldsymbol{X}}^{\mathrm{T}}=\frac{1}{m-1}(\boldsymbol{U}^{\mathrm{T}}\boldsymbol{X})(\boldsymbol{U}^{\mathrm{T}}\boldsymbol{X})^{\mathrm{T}}=\frac{1}{m-1}\boldsymbol{U}^{\mathrm{T}}\boldsymbol{X}\boldsymbol{X}^{\mathrm{T}}\boldsymbol{U}=\frac{1}{m-1}\boldsymbol{U}^{\mathrm{T}}(\boldsymbol{U\Sigma V}^{\mathrm{T}})(\boldsymbol{U\Sigma V}^{\mathrm{T}})^{\mathrm{T}}\boldsymbol{U}\\&=\frac{1}{m-1}\boldsymbol{U}^{\mathrm{T}}\boldsymbol{U\Sigma V}^{\mathrm{T}}\boldsymbol{V\Sigma}^{\mathrm{T}}\boldsymbol{U}^{\mathrm{T}}\boldsymbol{U}=\frac{1}{m-1}\boldsymbol{U}^{-1}\boldsymbol{U\Sigma V}^{-1}\boldsymbol{V\Sigma}^{\mathrm{T}}\boldsymbol{U}^{-1}\boldsymbol{U}=\frac{1}{m-1}\boldsymbol{\Sigma\Sigma}^{\mathrm{T}}\end{aligned} \tag{3-24}$$

由于 $\boldsymbol{\Sigma}$ 为 $d\times m$ 对角矩阵，式(3-24)中的 $\boldsymbol{\Sigma\Sigma}^{\mathrm{T}}$ 为 $d\times d$ 对角矩阵。也就是说，$\widetilde{\boldsymbol{X}}$ 的协方差矩阵 $\widetilde{\boldsymbol{C}}$ 为对角矩阵，因此 $\widetilde{\boldsymbol{X}}$ 中的各维输入特征之间都不相关。$\widetilde{\boldsymbol{X}}$ 就是我们想要求得的具有不相关输入特征的 m 个样本的输入特征矩阵。

可见，通过奇异值分解求 $\widetilde{\boldsymbol{X}}$，并不需要计算协方差矩阵 $\boldsymbol{C}$。此外，在降维任务中，通常不必求得 $\boldsymbol{U}$ 的所有列向量，因此可使用简化版的奇异值分解，例如紧 SVD(compact SVD)、截尾 SVD(truncated SVD)等。所以人们常使用奇异值分解来进行主成分分析降维。

综上所述，使用奇异值分解的主成分分析降维方法如下。

【使用奇异值分解的主成分分析降维方法】

输入：m 个样本的 d 维输入特征 $\boldsymbol{x}^{(1)},\boldsymbol{x}^{(2)},\cdots,\boldsymbol{x}^{(m)}$。

输出：m 个样本的 $\widetilde{d}$ 维新输入特征 $\widetilde{\widetilde{\boldsymbol{x}}}^{(1)},\widetilde{\widetilde{\boldsymbol{x}}}^{(2)},\cdots,\widetilde{\widetilde{\boldsymbol{x}}}^{(m)}$，$\widetilde{d}\leqslant d$。

(1) 零均值化。将输入的各个样本的输入特征 $\boldsymbol{x}^{(1)},\boldsymbol{x}^{(2)},\cdots,\boldsymbol{x}^{(m)}$ 减去其样本平均值，见式(3-22)。

(2) 使用奇异值分解求出 $\widetilde{d}$ 个最大的奇异值(即矩阵 $\boldsymbol{\Sigma}$ 主对角线上的元素)$\sigma_1,\sigma_2,\cdots,\sigma_{\widetilde{d}}$ 所对应的 $\widetilde{d}$ 个左奇异向量(即矩阵 $\boldsymbol{U}$ 的列向量)$\boldsymbol{u}_1,\boldsymbol{u}_2,\cdots,\boldsymbol{u}_{\widetilde{d}}$，组成矩阵 $\widetilde{\boldsymbol{U}}$，$\widetilde{\boldsymbol{U}}=(\boldsymbol{u}_1,\boldsymbol{u}_2,\cdots,\boldsymbol{u}_{\widetilde{d}})$，$\widetilde{\boldsymbol{U}}\in\mathbb{R}^{d\times\widetilde{d}}$。

(3) 参照式(3-23)计算矩阵 $\widetilde{\widetilde{\boldsymbol{X}}}$，$\widetilde{\widetilde{\boldsymbol{X}}}=\widetilde{\boldsymbol{U}}^{\mathrm{T}}\boldsymbol{X}$，$\widetilde{\widetilde{\boldsymbol{X}}}\in\mathbb{R}^{\widetilde{d}\times m}$。$\widetilde{\widetilde{\boldsymbol{X}}}=(\widetilde{\widetilde{\boldsymbol{x}}}^{(1)},\widetilde{\widetilde{\boldsymbol{x}}}^{(2)},\cdots,\widetilde{\widetilde{\boldsymbol{x}}}^{(m)})$ 即为待输出的 m 个样本的 $\widetilde{d}$ 维输入特征 $\widetilde{\widetilde{\boldsymbol{x}}}^{(1)},\widetilde{\widetilde{\boldsymbol{x}}}^{(2)},\cdots,\widetilde{\widetilde{\boldsymbol{x}}}^{(m)}$ 组成的矩阵。

3.2.2 主成分分析实践

在本节中,我们分别使用特征分解和奇异值分解来实现主成分分析降维,并使用第2章中的气温数据集与线性回归模型来评价主成分分析降维。

实验 3-3 使用特征分解实现主成分分析降维,并对第2章回归任务中的气温数据进行降维。画出按降序排列的特征值。

提示:①对数据集中的五维气温数据进行降维;②计算对称矩阵的特征值与特征向量,可使用 np.linalg.eig()或者 np.linalg.eigh()函数,后者返回的结果按特征值升序排列,二者返回的特征向量略有差异。

图 3-2 示出了由气温数据集中五维气温数据得到的特征值。从图中可以看出,在同一城市的不同地点同时采集的气温数据,具有很强的相关性,数据之中存在较多的冗余,可以把这五维气温数据降至一维而不会减少太多的信息量。

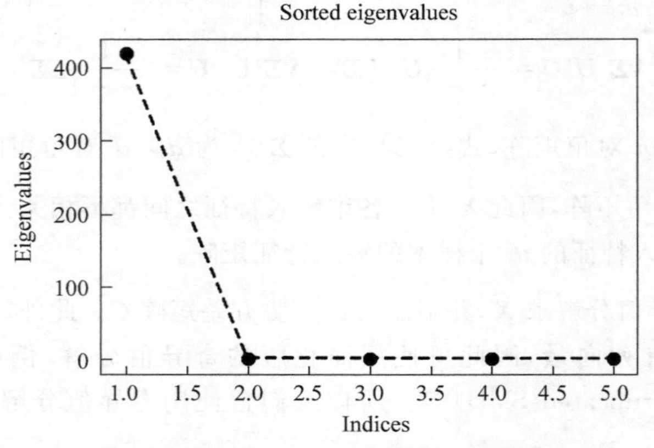

图 3-2 实验 3-3 中按降序排列的特征值

实验 3-4 使用奇异值分解实现主成分分析降维,并对第2章回归任务中的气温数据进行降维。画出按降序排列的奇异值。

提示:①对数据集中的五维气温数据进行降维;②对矩阵做奇异值分解可使用 np.linalg.svd()函数。

图 3-3 示出了由气温数据集中五维气温数据得到的奇异值。从图中可以看出,就主成分分析而言,奇异值之间按大小排列的顺序与特征值之间按大小排列的顺序相一致,我们可以根据奇异值的大小排列顺序来依次选取用于降维的奇异向量。在主成分分析中,按大小排列后的奇异值 σ_j 与按大小排列后的特征值 λ_j 之间的关系为 $\lambda_j=\frac{1}{m-1}\sigma_j^2, j=1,2,\cdots,d$。

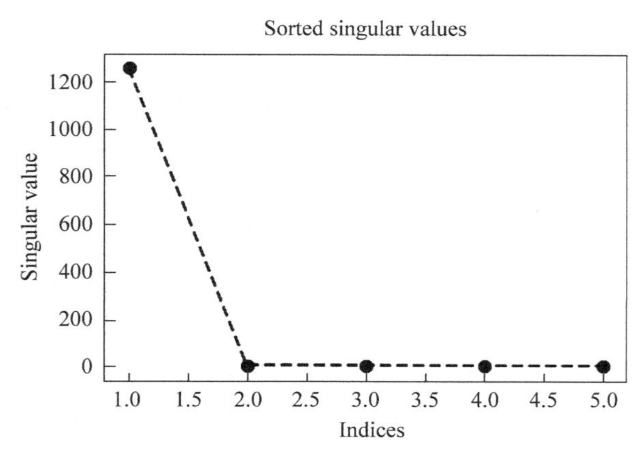

图 3-3　实验 3-4 中按降序排列的奇异值

实验 3-5　使用气温数据集及线性回归评价主成分分析降维。将主成分分析降维输出的降维后的输入特征，作为线性回归模型的输入特征，观察降维后的维数对线性回归模型性能的影响，并与使用未降维输入特征的线性回归模型进行性能比较。

表 3-1 给出了线性回归模型在不同输入特征下的均方根误差(RMSE)。本实验中，我们仍将气温数据集中的前 3000 个样本作为训练样本，后 960 个样本作为测试样本；使用批梯度下降法训练线性回归模型，学习率为 0.1，迭代次数为 100。从表 3-1 中可以看出，使用主成分分析对输入线性回归模型的气温数据进行降维，可以提高线性回归模型的性能，即便降维后输入特征的维数为 3；如果降维后输入特征的维数为 2 或者 1，线性回归模型性能的降幅不大，但是此时输入模型的数据量和相应的计算量都大为减小，体现出使用主成分分析降维的优势。

表 3-1　线性回归模型在不同输入特征下的均方根误差(RMSE)

数据集	使用未经过降维的输入特征 ($d=4$)	使用降维后的四维输入特征 ($\tilde{d}=4$)	使用降维后的三维输入特征 ($\tilde{d}=3$)	使用降维后的二维输入特征 ($\tilde{d}=2$)	使用降维后的一维输入特征 ($\tilde{d}=1$)
训练数据集 RMSE	0.931	0.877	0.907	0.952	0.959
测试数据集 RMSE	0.742	0.644	0.702	0.76	0.78

3.3　自编码器

主成分分析降维是一种线性降维方法，适用于对各维输入特征之间存在线性关系的数据进行降维。如果使用线性降维方法得到的结果不及预期，或者知道各维输入特征之间不存在线性关系，可以考虑使用非线性方法对数据进行降维，例如使用**自编码器**(autoencoder)。

3.3.1 什么是自编码器

由于降维过程将较高维的输入特征映射为较低维的输入特征,故可以看作是一种定长数据压缩编码过程。因此,如果我们能够自动地对输入特征进行有效的“压缩编码”,也能实现降维。

所谓自编码器,指的是一类特殊的人工神经网络。最基本的自编码器是一种前馈神经网络,如图 3-4 所示,其主要特点是输出层节点的数量等于输入层节点的数量(偏差对应的常数 1 节点不计算在内),并且最中间隐含层节点的数量通常小于输入层和输出层节点的数量。自编码器可以有一个或多个隐含层,最中间的隐含层被称为**码字层**(code layer),因为该层节点的输出即为自编码器输出的编码后的码字。可见,在自编码器中,真正的编码输出层是“码字层”,而不是“输出层”,这与前馈神经网络有所不同。自编码器的输入层节点、隐含层节点、输出层节点与前馈神经网络相同。

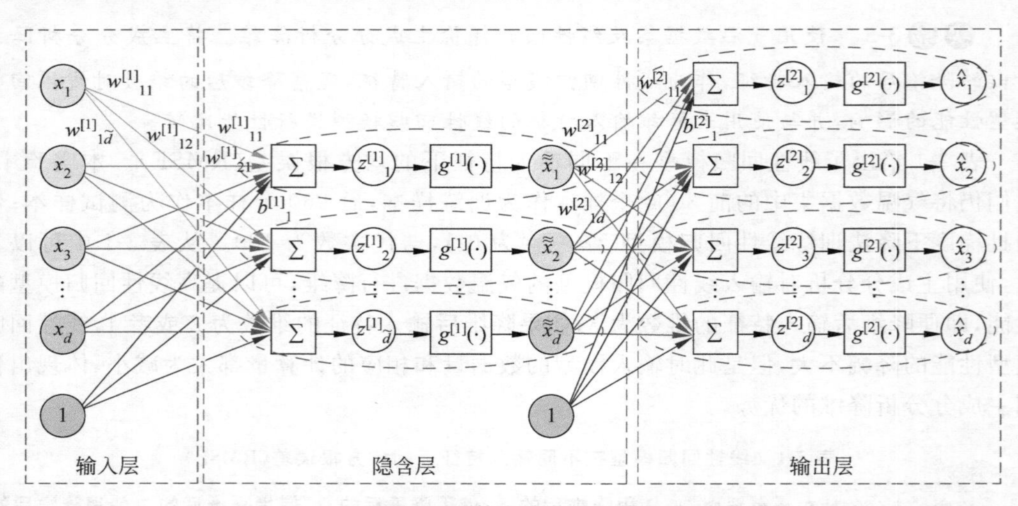

图 3-4 基本的自编码器

那么,自编码器为什么能够“自动编码”? 这不仅归因于其具有相同数量的输入层节点和输出层节点,也归因于码字层节点的数量少于输入层和输出层节点的数量,起到了“压缩数据”的作用,还归因于我们训练构成自编码器的神经网络学习预测样本的输入特征。也就是说,在训练过程中,我们使用构成自编码器的包括输入层、隐含层、输出层在内的前馈神经网络,来完成监督学习中的回归任务(或分类任务),将待降维数据集中样本的输入特征作为该神经网络的输入,同时也将该输入特征作为样本的标注,让神经网络学习根据输入特征来预测输入特征。这个做法看上去莫名其妙、多此一举,既然已知输入特征,为何还要预测它们? 这是因为自编码器真正的输出层是码字层(也是隐含层),输出层输出的预测值具体为多少并不重要,重要的是我们希望通过使预测值尽量接近于标注,来迫使码字层输出的码字(即降维后的输入特征)尽量对应降维前的输入特征。由于码字层节点的数量少于输入层和输出层节点的数量,所以根据输入特征来准确预测输入特征在很多时候并不是一件很容易做到的事情。

在自编码器中，我们可以将待降维的数据集划分为训练数据集和测试数据集，用训练数据集训练自编码器模型，然后用测试数据集来评价该自编码器模型。如果我们仅需对给定数据集中的样本进行降维，而无须泛化，那么也可以用数据集中的全部样本来训练自编码器模型。在训练完成后，与神经网络不同的是，我们仅使用该自编码器模型的输入层到码字层这部分模型，来对自编码器模型的输入特征进行降维，即在输入层输入待降维的输入特征，然后经过正向传播，在码字层得到模型输出的码字，也就是降维后的输入特征。

3.3.2　自编码器的训练与降维

既然基本的自编码器也是前馈神经网络，我们可以参照前馈神经网络的训练方法来训练基本的自编码器。

首先写出自编码器的正向传播过程。图 3-4 中，输入层和输出层节点的数量都为 d，隐含层（码字层）节点的数量为 $\widetilde{d}$。$\widetilde{d}$ 也是降维后的维数，是一个需要设置的超参数。根据图 3-4 可以写出

$$\widetilde{\widetilde{x}}_j = g^{[1]}(z_j^{[1]}) = g^{[1]}((\boldsymbol{w}_j^{[1]})^{\mathrm{T}}\boldsymbol{x} + b_j^{[1]}) = g^{[1]}\left(\sum_{l=1}^{d} w_{lj}^{[1]} x_l + b_j^{[1]}\right) \tag{3-25}$$

$$\hat{x}_k = g^{[2]}(z_k^{[2]}) = g^{[2]}((\boldsymbol{w}_k^{[2]})^{\mathrm{T}}\widetilde{\widetilde{\boldsymbol{x}}} + b_k^{[2]}) = g^{[2]}\left(\sum_{h=1}^{\widetilde{d}} w_{hk}^{[2]} \widetilde{\widetilde{x}}_h + b_k^{[2]}\right) \tag{3-26}$$

式(3-25)和式(3-26)中，$\widetilde{\widetilde{x}}_j$ 为输入特征 $\boldsymbol{x}$ 经过降维后得到的第 j 维特征；$g^{[1]}(\cdot)$为隐含层的激活函数；$z_j^{[1]}$ 为隐含层第 j 个节点线性回归部分的输出；$\boldsymbol{w}_j^{[1]}$ 为隐含层第 j 个节点线性回归部分的权重，$\boldsymbol{w}_j^{[1]} \in \mathbb{R}^{d\times 1}$，$\boldsymbol{w}_j^{[1]} = (w_{1j}^{[1]}, w_{2j}^{[1]}, \cdots, w_{dj}^{[1]})^{\mathrm{T}}$，$w_{dj}^{[1]}$ 为隐含层第 j 个节点的第 d 维输入特征的权重；$\boldsymbol{x} \in \mathbb{R}^{d\times 1}$，$\boldsymbol{x} = (x_1, x_2, \cdots, x_d)^{\mathrm{T}}$；$b_j^{[1]}$ 为隐含层第 j 个节点线性回归部分的偏差；$\hat{x}_k$ 为自编码器对输入特征 $\boldsymbol{x}$ 的第 k 维特征的预测值；$g^{[2]}(\cdot)$为输出层的激活函数；$z_k^{[2]}$ 为自编码器输出层第 k 个节点线性回归部分的输出；$\boldsymbol{w}_k^{[2]}$ 为输出层第 k 个节点线性回归部分的权重，$\boldsymbol{w}_k^{[2]} \in \mathbb{R}^{\widetilde{d}\times 1}$，$\boldsymbol{w}_k^{[2]} = (w_{1k}^{[2]}, w_{2k}^{[2]}, \cdots, w_{\widetilde{d}k}^{[2]})^{\mathrm{T}}$，$w_{\widetilde{d}k}^{[2]}$ 为输出层第 k 个节点的第 $\widetilde{d}$ 维输入的权重；$\widetilde{\widetilde{\boldsymbol{x}}} \in \mathbb{R}^{\widetilde{d}\times 1}$，$\widetilde{\widetilde{\boldsymbol{x}}} = (\widetilde{\widetilde{x}}_1, \widetilde{\widetilde{x}}_2, \cdots, \widetilde{\widetilde{x}}_{\widetilde{d}})^{\mathrm{T}}$；$b_k^{[2]}$ 为输出层第 k 个节点线性回归部分的偏差；$j = 1, 2, \cdots, \widetilde{d}$，$k = 1, 2, \cdots, d$。

进一步地，把由式(3-25)给出的 $\widetilde{d}$ 维降维后的输入特征，以及由式(3-26)给出的 d 维输入特征的预测值各自组成一个列向量，则有

$$\widetilde{\widetilde{\boldsymbol{x}}} = g^{[1]}(\boldsymbol{z}^{[1]}) = g^{[1]}((\boldsymbol{W}^{[1]})^{\mathrm{T}}\boldsymbol{x} + \boldsymbol{b}^{[1]}) \tag{3-27}$$

$$\hat{\boldsymbol{x}} = g^{[2]}(\boldsymbol{z}^{[2]}) = g^{[2]}((\boldsymbol{W}^{[2]})^{\mathrm{T}}\widetilde{\widetilde{\boldsymbol{x}}} + \boldsymbol{b}^{[2]}) \tag{3-28}$$

式(3-27)和式(3-28)中，$\boldsymbol{z}^{[1]} \in \mathbb{R}^{\widetilde{d}\times 1}$，$\boldsymbol{z}^{[1]} = (z_1^{[1]}, z_2^{[1]}, \cdots, z_{\widetilde{d}}^{[1]})^{\mathrm{T}}$；$\hat{\boldsymbol{x}} \in \mathbb{R}^{d\times 1}$，$\hat{\boldsymbol{x}} = (\hat{x}_1, \hat{x}_2, \cdots, \hat{x}_d)^{\mathrm{T}}$；$\boldsymbol{z}^{[2]} \in \mathbb{R}^{d\times 1}$，$\boldsymbol{z}^{[2]} = (z_1^{[2]}, z_2^{[2]}, \cdots, z_d^{[2]})^{\mathrm{T}}$；$\boldsymbol{b}^{[1]} \in \mathbb{R}^{\widetilde{d}\times 1}$，$\boldsymbol{b}^{[1]} = (b_1^{[1]}, b_2^{[1]}, \cdots, b_{\widetilde{d}}^{[1]})^{\mathrm{T}}$；$\boldsymbol{b}^{[2]} \in \mathbb{R}^{d\times 1}$，$\boldsymbol{b}^{[2]} = (b_1^{[2]}, b_2^{[2]}, \cdots, b_d^{[2]})^{\mathrm{T}}$；$\boldsymbol{W}^{[1]} \in \mathbb{R}^{d\times \widetilde{d}}$，由式(3-29)给出；$\boldsymbol{W}^{[2]} \in \mathbb{R}^{\widetilde{d}\times d}$，由式(3-30)给出。

$$\boldsymbol{W}^{[1]}=\begin{bmatrix} w_{11}^{[1]} & w_{12}^{[1]} & \cdots & w_{1\tilde{d}}^{[1]} \\ w_{21}^{[1]} & w_{22}^{[1]} & \cdots & w_{2\tilde{d}}^{[1]} \\ \vdots & \vdots & & \vdots \\ w_{d1}^{[1]} & w_{d2}^{[1]} & \cdots & w_{d\tilde{d}}^{[1]} \end{bmatrix} \tag{3-29}$$

$$\boldsymbol{W}^{[2]}=\begin{bmatrix} w_{11}^{[2]} & w_{12}^{[2]} & \cdots & w_{1d}^{[2]} \\ w_{21}^{[2]} & w_{22}^{[2]} & \cdots & w_{2d}^{[2]} \\ \vdots & \vdots & & \vdots \\ w_{\tilde{d}1}^{[2]} & w_{\tilde{d}2}^{[2]} & \cdots & w_{\tilde{d}d}^{[2]} \end{bmatrix} \tag{3-30}$$

更进一步地,我们把数据集中 m 个样本的 d 维输入特征 $\boldsymbol{x}^{(1)},\boldsymbol{x}^{(2)},\cdots,\boldsymbol{x}^{(m)}$ 组成矩阵 $\boldsymbol{X}$,$\boldsymbol{X}$ 由式(2-22)给出,$\boldsymbol{X}\in\mathbb{R}^{d\times m}$,$\boldsymbol{x}^{(i)}=(x_1^{(i)},x_2^{(i)},\cdots,x_d^{(i)})^{\mathrm{T}}$,$i\in\{1,2,\cdots,m\}$。为了便于编程实现、减少程序运行时间,我们将 m 个样本在隐含层输出的降维后的输入特征,以及在输出层输出的输入特征的预测值,分别组成一个矩阵,则有

$$\overset{\approx}{\boldsymbol{X}}=g^{[1]}(\boldsymbol{Z}^{[1]})=g^{[1]}((\boldsymbol{W}^{[1]})^{\mathrm{T}}\boldsymbol{X}+\boldsymbol{b}^{[1]}\boldsymbol{v}) \tag{3-31}$$

$$\hat{\boldsymbol{X}}=g^{[2]}(\boldsymbol{Z}^{[2]})=g^{[2]}((\boldsymbol{W}^{[2]})^{\mathrm{T}}\overset{\approx}{\boldsymbol{X}}+\boldsymbol{b}^{[2]}\boldsymbol{v}) \tag{3-32}$$

式(3-31)和式(3-32)中,$\overset{\approx}{\boldsymbol{X}}\in\mathbb{R}^{\tilde{d}\times m}$,由式(3-33)给出;$\hat{\boldsymbol{X}}\in\mathbb{R}^{d\times m}$,由式(3-34)给出;$\boldsymbol{Z}^{[1]}\in\mathbb{R}^{\tilde{d}\times m}$,由式(3-35)给出;$\boldsymbol{Z}^{[2]}\in\mathbb{R}^{d\times m}$,由式(3-36)给出;$\boldsymbol{v}$ 仍为 m 维元素都为 1 的行向量,$\boldsymbol{v}\in\mathbb{R}^{1\times m}$,即 $\boldsymbol{v}=(1,1,\cdots,1)$。

$$\overset{\approx}{\boldsymbol{X}}=\begin{bmatrix} \overset{\approx}{x}_1^{(1)} & \overset{\approx}{x}_1^{(2)} & \cdots & \overset{\approx}{x}_1^{(m)} \\ \overset{\approx}{x}_2^{(1)} & \overset{\approx}{x}_2^{(2)} & \cdots & \overset{\approx}{x}_2^{(m)} \\ \vdots & \vdots & & \vdots \\ \overset{\approx}{x}_{\tilde{d}}^{(1)} & \overset{\approx}{x}_{\tilde{d}}^{(2)} & \cdots & \overset{\approx}{x}_{\tilde{d}}^{(m)} \end{bmatrix} \tag{3-33}$$

$$\hat{\boldsymbol{X}}=\begin{bmatrix} \hat{x}_1^{(1)} & \hat{x}_1^{(2)} & \cdots & \hat{x}_1^{(m)} \\ \hat{x}_2^{(1)} & \hat{x}_2^{(2)} & \cdots & \hat{x}_2^{(m)} \\ \vdots & \vdots & & \vdots \\ \hat{x}_d^{(1)} & \hat{x}_d^{(2)} & \cdots & \hat{x}_d^{(m)} \end{bmatrix} \tag{3-34}$$

$$\boldsymbol{Z}^{[1]}=\begin{bmatrix} z_1^{[1](1)} & z_1^{[1](2)} & \cdots & z_1^{[1](m)} \\ z_2^{[1](1)} & z_2^{[1](2)} & \cdots & z_2^{[1](m)} \\ \vdots & \vdots & & \vdots \\ z_{\tilde{d}}^{[1](1)} & z_{\tilde{d}}^{[1](2)} & \cdots & z_{\tilde{d}}^{[1](m)} \end{bmatrix} \tag{3-35}$$

$$\boldsymbol{Z}^{[2]}=\begin{bmatrix} z_1^{[2](1)} & z_1^{[2](2)} & \cdots & z_1^{[2](m)} \\ z_2^{[2](1)} & z_2^{[2](2)} & \cdots & z_2^{[2](m)} \\ \vdots & \vdots & & \vdots \\ z_d^{[2](1)} & z_d^{[2](2)} & \cdots & z_d^{[2](m)} \end{bmatrix} \tag{3-36}$$

在自编码器中,我们希望样本输入特征的预测值 $\hat{\boldsymbol{X}}$ 尽量接近于样本输入特征 $\boldsymbol{X}$。由于输入特征的取值通常为连续值,所以可参照线性回归中的做法,通过最小化均方误差代价函数的值,来求得隐含层和输出层的各个权重与偏差,即

$$\boldsymbol{W}^{[1]*},\boldsymbol{b}^{[1]*},\boldsymbol{W}^{[2]*},\boldsymbol{b}^{[2]*}=\underset{\boldsymbol{W}^{[1]},\boldsymbol{b}^{[1]},\boldsymbol{W}^{[2]},\boldsymbol{b}^{[2]}}{\operatorname{argmin}} J(\boldsymbol{W}^{[1]},\boldsymbol{b}^{[1]},\boldsymbol{W}^{[2]},\boldsymbol{b}^{[2]}) \tag{3-37}$$

式(3-37)中,$\boldsymbol{W}^{[1]*}$、$\boldsymbol{b}^{[1]*}$、$\boldsymbol{W}^{[2]*}$、$\boldsymbol{b}^{[2]*}$ 分别为 $\boldsymbol{W}^{[1]}$、$\boldsymbol{b}^{[1]}$、$\boldsymbol{W}^{[2]}$、$\boldsymbol{b}^{[2]}$ 的最优解。参照式(2-14),自编码器中的均方误差代价函数可以写为

$$\begin{aligned}J(\boldsymbol{W}^{[1]},\boldsymbol{b}^{[1]},\boldsymbol{W}^{[2]},\boldsymbol{b}^{[2]})&=\frac{1}{md}\sum_{i=1}^{m}\sum_{k=1}^{d}(\hat{x}_k^{(i)}-x_k^{(i)})^2=\frac{1}{md}\sum_{i=1}^{m}(\hat{\boldsymbol{x}}^{(i)}-\boldsymbol{x}^{(i)})^{\mathrm{T}}(\hat{\boldsymbol{x}}^{(i)}-\boldsymbol{x}^{(i)})\\&=\frac{1}{md}\sum_{i=1}^{m}(\hat{\boldsymbol{x}}-\boldsymbol{x})^{\mathrm{T}}(\hat{\boldsymbol{x}}-\boldsymbol{x})\big|_{\boldsymbol{x}=\boldsymbol{x}^{(i)}}\end{aligned} \tag{3-38}$$

进一步写出式(3-38)的矩阵形式为

$$J(\boldsymbol{W}^{[1]},\boldsymbol{b}^{[1]},\boldsymbol{W}^{[2]},\boldsymbol{b}^{[2]})=\frac{1}{md}\operatorname{tr}((\hat{\boldsymbol{X}}-\boldsymbol{X})^{\mathrm{T}}(\hat{\boldsymbol{X}}-\boldsymbol{X})) \tag{3-39}$$

式(3-39)中,$\operatorname{tr}(\boldsymbol{A})$ 表示方阵 $\boldsymbol{A}$ 的迹,即方阵 $\boldsymbol{A}$ 的主对角线上的元素之和。

我们知道,在神经网络中,随着层数的增加,代价函数往往不是各层权重与偏差的凸函数。不过我们仍然可以使用梯度下降法求解由式(3-37)给出的最优化问题,尽管不能保证一定能得到全局最优解。在梯度下降法中,需要用到代价函数对权重与偏差的偏导数。为了简化计算式,我们写出中间变量,使用链式法则按照从输出层到输入层的顺序,逐层求代价函数对各层参数的偏导数。与神经网络相同,自编码器中各层的激活函数 $g^{[1]}(\cdot)$、$g^{[2]}(\cdot)$ 仍可使用 ReLU、sigmoid 等函数。在以下推导中,我们以使用 ReLU 激活函数为例,即 $g^{[1]}(z)=g^{[2]}(z)=g(z)=\max(0,z)=z[z>0]$、$\frac{\mathrm{d}g(z)}{\mathrm{d}z}=[z>0]$,这里的方括号为艾佛森括号。

练一练 求由式(3-38)给出的代价函数对各层参数 $\boldsymbol{b}^{[2]}$、$\boldsymbol{W}^{[2]}$、$\boldsymbol{b}^{[1]}$、$\boldsymbol{W}^{[1]}$ 的偏导数。

先求代价函数对 $b_k^{[2]}$、$\boldsymbol{w}_k^{[2]}$、$b_j^{[1]}$、$\boldsymbol{w}_j^{[1]}$ 的偏导数,$j=1,2,\cdots,\tilde{d}$,$k=1,2,\cdots,d$。写出式(3-38)中的损失函数为

$$L=\frac{1}{d}(\hat{\boldsymbol{x}}-\boldsymbol{x})^{\mathrm{T}}(\hat{\boldsymbol{x}}-\boldsymbol{x})=\frac{1}{d}\sum_{k=1}^{d}(\hat{x}_k-x_k)^2 \tag{3-40}$$

由此,式(3-38)成为

$$J(\boldsymbol{W}^{[1]},\boldsymbol{b}^{[1]},\boldsymbol{W}^{[2]},\boldsymbol{b}^{[2]})=\frac{1}{m}\sum_{i=1}^{m}L\big|_{\boldsymbol{x}=\boldsymbol{x}^{(i)}} \tag{3-41}$$

由式(3-40)、式(3-26)、式(3-25)可得

$$\frac{\partial L}{\partial b_k^{[2]}}=\frac{\partial L}{\partial \hat{x}_k}\cdot\frac{\partial \hat{x}_k}{\partial z_k^{[2]}}\cdot\frac{\partial z_k^{[2]}}{\partial b_k^{[2]}}=\frac{2}{d}(\hat{x}_k-x_k)[z_k^{[2]}>0] \tag{3-42}$$

$$\frac{\partial L}{\partial \boldsymbol{w}_k^{[2]}}=\frac{\partial L}{\partial \hat{x}_k}\cdot\frac{\partial \hat{x}_k}{\partial z_k^{[2]}}\cdot\frac{\partial z_k^{[2]}}{\partial \boldsymbol{w}_k^{[2]}}=\frac{2}{d}(\hat{x}_k-x_k)[z_k^{[2]}>0]\tilde{\boldsymbol{x}} \tag{3-43}$$

$$\begin{aligned}
\frac{\partial L}{\partial b_j^{[1]}} &= \sum_{k=1}^{d} \frac{\partial L}{\partial \hat{x}_k} \cdot \frac{\partial \hat{x}_k}{\partial z_k^{[2]}} \cdot \frac{\partial z_k^{[2]}}{\partial \widetilde{\widetilde{x}}_j} \cdot \frac{\partial \widetilde{\widetilde{x}}_j}{\partial z_j^{[1]}} \cdot \frac{\partial z_j^{[1]}}{\partial b_j^{[1]}} \\
&= \sum_{k=1}^{d} \frac{2}{d}(\hat{x}_k - x_k)[z_k^{[2]} > 0] w_{jk}^{[2]} [z_j^{[1]} > 0] \\
&= \frac{2}{d}[z_j^{[1]} > 0] \sum_{k=1}^{d} (\hat{x}_k - x_k)[z_k^{[2]} > 0] w_{jk}^{[2]}
\end{aligned} \tag{3-44}$$

$$\begin{aligned}
\frac{\partial L}{\partial \boldsymbol{w}_j^{[1]}} &= \sum_{k=1}^{d} \frac{\partial L}{\partial \hat{x}_k} \cdot \frac{\partial \hat{x}_k}{\partial z_k^{[2]}} \cdot \frac{\partial z_k^{[2]}}{\partial \widetilde{\widetilde{x}}_j} \cdot \frac{\partial \widetilde{\widetilde{x}}_j}{\partial z_j^{[1]}} \cdot \frac{\partial z_j^{[1]}}{\partial \boldsymbol{w}_j^{[1]}} \\
&= \sum_{k=1}^{d} \frac{2}{d}(\hat{x}_k - x_k)[z_k^{[2]} > 0] w_{jk}^{[2]} [z_j^{[1]} > 0] \boldsymbol{x} \\
&= \frac{2}{d}[z_j^{[1]} > 0] \boldsymbol{x} \sum_{k=1}^{d} (\hat{x}_k - x_k)[z_k^{[2]} > 0] w_{jk}^{[2]}
\end{aligned} \tag{3-45}$$

式(3-44)和式(3-45)中,加入求和公式是因为 $\hat{x}_1, \hat{x}_2, \cdots, \hat{x}_d$ 都是 $b_j^{[1]}$、$\boldsymbol{w}_j^{[1]}$ 的函数;这里的方括号为艾佛森括号。根据式(3-41)可得

$$\begin{aligned}
\frac{\partial J(\boldsymbol{W}^{[1]}, \boldsymbol{b}^{[1]}, \boldsymbol{W}^{[2]}, \boldsymbol{b}^{[2]})}{\partial b_k^{[2]}} &= \frac{1}{m} \sum_{i=1}^{m} \left. \frac{\partial L}{\partial b_k^{[2]}} \right|_{\boldsymbol{x}=\boldsymbol{x}^{(i)}} \\
&= \frac{1}{m} \sum_{i=1}^{m} \left. \frac{2}{d}(\hat{x}_k - x_k)[z_k^{[2]} > 0] \right|_{\boldsymbol{x}=\boldsymbol{x}^{(i)}} \\
&= \frac{2}{md} \sum_{i=1}^{m} (\hat{x}_k^{(i)} - x_k^{(i)})[z_k^{[2](i)} > 0]
\end{aligned} \tag{3-46}$$

$$\begin{aligned}
\frac{\partial J(\boldsymbol{W}^{[1]}, \boldsymbol{b}^{[1]}, \boldsymbol{W}^{[2]}, \boldsymbol{b}^{[2]})}{\partial \boldsymbol{w}_k^{[2]}} &= \frac{1}{m} \sum_{i=1}^{m} \left. \frac{\partial L}{\partial \boldsymbol{w}_k^{[2]}} \right|_{\boldsymbol{x}=\boldsymbol{x}^{(i)}} \\
&= \frac{1}{m} \sum_{i=1}^{m} \left. \frac{2}{d}(\hat{x}_k - x_k)[z_k^{[2]} > 0] \widetilde{\widetilde{\boldsymbol{x}}} \right|_{\boldsymbol{x}=\boldsymbol{x}^{(i)}} \\
&= \frac{2}{md} \sum_{i=1}^{m} (\hat{x}_k^{(i)} - x_k^{(i)})[z_k^{[2](i)} > 0] \widetilde{\widetilde{\boldsymbol{x}}}^{(i)}
\end{aligned} \tag{3-47}$$

$$\begin{aligned}
\frac{\partial J(\boldsymbol{W}^{[1]}, \boldsymbol{b}^{[1]}, \boldsymbol{W}^{[2]}, \boldsymbol{b}^{[2]})}{\partial b_j^{[1]}} &= \frac{1}{m} \sum_{i=1}^{m} \left. \frac{\partial L}{\partial b_j^{[1]}} \right|_{\boldsymbol{x}=\boldsymbol{x}^{(i)}} \\
&= \frac{1}{m} \sum_{i=1}^{m} \left. \frac{2}{d}[z_j^{[1]} > 0] \sum_{k=1}^{d} (\hat{x}_k - x_k)[z_k^{[2]} > 0] w_{jk}^{[2]} \right|_{\boldsymbol{x}=\boldsymbol{x}^{(i)}} \\
&= \frac{2}{md} \sum_{i=1}^{m} [z_j^{[1](i)} > 0] \sum_{k=1}^{d} (\hat{x}_k^{(i)} - x_k^{(i)})[z_k^{[2](i)} > 0] w_{jk}^{[2]}
\end{aligned} \tag{3-48}$$

$$\begin{aligned}
\frac{\partial J(\boldsymbol{W}^{[1]}, \boldsymbol{b}^{[1]}, \boldsymbol{W}^{[2]}, \boldsymbol{b}^{[2]})}{\partial \boldsymbol{w}_j^{[1]}} &= \frac{1}{m} \sum_{i=1}^{m} \left. \frac{\partial L}{\partial \boldsymbol{w}_j^{[1]}} \right|_{\boldsymbol{x}=\boldsymbol{x}^{(i)}} \\
&= \frac{1}{m} \sum_{i=1}^{m} \left. \frac{2}{d}[z_j^{[1]} > 0] \boldsymbol{x} \sum_{k=1}^{d} (\hat{x}_k - x_k)[z_k^{[2]} > 0] w_{jk}^{[2]} \right|_{\boldsymbol{x}=\boldsymbol{x}^{(i)}}
\end{aligned}$$

$$=\frac{2}{md}\sum_{i=1}^{m}[z_j^{[1](i)}>0]\boldsymbol{x}^{(i)}\sum_{k=1}^{d}(\hat{x}_k^{(i)}-x_k^{(i)})[z_k^{[2](i)}>0]w_{jk}^{[2]} \tag{3-49}$$

进一步地，由式(3-46)～式(3-49)写出其向量或矩阵形式分别为

$$\frac{\partial J(\boldsymbol{W}^{[1]},\boldsymbol{b}^{[1]},\boldsymbol{W}^{[2]},\boldsymbol{b}^{[2]})}{\partial \boldsymbol{b}^{[2]}}=\frac{2}{md}((\hat{\boldsymbol{X}}-\boldsymbol{X})\circ[\boldsymbol{Z}^{[2]}>0])\boldsymbol{v}^{\mathrm{T}} \tag{3-50}$$

$$\frac{\partial J(\boldsymbol{W}^{[1]},\boldsymbol{b}^{[1]},\boldsymbol{W}^{[2]},\boldsymbol{b}^{[2]})}{\partial \boldsymbol{W}^{[2]}}=\frac{2}{md}\tilde{\tilde{\boldsymbol{X}}}((\hat{\boldsymbol{X}}-\boldsymbol{X})\circ[\boldsymbol{Z}^{[2]}>0])^{\mathrm{T}} \tag{3-51}$$

$$\frac{\partial J(\boldsymbol{W}^{[1]},\boldsymbol{b}^{[1]},\boldsymbol{W}^{[2]},\boldsymbol{b}^{[2]})}{\partial \boldsymbol{b}^{[1]}}=\frac{2}{md}((\boldsymbol{W}^{[2]}((\hat{\boldsymbol{X}}-\boldsymbol{X})\circ[\boldsymbol{Z}^{[2]}>0]))\circ[\boldsymbol{Z}^{[1]}>0])\boldsymbol{v}^{\mathrm{T}} \tag{3-52}$$

$$\frac{\partial J(\boldsymbol{W}^{[1]},\boldsymbol{b}^{[1]},\boldsymbol{W}^{[2]},\boldsymbol{b}^{[2]})}{\partial \boldsymbol{W}^{[1]}}=\frac{2}{md}\boldsymbol{X}((\boldsymbol{W}^{[2]}((\hat{\boldsymbol{X}}-\boldsymbol{X})\circ[\boldsymbol{Z}^{[2]}>0]))\circ[\boldsymbol{Z}^{[1]}>0])^{\mathrm{T}} \tag{3-53}$$

以上 4 式中，$\circ$ 表示阿达马积，即矩阵中的对应元素相乘；$\boldsymbol{b}^{[1]}\in\mathbb{R}^{\tilde{d}\times 1}$，$\boldsymbol{b}^{[1]}=(b_1^{[1]},b_2^{[1]},\cdots,b_{\tilde{d}}^{[1]})^{\mathrm{T}}$；$\boldsymbol{b}^{[2]}\in\mathbb{R}^{d\times 1}$，$\boldsymbol{b}^{[2]}=(b_1^{[2]},b_2^{[2]},\cdots,b_d^{[2]})^{\mathrm{T}}$；$\boldsymbol{W}^{[1]}\in\mathbb{R}^{d\times\tilde{d}}$，由式(3-29)给出；$\boldsymbol{W}^{[2]}\in\mathbb{R}^{\tilde{d}\times d}$，由式(3-30)给出；$\boldsymbol{X}\in\mathbb{R}^{d\times m}$，由式(2-22)给出；$\hat{\boldsymbol{X}}\in\mathbb{R}^{d\times m}$，由式(3-34)给出；$\tilde{\tilde{\boldsymbol{X}}}\in\mathbb{R}^{\tilde{d}\times m}$，由式(3-33)给出；$\boldsymbol{Z}^{[1]}\in\mathbb{R}^{\tilde{d}\times m}$，由式(3-35)给出；$\boldsymbol{Z}^{[2]}\in\mathbb{R}^{d\times m}$，由式(3-36)给出；$\boldsymbol{v}$ 仍为 m 维元素都为 1 的行向量，$\boldsymbol{v}\in\mathbb{R}^{1\times m}$，即 $\boldsymbol{v}=(1,1,\cdots,1)$。

至此，根据式(3-50)～式(3-53)以及式(2-199)，我们就可以使用批梯度下降法训练上述基本的自编码器。在训练过程中如果需要代价函数的值，可按照式(3-39)计算。

在经过训练得到 $\boldsymbol{W}^{[1]}$ 和 $\boldsymbol{b}^{[1]}$ 参数之后，我们就可以根据式(3-31)求出降维后的输入特征 $\tilde{\tilde{\boldsymbol{X}}}$，从而完成自编码器降维任务。式(3-31)中的激活函数同样为 ReLU，即 $g^{[1]}(z)=\max(0,z)=z[z>0]$。

3.3.3　自编码器实践

在本节中，我们动手编程实现基本的自编码器，用该自编码器对螺旋线数据集进行降维，并用第 2 章中的酒驾检测数据集与逻辑回归模型来评价自编码器降维。

在螺旋线数据集中，样本输入特征的维数为 3，每个样本的三维输入特征对应于三维空间中的一个点，数据集中所有样本的输入特征构成了三维空间中的一条螺旋线。扫描二维码 helix_dataset 可下载螺旋线数据集的 Jupyter Notebook Python 代码。

helix_dataset

实验 3-6　实现基本的自编码器，并用该自编码器对螺旋线数据集进行降维，画出降维后的输入特征以及输入特征的预测值。

提示：可将该数据集中的所有样本都作为训练样本。

当数据集中输入特征的偏移为 2、降维后输入特征的维数为 2、随机种子为 1、学习率为 0.01、迭代次数为 100 000 时，得到如图 3-5(a)所示的降维后的二维输入特征，以及如图 3-5(b)中实线所示的输入特征预测值。图 3-5(b)中的虚线为螺旋线，即降维之前的输

入特征。可见,如果各个样本的输入特征在同一仿射映射下的各维输出值都是正数,那么上述自编码器实际上是通过该仿射映射对输入特征降维,然后将降维后的输入特征再次通过另一个仿射映射映射到降维之前的较高维空间中,从而得到输入特征的预测值,并在这个较高维空间中,最小化输入特征与其预测值之间的欧几里得距离的平方之和(均方误差代价函数)。

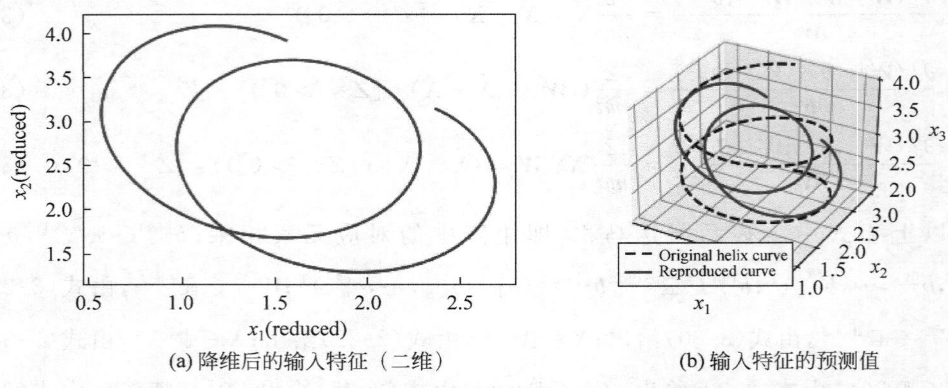

(a) 降维后的输入特征(二维) (b) 输入特征的预测值

图 3-5 实验 3-6 中降维后的输入特征以及输入特征的预测值(二维、偏移为 2)

当数据集中输入特征的偏移为 0、降维后输入特征的维数为 3(即未实际降维)、随机种子为 1、学习率为 0.01、迭代次数为 100 000 时,得到如图 3-6(a)所示的降维后的三维输入特征,以及如图 3-6(b)中实线所示的输入特征预测值。图 3-6(b)中的虚线仍为螺旋线,即降维之前的输入特征。可见,如果只有一部分样本的输入特征在同一仿射映射下的输出值为正数,那么上述自编码器将仅使用这部分样本降维后的输入特征,来预测这部分样本的输入特征,并在降维之前的较高维空间中,最小化这部分样本的输入特征与其预测值之间的欧几里得距离的平方之和。

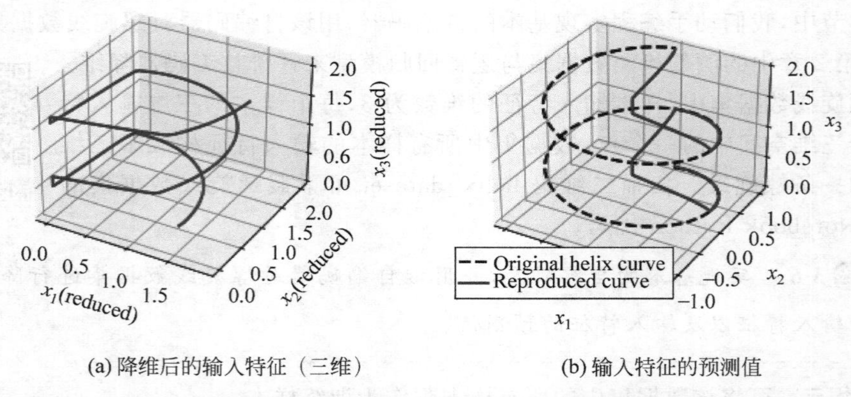

(a) 降维后的输入特征(三维) (b) 输入特征的预测值

图 3-6 实验 3-6 中降维后的输入特征以及输入特征的预测值(三维、偏移为 0)

实验 3-7 使用实验 3-6 中的自编码器,对酒驾检测数据集中的输入特征进行降维,并使用降维后的训练数据集来训练逻辑回归模型,观察逻辑回归模型在降维后的测试数据集上的性能。

提示：仅使用训练数据集来训练自编码器。

表 3-2 给出了逻辑回归模型在不同维数输入特征下的 F_1 值。这里，我们随机选取（随机种子为 1）酒驾检测数据集中的 250 个样本作为训练样本，余下的 134 个样本作为测试样本，并对样本的输入特征做标准化；使用批梯度下降法训练自编码器和逻辑回归模型，学习率分别为 0.01 和 0.1，迭代次数都为 5000。从表 3-2 中可以看出，当降维后的输入特征的维数为 2～4 时，使用自编码器对该数据集进行降维，可使逻辑回归模型获得与输入未降维输入特征时相仿的性能，即我们以更少的输入数据和更少的计算量获得了相仿的性能，体现出使用自编码器降维的一定优势。

表 3-2　逻辑回归模型在不同维数输入特征下的 F_1 值

数据集	使用未经过降维的输入特征（$d=5$）	使用降为四维后的输入特征（$\tilde{d}=4$）	使用降为三维后的输入特征（$\tilde{d}=3$）	使用降为二维后的输入特征（$\tilde{d}=2$）	使用降为一维后的输入特征（$\tilde{d}=1$）
训练数据集 F_1 值	0.977	0.976	0.953	0.976	0.898
测试数据集 F_1 值	0.992	0.968	0.984	0.984	0.824

3.4　本章实验分析

如果你已经独立完成了本章前 3 节中的各个实验，祝贺你，可以跳过本节学习。如果未能独立完成，也没有关系，因为在本节中，我们将对本章中出现的各个实验做进一步分析讨论。

实验 3-1　实现 k 均值聚类，并观察其在轮椅数据集上的聚类结果。更改随机种子后再次观察聚类结果。

分析：可参考实验 2-19 的程序，读取轮椅数据集，并对样本的输入特征做特征缩放。可借助 rng.integers()方法为每个群组的形心随机分配一个样本的输入特征作为其初始值。在 k 均值聚类中，由于我们事先不知道收敛之前需要进行多少次循环，所以主循环可使用 while 循环。在循环中的第一步，我们根据样本与各个群组形心之间的距离（或距离的平方），将每个样本都划分至一个距其最近的群组。为此，我们用一个数组来记录各个样本对应的群组的序号。我们既可以按照式(3-8)通过 for 循环直接计算出各个样本对应的群组序号，也可以用矩阵形式计算。如果用矩阵形式计算，可先将样本输入特征矩阵（二维数组）通过 np.expand_dims()函数扩展至三维数组，然后使用 Python 的广播操作，计算出所有样本的输入特征向量与所有形心向量之差，然后据此计算出距离的平方，再将与每个样本输入特征相距最近（距离的平方最小）的形心所在的群组的序号作为该样本所在的群组的序号，并保存在序号数组之中。由于我们根据样本与群组之间的对应关系是否不再改变来判断是否收敛,所以还需要将这个序号数组复制一份,以便在下次循环中通过 np.array_equal()函数比较这些序号是否有所改变。值得注意的是,复制数组需要使用 np.copy()函数。在主循环中的第二步,我们根据第一步中给出的样本与群组之间的对应关系,来更新各个群组的形心。同样,既可以使用 for 循环按照式(3-3)直接计算,也可以使用矩阵形式计算。如果使用矩阵形式计算,可先将一维的序号数组转换成 one-hot 向量形式的二维数组,然后将该二维数组(矩阵)与样本输入特征矩阵相乘,再分别除以各个群组中样本的数量,即可得到更新后的各个形心。如此循环,直到收敛。

lab_3-1

现在,如果你尚未完成实验 3-1,尝试独立完成本实验。如果仍有困难,再参考附录 A 中经过注释的实验程序。本实验的程序文件可通过扫描二维码 lab_3-1 下载。

实验3-2 计算实验 3-1 中 k 均值聚类的平均轮廓系数,并画出不同 k 值下的平均轮廓系数。

分析:本实验的程序可基于实验 3-1 的程序。由于只需要在每次聚类结束后计算一次平均轮廓系数,因此,在本实验中我们不必过于关注平均轮廓系数的计算时长,可以使用多重循环的方式来计算平均轮廓系数。为了计算平均轮廓系数,我们需要先计算出每个样本上的轮廓系数,然后再求算术平均,得到平均轮廓系数。为此,可在最外层用一个 for 循环来计算各个样本上的轮廓系数。在 for 循环内部,先根据式(3-14)计算第 i 个样本的 $a_j^{(i)}$。可再用一个对样本的 for 循环,结合对样本所在群组的判断,来累加第 i 个样本与其群组内其他样本之间的距离,最后再求平均。计算两个向量之间的距离(范数)可使用 np.linalg.norm()函数。之后,再根据式(3-15)计算第 i 个样本的 $b_j^{(i)}$。由于 $b_j^{(i)}$ 是第 i 个样本与其他各个群组内样本之间的平均距离的最小值,所以在参照 $a_j^{(i)}$ 计算过程的基础上,再加上一个对群组的 for 循环。注意:在该循环内需要将第 i 个样本所在的群组排除在计算之外。最后,根据式(3-13)计算第 i 个样本的轮廓系数。在各个样本的轮廓系数计算完毕之后,就可以进一步计算轮廓系数的算术平均值,即平均轮廓系数。

在计算平均轮廓系数的基础之上,再增加一个针对 k 的最外层 for 循环,为不同的 k 值计算平均轮廓系数并保存。k 的取值应不小于 2(如果取值为 1,则意味着把所有样本都划分至同一个群组,无须聚类)。例如,k 的取值范围为 2~10。然后可用 plt.plot()函数画出平均轮廓系数与 k 值之间的对应关系。

lab_3-2

现在,如果你尚未完成实验 3-2,尝试独立完成本实验。如果仍有困难,再参考附录 A 中经过注释的实验程序。本实验的程序文件可通过扫描二维码 lab_3-2 下载。

实验3-3 使用特征分解实现主成分分析降维,并对第 2 章回归任务中的气温数据进行降维。画出按降序排列的特征值。

分析:先准备数据。读入气温数据,并零均值化各维气温数据,即各个温度传感器的读数,都减去其读数的平均值。气温数据集中包含 5 个传感器采集的气温数据,所以每个样本可以有五维输入特征。然后计算这些零均值输入特征的协方差矩阵,可用 np.dot()

函数实现。接着对协方差矩阵做特征分解，得到 5 个特征值及其对应的 5 个特征向量，这一步可使用 np.linalg.eig()或者 np.linalg.eigh()函数实现。如果使用前者，还需要按照特征值的大小，对这 5 个特征值及相应的特征向量进行排序。再根据降维后的维数 $\tilde{d}$（给定参数），将 $\tilde{d}$ 个较大特征值对应的 $\tilde{d}$ 个特征向量作为矩阵 $\tilde{\boldsymbol{Q}}$ 的列向量，组成矩阵 $\tilde{\boldsymbol{Q}}$。最后，使用该矩阵对零均值气温数据进行降维，可用 np.dot()函数实现。可使用 plt.plot()函数画出降序排列的特征值。本实验中，维数 $\tilde{d}$ 的取值范围是 $1 \leqslant \tilde{d} \leqslant 5$。

lab_3-3

现在，如果你尚未完成实验 3-3，尝试独立完成本实验。如果仍有困难，再参考附录 A 中经过注释的实验程序。本实验的程序文件可通过扫描二维码 lab_3-3 下载。

实验 3-4　使用奇异值分解实现主成分分析降维，并对第 2 章回归任务中的气温数据进行降维。画出按降序排列的奇异值。

分析：可在实验 3-3 程序基础之上做修改。在零均值化各维气温数据之后，对五维输入特征矩阵做奇异值分解，得到 5 个奇异值及其对应的 5 个左奇异向量。奇异值分解可使用 np.linalg.svd()函数实现。通过该函数得到的 5 个奇异值已按降序排列，并且得到的 5 个左奇异向量分别对应于这 5 个奇异值。所以我们只需要根据降维后的维数 $\tilde{d}$，将前 $\tilde{d}$ 个左奇异向量作为矩阵 $\tilde{\boldsymbol{U}}$ 的列向量，组成矩阵 $\tilde{\boldsymbol{U}}$。然后使用该矩阵对零均值气温数据进行降维，同样可用 np.dot()函数实现。可使用 plt.plot()函数画出使用 np.linalg.svd()函数得到的 5 个奇异值。本实验中，维数 $\tilde{d}$ 的取值范围仍是 $1 \leqslant \tilde{d} \leqslant 5$。

lab_3-4

现在，如果你尚未完成实验 3-4，尝试独立完成本实验。如果仍有困难，再参考附录 A 中经过注释的实验程序。本实验的程序文件可通过扫描二维码 lab_3-4 下载。

实验 3-5　使用气温数据集及线性回归评价主成分分析降维。将主成分分析降维输出的降维后的输入特征，作为线性回归模型的输入特征，观察降维后的维数对线性回归模型性能的影响，并与使用未降维输入特征的线性回归模型进行性能比较。

分析：可在实验 3-3 或实验 3-4 的程序基础之上，加入在第 2 章中我们已经实现了的使用批梯度下降法的线性回归模型。在本实验中，需要将五维气温数据中的一维作为样本的标注，其余四维作为样本的输入特征，并将气温数据集划分为训练数据集和测试数据集，例如将前 3000 个样本划分至训练数据集，后 960 个样本划分至测试数据集。因此，在零均值化气温数据时，我们使用训练数据集中样本的四维输入特征的平均值来零均值化训练数据集和测试数据集中样本的四维输入特征（不必对标注做零均值化或标准化）。在将降维后的输入特征输入至线性回归模型之前，可对输入特征做标准化。由于使用主成分分析降维后的各维输入特征仍是零均值随机变量，因此在做标准化时只需除以训练样本降维后输入特征的标准差即可。

现在，如果你尚未完成实验 3-5，尝试独立完成本实验。如果仍有困难，再参考附录 A

中经过注释的实验程序。本实验的程序文件可通过扫描二维码 lab_3-5 下载。

lab_3-5

实验 3-6 实现基本的自编码器,并用该自编码器对螺旋线数据集进行降维,画出降维后的输入特征以及输入特征的预测值。

分析:本实验的程序可基于螺旋线数据集的程序。可以不必对样本的输入特征做特征缩放(但这样在训练时将需要更多的迭代次数)。与在神经网络中的做法一样,我们用随机值初始化自编码器的两层权重与偏差参数,可使用 rng.random()函数实现。由于我们给定迭代次数,自编码器训练过程的主循环仍可使用 for 循环。在 for 循环中,正向传播可按照式(3-31)和式(3-32)实现,更新权重与偏差可按照式(3-50)~式(3-53)以及式(2-199)实现,计算代价函数的值可按照式(3-39)实现,其中阿达马积可直接用 * 号实现,计算方阵的迹可用 np.trace()函数实现。在训练结束后,使用最新的权重与偏差参数,按照式(3-31)计算降维后的输入特征,按照式(3-32)计算输入特征的预测值。画三维曲线图,可参照螺旋线数据集程序中的画图代码。

现在,如果你尚未完成实验 3-6,尝试独立完成本实验。如果仍有困难,再参考附录 A 中经过注释的实验程序。本实验的程序文件可通过扫描二维码 lab_3-6 下载。

lab_3-6

实验 3-7 使用实验 3-6 中的自编码器,对酒驾检测数据集中的输入特征进行降维,并使用降维后的训练数据集来训练逻辑回归模型,观察逻辑回归模型在降维后的测试数据集上的性能。

分析:先参照实验 2-10 的程序,读入酒驾检测数据集,对样本随机排序,对输入特征做标准化,并划分训练数据集与测试数据集。然后参照实验 3-6 的程序,训练自编码器。注意仅使用训练数据集训练自编码器。再使用自编码器对训练数据集和测试数据集中样本的输入特征进行降维。最后,使用降维后的训练数据集和测试数据集,参照实验 2-10 的程序,训练并测试逻辑回归模型。

lab_3-7

现在,如果你尚未完成实验 3-7,尝试独立完成本实验。如果仍有困难,再参考附录 A 中经过注释的实验程序。本实验的程序文件可通过扫描二维码 lab_3-7 下载。

3.5 本章小结

无监督学习是机器学习中一种从无标注数据中学习、发掘数据中隐藏结构的学习范式。无监督学习中的常见任务包括聚类、降维等。

聚类是指将数据集中相似的样本划分到同一个群组中。k 均值是一种常见的聚类方法,其使用样本输入特征之间的欧几里得距离来度量样本之间的相似程度。如果所有样本到其群组中所有样本平均距离的平均值最小,那么就可能可以使每个群组中的样本都尽可能“相似”。群组中所有样本输入特征的算术平均值就是该群组的形心。k 均值聚类通过反复迭代,将各个样本划分至距其最近的形心所对应的群组,再用群组内的所有样本的输入特征来更新群组的形心，直到各个样本对应的群组都不再发生变化为止。

很多时候，我们并不清楚将数据集中的样本聚为多少个类“比较适合”，即不知道 k 的取值。这时可以用平均轮廓系数来评价 k 均值聚类的结果，尝试使用不同的 k 值进行聚类并分别计算平均轮廓系数，然后选取最大的平均轮廓系数对应的 k 值，作为“适合”的 k 值。

降维是指把较高维的数据转换为较低维的数据，去除原数据中的冗余与噪声，在减少数据量的同时保留原数据的主要特性。常见的线性降维方法之一是主成分分析。主成分分析先将样本的输入特征线性变换为各不相关的新的输入特征，再去掉方差较小的新输入特征，以便在最小化减少的信息量的同时达到降维的目的。当然，能够这样做的前提是，样本的各个输入特征都服从零均值正态分布。在实现主成分分析降维时，既可使用特征分解，也可使用奇异值分解，后者不需要计算协方差矩阵。降维后的输入特征维数，很多时候仍是一个需要预先给出的参数。

如果样本的各维输入特征之间不存在线性关系，则可尝试使用包括自编码器在内的非线性方法进行降维。基本的自编码器是一种前馈神经网络，其输出层节点的数量等于输入层节点的数量，并且最中间隐含层(即码字层)节点的数量通常小于输入层和输出层节点的数量，以起到“压缩数据”的作用。自编码器的训练过程与监督学习中用于预测的前馈神经网络相同，在训练时其输入为样本的输入特征，样本的输入特征同时也是训练过程中样本的标注。自编码器在经过训练之后就可以用来降维。在降维时，待降维的样本输入特征从自编码器的输入层输入，自编码器最中间的隐含层(即码字层)的输出即为降维后的输入特征。

3.6 思考与练习

1. 什么是无监督学习？什么是聚类？
2. k 均值与 k 近邻有何相同之处以及不同之处？
3. 写出 k 均值中目标函数的数学表达式，并解释其含义。
4. 什么是群组的形心？如何计算？
5. k 均值的聚类结果为什么会受到初始值的影响？如何选取初始值？
6. 写出 k 均值聚类方法。
7. 什么是轮廓系数？如何解读？
8. 什么是降维？为什么需要降维？
9. 给出一种较为直观的降维方法。
10. 机器学习中为什么经常假设样本的输入特征服从正态分布？
11. 如何判断两个随机变量是否相关？
12. 若随机变量 $X_1, X_2, \cdots, X_d$ 的均值都为0，写出它们的协方差矩阵。
13. 写出基于特征分解的主成分分析降维方法。
14. 如何确定降维后的维数？
15. 写出基于奇异值分解的主成分分析降维方法。

16. 基于奇异值分解的主成分分析降维方法,相比基于特征分解的主成分分析降维方法,有哪些优势?

17. 什么是自编码器?基本的自编码器可由哪些部分构成?

18. 为什么自编码器可以实现降维?

19. 写出自编码器降维过程的数学表达式。

20. 写出自编码器训练过程的批梯度下降法。

第4章

强化学习

我们知道,监督学习是一种根据训练数据来进行学习的范式,无监督学习则是一种从数据中发掘隐藏结构的学习范式。一种范式需要训练数据,另一种范式不需要训练数据,看起来这两个学习范式似乎涵盖了所有的学习任务。

回想一下,从小到大,我们在学习、生活、人生之中,曾做出一系列选择。这些选择大到人生关键路径的选择,例如高考志愿的填报、毕业后继续深造还是直接就业或创业等;小到生活中做过的每一件事,说过的每一句话,例如今天穿什么衣服、吃不吃晚饭、晚饭吃什么、去哪里吃、是否购买某种商品、购买哪个品牌哪个型号的商品、在哪里购买等。我们每天都在做出大量选择,所有的这些选择组合在一起,久而久之,形成了我们每个人独特的人生经历。

选择的重要性不言而喻。基于过去的这些选择,有了今天的我们;基于今天的选择,将造就未来的我们。那么,我们做出的这些选择,是否都是最佳选择?什么是最佳选择?很多时候,并没有一个在各方面都达到最佳的选择,而是只在某一方面或某几方面达到最佳的选择。因此,做出选择的过程往往是折中或取舍的过程。例如,短期利益与长期利益的折中,利益与道德之间的取舍,个人利益与集体利益之间的取舍等。

既然选择很重要,那么我们是否有办法让计算机等设备通过运行在其中的算法程序帮我们自动做出选择?遗憾的是,目前还难以让计算机帮助每个人在每件事上都做出选择,还难以实现"机器治理(machine ruling)"。不过,在机器学习等领域,有一类方法,可以根据最大化收益(包括折中的短期与长期收益)的目标,自动做出一系列行动选择,这类方法就是**强化学习**(reinforcement learning)方法。

强化学习可以看作继监督学习和无监督学习之后的另一种学习范式,即如何根据环境给出的**奖赏**(reward)来做出一系列行动选择,并执行选择的行动,"见风使舵",以最大化收益,也就是从与环境的交互中学习。通过奖赏给出学习目标,是强化学习的鲜明特点之一。相比其他学习范式,强化学习重在做出一系列行动选择。

例如,包括围棋、象棋在内的下棋,就是一个强化学习任务。机器学习模型根据环境(包括棋盘上各个棋子的位置等),来做出一个走子的行动选择(包括在哪个位置落子或移动哪个棋子到哪个位置等),以尽可能地赢得一盘棋(最大化收益的期望值)。

再如,可以把自动驾驶也看作一个强化学习任务。汽车根据当前的周围环境(包括图像传感器、雷达在内的各种传感器实时采集的数据),通过最大化收益,自动做出一系列包括踩油门、踩刹车、转动方向盘等操控动作选择,并执行选择的操控动作,最终安全抵达指定目的地。

本章中,我们从多老虎机问题入手,重点学习马尔可夫决策过程以及Q学习方法。

4.1 多老虎机问题

先考虑一个简单的强化学习问题:多老虎机问题(multi-armed bandit problem)。这个问题的名字看上去很奇怪,到底在说什么?

老虎机(slot machine),又被称为单臂匪徒(one-armed bandit),之所以这么叫,是因为旧式老虎机的侧面有一个拉杆,玩家在每次投币后,再拉动拉杆,就会得到一个输赢结果。很多时候,老虎机就像匪徒一样,会"抢"走你身上所有的钱。

所谓的多老虎机问题是指,玩家在面对一排(多台)可供选择的老虎机时,每次玩其中的一台老虎机(但不一定每次都玩同一台老虎机),为了使在玩一定次数之后(例如1000次)累计获得奖赏的期望值最大,每次应该选择哪台老虎机?由于玩家每次获得多少奖赏都不确定(随机),因此无法保证每玩一定次数后都能获得较多的累计奖赏,因此只能从期望的角度,根据累计获得奖赏的期望值来寻找最佳选择策略(多老虎机问题有意义的前提是,每台老虎机都不完全一样,并且玩家事先并不知道从哪台老虎机获得奖赏的期望值最大)。

4.1.1 多老虎机问题及初步实践

假设共有 c 台老虎机可供选择。我们在每一个时刻(也就是每一次或每一步)选择玩其中的一台老虎机,即在第 t 个时刻选择玩其中的第 A_t 台老虎机,并在接下来的第 $t+1$ 个时刻获得该台老虎机给出的奖赏 R_{t+1}(为了与本章后续各节保持一致,本节我们假设在第 $t+1$ 个时刻获得来自第 A_t 台老虎机的奖赏,当然也可以假设在第 t 个时刻就能获得来自该老虎机的奖赏)。由于我们获得奖赏的多少并不确定,故可以把 R_{t+1} 看作随机变量。同样,我们在第 t 个时刻将选择哪台老虎机事先也不确定,故可以把 A_t 也看作一个随机变量。为了便于建模该问题,假设奖赏 R_{t+1} 的取值范围为实数,$R_{t+1}\in\mathbb{R}$,即奖赏可能为正数(若获得的彩金多于投入的筹码),也可能为0(若获得的彩金等于投入的筹码)或负数(若获得的彩金少于投入的筹码)。综上所述,可以把多老虎机问题用数学算式描述为

$$a_1^*,a_2^*,\cdots,a_{l-1}^*=\underset{a_1,a_2,\cdots,a_{l-1}}{\operatorname{argmax}}\ \mathbb{E}\left(\sum_{t=1}^{l-1}R_{t+1}\mid A_t=a_t\right)=\underset{a_1,a_2,\cdots,a_{l-1}}{\operatorname{argmax}}\ \sum_{t=1}^{l-1}\mathbb{E}(R_{t+1}\mid A_t=a_t)\tag{4-1}$$

式(4-1)中,$\mathbb{E}(\cdot)$代表取期望值,在多老虎机问题中,期望值实际上就是算术平均值;$R_{t+1}|A_t=a_t$ 表示在第 t 个时刻选择第 a_t 台老虎机后得到奖赏 R_{t+1},$a_t\in\mathcal{A}$,$\mathcal{A}=\{1,$

$2,\cdots,c\}$，$t=1,2,\cdots,l-1$，$\mathcal{A}$为所有可能被选择的行动的集合(由于每台老虎机都是一个行动选择，因此这里$\mathcal{A}$为所有老虎机序号的集合)；$l-1$ 为总共玩的次数，l 为最后时刻；$\mathbb{E}(R_{t+1}|A_t=a_t)$为在第 t 个时刻选择第 a_t 台老虎机后，获得的奖赏 R_{t+1}的期望值，也就是第 a_t 台老虎机给出的奖赏的期望值；a_t^* 为第 t 个时刻的最佳行动选择，即第 t 个时刻奖赏期望值最大的老虎机。值得说明的是，式(4-1)给出的最优化问题与我们之前在监督学习中遇到的最优化问题有所不同。在式(4-1)给出的最优化问题中，我们在每一个时刻 t，都需要做出一个选择 a_t，即选择玩哪一台老虎机，而不是在最后时刻 $t=l$ 时再做出之前各个时刻的选择 a_t，$t=1,2,\cdots,l-1$。

式(4-1)中，玩家在每一个时刻做出的行动选择都不影响后续时刻做出的行动选择，而且当前时刻获得的奖赏也仅取决于上一时刻选择的行动，因此有

$$\underset{a_1,a_2,\cdots,a_{l-1}}{\operatorname{argmax}}\sum_{t=1}^{l-1}\mathbb{E}(R_{t+1}\mid A_t=a_t)=\sum_{t=1}^{l-1}\underset{a_t}{\operatorname{argmax}}\,\mathbb{E}(R_{t+1}\mid A_t=a_t)$$

即式(4-1)的解为

$$a_t^*=\underset{a_t}{\operatorname{argmax}}\,\mathbb{E}(R_{t+1}\mid A_t=a_t) \tag{4-2}$$

式(4-2)中，$t=1,2,\cdots,l-1$。也就是说，如果我们在每一个时刻 t 都选择奖赏期望值最大的第 a_t^* 台老虎机，那么就可以最大化累计获得奖赏的期望值。a_t^* 就是多老虎机问题的解。这种在每个时刻都选择奖赏期望值最大的行动(老虎机)的方法，被称为**贪婪方法**(greedy method)。奖赏期望值最大的行动被称为**贪婪行动**(greedy action)。

接下来的问题是，如何得到式(4-2)中的$\mathbb{E}(R_{t+1}|A_t=a_t)$？实际上我们无法知道每台老虎机奖赏期望值的准确值，只能对其进行估计。一个办法是，通过简单的统计来估计，即

$$\hat{\mathbb{E}}(R_{t+1}\mid A_t=a_t)=\frac{\sum_{i=1}^{t-1}r_{i+1}[A_i=a_t]}{\sum_{i=1}^{t-1}[A_i=a_t]} \tag{4-3}$$

式(4-3)中，$a_t\in\mathcal{A}$；r_{i+1}为第 $i+1$ 个时刻随机变量 R_{t+1}的取值；这里的方括号为艾佛森括号。也就是说，$\mathbb{E}(R_{t+1}|A_t=a_t)$的估计值$\hat{\mathbb{E}}(R_{t+1}|A_t=a_t)$是前 $t-1$ 个时刻内从第 a_t 台老虎机获得的平均奖赏。这是从每台老虎机获得的奖赏的样本平均值。在统计学中，样本平均值是随机变量总体平均值的无偏估计量。尽管每次计算出的样本平均值可能不相同，即样本平均值是随机变量，但样本平均值的期望值等于总体平均值。根据大数定律(law of large numbers，LLN)，式(4-3)中用来做平均的样本数量越多，样本平均值就越接近于总体平均值。所以，把样本平均值作为总体平均值的估计量，理论上是可行的。在实际计算中，式(4-3)中的除法可能会出现分母为 0 的情况，这是由于某一台老虎机还未曾被选择过，这时其分子也为 0，故这种情况下可以把除法的结果看作是 0。

为了进一步理解多老虎机问题，我们做一个仿真实验。

实验4-1 多老虎机问题。为了简便而又不失代表性，假设每台老虎机给出的奖赏都服从均值不同、方差都为 1 的正态分布，即 $R_{t+1}|A_t=a_t\sim\mathcal{N}(\mu_{a_t},1)$，$a_t\in\mathcal{A}$，$\mathcal{A}=\{1,$

$2,\cdots,c\}$。其中,μ_{a_t}为第 a_t 台老虎机给出奖赏的期望值,$\mu_{a_t}\sim\mathcal{N}(0,1)$,即其服从均值为 0、方差为 1 的正态分布。

假如我们有 1000 名同学,每名同学都分别面对 10 台这样的老虎机,即 $c=10$,采用由式(4-2)给出的选择策略,在第 1 个～第 200 个时刻上连续玩 200 次,并在第 2 个～第 201 个时刻上获得相应的 200 个奖赏(因此共 201 个时刻,即 $l=201$)。画出一条曲线:在第 2 个～第 201 个时刻上,每名同学获得的平均奖赏。这里的每名同学,就是上述多老虎机问题的一次运行(run)。

提示:①从正态分布中抽取随机样本可使用 rng.normal()方法;②寻找数组中最大值元素对应的索引可使用 np.argmax()函数;③为了便于比对画出的曲线(见图 4-1),随机种子可设为 1;④如果对编写实验程序没有任何思路、无从下手,可参考 4.4 节。

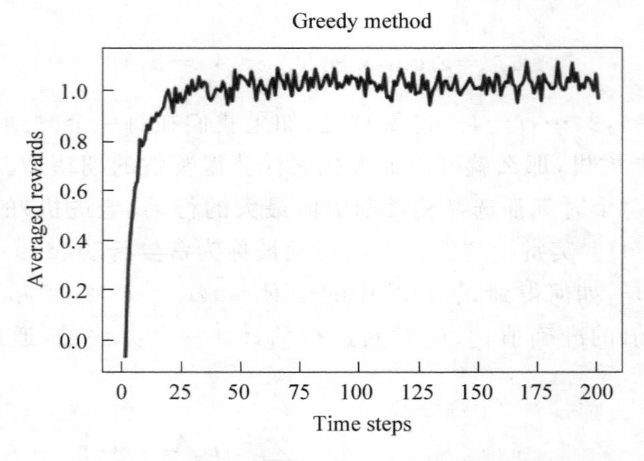

图 4-1　实验 4-1 中每名同学获得的平均奖赏

从图 4-1 中可以看出,在上述多老虎机问题中使用贪婪方法,每名同学平均每次可以获得 1 左右的奖赏。看起来贪婪方法的效果不错。那么,是否有更好的办法来指导我们每次选择哪一台老虎机,以获得更多的累计奖赏?

想一想　我们使用的贪婪方法,是否存在什么问题?如果存在,如何改进?

在这 10 台老虎机中,存在一台或多台给出的奖赏的期望值最高的老虎机。如果我们在首次玩这台老虎机时,碰巧获得的奖赏较低,那么据此计算出来的这台老虎机的奖赏期望值的估计值也相应较低,根据贪婪方法,在该时刻以后的一系列选择中,可能都不会再次选择这台老虎机。因此,使用贪婪方法,有可能会错过奖赏期望值最高的老虎机,从而影响我们获得的累计奖赏。

在强化学习中,把像贪婪方法这样利用现有经验获取奖赏的方式,称为利用(exploitation)。利用只使用通过过去积累得来的现有经验做出选择,显然有可能会过于短视,因为现有的经验可能并不全面,只见局部而不见整体,而且未来出现的情况也可能与现有经验不一致，导致现有经验过时。因此，仅仅利用现有经验做出的选择，从长远来看，并不一定是最佳选择。

为了获得更全面、更适时的经验，我们需要经常尝试不同的选择，根据获得的奖赏从中发现更好的选择。与利用相反，我们把这种为了在未来做出更好选择而在现阶段尝试不同选择的方式，称为**探索**(exploration)。既然是探索，就有可能成功(发现比使用贪婪方法获得更多奖赏的选择)，也可能失败(获得的奖赏不如使用贪婪方法获得的多)。因此，无论是利用，还是探索，都各有利弊。如何折中利用与探索，是强化学习中面临的一个挑战。

4.1.2 ε 贪婪方法

利用与探索之间的一个基本的折中办法是 **ε 软**(ε-soft)方法。该方法是指，在每个时刻我们做出选择时，不再像贪婪方法那样固定选择当前奖赏期望值最大的那个行动(即贪婪行动)，而是随机选择一个行动(随机选择一台老虎机)，选择每个行动的概率都不小于一个预先给定的概率，即

$$P(A_t=a_t)\geqslant\frac{\varepsilon}{c}$$

其中，ε 为一个较小的正数，例如 0.1；c 为可供选择的行动数量(可供选择的老虎机的数量)；$a_t\in\mathcal{A}, t=1,2,\cdots,l-1$。显然，选择贪婪行动的概率为

$$P(A_t=a_t^*)=1-\sum_{a_t\in\mathcal{A},a_t\neq a_t^*}P(A_t=a_t)$$

其中，a_t^* 为奖赏期望值最大的行动，即贪婪行动。特别地，当选择每个非贪婪行动的概率都等于 ε/c 时，则选择贪婪行动的概率为 $1-(c-1)\varepsilon/c=1-\varepsilon+\varepsilon/c$，这样的 ε 软方法称为 **ε 贪婪**(ε-greedy)方法。

实际上，ε 贪婪方法如果称为(1－ε)贪婪方法，将更便于理解。因为在 ε 贪婪方法中，每次面临做选择时，首先以(1－ε)的概率选择贪婪行动，此时我们在做利用；如果没有选择贪婪行动，则以相同的概率随机选择一个行动，此时我们在做探索。因此，ε 贪婪是利用与探索之间的一个折中，参数 ε 的大小决定了折中的程度。

实验 4-2 用 ε 贪婪方法解实验 4-1 中的多老虎机问题。将每名同学连续玩的次数从 200 增加至 500。在保留实验 4-1 中平均奖赏曲线的同时，在同一幅图中再增加一条使用 ε 贪婪方法画出的平均奖赏曲线。

提示：①ε 可以取 0.01；②从[0,1)区间均匀分布中随机抽取样本可使用 rng.random()方法；③返回指定区间均匀分布的随机整数可使用 rng.integers()方法。

本实验中画出的曲线如图 4-2 所示。可以看出，在使用 ε 贪婪方法引入探索后，可获得更多的平均奖赏。

4.1.3 强化学习的要素

经过前面 4.1.1 节和 4.1.2 节的学习，我们对强化学习已经有了一个大致的印象。多

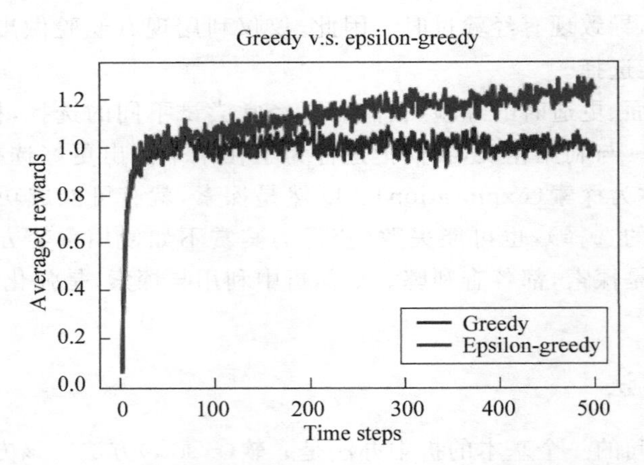

图 4-2 使用贪婪方法及 ε 贪婪方法获得的平均奖赏

老虎机问题只是强化学习中的一个最基本的问题。

在强化学习中,**智能体**(agent)通过做出一系列**行动**(action)来与**环境**(environment)相互交互,以最大化其从环境累计获得的奖赏。所谓的智能体是指能够做出行动选择的强化学习模型本身,而不在模型控制范围之内的一切外在系统都笼统地称为环境。所谓的行动就是指智能体在每一个时刻的选择,即选择执行哪个行动。

智能体与环境之间的交互过程,就像人训练宠物的过程,其中宠物是智能体,人是智能体之外的环境。宠物可以观察到人的肢体动作,可以听到人发出的声音。如果宠物按照人的要求做对了某件事,人就给宠物一个奖赏,以鼓励宠物再做同样的事;如果做错了,人就不会给宠物奖赏,甚至可能还会给宠物一个惩罚。这就是强化学习的过程。强化学习的"强化"(reinforcement)是指强化行为模式。只不过强化学习模型"六亲不认",唯一目标就是最大化累计获得的奖赏,而且"不择手段",为达到目的可以做出指定范围内的任何选择(即选择执行指定范围内的任何行动)。

基于以上交互过程,一个强化学习系统通常包含 4 个要素:**策略**(policy)、**奖赏信号**(reward signal)、**价值函数**(value function)以及**环境模型**(model of the environment)。

所谓的策略,是指在每一个时刻智能体(强化学习模型)如何做出选择,即如何选择执行哪个行动。强化学习模型的目标由奖赏信号给出。在每一个时刻智能体做出选择、执行选择的行动之后,外部环境都会给智能体反馈一个奖赏信号。强化学习中的奖赏信号是一个标量数值,可能为正数(表示鼓励),可能为负数(表示惩罚),也可能为 0(既不鼓励也不惩罚)。智能体根据奖赏信号来学习一个能够最大化其获得的累计奖赏的最佳策略,这个最佳策略就是强化学习模型需要得到的解。

值得说明的是,强化学习中的"时刻",实质上是"步"的概念,每一个时刻即每一步,因为这里我们只关注两个时刻之间的先后顺序关系,而不在意两个时刻之间的时间间隔大小。因此,各个时刻之间的时间间隔既可以都相等,也可以都不相等。

由于智能体在每一个时刻执行所选择的行动之后才能在下一个时刻获得奖赏,因此智能体无法直接根据在下一个时刻才能获得的奖赏来选择当前时刻的行动。那么,智能体在每一个时刻根据什么做出行动选择？笼统地说，是根据建立现有经验基础上的“推测”，推测在当前时刻如果选择执行某一个行动，在未来将会获得更多的奖赏。正如在多老虎机问题中我们根据各台老虎机之前时刻给出的奖赏，估计每台老虎机的奖赏期望值，用来选择贪婪行动一样。当然，如果使用 ε 贪婪方法，也可能随机做出行动选择。在多老虎机问题中，这种“推测”是智能体对各台老虎机奖赏期望值的估计。更一般地，这种“推测”是智能体内部的价值函数，智能体依靠价值函数来判断在当前时刻做出哪个行动选择后将会在未来带来更多的奖赏。价值函数是智能体对未来累计获得奖赏的期望值的估计。

环境模型则是智能体为外部环境建立的、模仿环境行为的数学模型，智能体根据这个模型来预测在其选择执行某个行动后环境将会有何反应，例如预测环境反馈给智能体的奖赏。使用环境模型的强化学习方法被称为基于模型的(model-based)方法。然而，并非在所有问题中，都能够建立一个足够准确的环境模型。

在 4.2 节中，我们将学习在强化学习中经常使用的环境模型：马尔可夫决策过程。

4.2　马尔可夫决策过程

在多老虎机问题中，我们可以将多台老虎机看作智能体控制范围之外的环境。我们默认为这些老虎机及其他外部环境在玩家玩的过程中都不会发生任何变化，包括每台老虎机的奖赏期望值都不随时间、玩家选择等因素发生任何变化。而实际上，在玩家玩的过程中，包括老虎机奖赏期望值在内的外部环境，都可能会不断发生变化。例如，当玩家从某台老虎机处获得了过多的累计奖赏之后，这台老虎机可能会自动调低其奖赏期望值。在这种情况下，为了最大化获得的累计奖赏，我们需要根据不同的外部环境，来做出不同的选择，以便在不同的环境下都能做出最有利的选择。

很自然地我们会想到，可以把智能体控制之外的环境大致划分为若干不同的**状态**(state)，这些状态包含智能体做出行动选择时所需参考的所有信息，以便智能体仅需根据环境状态就能做出最有利的选择。举个例子，很多同学在参加课程学习时，都比较关心课程的成绩，希望在获得满意成绩的同时投入尽可能少的课余时间。假如一门课的成绩由一系列不完全相同的各个考核环节的总成绩给出，授课教师仅告知学生下一次考核的形式与满分，并在每次考核之后都及时发布该次考核成绩，那么学生为了最终获得满意的课程成绩并投入尽量少的课余时间，就可以根据下一次考核的形式与满分，以及自己当前的课程成绩等情况，来选择为准备下一次考核投入多少课余时间。在这个例子中，不同的考核形式与满分，与学生当前的课程成绩一起，构成了若干不同的状态。例如，考核形式为随堂测试、满分 5 分、某同学当前的课程成绩为 18 分，合在一起就构成了一个状态；而闭卷考试、满分 30 分、当前课程成绩 56 分，构成了另一个不同的状态。智能体(学生)可根据每次面对的不同环境状态，做出一个行动选择(例如为准备下一次考核而投入 1 小时课余时间)。

更一般地，可以认为智能体之外的环境共有多个互斥出现的可能的状态，在智能体每次做出行动选择并采取行动之后，环境的状态可能会发生改变，即从一个状态进入另一个状态。可以把这种状态的改变看作状态的转移，即环境从一个状态转移到另一个状态。从概率的角度，可以把状态之间的转移看作随机事件，并且环境当前所处的状态可能取决于环境之前曾处于的所有状态(例如，某同学当前的课程成绩可能取决于之前每次考核后的课程成绩)，即环境进入当前状态的概率是以之前曾处于的所有状态为条件的条件概率

$$P(S_t = s_t \mid S_{t-1} = s_{t-1}, \cdots, S_1 = s_1) \tag{4-4}$$

式(4-4)中，S_t 表示第 t 个时刻环境所处的状态。由于第 t 个时刻环境所处的状态并不确定，故 S_t 是随机变量，s_t 为第 t 个时刻环境状态 S_t 的具体取值。很多时候，环境在当前时刻的状态大致上仅取决于其前一个或前几个时刻的状态，尤其可能仅取决于其前一个时刻的状态(例如，某同学当前的课程成绩仅取决于上一次考核之前的课程成绩)。在这种情况下，式(4-4)可近似为

$$P(S_t = s_t \mid S_{t-1} = s_{t-1}, \cdots, S_1 = s_1) \approx P(S_t = s_t \mid S_{t-1} = s_{t-1})$$

这种当前时刻的状态仅取决于前一时刻状态的性质，称为**马尔可夫性**(Markov property)。也可以将马尔可夫性理解为下一时刻的状态仅取决于当前时刻的状态。例如，如果将某同学某一天的容貌看作一个状态，且满足马尔可夫性，那么该同学今天的容貌是什么样仅取决于昨天的容貌是什么样，而明天的容貌又仅取决于今天的容貌，以此类推。

如果将环境状态、马尔可夫性与多老虎机问题中的行动选择、奖赏等要素相结合，那么就得到了**马尔可夫决策过程**(Markov decision process，MDP)。与马尔可夫性一样，马尔可夫决策过程以俄罗斯数学家安德烈·安德烈耶维奇·马尔可夫(Andrey Andreyevich Markov)的名字命名。

4.2.1 什么是马尔可夫决策过程

马尔可夫决策过程(以下简称为MDP)是从智能体的角度，为与智能体相互交互的外部环境建立的一个数学模型。在MDP中，在第 t 个时刻，智能体通过观察环境的当前状态 S_t，来做出行动选择 A_t(即从当前环境状态下的若干可选的行动之中选择一个并执行，执行该行动可能会对下一个时刻的环境状态 S_{t+1} 产生影响)，并在下一个时刻获得来自环境反馈的奖赏 R_{t+1}，周而复始，如图4-3所示。

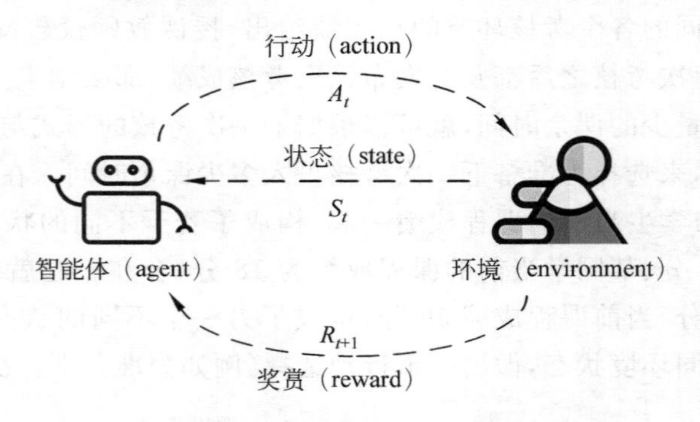

图 4-3 MDP中智能体与环境之间的交互

如果按照时间先后的顺序，对上述这些事件排序，可得到迹线 $S_1, A_1, S_2, R_2, A_2, S_3, R_3, A_3, S_4, R_4, \cdots$，如图 4-4 所示。

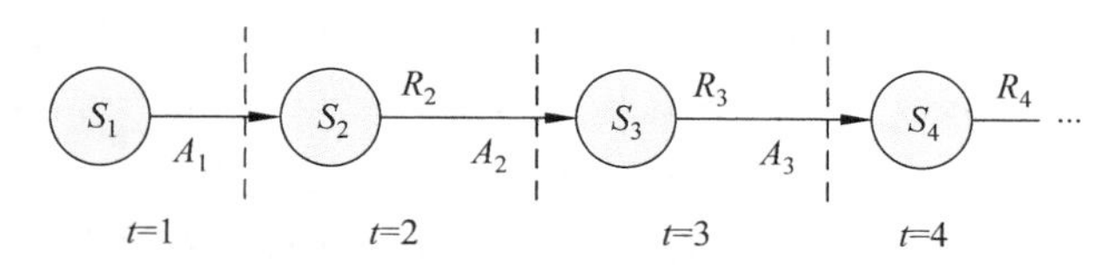

图 4-4　MDP 中状态、行动、奖赏的时间迹线

MDP 中的马尔可夫性体现在，下一时刻的环境状态 S_{t+1}，仅取决于其当前时刻的状态 S_t，而与其之前时刻的各个状态 $S_{t-1}, S_{t-2}, \cdots, S_1$ 都没有关系。这实际上是我们对环境的一个理想假设。

在学生课程成绩这个例子中，环境当前的状态 S_t 可以由下一次考核的形式与满分，以及某同学当前的课程成绩共同构成，该同学可根据当前状态，即下一次考核的形式与满分，以及自己当前已有的课程成绩，来做出一个选择 A_t 并付诸实施，例如选择投入 1 小时课余时间用来准备下一次考核。在下一次考核结束后，授课教师给该同学反馈一个该次考核的成绩，然后该同学把该次考核成绩加入当前的课程成绩中，再结合授课教师最新给出的下一次考核的形式与满分，得到一个新的状态 S_{t+1}。由于该同学的目的是在获得满意成绩的同时投入尽可能少的课余时间，所以这里的奖赏 R_{t+1} 可以取一个其绝对值与该同学投入课余时间成正比的负数。如果在最后一次考核结束后，该同学得到了满意的课程成绩，那么最后一个时刻的奖赏值可在此基础上再加上一个正数，表示达到了既定目标。

特别地，如果 MDP 中状态的可能取值集合 $\mathcal{S}$，各个状态下行动的可能取值集合 $\mathcal{A}(s)$，以及奖赏的可能取值集合 $\mathcal{R}$，都只包含有限个元素，这样的 MDP 被称为**有限 MDP**(finite MDP)。本章中提及的 MDP 都是指有限 MDP。

由于在 MDP 中，下一个时刻的环境状态 S_{t+1} 取决于当前时刻的环境状态 S_t（而与其他时刻的环境状态没有关系，即满足马尔可夫性），也取决于当前时刻智能体在环境状态 S_t 下采取的行动 A_t，用条件概率可描述为 $P(S_{t+1}=s_{t+1} \mid S_t=s_t, A_t=a_t)$；而下一个时刻环境反馈给智能体的奖赏 R_{t+1} 则取决于当前时刻智能体在环境状态 S_t 下采取的行动 A_t，以及下一个时刻的环境状态 S_{t+1}，即 $P(R_{t+1}=r_{t+1} \mid S_{t+1}=s_{t+1}, S_t=s_t, A_t=a_t)$。其中，$s_t \in \mathcal{S}, a_t \in \mathcal{A}(s_t), r_{t+1} \in \mathcal{R} \subset \mathbb{R}, t=1,2,3,\cdots$。

如果我们知道上述两类条件概率 $P(S_{t+1}=s_{t+1} \mid S_t=s_t, A_t=a_t)$ 和 $P(R_{t+1}=r_{t+1} \mid S_{t+1}=s_{t+1}, S_t=s_t, A_t=a_t)$ 的所有具体取值，那么就可以明确环境的状态转移模型以及环境反馈给智能体的奖赏，从而确定一个用来描述环境行为的 MDP。

根据条件概率公式 $P(A \mid B)P(B)=P(AB)$，可得

$$\begin{aligned} & P(R_{t+1}=r_{t+1} \mid S_{t+1}=s_{t+1}, S_t=s_t, A_t=a_t)P(S_{t+1}=s_{t+1} \mid S_t=s_t, A_t=a_t) \\ & \quad = P(S_{t+1}=s_{t+1}, R_{t+1}=r_{t+1} \mid S_t=s_t, A_t=a_t) \end{aligned} \tag{4-5}$$

此外，根据全概率公式 $P(A)=P(AB_1)+P(AB_2)+\cdots+P(AB_n)$，可得

$$P(S_{t+1}=s_{t+1} \mid S_t=s_t, A_t=a_t)=\sum_{r_{t+1} \in \mathcal{R}} P(S_{t+1}=s_{t+1}, R_{t+1}=r_{t+1} \mid S_t=s_t, A_t=a_t) \tag{4-6}$$

因此,如果我们知道 $P(S_{t+1}=s_{t+1}, R_{t+1}=r_{t+1} \mid S_t=s_t, A_t=a_t)$,就可以求得 $P(R_{t+1}=r_{t+1} \mid S_{t+1}=s_{t+1}, S_t=s_t, A_t=a_t)$ 和 $P(S_{t+1}=s_{t+1} \mid S_t=s_t, A_t=a_t)$,反之亦然。所以,我们可以用概率质量函数 $p(s_{t+1}, r_{t+1} \mid s_t, a_t)$ 来确定并描述一个 MDP。

$$p(s_{t+1}, r_{t+1} \mid s_t, a_t) = P(S_{t+1}=s_{t+1}, R_{t+1}=r_{t+1} \mid S_t=s_t, A_t=a_t) \tag{4-7}$$

式(4-7)中,$p(s_{t+1}, r_{t+1} \mid s_t, a_t)$ 是 s_{t+1}、r_{t+1}、s_t、a_t 的函数。

从以上定义也可以看出,MDP 对各个时刻之间的时间间隔没有要求,因此各个时刻之间的时间间隔可以互不相等。但是,在环境的各个状态下,可供智能体选择的行动的取值集合 $\mathcal{A}(s)$ 可能会不完全相同,即 $\mathcal{A}(s_i) \neq \mathcal{A}(s_j), i \neq j$。这些行动的取值集合包含智能体在不同环境状态下可以做出的行动选择。行动既可以是打开某个控制开关等较低层面的控制行为,也可以是选择某高校作为高考第一志愿等较高层面的决策行为。环境是智能体控制范围之外的任何事物。状态应包含有助于智能体做出行动选择的所有相关信息。状态既可以由较低层面的客观的传感器读数确定,也可以由较高层面的主观评价确定。在不同的具体强化学习任务中,行动与状态的选取可能完全不同。不同的行动与状态选取,可能会导致不同的策略。在现阶段,如何选取行动与状态,与其说是科学,不如说是艺术。

关于奖赏,其取值应代表我们想要智能体经过学习达成的目标,而不是如何达成这个目标;其取值应使智能体在最大化所获奖赏的同时,完成我们为之设定的目标。例如,在下棋任务中,应该让智能体只有在赢得一盘棋的时候才能够获得一个正数奖赏(例如 +1),而不是在吃掉对方的棋子时获得一个正数奖赏,否则智能体将会去学习如何吃掉对方的棋子而不是去学习如何赢得一盘棋。

4.2.2 收益与最优策略

在强化学习中,笼统地说,智能体的目标是最大化其未来获得的累计奖赏,不仅包括未来短期内获得的奖赏,也包括未来长期内获得的奖赏。由于智能体在每一个时刻获得的奖赏可能都是随机的,即 R_{t+1} 是随机变量,$t=1,2,3,\cdots$,因此我们只能最大化智能体未来累计获得奖赏的期望值。这个未来累计获得的奖赏,被称为**收益**(return)。

在一些任务中,智能体与环境之间的交互过程存在一个最后时刻 l,即智能体在第 $l-1$ 个时刻与环境进行最后一次交互,并在第 l 个时刻获得环境反馈的最后一个奖赏,这样的任务称为**阶段性任务**(episodic task)。例如,下棋是阶段性任务。智能体在一盘棋的最后一个时刻根据其胜负获得一个奖赏(如果获胜,将获得一个正数奖赏,反之将获得一个负数奖赏),并结束这盘棋。对于阶段性任务,智能体在第 t 个时刻的收益 $G_t^{l,1}$ 为其在未来 $l-t$ 个时刻内累计获得的奖赏,即

$$G_t^{l,1} = R_{t+1} + R_{t+2} + R_{t+3} + \cdots + R_l = \sum_{i=t+1}^{l} R_i \tag{4-8}$$

特别地,智能体在最后一个时刻 l 的收益 $G_l^{l,1}=0$。在另一些任务中,智能体与环境之间的交互过程并不显式地存在一个最后时刻,而是将一直持续进行下去,即 $l=+\infty$,这样的任务称为**连续性任务**(continuing task)。例如,在智能家居中,智能体根据温度等传感器定期采集的数据,不断地调整室内加热与制冷等设备的工作状态。对于连续性任

务，如果仍按照式(4-8)定义收益，那么收益 $G_t^{\infty,1}$ 将是无穷多项奖赏之和，这使得 $G_t^{\infty,1}$ 可能无穷大，我们将无法最大化 $G_t^{\infty,1}$。因此，对于连续性任务，我们引入**折扣**(discounting)的概念，并用**折扣收益**(discounted return)$G_t^{\infty,\gamma}$ 来取代 $G_t^{\infty,1}$，即

$$G_t^{\infty,\gamma}=R_{t+1}+\gamma R_{t+2}+\gamma^2 R_{t+3}+\cdots=\sum_{i=t+1}^{+\infty}\gamma^{i-t-1}R_i \tag{4-9}$$

式(4-9)中，γ 是参数，称为**折扣率**(discount rate)，$0\leqslant\gamma<1$。显然，折扣率 γ 越大，折扣收益中将包含越多来自于更远未来的奖赏，这使得智能体更加注重长期收益；折扣率 γ 越小，折扣收益中将包含越多来自于近期未来的奖赏，这使得智能体更加注重短期收益。那么，引入折扣率之后的折扣收益 $G_t^{\infty,\gamma}$ 是否可能无穷大？

借助于等比数列求和公式，可得

$$G_t^{\infty,\gamma}=\sum_{i=t+1}^{+\infty}\gamma^{i-t-1}R_i\leqslant\sum_{i=t+1}^{+\infty}\gamma^{i-t-1}r_{\max}=r_{\max}\sum_{i=t+1}^{+\infty}\gamma^{i-t-1}=\frac{r_{\max}}{1-\gamma}$$

其中，$r_{\max}$ 是智能体在未来所有时刻上可能获得的所有奖赏中的最大值。从该式可知，$G_t^{\infty,\gamma}$ 的值不会超过 $r_{\max}/(1-\gamma)$，因此我们可以最大化 $G_t^{\infty,\gamma}$。

综合式(4-8)和式(4-9)，我们可以将阶段性任务的有限收益 $G_t^{l,1}$ 和连续性任务的折扣收益 $G_t^{\infty,\gamma}$ 统称为收益 G_t，并统一写为下式：

$$G_t=\sum_{i=t+1}^{l}\gamma^{i-t-1}R_i \tag{4-10}$$

式(4-10)中，$0\leqslant\gamma\leqslant1$。如果 $\gamma=1$ 且 l 有限，则 $G_t=G_t^{l,1}$，式(4-10)成为阶段性任务的收益；如果 $l=+\infty$ 且 $0\leqslant\gamma<1$，则 $G_t=G_t^{\infty,\gamma}$，式(4-10)成为连续性任务的折扣收益；但 $\gamma=1$ 和 $l=+\infty$ 二者不能同时成立。因此，引入统一的收益 G_t 之后，在后续的公式推导过程中，可以不必再显式地区分阶段性任务与连续性任务。

之前我们提及过，智能体的目标是最大化其未来累计获得奖赏的期望值，也就是最大化收益的期望值。如果我们将与智能体相互交互的环境建模为 MDP，且在第 t 个时刻智能体所处的环境状态为 S_t，那么智能体在第 t 个时刻的收益 G_t 的期望值可以记为 $\mathbb{E}(G_t|S_t=s_t)$，因为从式(4-10)和式(4-7)可知，收益 G_t 取决于智能体当前所处的环境状态 S_t 以及当前时刻 t。

通过最大化智能体在各个环境状态下收益的期望值 $\mathbb{E}(G_t|S_t=s_t)$，$s_t\in\mathcal{S}$，我们希望能够求得智能体在各个环境状态下如何做出最有利的行动选择，即**最优策略**(optimal policy)。

我们在 4.1 节中学习过的 ε 贪婪方法就是一种如何做出行动选择的策略，该方法给出了选择各个行动的概率。更一般地，在 MDP 中我们用概率质量函数 $p(a_t\mid s_t)=P(A_t=a_t\mid S_t=s_t)$ 来表示一个策略，即当智能体处于环境状态 S_t 下时，其选择行动 A_t 的概率。可见，$p(a_t\mid s_t)$ 是 s_t 与 a_t 的函数，$\sum\limits_{a_t\in\mathcal{A}(s_t)}p(a_t\mid s_t)=1$。特别地，如果 $p(a_t\mid s_t)=1$，则表示智能体在环境状态 s_t 下必然选择行动 a_t。

最优策略是指能够最大化智能体在各个环境状态下的收益期望值的策略，可记作 $p^*(a_t|s_t)$，$s_t\in\mathcal{S}$，$a_t\in\mathcal{A}(s_t)$。最优策略可能不唯一。由于在不同时刻 t 下智能体的收益

G_t 的期望值可能不同(例如在阶段性任务中当时刻 t 接近于最后时刻 l 时),因此智能体在不同时刻 t 下的最优策略可能不同,即最优策略也是时刻 t 的函数,记作 $p_t^*(a_t|s_t)$。

综上所述,MDP 问题可以被抽象为已知概率质量函数 $p(s_{t+1},r_{t+1}|s_t,a_t)$ 以及奖赏的取值集合$\mathcal{R}$,求在任何状态 $s_t\in\mathcal{S}$下、在任意时刻 t 下最大化收益期望值$\mathbb{E}(G_t|S_t=s_t)$的最优策略 $p_t^*(a_t|s_t)$的问题。特别地,如果最优策略 $p_t^*(a_t|s_t)$不随时刻 t 的改变而改变,可记为 $p^*(a_t|s_t)$。

4.2.3 贝尔曼最优性方程

那么,如何求解上述 MDP 问题?

为了简化书写,我们将 t 时刻状态 S_t 下收益 G_t 的期望值$\mathbb{E}(G_t|S_t=s_t)$记作 $v_t(s_t)$。$v_t(s_t)$就是我们想要最大化的目标函数,也被称为(t 时刻的)**状态价值函数**(state-value function),表示智能体如果在 t 时刻、在环境状态 S_t 下按照策略 $p_t(a_t|s_t)$开始与环境交互的话,未来可获得收益的期望值,即在 t 时刻以及策略 $p_t(a_t|s_t)$下状态 s_t 的价值。对 $v_t(s_t)$做进一步整理:

$$
\begin{aligned}
v_t(s_t) &= \mathbb{E}(G_t \mid S_t=s_t) = \mathbb{E}((R_{t+1}+\gamma G_{t+1}) \mid S_t=s_t) \\
&= \mathbb{E}(R_{t+1} \mid S_t=s_t) + \gamma\, \mathbb{E}(G_{t+1} \mid S_t=s_t) \\
&= \sum_{r_{t+1}\in\mathcal{R}} r_{t+1} p(r_{t+1} \mid s_t) + \gamma \sum_{g_{t+1}\in\mathcal{G}} g_{t+1} p(g_{t+1} \mid s_t) \\
&= \sum_{r_{t+1}\in\mathcal{R}} r_{t+1} \sum_{s_{t+1}\in\mathcal{S}} p(s_{t+1},r_{t+1} \mid s_t) + \gamma \sum_{g_{t+1}\in\mathcal{G}} g_{t+1} \sum_{s_{t+1}\in\mathcal{S}} p(s_{t+1},g_{t+1} \mid s_t) \\
&= \sum_{r_{t+1}\in\mathcal{R}} r_{t+1} \sum_{s_{t+1}\in\mathcal{S}} \sum_{a_t\in\mathcal{A}(s_t)} p_t(s_{t+1},r_{t+1},a_t \mid s_t) \\
&\quad + \gamma \sum_{g_{t+1}\in\mathcal{G}} g_{t+1} \sum_{s_{t+1}\in\mathcal{S}} p(s_{t+1} \mid s_t) p(g_{t+1} \mid s_{t+1},s_t) \\
&= \sum_{r_{t+1}\in\mathcal{R}} r_{t+1} \sum_{s_{t+1}\in\mathcal{S}} \sum_{a_t\in\mathcal{A}(s_t)} p_t(a_t \mid s_t) p(s_{t+1},r_{t+1} \mid s_t,a_t) \\
&\quad + \gamma \sum_{g_{t+1}\in\mathcal{G}} g_{t+1} \sum_{s_{t+1}\in\mathcal{S}} p(s_{t+1} \mid s_t) p(g_{t+1} \mid s_{t+1}) \\
&= \sum_{r_{t+1}\in\mathcal{R}} r_{t+1} \sum_{s_{t+1}\in\mathcal{S}} \sum_{a_t\in\mathcal{A}(s_t)} p_t(a_t \mid s_t) p(s_{t+1},r_{t+1} \mid s_t,a_t) \\
&\quad + \gamma \sum_{g_{t+1}\in\mathcal{G}} g_{t+1} \sum_{s_{t+1}\in\mathcal{S}} p(g_{t+1} \mid s_{t+1}) \sum_{a_t\in\mathcal{A}(s_t)} p_t(s_{t+1},a_t \mid s_t) \\
&= \sum_{r_{t+1}\in\mathcal{R}} r_{t+1} \sum_{s_{t+1}\in\mathcal{S}} \sum_{a_t\in\mathcal{A}(s_t)} p_t(a_t \mid s_t) p(s_{t+1},r_{t+1} \mid s_t,a_t) \\
&\quad + \gamma \sum_{g_{t+1}\in\mathcal{G}} g_{t+1} \sum_{s_{t+1}\in\mathcal{S}} p(g_{t+1} \mid s_{t+1}) \sum_{a_t\in\mathcal{A}(s_t)} p_t(a_t \mid s_t) p(s_{t+1} \mid s_t,a_t) \\
&= \sum_{r_{t+1}\in\mathcal{R}} r_{t+1} \sum_{s_{t+1}\in\mathcal{S}} \sum_{a_t\in\mathcal{A}(s_t)} p_t(a_t \mid s_t) p(s_{t+1},r_{t+1} \mid s_t,a_t) \\
&\quad + \gamma \sum_{g_{t+1}\in\mathcal{G}} g_{t+1} \sum_{s_{t+1}\in\mathcal{S}} p(g_{t+1} \mid s_{t+1}) \sum_{a_t\in\mathcal{A}(s_t)} p_t(a_t \mid s_t) \sum_{r_{t+1}\in\mathcal{R}} p(s_{t+1},r_{t+1} \mid s_t,a_t)
\end{aligned}
$$

$$= \sum_{a_t \in \mathcal{A}(s_t)} p_t(a_t \mid s_t) \sum_{s_{t+1} \in \mathcal{S}} \sum_{r_{t+1} \in \mathcal{R}} p(s_{t+1}, r_{t+1} \mid s_t, a_t) r_{t+1}$$

$$+ \gamma \sum_{a_t \in \mathcal{A}(s_t)} p_t(a_t \mid s_t) \sum_{s_{t+1} \in \mathcal{S}} \sum_{r_{t+1} \in \mathcal{R}} p(s_{t+1}, r_{t+1} \mid s_t, a_t) \sum_{g_{t+1} \in \mathcal{G}} g_{t+1} p(g_{t+1} \mid s_{t+1})$$

$$= \sum_{a_t \in \mathcal{A}(s_t)} p_t(a_t \mid s_t) \sum_{s_{t+1} \in \mathcal{S}} \sum_{r_{t+1} \in \mathcal{R}} p(s_{t+1}, r_{t+1} \mid s_t, a_t)(r_{t+1} + \gamma \sum_{g_{t+1} \in \mathcal{G}} g_{t+1} p(g_{t+1} \mid s_{t+1}))$$

$$= \sum_{a_t \in \mathcal{A}(s_t)} p_t(a_t \mid s_t) \sum_{s_{t+1} \in \mathcal{S}} \sum_{r_{t+1} \in \mathcal{R}} p(s_{t+1}, r_{t+1} \mid s_t, a_t)(r_{t+1} + \gamma \mathbb{E}(G_{t+1} \mid S_{t+1} = s_{t+1}))$$

$$= \sum_{a_t \in \mathcal{A}(s_t)} p_t(a_t \mid s_t) \sum_{s_{t+1} \in \mathcal{S}} \sum_{r_{t+1} \in \mathcal{R}} p(s_{t+1}, r_{t+1} \mid s_t, a_t)(r_{t+1} + \gamma v_{t+1}(s_{t+1}))$$

上式中，g_{t+1}为收益随机变量G_{t+1}的取值，$g_{t+1} \in \mathcal{G}$；$p_t(\cdot)$表示该概率质量函数的值与时刻t有关。上式即

$$v_t(s_t) = \sum_{a_t \in \mathcal{A}(s_t)} p_t(a_t \mid s_t) \sum_{s_{t+1} \in \mathcal{S}} \sum_{r_{t+1} \in \mathcal{R}} p(s_{t+1}, r_{t+1} \mid s_t, a_t)(r_{t+1} + \gamma v_{t+1}(s_{t+1})) \tag{4-11}$$

式(4-11)中，$s_t \in \mathcal{S}$，$t = 1, 2, \cdots, l-1$；若MDP模型已确定，则$p(s_{t+1}, r_{t+1} | s_t, a_t)$、$r_{t+1}$都已知；$\gamma$为参数。式(4-11)被称为**贝尔曼方程**(Bellman equation)，其给出了当前时刻t下环境状态s_t的价值$v_t(s_t)$与下一个时刻$t+1$下状态s_{t+1}的价值$v_{t+1}(s_{t+1})$之间的迭代关系。值得注意的是，由于环境状态的可能取值通常有多个，因此式(4-11)实际上是一组方程，方程的数量等于状态可能取值的数量。

之前我们讨论过，对于阶段性任务，存在一个最后时刻l；对于连续性任务，虽然不存在最后时刻，但是$0 \leqslant \gamma < 1$，所以在式(4-9)中当i足够大时$\gamma^{i-t-1} R_i$足够接近于0，可以近似地认为存在一个足够大的最后时刻l，使得$\gamma^{l-t} R_{l+1} \approx 0$。因此，不论是阶段性任务，还是连续性任务，都可以认为其存在一个最后时刻l，使得对于所有的$s_l \in \mathcal{S}$都有

$$v_l(s_l) = \mathbb{E}(G_l \mid S_l = s_l) = 0$$

因此，由式(4-11)可得

$$v_{l-1}(s_{l-1}) = \sum_{a_{l-1} \in \mathcal{A}(s_{l-1})} p_{l-1}(a_{l-1} \mid s_{l-1}) \sum_{s_l \in \mathcal{S}} \sum_{r_l \in \mathcal{R}} p(s_l, r_l \mid s_{l-1}, a_{l-1})(r_l + \gamma v_l(s_l))$$

$$= \sum_{a_{l-1} \in \mathcal{A}(s_{l-1})} p_{l-1}(a_{l-1} \mid s_{l-1}) \sum_{s_l \in \mathcal{S}} \sum_{r_l \in \mathcal{R}} p(s_l, r_l \mid s_{l-1}, a_{l-1}) r_l$$

$$= \sum_{a_{l-1} \in \mathcal{A}(s_{l-1})} p_{l-1}(a_{l-1} \mid s_{l-1}) \mathbb{E}(R_l \mid S_{l-1} = s_{l-1}, A_{l-1} = a_{l-1})$$

即

$$v_{l-1}(s_{l-1}) = \sum_{a_{l-1} \in \mathcal{A}(s_{l-1})} p_{l-1}(a_{l-1} \mid s_{l-1}) \mathbb{E}(R_l \mid S_{l-1} = s_{l-1}, A_{l-1} = a_{l-1}) \tag{4-12}$$

由于我们希望通过最大化$v_{l-1}(s_{l-1})$来求得最优策略$p_{l-1}^*(a_{l-1} | s_{l-1})$，因此在式(4-12)中，可以把$p_{l-1}(a_{l-1} | s_{l-1})$看作变量，从而把该式看作“$y = w_1 x_1 + w_2 x_2 + \cdots + w_n x_n$”的形式。这里，$x_i = p_{l-1}(a_{l-1}^i | s_{l-1})$为变量，$i = 1, 2, \cdots, n$；$a_{l-1}^i$代表智能体在第$l-1$个时刻可选行动的第$i$个具体取值；$n = |\mathcal{A}(s_{l-1})|$，$|\mathcal{A}(s_{l-1})|$代表集合$\mathcal{A}(s_{l-1})$中元素的数量；$w_i = \mathbb{E}(R_l | S_{l-1} = s_{l-1}, A_{l-1} = a_{l-1}^i)$为系数；$y = v_{l-1}(s_{l-1})$。如果我们想要最大化

$v_{l-1}(s_{l-1})$的值,则该问题就成为一个线性规划(linear programming)问题,即

$$\underset{x_1,x_2,\cdots,x_n}{\text{maximize}}\ w_1x_1+w_2x_2+\cdots+w_nx_n \tag{4-13}$$

$$\text{subject to } x_1+x_2+\cdots+x_n=1,\quad x_1\geqslant 0,x_2\geqslant 0,\cdots,x_n\geqslant 0 \tag{4-14}$$

式(4-13)中的$w_1x_1+w_2x_2+\cdots+w_nx_n$为线性目标函数,我们想要在满足式(4-14)的前提下最大化其函数值;式(4-14)给出了线性约束条件,subject to 为"在这些条件下"之意。由于$x_i=p_{l-1}(a_{l-1}^i \mid s_{l-1})$是概率,因此有$x_i\geqslant 0$以及$\sum_i x_i=x_1+x_2+\cdots+x_n=1$。

从几何上看,约束条件$x_i\geqslant 0,i=1,2,\cdots,n$,可以看作以$x_i$为坐标轴的$n$维空间中的$n$个半空间,约束条件$\sum_i x_i=1$可以看作该$n$维空间中的一个超平面。因此,同时满足这些约束条件的点$(x_1,x_2,\cdots,x_n)$都在超平面$\sum_i x_i=1$与n个半空间$x_i\geqslant 0$的相交部分上。图4-5示出了$n=3$时平面$x_1+x_2+x_3=1$与3个半空间$x_1\geqslant 0$、$x_2\geqslant 0$、$x_3\geqslant 0$的相交部分。可以看出,这个相交部分是一个三角形,其3个顶点的坐标分别是(1,0,0)、(0,1,0)、(0,0,1)。

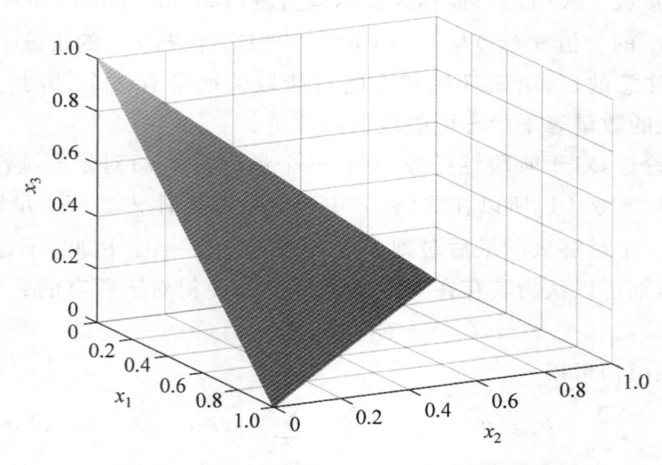

图 4-5 $n=3$时由式(4-14)给出的约束条件

$y=w_1x_1+w_2x_2+\cdots+w_nx_n$可表示$n$维空间中的一个超平面,$w_1,w_2,\cdots,w_n$决定了该超平面的法向量$\boldsymbol{w}=(w_1,w_2,\cdots,w_n)^{\mathrm{T}}$。$y=\boldsymbol{w}\cdot\boldsymbol{x}$可以看作向量$\boldsymbol{x}=(x_1,x_2,\cdots,x_n)^{\mathrm{T}}$在法向量$\boldsymbol{w}$上的标量投影与法向量的模$\|\boldsymbol{w}\|$的乘积。由于$\|\boldsymbol{w}\|$在这里为常数,因此最大化$y$就相当于最大化$\boldsymbol{x}$在$\boldsymbol{w}$上的标量投影,同时$\boldsymbol{x}$应该满足约束条件,即以$\boldsymbol{x}$为坐标的点应该在上述半空间与超平面的相交超平面上。我们知道,与法向量$\boldsymbol{w}$相垂直的超平面上的点,在法向量$\boldsymbol{w}$上的标量投影都相等。如果我们朝着法向量$\boldsymbol{w}$的方向移动这个与之垂直的超平面,那么使y取最大值的点$\boldsymbol{x}$,就是该垂直超平面与上述相交超平面的最后的交点。由此可知,在这些最后的交点中,一定包含上述相交超平面的一个或多个顶点(例如图4-5中的(1,0,0)、(0,1,0)、(0,0,1)3个顶点之一)。所以,在这些顶点中,一定有上述线性规划问题的最优解。这些顶点的特点是,其坐标中只有一个

值是 1，其余值都是 0。因此，我们只需要在这些顶点中寻找使 y 取值最大的那个(或那些)顶点，即可求解上述线性规划问题。此外，通过上述分析过程可知，这些求得的最优解都是全局最优解，即在上述相交超平面上不存在任何其他点(相比这些对应于最优解的顶点而言)能使 y 的取值更大。

回到 MDP 问题。根据上述求解线性规划问题的分析过程可知，在每个状态下都以概率 1 选择其中某一个具体行动(选择其余行动的概率为 0)的这些策略之中，一定有使 $v_{l-1}(s_{l-1})$ 在各个状态下都取最大值 $v_{l-1}^*(s_{l-1})$ 的最优策略 $p_{l-1}^*(a_{l-1} \mid s_{l-1})$，我们只需要在这样的策略中找出一个最优策略即可。由上述分析过程可得，式(4-12)的最大值 $v_{l-1}^*(s_{l-1})$ 为

$$\begin{aligned} v_{l-1}^*(s_{l-1}) &= \max_{p_{l-1}(a_{l-1} \mid s_{l-1})} v_{l-1}(s_{l-1}) \\ &= \max_{p_{l-1}(a_{l-1} \mid s_{l-1})} \sum_{a_{l-1} \in \mathcal{A}(s_{l-1})} p_{l-1}(a_{l-1} \mid s_{l-1}) \mathbb{E}(R_l \mid S_{l-1} = s_{l-1}, A_{l-1} = a_{l-1}) \\ &= \max_{a_{l-1} \in \mathcal{A}(s_{l-1})} \mathbb{E}(R_l \mid S_{l-1} = s_{l-1}, A_{l-1} = a_{l-1}) \end{aligned}$$

上式的最后一步是根据求解线性规划问题的分析过程得出的。实际上，我们也可以直接推导出上式最后一步，因为若要使 $\sum_i w_i x_i$ 最大，并满足 $\sum_i x_i = 1$ 且 $0 \leqslant x_i \leqslant 1$，显然与最大的 w_i 相乘的 x_i 应等于 1，其余的 $x_j (j \neq i)$ 应等于 0。上式即

$$v_{l-1}^*(s_{l-1}) = \max_{a_{l-1} \in \mathcal{A}(s_{l-1})} \mathbb{E}(R_l \mid S_{l-1} = s_{l-1}, A_{l-1} = a_{l-1}) \tag{4-15}$$

$v_{l-1}^*(s_{l-1})$ 被称为($l-1$ 时刻的)**最优状态价值函数**(optimal state-value function)。注意到式(4-15)中，$v_{l-1}^*(s_{l-1})$ 的值与最后时刻 l 下的环境状态取值 s_l 没有关系，仅取决于智能体在 $l-1$ 时刻的环境状态 s_{l-1} 下选择行动 a_{l-1} 所带来的最后时刻奖赏 R_l 的期望值。因此在 $l-1$ 时刻，智能体的最优行动选择为

$$a_{l-1}^* \mid s_{l-1} = \underset{a_{l-1} \in \mathcal{A}(s_{l-1})}{\operatorname{argmax}} \mathbb{E}(R_l \mid S_{l-1} = s_{l-1}, A_{l-1} = a_{l-1}) \tag{4-16}$$

即 $l-1$ 时刻智能体的最优策略为 $p_{l-1}^*(a_{l-1}^* \mid s_{l-1}) = 1$，$p_{l-1}^*(a_{l-1} \mid s_{l-1}) = 0$，$a_{l-1} \in \mathcal{A}(s_{l-1})$ 且 $a_{l-1} \neq a_{l-1}^*$。式(4-16)中，把 $l-1$ 时刻环境状态 s_{l-1} 下的最优行动选择 a_{l-1}^* 记为 $a_{l-1}^* \mid s_{l-1}$。

在求出所有状态 $s_{l-1} \in \mathcal{S}$ 的 $v_{l-1}^*(s_{l-1})$ 之后，如何求 $v_{l-2}^*(s_{l-2})$，$v_{l-3}^*(s_{l-3})$，…，$v_1^*(s_1)$？

为此对式(4-11)做进一步整理：

$$\begin{aligned} v_t(s_t) &= \sum_{a_t \in \mathcal{A}(s_t)} p_t(a_t \mid s_t) \sum_{s_{t+1} \in \mathcal{S}} \sum_{r_{t+1} \in \mathcal{R}} p(s_{t+1}, r_{t+1} \mid s_t, a_t)(r_{t+1} + \gamma v_{t+1}(s_{t+1})) \\ &= \sum_{a_t \in \mathcal{A}(s_t)} p_t(a_t \mid s_t) \Big(\sum_{s_{t+1} \in \mathcal{S}} \sum_{r_{t+1} \in \mathcal{R}} p(s_{t+1}, r_{t+1} \mid s_t, a_t) r_{t+1} \\ &\quad + \gamma \sum_{s_{t+1} \in \mathcal{S}} \sum_{r_{t+1} \in \mathcal{R}} p(s_{t+1}, r_{t+1} \mid s_t, a_t) v_{t+1}(s_{t+1}) \Big) \\ &= \sum_{a_t \in \mathcal{A}(s_t)} p_t(a_t \mid s_t) \Big(\sum_{r_{t+1} \in \mathcal{R}} p(r_{t+1} \mid s_t, a_t) r_{t+1} + \gamma \sum_{s_{t+1} \in \mathcal{S}} p(s_{t+1} \mid s_t, a_t) v_{t+1}(s_{t+1}) \Big) \end{aligned}$$

$$
\begin{aligned}
&= \sum_{a_t \in \mathcal{A}(s_t)} p_t(a_t \mid s_t)(\mathbb{E}(R_{t+1} \mid S_t = s_t, A_t = a_t) \\
&\quad + \gamma\, \mathbb{E}(v_{t+1}(S_{t+1}) \mid S_t = s_t, A_t = a_t)) \\
&\leqslant \sum_{a_t \in \mathcal{A}(s_t)} p_t(a_t \mid s_t)(\mathbb{E}(R_{t+1} \mid S_t = s_t, A_t = a_t) \\
&\quad + \gamma\, \mathbb{E}(v_{t+1}^*(S_{t+1}) \mid S_t = s_t, A_t = a_t)) \\
&\leqslant \max_{a_t \in \mathcal{A}(s_t)} (\mathbb{E}(R_{t+1} \mid S_t = s_t, A_t = a_t) + \gamma\, \mathbb{E}(v_{t+1}^*(S_{t+1}) \mid S_t = s_t, A_t = a_t))
\end{aligned}
$$

上式中,倒数第二步根据 $v_{t+1}(S_{t+1}) \leqslant v_{t+1}^*(S_{t+1})$ 得出(因 $v_{t+1}(s_{t+1}) \leqslant v_{t+1}^*(s_{t+1})$);最后一步根据求解线性规划问题的分析过程得出。因此有

$$
\begin{aligned}
v_t^*(s_t) &= \max_{p_t(a_t \mid s_t)} v_t(s_t) \\
&= \max_{a_t \in \mathcal{A}(s_t)} (\mathbb{E}(R_{t+1} \mid S_t = s_t, A_t = a_t) + \gamma\, \mathbb{E}(v_{t+1}^*(S_{t+1}) \mid S_t = s_t, A_t = a_t))
\end{aligned} \tag{4-17}
$$

式(4-17)中,$s_t \in \mathcal{S}$。根据式(4-17)的推导过程,也可以将式(4-17)写为

$$
v_t^*(s_t) = \max_{a_t \in \mathcal{A}(s_t)} \sum_{s_{t+1} \in \mathcal{S}} \sum_{r_{t+1} \in \mathcal{R}} p(s_{t+1}, r_{t+1} \mid s_t, a_t)(r_{t+1} + \gamma v_{t+1}^*(s_{t+1})) \tag{4-18}
$$

式(4-17)、式(4-18)被称为**贝尔曼最优性方程**(Bellman optimality equation)。与贝尔曼方程一样,贝尔曼最优性方程实际上也是多个方程,每一个状态 $s_t \in \mathcal{S}$ 都对应一个方程。在我们按照式(4-15)求出 $v_{l-1}^*(s_{l-1})$ 之后,就可以根据贝尔曼最优性方程,依次求出 $v_{l-2}^*(s_{l-2}), v_{l-3}^*(s_{l-3}), \cdots, v_1^*(s_1)$。

在根据贝尔曼最优性方程求最优状态价值函数 $v_{l-2}^*(s_{l-2}), v_{l-3}^*(s_{l-3}), \cdots, v_1^*(s_1)$ 的同时,可以根据式(4-19)给出 $t=l-2, l-3, \cdots, 1$ 时智能体在环境状态 s_t 下的最优行动选择 a_t^*,从而得出智能体在这些时刻下的最优策略 $p_t^*(a_t|s_t), a_t \in \mathcal{A}(s_t), s_t \in \mathcal{S}, t=l-2, l-3, \cdots, 1$,完成求解 MDP 问题。

$$
a_t^* \mid s_t = \operatorname*{argmax}_{a_t \in \mathcal{A}(s_t)} \sum_{s_{t+1} \in \mathcal{S}} \sum_{r_{t+1} \in \mathcal{R}} p(s_{t+1}, r_{t+1} \mid s_t, a_t)(r_{t+1} + \gamma v_{t+1}^*(s_{t+1})) \tag{4-19}
$$

4.2.4 求解贝尔曼最优性方程

在 4.2.3 节中,实际上已经得出了求解贝尔曼最优性方程的思路:先通过式(4-15)、式(4-16)求出智能体在 $l-1$ 时刻的最优策略 $p_{l-1}^*(a_{l-1}|s_{l-1})$,再用式(4-17)或式(4-18)、式(4-19)以迭代的方式求出智能体在 $t=l-2, l-3, \cdots, 1$ 各时刻的最优策略 $p_t^*(a_t|s_t)$。

式(4-17)和式(4-18)所表示的贝尔曼最优性方程源于求解线性规划(linear programming)问题,又以迭代的方式"动态地"用下一个时刻的最优状态价值函数来计算当前时刻的最优状态价值函数,因此(以及另外一个非技术原因)这种求解过程被理查德·欧内斯特·贝尔曼(Richard Ernest Bellman)称为**动态规划**(dynamic programming)。

但是,即便我们根据上述方法求解出了各个时刻下的最优策略 $p_t^*(a_t|s_t)$,在应用这些最优策略 $p_t^*(a_t|s_t)$ 时,仍需要知道当前时刻 t,并根据 t 来查找当前时刻的最优策略 $p_t^*(a_t|s_t)$(前提是最后时刻为 l)。然而,很多时候我们并不知道当前时刻 t 的值是多少,或者不知道最后时刻 l 的值是多少,即我们不知道当前时刻 t 与最后时刻 l 之间相距

多少时刻，也就无从知晓应该使用哪个时刻的最优策略。因此，如果能有一个不随时刻 t 改变而改变的最优策略 $p^*(a_t|s_t)$，将会方便应用最优策略。

根据式(4-18)和式(4-19)，我们知道最优状态价值函数对应着最优行动选择(或最优策略)，即如果知道最优状态价值函数，就可以求出相应的最优策略。为此，我们考查两个相邻时刻下同一状态的最优状态价值函数之差：

$$\begin{aligned}
|v_{t-1}^*(s_t)-v_t^*(s_t)| &= \Big|\max_{a_t\in\mathcal{A}(s_t)}\sum_{s_{t+1}\in\mathcal{S}}\sum_{r_{t+1}\in\mathcal{R}}p(s_{t+1},r_{t+1}|s_t,a_t)(r_{t+1}+\gamma v_t^*(s_{t+1})) \\
&\quad -\max_{a_t\in\mathcal{A}(s_t)}\sum_{s_{t+1}\in\mathcal{S}}\sum_{r_{t+1}\in\mathcal{R}}p(s_{t+1},r_{t+1}|s_t,a_t)(r_{t+1}+\gamma v_{t+1}^*(s_{t+1}))\Big| \\
&\leqslant \max_{a_t\in\mathcal{A}(s_t)}\Big|\sum_{s_{t+1}\in\mathcal{S}}\sum_{r_{t+1}\in\mathcal{R}}p(s_{t+1},r_{t+1}|s_t,a_t)(r_{t+1}+\gamma v_t^*(s_{t+1})) \\
&\quad -\sum_{s_{t+1}\in\mathcal{S}}\sum_{r_{t+1}\in\mathcal{R}}p(s_{t+1},r_{t+1}|s_t,a_t)(r_{t+1}+\gamma v_{t+1}^*(s_{t+1}))\Big| \\
&= \max_{a_t\in\mathcal{A}(s_t)}\Big|\gamma\sum_{s_{t+1}\in\mathcal{S}}\sum_{r_{t+1}\in\mathcal{R}}p(s_{t+1},r_{t+1}|s_t,a_t)(v_t^*(s_{t+1})-v_{t+1}^*(s_{t+1}))\Big| \\
&= \gamma\max_{a_t\in\mathcal{A}(s_t)}\Big|\sum_{s_{t+1}\in\mathcal{S}}p(s_{t+1}|s_t,a_t)(v_t^*(s_{t+1})-v_{t+1}^*(s_{t+1}))\Big| \\
&\leqslant \gamma\max_{a_t\in\mathcal{A}(s_t)}\sum_{s_{t+1}\in\mathcal{S}}p(s_{t+1}|s_t,a_t)|v_t^*(s_{t+1})-v_{t+1}^*(s_{t+1})| \\
&= \gamma\max_{s_{t+1}\in\mathcal{S}}|v_t^*(s_{t+1})-v_{t+1}^*(s_{t+1})|
\end{aligned}$$

上式中，第二步是根据 $|\max_x f(x)-\max_x g(x)|\leqslant\max_x|f(x)-g(x)|$ 得出；最后一步根据求解线性规划问题的分析过程得出。由于上式对任何 $s_t\in\mathcal{S}$ 都成立，因此由上式不难得出

$$\max_{s_t\in\mathcal{S}}|v_{t-1}^*(s_t)-v_t^*(s_t)|\leqslant\gamma\max_{s_t\in\mathcal{S}}|v_t^*(s_t)-v_{t+1}^*(s_t)| \tag{4-20}$$

式(4-20)表明，$t-1$ 时刻与 t 时刻下同一状态的两个最优状态价值函数的最大差距，不超过 t 时刻与 $t+1$ 时刻下同一状态的两个最优状态价值函数的最大差距的 γ 倍($0\leqslant\gamma\leqslant1$)。可见，随着迭代次数的增加(即随着 t 不断减小)，$\max_{s_t\in\mathcal{S}}|v_{t-1}^*(s_t)-v_t^*(s_t)|$ 的值将会越来越小，$v_t^*(s_t)$ 将会收敛。我们可近似地认为收敛后 $v_t^*(s_t)$ 的值不再随 t 的改变而改变，因此可将 $v_t^*(s_t)$ 的收敛值记作 $v^*(s_t)$，$s_t\in\mathcal{S}$。

由此，收敛值 $v^*(s_t)$ 对应的最优策略 $p^*(a_t|s_t)$ 也不随 t 的改变而改变。故我们也可以把收敛值 $v^*(s_t)$ 对应的最优策略 $p^*(a_t|s_t)$ 作为 MDP 问题的解，这个解不仅是收敛值对应的最优策略，而且也便于应用。尽管如果这样做的话，我们实际上是将各个时刻下的最优策略 $p_t^*(a_t|s_t)$ 都近似为收敛值 $v^*(s_t)$ 对应的这个最优策略 $p^*(a_t|s_t)$，即 $p_t^*(a_t|s_t)\approx p^*(a_t|s_t)$，$t=1,2,\cdots,l-1$。在此之后，如不做特殊说明，我们提及的"最优策略"默认都是指 $p^*(a_t|s_t)$。

那么，如何判断是否收敛？一种判断方法是：若对于所有的 $s_t\in\mathcal{S}$ 都有 $|v_t^*(s_t)-v_{t+1}^*(s_t)|<\varepsilon$，$\varepsilon$ 为容差，$\varepsilon>0$，则认为 $v_t^*(s_t)$ 已收敛。这种通过迭代最优状态价值函数 $v_t^*(s_t)$ 来寻找最优策略 $p^*(a_t|s_t)$ 的方法被称为**价值迭代**(value iteration)。

在价值迭代算法中,为了便于计算,我们将贝尔曼最优性方程中最优状态价值函数的依次递减的时刻下标 t 替换为依次递增的索引下标 i,即

$$v_i^*(s_t)=\max_{a_t\in\mathcal{A}(s_t)}\sum_{s_{t+1}\in\mathcal{S}}\sum_{r_{t+1}\in\mathcal{R}}p(s_{t+1},r_{t+1}\mid s_t,a_t)(r_{t+1}+\gamma v_{i-1}^*(s_{t+1}))\tag{4-21}$$

综上,通过贝尔曼最优性方程寻找 MDP 问题中最优策略(也就是各个状态下的最优行动选择)的价值迭代算法如下。

【价值迭代算法】

输入:MDP 模型的质量概率函数 $p(s_{t+1},r_{t+1}|s_t,a_t)$、奖赏的取值集合$\mathcal{R}$,其中 s_t,$s_{t+1}\in\mathcal{S}$、$a_t\in\mathcal{A}(s_t)$、$r_{t+1}\in\mathcal{R}$。

输出:各个状态下的最优行动选择 $a_t^*|s_t,s_t\in\mathcal{S}$。

(1) 初始化。$i:=0$;对于所有的 $s_t\in\mathcal{S}$,$v_0^*(s_t)$可取任意值(因为不论 $v_0^*(s_t)$取何值,$v_i^*(s_t)$最终都将收敛)。

(2) 重复以下步骤,直到 $v_i^*(s_t)$收敛(即当 $i\geqslant 1$ 时对所有的 $s_t\in\mathcal{S}$都满足$|v_i^*(s_t)-v_{i-1}^*(s_t)|<\varepsilon$,$\varepsilon$ 为容差,一个较小的正数),并将 $v_i^*(s_t)$收敛后的值记为 $v^*(s_t)$。

① $i:=i+1$。

② 对所有的 $s_t\in\mathcal{S}$,通过式(4-21)计算 $v_i^*(s_t)$。

(3) 参照式(4-19)通过收敛值 $v^*(s_t)$计算各个状态下的最优行动选择 $a_t^*|s_t,s_t\in\mathcal{S}$,即

$$a_t^*\mid s_t=\underset{a_t\in\mathcal{A}(s_t)}{\operatorname{argmax}}\sum_{s_{t+1}\in\mathcal{S}}\sum_{r_{t+1}\in\mathcal{R}}p(s_{t+1},r_{t+1}\mid s_t,a_t)(r_{t+1}+\gamma v^*(s_{t+1}))$$

在该算法的实现过程中,通常使用两种变量存储方式之一。第一种方式是使用两个不同的数组分别存储 $v_i^*(s_t)$和 $v_{i-1}^*(s_t)$。本章中如不特殊说明,都是指使用这种变量存储方式。本节中的上述收敛分析也适用于这种存储方式。

第二种方式是使用同一个数组存储 $v_i^*(s_t)$和 $v_{i-1}^*(s_t)$,不再区分 $v_i^*(s_t)$和 $v_{i-1}^*(s_t)$。这种方式的好处是,可以使用当次迭代中已经更新过的 $v_i^*(s_{t+1})$来更新 $v_i^*(s_t)$,通常可以更快地收敛,并且占用的存储空间可以比第一种方式更少;但是这种方式不利于在每次迭代中并行计算各个状态的 $v_i^*(s_t)$。使用这种存储方式的价值迭代算法,也被称为**高斯-赛德尔价值迭代**(Gauss-Seidel value iteration)。沿用本节中分析收敛的思路,同样可证明使用高斯-赛德尔价值迭代算法计算出的 $v_i^*(s_t)$也收敛。证明过程略。

4.2.5 马尔可夫决策过程实践

在本节中,我们尝试用 MDP 来对智能家居中的空调等设备的控制问题进行初步建模,并用价值迭代算法求该 MDP 模型的最优策略,然后用该最优策略来控制空调等设备。

实验 4-3 用 MDP 对智能家居中空调等设备的控制问题进行初步建模,给出用来描述 MDP 模型的概率质量函数 $p(s_{t+1},r_{t+1}|s_t,a_t)$以及奖赏的取值,并将其存储在 NumPy 数组中。

提示:$p(s_{t+1},r_{t+1}|s_t,a_t)=p(s_{t+1}|,s_t,a_t)p(r_{t+1}|s_{t+1},s_t,a_t)$,因此可以分别

给出 $p(s_{t+1}|,s_t,a_t)$ 和 $p(r_{t+1}|s_{t+1},s_t,a_t)$。在本实验中，我们可认为智能体为空调等制热制冷设备，环境为室内温度。可假设空调等设备工作在3个模式之一："制冷""待机""制热"；环境(即室内温度)可笼统地划分为3个状态："冷""舒适""热"；智能体在每个时刻获得的奖赏可从两个值中选取，例如$\{-1,1\}$。

实验4-4 使用价值迭代算法求解实验4-3中的MDP模型，给出最优行动选择 $a_t^*|s_t,s_t\in\mathcal{S}$，并画出各个状态的最优状态价值函数随迭代次数收敛的曲线。

提示：①如果需要反转或置换数组的轴，可使用np.transpose()函数；如果需要从数组中删除长度为1的轴，可使用np.squeeze()函数；取数组沿某一个轴上的最大值可使用np.amax()函数；取数组沿某一个轴上最大值的索引可使用np.argmax()函数；复制数组可使用np.copy()函数。②为了便于比对结果，可将随机种子设置为1、折扣率 γ 设置为0.9、容差 ϵ 设置为0.001。③为了尽量利用并行计算减少程序运行时间以及方便编程实现，我们对式(4-21)做进一步整理：

$$
\begin{aligned}
v_i^*(s_t) &= \max_{a_t\in\mathcal{A}(s_t)} \sum_{s_{t+1}\in\mathcal{S}} \sum_{r_{t+1}\in\mathcal{R}} p(s_{t+1},r_{t+1}\mid s_t,a_t)(r_{t+1}+\gamma v_{i-1}^*(s_{t+1}))\\
&= \max_{a_t\in\mathcal{A}(s_t)} \Big(\sum_{s_{t+1}\in\mathcal{S}} \sum_{r_{t+1}\in\mathcal{R}} p(s_{t+1},r_{t+1}\mid s_t,a_t)r_{t+1}\\
&\quad + \gamma \sum_{s_{t+1}\in\mathcal{S}} \sum_{r_{t+1}\in\mathcal{R}} p(s_{t+1},r_{t+1}\mid s_t,a_t) v_{i-1}^*(s_{t+1})\Big)\\
&= \max_{a_t\in\mathcal{A}(s_t)} \Big(\sum_{s_{t+1}\in\mathcal{S}} \sum_{r_{t+1}\in\mathcal{R}} p(s_{t+1}\mid s_t,a_t)p(r_{t+1}\mid s_{t+1},s_t,a_t)r_{t+1}\\
&\quad + \gamma \sum_{s_{t+1}\in\mathcal{S}} p(s_{t+1}\mid s_t,a_t) v_{i-1}^*(s_{t+1})\Big)\\
&= \max_{a_t\in\mathcal{A}(s_t)} ((\boldsymbol{p}_s(s_t,a_t))^{\mathrm{T}}\boldsymbol{P}_r(s_t,a_t)\boldsymbol{r} + \gamma(\boldsymbol{p}_s(s_t,a_t))^{\mathrm{T}}\boldsymbol{v}_{i-1}^*)\\
&= \max_{a_t\in\mathcal{A}(s_t)} (\bar{r}(s_t,a_t) + \gamma \bar{v}_{i-1}^*(s_t,a_t))
\end{aligned}
$$

式中，$\boldsymbol{p}_s(s_t,a_t)\in\mathbb{R}^{|\mathcal{S}|\times 1}$，$\boldsymbol{p}_s(s_t,a_t)=(p(s^{(1)}|s_t,a_t),p(s^{(2)}|s_t,a_t),\cdots,p(s^{(|\mathcal{S}|)}|s_t,a_t))^{\mathrm{T}}$，$s^{(i)}$ 为状态集合$\mathcal{S}$中的第 i 个元素，$i=1,2,\cdots,|\mathcal{S}|$，$|\mathcal{S}|$ 表示集合$\mathcal{S}$中元素的数量；$\boldsymbol{P}_r(s_t,a_t)\in\mathbb{R}^{|\mathcal{S}|\times|\mathcal{R}|}$，

$$
\boldsymbol{P}_r(s_t,a_t)=\begin{pmatrix}
p(r^{(1)}|s^{(1)},s_t,a_t) & p(r^{(2)}|s^{(1)},s_t,a_t) & \cdots & p(r^{(|\mathcal{R}|)}|s^{(1)},s_t,a_t)\\
p(r^{(1)}|s^{(2)},s_t,a_t) & p(r^{(2)}|s^{(2)},s_t,a_t) & \cdots & p(r^{(|\mathcal{R}|)}|s^{(2)},s_t,a_t)\\
\vdots & \vdots & \ddots & \vdots\\
p(r^{(1)}|s^{(|\mathcal{S}|)},s_t,a_t) & p(r^{(2)}|s^{(|\mathcal{S}|)},s_t,a_t) & \cdots & p(r^{(|\mathcal{R}|)}|s^{(|\mathcal{S}|)},s_t,a_t)
\end{pmatrix},
$$

$r^{(i)}$ 为状态集合$\mathcal{R}$中的第 i 个元素，$i=1,2,\cdots,|\mathcal{R}|$，$|\mathcal{R}|$ 表示集合$\mathcal{R}$中元素的数量；$\boldsymbol{r}\in\mathbb{R}^{|\mathcal{R}|\times 1}$，$\boldsymbol{r}=(r^{(1)},r^{(2)},\cdots,r^{(|\mathcal{R}|)})^{\mathrm{T}}$；$\boldsymbol{v}_{i-1}\in\mathbb{R}^{|\mathcal{S}|\times 1}$，$\boldsymbol{v}_{i-1}^*=(v_{i-1}^*(s^{(1)}),v_{i-1}^*(s^{(2)}),\cdots,v_{i-1}^*(s^{(|\mathcal{S}|)}))^{\mathrm{T}}$；$\bar{r}(s_t,a_t)=(\boldsymbol{p}_s(s_t,a_t))^{\mathrm{T}}\boldsymbol{P}_r(s_t,a_t)\boldsymbol{r}$；$\bar{v}_{i-1}^*(s_t,a_t)=(\boldsymbol{p}_s(s_t,a_t))^{\mathrm{T}}\boldsymbol{v}_{i-1}^*$。

如果智能体在各个环境状态下可供选择的行动都相同(本实验中的情况)，即对于所

有的$s_t\in\mathcal{S}$都有$\mathcal{A}(s_t)=\mathcal{A}$,则式(4-21)可以进一步写为如下矩阵形式:

$$\boldsymbol{v}_i^*=\underset{\rightarrow}{\max}(\bar{\boldsymbol{R}}+\gamma\bar{\boldsymbol{V}}_{i-1}^*)$$

式中,$\underset{\rightarrow}{\max}(\cdot)$表示取矩阵中每一个行向量中的最大值;$\boldsymbol{v}_i^*\in\mathbb{R}^{|\mathcal{S}|\times 1}$,$\boldsymbol{v}_i^*=(v_i^*(s^{(1)}),v_i^*(s^{(2)}),\cdots,v_i^*(s^{(|\mathcal{S}|)}))^{\mathrm{T}}$;$\bar{\boldsymbol{R}}\in\mathbb{R}^{|\mathcal{S}|\times|\mathcal{A}|}$,

$$\bar{\boldsymbol{R}}=\begin{bmatrix}\bar{r}(s^{(1)},a^{(1)}) & \bar{r}(s^{(1)},a^{(2)}) & \cdots & \bar{r}(s^{(1)},a^{(|\mathcal{A}|)})\\ \bar{r}(s^{(2)},a^{(1)}) & \bar{r}(s^{(2)},a^{(2)}) & \cdots & \bar{r}(s^{(2)},a^{(|\mathcal{A}|)})\\ \vdots & \vdots & \ddots & \vdots\\ \bar{r}(s^{(|\mathcal{S}|)},a^{(1)}) & \bar{r}(s^{(|\mathcal{S}|)},a^{(2)}) & \cdots & \bar{r}(s^{(|\mathcal{S}|)},a^{(|\mathcal{A}|)})\end{bmatrix};$$

$\bar{\boldsymbol{V}}_{i-1}^*\in\mathbb{R}^{|\mathcal{S}|\times|\mathcal{A}|}$,

$$\bar{\boldsymbol{V}}_{i-1}^*=\begin{bmatrix}\bar{v}_{i-1}^*(s^{(1)},a^{(1)}) & \bar{v}_{i-1}^*(s^{(1)},a^{(2)}) & \cdots & \bar{v}_{i-1}^*(s^{(1)},a^{(|\mathcal{A}|)})\\ \bar{v}_{i-1}^*(s^{(2)},a^{(1)}) & \bar{v}_{i-1}^*(s^{(2)},a^{(2)}) & \cdots & \bar{v}_{i-1}^*(s^{(2)},a^{(|\mathcal{A}|)})\\ \vdots & \vdots & \ddots & \vdots\\ \bar{v}_{i-1}^*(s^{(|\mathcal{S}|)},a^{(1)}) & \bar{v}_{i-1}^*(s^{(|\mathcal{S}|)},a^{(2)}) & \cdots & \bar{v}_{i-1}^*(s^{(|\mathcal{S}|)},a^{(|\mathcal{A}|)})\end{bmatrix}。$$

图 4-6 示出了实验 4-4 中一个 MDP 模型各个状态的最优状态价值函数随迭代次数收敛的曲线。求解得到的最优策略为:如果当前时刻环境状态为“冷”,则智能体选择执行“制热”;如果当前时刻环境状态为“舒适”,则智能体选择执行“待机”;如果当前时刻环境状态为“热”,则智能体选择执行“制冷”。这个结果与我们的直觉相一致。

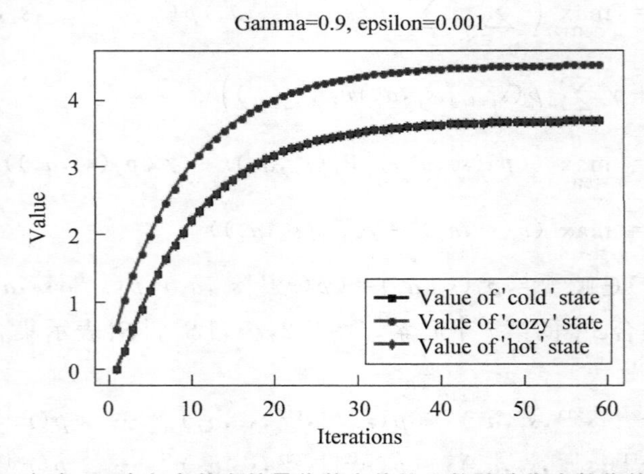

图 4-6 实验 4-4 中各个状态的最优状态价值函数随迭代次数收敛的曲线

实验 4-5 用实验 4-4 中给出的最优行动选择来控制空调等设备,并尝试修改随机种子、MDP 的概率质量函数 $p(s_{t+1},r_{t+1}|s_t,a_t)$、折扣率 γ、容差 ε 等参数,以及奖赏的取值(例如将-1改为 0),观察实验结果并分析。

提示：以相同的概率从多个相邻整数中随机抽取一个可使用 rng.integers()方法；以指定概率从多个相邻整数中随机抽取一个可使用 rng.choice()方法。

图 4-7 示出了环境状态的取值以及智能体在该状态下使用最优策略选择的行动。可以看出，当环境状态值为 0（“冷”）时，智能体选择动作 2（“制热”）；当环境状态值为 1（“舒适”）时，智能体选择动作 1（“待机”）；当环境状态值为 2（“热”）时，智能体选择动作 0（“制冷”）。图 4-8 示出了智能体在选择图 4-7 中示出的行动后，获得的累计奖赏。可以看出，在选择最优行动时，智能体获得的累计奖赏总体上一直在增加。

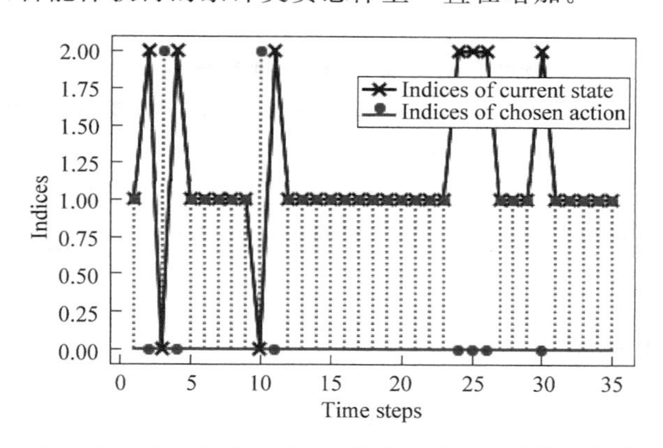

图 4-7 实验 4-5 中各个时刻下环境的状态与智能体选择的行动

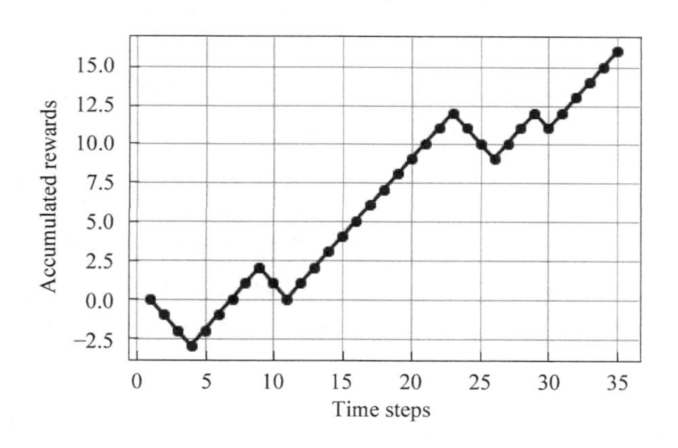

图 4-8 实验 4-5 中智能体获得的累计奖赏

想一想 可以对实验 4-3 给出的 MDP 模型做哪些改进？编程测试改进后的 MDP 模型。

4.3 Q学习

通过4.2节的学习,我们知道,对于一个MDP问题,只要知道概率质量函数$p(s_{t+1},r_{t+1}|s_t,a_t)$就可以近似求得一个不随时刻改变的最优策略$p^*(a_t|s_t)$。然而,在实际应用中,确定概率质量函数$p(s_{t+1},r_{t+1}|s_t,a_t)$(或者$p(s_{t+1}|,s_t,a_t)$和$p(r_{t+1}|s_{t+1},s_t,a_t)$)仍存在一些困难,包括但不限于以下3个方面。

(1) 对于一些较复杂的任务,用来保存上述概率质量函数的数组较大,其中元素的数量较多。例如,如果把下围棋建模为MDP问题,那么其中仅状态就可能多达$3^{19\times19}\approx1.74\times10^{172}$个。

(2) 上述数组中的各个概率值在实际中难以准确确定。

(3) 用MDP模型对环境进行建模默认为环境的统计特性不随时间发生变化(仅智能体观察到的环境状态随时间发生改变)。

如果能有一个无须知道概率质量函数$p(s_{t+1},r_{t+1}|s_t,a_t)$,就可以以在线的方式对MDP模型近似求解的方法,将会使MDP模型在实际应用中的用途更加广泛。这就是本节将要学习的Q学习方法。

4.3.1 什么是Q学习

由式(4-19)可知,即使我们已知最优状态价值函数$v_{t+1}^*(s_{t+1})$,要想求当前环境状态为s_t时智能体的最优行动选择a_t^*,仍需要知道$p(s_{t+1},r_{t+1}|s_t,a_t)$。那么,是否有办法在不知道$p(s_{t+1},r_{t+1}|s_t,a_t)$的情况下也可以确定当前状态下的最优行动选择?

如果把最优价值函数$v_t^*(s_t)$中的自变量从一个自变量s_t扩展至两个自变量s_t和a_t,即$v_t^*(s_t,a_t)$,那么我们就可以通过该最优价值函数很容易找到当前状态下最大化最优价值函数的最优行动:$a_t^*|s_t=\underset{a_t\in\mathcal{A}(s_t)}{\operatorname{argmax}}\,v_t^*(s_t,a_t)$,这个最大值即为最优状态价值函数$v_t^*(s_t)=\max\limits_{a_t\in\mathcal{A}(s_t)}v_t^*(s_t,a_t)$。由于历史原因,这个具有两个自变量的价值函数$v_t^*(s_t,a_t)$被记作$q_t^*(s_t,a_t)$,并且被称为($t$时刻的)**最优行动价值函数**(optimal action-value function),表示在第t个时刻环境状态为s_t时,智能体选择执行行动a_t后,未来获得收益的最大期望值。根据式(4-18)所表示的贝尔曼最优性方程,我们可以直接将$q_t^*(s_t,a_t)$定义为

$$q_t^*(s_t,a_t)=\sum_{s_{t+1}\in\mathcal{S}}\sum_{r_{t+1}\in\mathcal{R}}p(s_{t+1},r_{t+1}\mid s_t,a_t)(r_{t+1}+\gamma v_{t+1}^*(s_{t+1}))\tag{4-22}$$

又因为$v_{t+1}^*(s_{t+1})=\max\limits_{a_{t+1}\in\mathcal{A}(s_{t+1})}q_{t+1}^*(s_{t+1},a_{t+1})$,式(4-22)可写为

$$q_t^*(s_t,a_t)=\sum_{s_{t+1}\in\mathcal{S}}\sum_{r_{t+1}\in\mathcal{R}}p(s_{t+1},r_{t+1}\mid s_t,a_t)(r_{t+1}+\gamma\max_{a_{t+1}\in\mathcal{A}(s_{t+1})}q_{t+1}^*(s_{t+1},a_{t+1}))\tag{4-23}$$

借助于4.2.4节中分析$v_t^*(s_t)$收敛的思路,同样有

$$|q_{t-1}^*(s_t,a_t)-q_t^*(s_t,a_t)|=\left|\sum_{s_{t+1}\in\mathcal{S}}\sum_{r_{t+1}\in\mathcal{R}}p(s_{t+1},r_{t+1}\mid s_t,a_t)(r_{t+1}+\gamma\max_{a_{t+1}\in\mathcal{A}(s_{t+1})}q_t^*(s_{t+1},a_{t+1}))\right.$$

$$
\begin{aligned}
&-\sum_{s_{t+1}\in\mathcal{S}}\sum_{r_{t+1}\in\mathcal{R}}p(s_{t+1},r_{t+1}\mid s_t,a_t)(r_{t+1}+\gamma\max_{a_{t+1}\in\mathcal{A}(s_{t+1})}q_{t+1}^*(s_{t+1},a_{t+1}))\Bigg|\\
&=\gamma\Bigg|\sum_{s_{t+1}\in\mathcal{S}}\sum_{r_{t+1}\in\mathcal{R}}p(s_{t+1},r_{t+1}\mid s_t,a_t)\Big(\max_{a_{t+1}\in\mathcal{A}(s_{t+1})}q_t^*(s_{t+1},a_{t+1})\\
&-\max_{a_{t+1}\in\mathcal{A}(s_{t+1})}q_{t+1}^*(s_{t+1},a_{t+1})\Big)\Bigg|\\
&=\gamma\Bigg|\sum_{s_{t+1}\in\mathcal{S}}p(s_{t+1}\mid s_t,a_t)\Big(\max_{a_{t+1}\in\mathcal{A}(s_{t+1})}q_t^*(s_{t+1},a_{t+1})-\max_{a_{t+1}\in\mathcal{A}(s_{t+1})}q_{t+1}^*(s_{t+1},a_{t+1})\Big)\Bigg|\\
&\leqslant\gamma\sum_{s_{t+1}\in\mathcal{S}}p(s_{t+1}\mid s_t,a_t)\left|\max_{a_{t+1}\in\mathcal{A}(s_{t+1})}q_t^*(s_{t+1},a_{t+1})-\max_{a_{t+1}\in\mathcal{A}(s_{t+1})}q_{t+1}^*(s_{t+1},a_{t+1})\right|\\
&\leqslant\gamma\sum_{s_{t+1}\in\mathcal{S}}p(s_{t+1}\mid s_t,a_t)\max_{a_{t+1}\in\mathcal{A}(s_{t+1})}\left|q_t^*(s_{t+1},a_{t+1})-q_{t+1}^*(s_{t+1},a_{t+1})\right|\\
&\leqslant\gamma\max_{s_{t+1}\in\mathcal{S}}\Big(\max_{a_{t+1}\in\mathcal{A}(s_{t+1})}\left|q_t^*(s_{t+1},a_{t+1})-q_{t+1}^*(s_{t+1},a_{t+1})\right|\Big)\\
&=\gamma\max_{s_{t+1}\in\mathcal{S},a_{t+1}\in\mathcal{A}(s_{t+1})}\left|q_t^*(s_{t+1},a_{t+1})-q_{t+1}^*(s_{t+1},a_{t+1})\right|
\end{aligned}
$$

由于上式对任何 $s_t\in\mathcal{S}$、任何 $a_t\in\mathcal{A}(s_t)$ 都成立，因此由上式不难得出

$$
\begin{aligned}
&\max_{s_t\in\mathcal{S},a_t\in\mathcal{A}(s_t)}\left|q_{t-1}^*(s_t,a_t)-q_t^*(s_t,a_t)\right|\\
&\leqslant\gamma\max_{s_{t+1}\in\mathcal{S},a_{t+1}\in\mathcal{A}(s_{t+1})}\left|q_t^*(s_{t+1},a_{t+1})-q_{t+1}^*(s_{t+1},a_{t+1})\right|
\end{aligned}\tag{4-24}
$$

式(4-24)表明，$t-1$ 时刻与 t 时刻下同一状态、同一行动的两个最优行动价值函数的最大差距，不超过 t 时刻与 $t+1$ 时刻下同一状态、同一行动的两个最优行动价值函数的最大差距的 γ 倍($0\leqslant\gamma\leqslant1$)。可见，随着迭代次数的增加(即随着 t 不断减小)，$\max\limits_{s_t\in\mathcal{S},a_t\in\mathcal{A}(s_t)}|q_{t-1}^*(s_t,a_t)-q_t^*(s_t,a_t)|$ 的值将会越来越小，$q_t^*(s_t,a_t)$ 将会收敛。同样，我们将 $q_t^*(s_t,a_t)$ 的收敛值记作 $q^*(s_t,a_t)$。收敛值 $q^*(s_t,a_t)$ 不随时刻 t 的改变而改变，因此如果我们能够求得收敛值 $q^*(s_t,a_t)$，那么同样可以用 $q^*(s_t,a_t)$ 来近似各个时刻下的 $q_t^*(s_t,a_t)$，即 $q_t^*(s_t,a_t)\approx q^*(s_t,a_t)$，$t=1,2,\cdots,l-1$，从而近似求得各个时刻下状态为 s_t 时的最优行动 a_t^*，据此得到最优策略 $p^*(a_t|s_t)$，即

$$
a_t^*\mid s_t=\operatorname*{argmax}_{a_t\in\mathcal{A}(s_t)}q^*(s_t,a_t)\tag{4-25}
$$

那么，如何在不知道 $p(s_{t+1},r_{t+1}|s_t,a_t)$ 的情况下求得 $q^*(s_t,a_t)$？

当 $q_t^*(s_t,a_t)$ 收敛后，$q_t^*(s_t,a_t)\approx q^*(s_t,a_t)$，$q_{t+1}^*(s_{t+1},a_{t+1})\approx q^*(s_{t+1},a_{t+1})$，式(4-23)可写为

$$
q^*(s_t,a_t)=\sum_{s_{t+1}\in\mathcal{S}}\sum_{r_{t+1}\in\mathcal{R}}p(s_{t+1},r_{t+1}\mid s_t,a_t)(r_{t+1}+\gamma\max_{a_{t+1}\in\mathcal{A}(s_{t+1})}q^*(s_{t+1},a_{t+1}))\tag{4-26}
$$

注意到式(4-26)的右手侧可以看作随机变量 $R_{t+1}+\gamma v^*(S_{t+1})|S_t=s_t,A_t=a_t$ 的期望值，即

$$
q^*(s_t,a_t)=\mathbb{E}(R_{t+1}+\gamma v^*(S_{t+1})\mid S_t=s_t,A_t=a_t)\tag{4-27}
$$

因此,我们可以通过求随机变量 $R_{t+1}+\gamma v^*(S_{t+1})|S_t=s_t,A_t=a_t$ 的期望值,来求得收敛值 $q^*(s_t,a_t)$。而随机变量的期望值可以通过其样本平均值无偏地估计出来,样本平均值即样本的算术平均值。根据大数定律,样本的数量越多,样本平均值就越可能接近于总体平均值,即期望值。那么,样本又从何而来?

如果智能体在 t 时刻根据最优行动价值函数的收敛值 $q^*(s_t,a_t)$ 以及当前环境状态 s_t 来选择并执行最优行动 $a_t^*|s_t=\underset{a_t\in\mathcal{A}(s_t)}{\operatorname{argmax}}\, q^*(s_t,a_t)$,然后在 $t+1$ 时刻获得奖赏 r_{t+1},并观察到 $t+1$ 时刻环境状态为 s_{t+1},那么就可以得到一个四元组$(s_t,a_t,r_{t+1},s_{t+1})$。根据这个四元组以及收敛值 $q^*(s_{t+1},a_{t+1})$,就可以得到一个样本值 $x_t(s_t,a_t)$,$x_t(s_t,a_t)=r_{t+1}+\gamma\max\limits_{a_{t+1}\in\mathcal{A}(s_{t+1})}q^*(s_{t+1},a_{t+1})$。由此,从第1个时刻到第 t 个时刻,我们共可得到 t 个样本值 $x_1(s_1,a_1),x_2(s_2,a_2),\cdots,x_t(s_t,a_t)$。然后再根据这 t 个样本值,通过式(4-28)计算样本的算术平均值来计算收敛值 $q^*(s_t,a_t)$ 的估计值 $\hat{q}^*(s_t,a_t)$,即

$$\hat{q}^*(s_t,a_t)=\frac{\sum\limits_{i=1}^{t}x_i(s_i,a_i)[S_i=s_t,A_i=a_t]}{\sum\limits_{i=1}^{t}[S_i=s_t,A_i=a_t]} \tag{4-28}$$

式(4-28)中,方括号为艾佛森括号;$s_t\in\mathcal{S},a_t\in\mathcal{A}(s_t)$;$\hat{q}^*(s_t,a_t)$ 共有 $\sum\limits_{s_t\in\mathcal{S}}|\mathcal{A}(s_t)|$ 个函数值,$|\mathcal{A}(s_t)|$ 表示集合 $\mathcal{A}(s_t)$ 中的元素数量。通过式(4-28),就可以得到收敛值 $q^*(s_t,a_t)$ 的估计值 $\hat{q}^*(s_t,a_t)$,并且各个状态各个行动对应的样本数量越多,$\hat{q}^*(s_t,a_t)$ 就越可能接近于 $q^*(s_t,a_t)$,尽管在每次重新计算 $\hat{q}^*(s_t,a_t)$ 时需要使用之前保存的 t 个样本值 $x_1(s_1,a_1),x_2(s_2,a_2),\cdots,x_t(s_t,a_t)$。当 t 趋近于无穷大时,这成为了一个不大可能完成的任务。怎么办?

考虑求样本平均值的问题。假设我们有 n 个样本 $x_1,x_2,\cdots,x_n$,计算其平均值 y_n:

$$\begin{aligned}y_n&=\frac{1}{n}\sum_{i=1}^{n}x_i=\frac{1}{n}\left(x_n+\sum_{i=1}^{n-1}x_i\right)=\frac{1}{n}\left(x_n+(n-1)\frac{1}{n-1}\sum_{i=1}^{n-1}x_i\right)\\&=\frac{1}{n}(x_n+(n-1)y_{n-1})=\frac{1}{n}(x_n+ny_{n-1}-y_{n-1})=y_{n-1}+\frac{1}{n}(x_n-y_{n-1})\end{aligned}$$

即

$$y_n=y_{n-1}+\frac{1}{n}(x_n-y_{n-1}) \tag{4-29}$$

也就是说,前 n 个样本的平均值 y_n,可以仅由前 $n-1$ 个样本的平均值 y_{n-1}、第 n 个样本 x_n 以及当前的样本数量 n,通过式(4-29)准确计算出来,而不需要之前的 $n-1$ 个样本 $x_1,x_2,\cdots,x_{n-1}$。这样,就不需要再保存之前的这些样本,从而解决了上述样本数量过多的问题。

由式(4-28),将 $y_{n-1}=\hat{q}^*(s_t,a_t)$、$x_n=r_{t+1}+\gamma\max\limits_{a_{t+1}\in\mathcal{A}(s_{t+1})}\hat{q}^*(s_{t+1},a_{t+1})$、$n=n_{s_t,a_t}$ 代入式(4-29),得到 y_n,即使用最新样本更新后的 $\hat{q}^*(s_t,a_t)$,亦即

$$\hat{q}^*(s_t,a_t):=\hat{q}^*(s_t,a_t)+\frac{1}{n_{s_t,a_t}}\left(r_{t+1}+\gamma\max_{a_{t+1}\in\mathcal{A}(s_{t+1})}\hat{q}^*(s_{t+1},a_{t+1})-\hat{q}^*(s_t,a_t)\right) \tag{4-30}$$

式(4-30)中,$\hat{q}^*(s_t,a_t)$为收敛值$q^*(s_t,a_t)$的估计值;“:=”表示赋值;n_{s_t,a_t}为在t时刻状态为s_t、行动为a_t的样本的数量。如果环境的统计特性不随时间发生变化,当对于所有的状态s_t与行动a_t,n_{s_t,a_t}都足够大时,可由式(4-30)无偏地估计出收敛值$q^*(s_t,a_t)$。这是使用式(4-30)估计$q^*(s_t,a_t)$的优势。另一方面,当状态与行动的数量较多时,存储n_{s_t,a_t}也需要占用较大的存储器空间。

如果环境的统计特性随时间发生变化,那么给予更新的样本以更大的权重,更能反映出环境的最新统计特性。相比之下,求样本的算术平均值则是给予所有的样本以相同的权重。基于这种思路,可以把式(4-29)中的$1/n$替换为常数α,也就是把式(4-30)中的$1/n_{s_t,a_t}$替换为常数α,$0<\alpha\leqslant 1$,即

$$
\begin{aligned}
y_n &= y_{n-1}+\alpha(x_n-y_{n-1})=\alpha x_n+(1-\alpha)y_{n-1}\\
&=\alpha x_n+(1-\alpha)(\alpha x_{n-1}+(1-\alpha)y_{n-2})\\
&=\alpha x_n+\alpha(1-\alpha)x_{n-1}+(1-\alpha)^2 y_{n-2}\\
&=\alpha x_n+\alpha(1-\alpha)x_{n-1}+\alpha(1-\alpha)^2 x_{n-2}+\cdots+\alpha(1-\alpha)^{n-2}x_2+(1-\alpha)^{n-1}y_1
\end{aligned}
$$

可见,这样做的效果是对最新的样本x_n给予权重α,对前一个样本x_{n-1}给予权重$\alpha(1-\alpha)$,以此类推。由于$\alpha(1-\alpha)<\alpha$,所以这种方法对较新的样本给予较大的权重。可以验证,上式中每一步的权重之和都为1。将该方法应用于式(4-30),可得

$$
\hat{q}^*(s_t,a_t):=\hat{q}^*(s_t,a_t)+\alpha\left(r_{t+1}+\gamma\max_{a_{t+1}\in\mathcal{A}(s_{t+1})}\hat{q}^*(s_{t+1},a_{t+1})-\hat{q}^*(s_t,a_t)\right) \tag{4-31}
$$

式(4-31)中的α被称为**步长**(step size),也被称为**学习率**(learning rate)。α越大,新样本的权重就越大。式(4-31)就是**Q学习**(Q-learning)方法中的更新公式。Q学习是指学习最优行动价值函数收敛值$q^*(s_t,a_t)$的估计值$\hat{q}^*(s_t,a_t)$,Q大写是因为在强化学习领域的一些论文中把估计值也用大写字母表示。值得注意的是,使用式(4-31)迭代计算$\hat{q}^*(s_t,a_t)$并不能保证收敛。

只要我们能够给出最优行动价值函数收敛值的估计值$\hat{q}^*(s_t,a_t)$,例如通过式(4-31)或式(4-30),就可以参照式(4-25)给出智能体在t时刻状态s_t下的最优行动的估计值$\hat{a}_t^*$,并把$\hat{a}_t^*$作为智能体在该时刻的行动选择。但是,由于不知道环境模型$p(s_{t+1},r_{t+1}|s_t,a_t)$,并且环境的统计特性还可能随时间发生变化,我们无从得知上述过程给出的“最优行动”是否真正最优。因此,在利用的同时仍需要进行探索,可使用ε贪婪等方法给出智能体当前时刻的行动选择。

综上,Q学习算法如下。

【Q学习算法】

输入:智能体从环境获得的一系列奖赏$R_2,R_3,\cdots,R_l$以及观察到的一系列环境状态$S_1,S_2,\cdots,S_l$。

输出:智能体做出的一系列行动选择$A_1,A_2,\cdots,A_{l-1}$。

(1) 初始化:$t:=1$;对于所有的$s_t\in\mathcal{S}$以及所有的$a_t\in\mathcal{A}(s_t)$,初始化$\hat{q}^*(s_t,a_t)$,可取任意值(如果都取较大的值,将更有助于探索);初始化状态$S_t=s_t$。

(2) 重复以下步骤。如果是阶段性任务,则进行到最后时刻l,即当$t\leqslant l-1$时重复

以下步骤。

① 使用ε贪婪等方法,选择当前时刻的行动 $A_t=a_t$。如果决定选择“最优行动”,则再根据 $\hat{q}^*(s_t,a_t)$ 进一步给出状态 s_t 下的最优行动的估计值 $\hat{a}_t^*$,即 $A_t=\hat{a}_t^*=\underset{a_t\in\mathcal{A}(s_t)}{\operatorname{argmax}}\hat{q}^*(s_t,a_t)$。

② 执行行动 A_t,得到奖赏 $R_{t+1}=r_{t+1}$,并观察新的环境状态 $S_{t+1}=s_{t+1}$。

③ 根据 s_t、a_t、r_{t+1}、s_{t+1} 以及式(4-31)更新 $\hat{q}^*(s_t,a_t)$。

④ $t:=t+1$。

Q 学习的主要优点是,无须知道环境模型的概率质量函数 $p(s_{t+1},r_{t+1}|s_t,a_t)$ 就可以求解 MDP 问题。但是由于其使用最优行动价值函数收敛值的估计值来选择行动,因此,当样本数量较少时,其基于式(4-30)给出的策略可能不是最优策略;如果基于式(4-31),则很可能给出的也不是最优策略。基于式(4-31)的 Q 学习更适用于环境的统计特性随时间发生变化的任务。值得注意的是,我们在推导式(4-11)所表示的贝尔曼方程时,用到了马尔可夫性,而在推导 Q 学习公式时又基于贝尔曼方程。因此,Q 学习实际上仍隐含地将环境建模为 MDP。

4.3.2 Q 学习实践

在本节中,我们使用 Q 学习来控制 4.2.5 节中 MDP 环境下的空调等设备。

实验 4-6 使用 Q 学习来控制实验 4-3 中的空调等设备,画出累计奖赏的变化曲线。观察不同参数下的实验结果并分析。

提示:可将随机种子设置为 1,折扣率 γ 设置为 0.9,学习率 α 设置为 0.1,ε 贪婪中的ε 设置为 0.01。

图 4-9 与图 4-10 分别示出了在上述参数下,$\hat{q}^*(s_t,a_t)$ 的初始值都为 0 时,智能体选择的行动及其获得的累计奖赏的变化曲线。可以看出,智能体在最初的一些时刻下的行动选择并非最优,但经过一些时刻之后,其获得的累计奖赏大体上开始呈增长趋势。

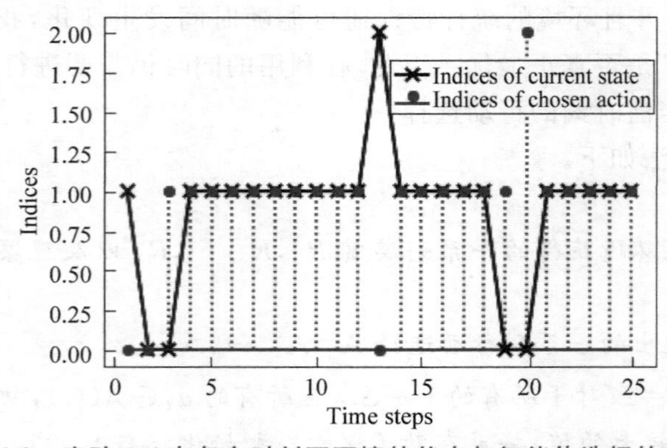

图 4-9 实验 4-6 中各个时刻下环境的状态与智能体选择的行动

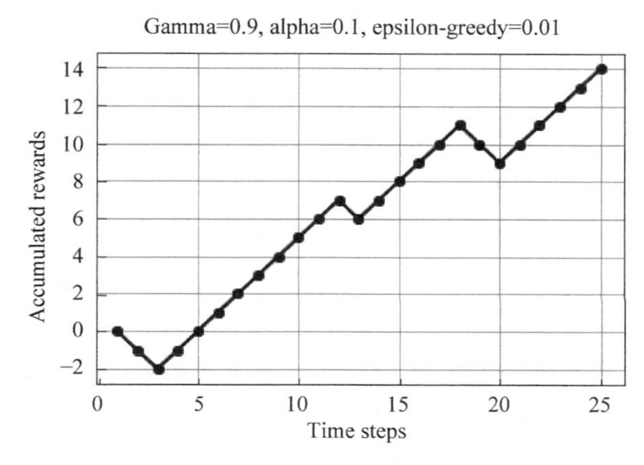

图 4-10 实验 4-6 中智能体获得的累计奖赏

4.4 本章实验分析

如果你已经独立完成了本章前 3 节中的各个实验，祝贺你，可以跳过本节学习。如果未能独立完成，也没有关系，因为在本节中，我们将对本章中出现的各个实验做进一步分析讨论。

实验 4-1 多老虎机问题。为了简便而又不失代表性，假设每台老虎机给出的奖赏都服从均值不同、方差都为 1 的正态分布，即 $R_{t+1}|A_t=a_t\sim\mathcal{N}(\mu_{a_t},1)$，$a_t\in\mathcal{A}$，$\mathcal{A}=\{1,2,\cdots,c\}$。其中，$\mu_{a_t}$ 为第 a_t 台老虎机给出奖赏的期望值，$\mu_{a_t}\sim\mathcal{N}(0,1)$，即其服从均值为 0、方差为 1 的正态分布。

假如我们有 1000 名同学，每名同学都分别面对 10 台这样的老虎机，即 $c=10$，采用由式(4-2)给出的选择策略，在第 1 个～第 200 个时刻上连续玩 200 次，并在第 2 个～第 201 个时刻上获得相应的 200 个奖赏(因此共 201 个时刻，即 $l=201$)。画出一条曲线：在第 2 个～第 201 个时刻上，每名同学获得的平均奖赏。这里的每名同学，就是上述多老虎机问题的一次运行(run)。

分析：本实验中，每名同学(即每一次运行)面对的每台老虎机给出的奖赏的期望值可能都不相同。在程序中，我们需要使用一个最外层的 for 循环(循环 1000 次)，用来重复完成每名同学面对 10 台老虎机玩 200 次这个过程。为了便于比对实验结果，在最外层循环开始之前，先用 rng = np.random.default_rng()方法构造随机种子为指定值的随机数生成器。然后，在最外层 for 循环中，我们用 rng.normal()方法随机生成 10 台老虎机给出奖赏的期望值(其服从均值为 0、方差为 1 的正态分布)，再通过式(4-3)估计这些老虎机奖赏的期望值(因为在现实中我们并不知道这些期望值的值)。我们在每一个需要做出行动选择的时刻($t=1,2,\cdots,200$)，都根据由前 $t-1$ 个选择得到的做出各个选择获得奖赏的平均值，来估计这些期望值。因此，可用一个内层的 for 循环来实现做出行动选择的各个时刻(循环 200 次)。在这个内层 for 循环中，先根据式(4-3)估计出当前 10 台老虎机奖赏的期望值,然后用 np.argmax()函数选择当前奖赏期望值最大的一台老虎机作为当前时刻做出的行动选择(即贪婪行动)。再根据选择的这台老虎机的奖赏期望值,用 rng.normal()方法随机生成这台老虎机在下一时刻给出的奖赏(服从正态分布)。周而复始。最后,用 plt.plot()函数画出这 1000 名同学在 $t=2,3,\cdots,201$ 时刻获得的奖赏的平均值曲线。

lab_4-1

现在,如果你尚未完成实验 4-1,尝试独立完成本实验。如果仍有困难,再参考附录 A 中经过注释的实验程序。本实验的程序文件可通过扫描二维码 lab_4-1 下载。

实验 4-2 用 ε 贪婪方法解实验 4-1 中的多老虎机问题。将每名同学连续玩的次数从 200 增加至 500。在保留实验 4-1 中平均奖赏曲线的同时,在同一幅图中再增加一条使用 ε 贪婪方法画出的平均奖赏曲线。

分析:在实验 4-1 的程序基础之上,再增加一套单独的变量及计算过程,用于实现 ε 贪婪方法。在使用 ε 贪婪方法做出行动选择时,可使用 rng.random()方法随机给出一个[0,1)区间内的数,若该数大于 ε,则选择贪婪行动;反之,再使用 rng.integers()方法随机给出一个整数,用来选择一个行动。

lab_4-2

现在,如果你尚未完成实验 4-2,尝试独立完成本实验。如果仍有困难,再参考附录 A 中经过注释的实验程序。本实验的程序文件可通过扫描二维码 lab_4-2 下载。

实验 4-3 用 MDP 对智能家居中空调等设备的控制问题进行初步建模,给出用来描述 MDP 模型的概率质量函数 $p(s_{t+1},r_{t+1}|s_t,a_t)$ 以及奖赏的取值,并将其存储在 NumPy 数组中。

分析:$p(s_{t+1}|,s_t,a_t)$用来给出如果当前时刻环境状态为 s_t,并且智能体选择执行行动 a_t,那么下一个时刻环境状态将为 s_{t+1}的概率。环境状态 s_t、s_{t+1}可为“冷”“舒适”“热”3 个状态之一;行动 a_t 可为空调等设备的 3 个模式之一:“制冷”“待机”“制热”。因此,可用一个 3×3×3 大小的三维数组来存储 $p(s_{t+1}|,s_t,a_t)$,其中的概率大小可由人工设定。例如,在当前时刻环境状态为“冷”时,智能体选择“制冷”模式后,下一个时刻环境状态为“冷”的概率为 0.8。

$p(r_{t+1}|s_{t+1},s_t,a_t)$用来给出如果当前时刻环境状态为 s_t,智能体又选择执行行动 a_t,并且下一个时刻的环境状态为 s_{t+1},那么智能体将在下一个时刻获得奖赏 r_{t+1} 的概率。本实验中奖赏 r_{t+1}的取值可为两个值之一,例如{-1,1},因此可用一个 2×3×3×3 大小的四维数组来存储 $p(r_{t+1}|s_{t+1},s_t,a_t)$,其中的概率大小可由人工设定。例如,在当前时刻环境状态为“冷”时,若智能体选择“制冷”模式,且下一个时刻的环境状态为“冷”,那么智能体获得奖赏-1 的概率可为 1,表示不鼓励(或惩罚)智能体此时选择“制冷”模式。

lab_4-3

现在,如果你尚未完成实验 4-3,尝试独立完成本实验。如果仍有困难,再参考附录 A 中经过注释的实验程序。本实验的程序文件可通过扫描二维码 lab_4-3 下载。

实验 4-4　使用价值迭代算法求解实验 4-3 中的 MDP 模型，给出最优行动选择 $a_t^* | s_t$，$s_t \in \mathcal{S}$，并画出各个状态的最优状态价值函数随迭代次数收敛的曲线。

分析：在实验 4-3 的程序基础之上加入价值迭代算法。在式(4-21)的矩阵形式 $\boldsymbol{v}_i^* = \overrightarrow{\max}(\bar{\boldsymbol{R}} + \gamma \bar{\boldsymbol{V}}_{i-1}^*)$ 中，矩阵 $\bar{\boldsymbol{R}}$ 不随迭代次数的增加而改变，故可以在迭代开始之前仅计算一次，可通过双重 for 循环依次计算其中的各个元素，并存储在一个数组中。矩阵 $\bar{\boldsymbol{R}}$ 中每个元素的计算式为 $\bar{r}(s_t, a_t) = (\boldsymbol{p}_s(s_t, a_t))^{\mathrm{T}} \boldsymbol{P}_r(s_t, a_t) \boldsymbol{r}$。由于我们事先并不知道迭代将进行多少次，因此价值迭代算法的主循环可用 while 循环实现，直到满足收敛条件再结束循环。这个收敛条件是，相邻两次迭代计算出的向量 $\boldsymbol{v}_i^*$ 和 $\boldsymbol{v}_{i-1}^*$ 之间对应元素的差的绝对值最大不大于容差 ε。在 while 循环中，首先计算矩阵 $\bar{\boldsymbol{V}}_{i-1}^*$ 中的各个元素，计算式为 $\bar{v}_{i-1}^*(s_t, a_t) = (\boldsymbol{p}_s(s_t, a_t))^{\mathrm{T}} \boldsymbol{v}_{i-1}^*$，再计算 $\bar{\boldsymbol{R}} + \gamma \bar{\boldsymbol{V}}_{i-1}^*$，并在计算结果矩阵的每一行中都找出一个最大值，从而得到列向量 $\boldsymbol{v}_i^*$，完成一次迭代。值得注意的是，如果要把 $\boldsymbol{v}_i^*$ 所在的数组复制到 $\boldsymbol{v}_{i-1}^*$ 所在的数组中，需使用 np.copy() 函数。在计算 $\bar{\boldsymbol{V}}_{i-1}^*$ 矩阵时，可使用 np.transpose() 和 np.squeeze() 函数。

lab_4-4

现在，如果你尚未完成实验 4-4，尝试独立完成本实验。如果仍有困难，再参考附录 A 中经过注释的实验程序。本实验的程序文件可通过扫描二维码 lab_4-4 下载。

实验 4-5　用实验 4-4 中给出的最优行动选择来控制空调等设备，并尝试修改随机种子、MDP 的概率质量函数 $p(s_{t+1}, r_{t+1} | s_t, a_t)$、折扣率 γ、容差 ε 等参数，以及奖赏的取值(例如将 -1 改为 0)，观察实验结果并分析。

分析：本实验的程序可基于实验 4-4 的程序。随机抽取一个环境的初始状态，可使用 rng.integers() 方法随机抽取。在每个时刻，先根据环境的当前状态与实验 4-4 给出的最优策略，选择一个行动；再根据当前状态与智能体选择的行动，从当前状态依照由 $p(s_{t+1} | s_t, a_t)$ 给出的转移到各个状态的概率随机转移到下一个状态，可使用 rng.choice() 方法依照概率随机抽取；然后根据 MDP 模型的 $p(r_{t+1} | s_{t+1}, s_t, a_t)$ 以及奖赏的可能取值，给出智能体获得的奖赏。周而复始。

lab_4-5

现在，如果你尚未完成实验 4-5，尝试独立完成本实验。如果仍有困难，再参考附录 A 中经过注释的实验程序。本实验的程序文件可通过扫描二维码 lab_4-5 下载。

实验 4-6　使用 Q 学习来控制实验 4-3 中的空调等设备，画出累计奖赏的变化曲线。观察不同参数下的实验结果并分析。

分析：可在实验 4-5 的程序基础之上进行修改，加入 Q 学习算法。在本实验中，各个状态下可供智能体选择的行动都相同，因此可以用一个二维数组来存储最优行动价值函数收敛值的估计值 $\hat{q}^*(s_t, a_t)$(以下把该二维数组简称为 Q 表)。为了执行一定的步数(时刻数)，主循环可使用 for 循环。在循环开始之前，初始化 Q 表，初始值可任意选取。初始状态可随机选取。在 for 循环中，首先使用 ε 贪婪方法以 ε 为概率随机选择一个行动，以 $1-\varepsilon$ 为概率通过 Q 表找出“最优行动”作为当前时刻选择的行动，再以该行动以及当前状态为参数,通过调用实验 4-5 中的 MDP 模型,来得到一个模型给出的奖赏值以及下一个时刻的环境状态,最后使用该奖赏值、下一个时刻状态以及公式(4-31)来更新 Q 表中当前状态与当前行动对应的这个元素的值,并将当前状态的值赋值为下一个时刻状态的值。周而复始。

lab_4-6

现在,如果你尚未完成实验 4-6,尝试独立完成本实验。如果仍有困难,再参考附录 A 中经过注释的实验程序。本实验的程序文件可通过扫描二维码 lab_4-6 下载。

4.5 本章小结

强化学习可以看作机器学习中的一种学习范式:智能体根据环境给出的奖赏,做出一系列行动选择并执行选择的行动,以最大化其收益的期望值。

多老虎机问题是一个较为简单的强化学习问题。玩家(智能体)通过估计多台老虎机给出奖赏的期望值,每次选择玩其中的一台老虎机,以最大化获得的累计奖赏的期望值。

进一步地,我们可对与智能体交互的环境建立数学模型,以便于智能体寻找从环境获得最大收益期望值的行动策略。MDP 是强化学习中常用的环境模型,它将智能体控制之外的环境划分为若干状态,并假设下一个时刻的环境状态仅取决于当前时刻的环境状态与智能体采取的行动,同时也假设智能体在下一个时刻获得的奖赏,仅取决于当前时刻的环境状态与智能体采取的行动,以及下一个时刻的环境状态。如果我们知道上述假设下的这两类条件概率,即环境状态的转移概率,以及智能体获得的奖赏及相应的概率,就可以通过价值迭代等方法求解 MDP 问题,得到智能体可采取的最优行动策略,以最大化智能体获得的收益的期望值。

在实际应用中,上述两类条件概率不易准确获知,因此可通过估计最优行动价值函数的收敛值,来给出智能体在各个时刻的行动选择,即 Q 学习。

当然,无论在强化学习领域,还是在更广泛的机器学习领域,都有很多种不同的方法与模型。更多的方法、模型及其应用,等待着你去学习、去尝试、去探索、去发现、去发明。

尽管目前尚难实现"机器治理"(machine ruling),但在不远的未来,将有望让计算机来辅助人们做出一系列选择,并帮助人们自动处理个人事务,把人们从纷杂琐碎的事务中解脱出来,使每个人都能更加专注于自己所擅长的工作,从而进一步提高工作效率,实现自我价值,促进全人类的繁荣与幸福。

4.6 思考与练习

1. 什么是强化学习?举例说明。
2. 用数学公式描述多老虎机问题。
3. 如何求解第 2 题中描述的多老虎机问题?
4. 什么是利用?什么是探索?为什么在强化学习中二者都需要?
5. 什么是 ε 贪婪方法?

6. 在强化学习中，什么是智能体？什么是环境？如何区分二者？

7. 在数学上如何描述强化学习中环境状态的转移？

8. 什么是马尔可夫性？

9. 什么是马尔可夫决策过程(MDP)？如何确定一个 MDP？

10. 强化学习中的收益是指什么？如何用数学公式统一描述阶段性任务和连续性任务中的收益？

11. 在 MDP 中，什么是策略？

12. MDP 中的状态价值函数是指什么？

13. 写出贝尔曼方程的数学表达式。

14. 写出贝尔曼最优性方程的数学表达式。

15. 证明由贝尔曼最优性方程给出的最优状态价值函数随着迭代次数的增加而收敛。

16. 写出 MDP 中的价值迭代算法。

17. 为什么在实际应用中，往往难以建立一个 MDP 模型？

18. 什么是最优行动价值函数？根据贝尔曼最优性方程，写出最优行动价值函数的数学表达式。

19. 写出 Q 学习算法。

20. Q 学习有哪些优势与局限？

参考文献

[1] CHEN Z. Machine ruling[EB/OL]. (2015-12-21)[2021-10-18]. https://arxiv.org/pdf/1512.06466.

[2] 陈喆.物联网无线通信原理与实践[M].北京：清华大学出版社，2021.

[3] BOYD S, VANDENBERGHE L. Convex optimization[M]. Cambridge: Cambridge University Press, 2004.

[4] SUTTON R S, BARTO A G. Reinforcement learning: An introduction[M]. 2nd ed. Cambridge: The MIT Press, 2018.

附录 A　实验参考程序及注释

实验 1-1　用 Python 实现两个数组中对应元素相乘并累加，即点积运算。用 for 循环实现，给出计算结果，并给出这段程序的运行时长。

$$\boldsymbol{a} \cdot \boldsymbol{b} = \sum_{i=1}^{n} a_i b_i \tag{1-1}$$

式(1-1)中，$\boldsymbol{a},\boldsymbol{b} \in \mathbb{R}^n$，$n=1000$，$\boldsymbol{a}=(0,1,\cdots,999)$，$\boldsymbol{b}=(1000,1001,\cdots,1999)$。

```
import time                                 #导入 time 模块
#初始化
a = range(0, 1000)                          #向量 a
b = range(1000, 2000)                       #向量 b
n = len(a)                                  #向量 a 中的元素数量
s = 0                                       #累加和，清零
#计算点积
tic = time.perf_counter()                   #读取当前时钟读数
for i in range(n):                          #对于向量中的每个元素
    s = s + a[i] * b[i]                     #向量 a 和 b 中的对应元素相乘并累加
toc = time.perf_counter()                   #读取当前时钟读数
#打印结果
print('Sum =', s)                           #打印累加和
print(f'Time = {toc-tic:.5f}')              #打印运行时长，即两个时钟读数之差
```

实验 1-2　实现实验 1-1 中的点积运算。用 NumPy 库实现，给出计算结果，并给出这段程序的运行时长。

```
import numpy as np                          #导入 NumPy
import time                                 #导入 time 模块
#初始化
a = np.arange(0, 1000)                      #初始化向量 a
b = np.arange(1000, 2000)                   #初始化向量 b
n = np.size(a)                              #向量 a 中的元素数量
#计算点积
tic = time.perf_counter()                   #读取当前时钟读数
s = np.dot(a, b)                            #计算向量 a 和 b 的点积
toc = time.perf_counter()                   #读取当前时钟读数
#打印结果
print('Sum =', s)                           #打印点积结果
print(f'Time = {toc-tic:.5f}')              #打印运行时长，即两个时钟读数之差
```

实验 1-3　使用 Matplotlib 库，画出函数 $f(x)=(2x-3)^2+4$ 的曲线图。

```
import numpy as np                          #导入 NumPy
```

```
import matplotlib.pyplot as plt                 #导入 Matplotlib
#生成 x 并计算 f(x)
x = np.linspace(-1, 4, 41)                      #生成x
y = (2 * x - 3) ** 2 + 4                        #计算 f(x)
#画曲线
plt.figure()                                    #新建一个图形
plt.plot(x, y, 'r-', linewidth=2)               #以(x, f(x))为坐标画点,并用线宽为 2 的
                                                #红色实线连接相邻两点
plt.axis([-1.5, 5.5, 0, 35])                    #设置横轴与纵轴的显示范围
plt.xlabel('x')                                 #设置横轴标签
plt.ylabel('f(x)')                              #设置纵轴标签
plt.legend(['f(x)'], loc='upper right')         #设置右上角图例
plt.title('Graph of function f(x)')             #设置标题
plt.show()                                      #显示图形
```

实验 2-1 使用气温数据集和批梯度下降法训练线性回归模型,并画出均方误差代价函数的值随迭代次数变化的曲线。

```
import pandas                                   #导入 pandas
import numpy as np
import matplotlib.pyplot as plt
#参数设置
iterations = 20                                 #迭代次数
learning_rate = 0.0001                          #学习率
m_train = 3000                                  #训练样本的数量
#读入气温数据集
df = pandas.read_csv('temperature_dataset.csv')
data = np.array(df)
m_all = np.shape(data)[0]                       #样本总数
d = np.shape(data)[1] - 1                       #输入特征的维数
m_test = m_all - m_train                        #测试数据集中样本的数量
#划分数据集
X_train = data[0:m_train, 1:].T                 #训练数据集的输入特征矩阵,d×m
X_test = data[m_train:, 1:].T                   #测试数据集的输入特征矩阵,d×m_test
y_train = data[0:m_train, 0].reshape((1,-1))    #训练数据集的标注向量,1×m
y_test = data[m_train:, 0].reshape((1,-1))      #测试数据集的标注向量,1×m_test
#初始化
w = np.zeros((d, 1)).reshape((-1, 1))           #权重向量,d×1
b = 0                                           #偏差(标量)
v = np.ones((1, m_train))                       #1 向量,1×m
costs_saved = []                                #用来保存代价函数的值
#迭代循环
for i in range(iterations):
    #更新权重与偏差
    y_hat = np.dot(w.T, X_train) + b * v        #计算训练样本标注的预测值
```

```
        e = y_hat - y_train                                          #计算误差
        b = b - 2. * learning_rate * np.dot(v, e.T) / m_train        #更新偏差
        w = w - 2. * learning_rate * np.dot(X_train, e.T) / m_train  #更新权重
        #保存代价函数的值
        costs = np.dot(e, e.T) / m_train                             #计算代价函数的值
        costs_saved.append(costs.item(0))                            #保存
    #打印最新的权重与偏差
    print('Weights =', np.array2string(np.squeeze(w, axis=1), precision=3))
    print(f'Bias = {b.item(0):.3f}')
    #画代价函数的值
    plt.plot(range(1, np.size(costs_saved) + 1), costs_saved, 'r-o', linewidth=2,
    markersize=5)                                                    #画变化曲线
    plt.ylabel('Costs')                                              #设置纵轴标签
    plt.xlabel('Iterations')                                         #设置横轴标签
    plt.title('Learning rate = ' + str(learning_rate))               #设置标题
    plt.show()                                                       #显示图形
```

实验2-2　使用气温数据集评估实验2-1中的线性回归模型，计算模型在训练数据集和测试数据集上的均方根误差。画出当输入特征的维数为1时，训练过程中每次迭代拟合出的直线的变化情况（选做）。

```
import pandas
import numpy as np
import matplotlib.pyplot as plt
#参数设置
iterations = 3000                              #迭代次数
learning_rate = 0.0001                         #学习率
m_train = 3000                                 #训练样本的数量
flag_plot_lines = False                        #是否画出拟合直线
plot_feature = 1                               #使用哪个输入特征画拟合直线
plot_skip = 4                                  #每间隔几条拟合直线画出一条拟合直线
#读入气温数据集
df = pandas.read_csv('temperature_dataset.csv')
data = np.array(df)
m_all = np.shape(data)[0]                      #样本总数
d = 1 if flag_plot_lines else np.shape(data)[1] - 1    #输入特征的维数
m_test = m_all - m_train                       #测试数据集样本数量
#划分数据集
X_train = data[0:m_train, plot_feature].reshape((1,-1)) if flag_plot_lines
else data[0:m_train, 1:].T                     #根据是否画拟合直线来决定输入特征的维数
X_test = data[m_train:, plot_feature].reshape((1,-1)) if flag_plot_lines else
data[m_train:, 1:].T                           #根据是否画拟合直线来决定输入特征的维数
y_train = data[0:m_train, 0].reshape((1,-1))
y_test = data[m_train:, 0].reshape((1,-1))
```

```
#初始化
w = np.zeros((d, 1)).reshape((-1, 1))                          #权重
b = 0                                                          #偏差
v = np.ones((1, m_train))                                      #1向量
costs_saved = []
#用来保存拟合直线的权重与偏差
w_saved = np.zeros(iterations + 1)
b_saved = np.zeros(iterations + 1)
#迭代循环
for i in range(iterations):
    #更新权重与偏差
    y_hat = np.dot(w.T, X_train) + b * v
    e = y_hat - y_train
    b = b - 2. * learning_rate * np.dot(v, e.T) / m_train
    w = w - 2. * learning_rate * np.dot(X_train, e.T) / m_train
    #保存代价函数的值
    costs = np.dot(e, e.T) / m_train
    costs_saved.append(costs.item(0))
    #保存每次迭代的权重与偏差
    w_saved[i+1] = w[0]
    b_saved[i+1] = b
#打印最新的权重与偏差
print('Weights =', np.array2string(np.squeeze(w, axis=1), precision=3))
print(f'Bias = {b.item(0):.3f}')
#画代价函数的值
plt.plot(range(1, np.size(costs_saved) + 1), costs_saved, 'r-o', linewidth=2,
markersize=5)
plt.ylabel('Costs')
plt.xlabel('Iterations')
plt.title('Learning rate = ' + str(learning_rate))
plt.show()
#计算训练数据集上的均方根误差
y_hat = np.dot(w.T, X_train) + b * v                           #计算训练样本标注的预测值
e = y_hat - y_train                                            #计算标注预测值与标注之间的误差
mse = np.dot(e, e.T) / m_train                                 #计算均方误差
rmse = np.sqrt(mse)                                            #计算均方根误差
print(f'Trainset RMSE = {rmse.item(0):.3f}')                   #打印均方根误差
#计算测试数据集上的均方根误差
y_hat_test = np.dot(w.T, X_test) + b                           #计算测试样本标注的预测值(此处使
                                                               #用了广播操作)
e_test = y_hat_test - y_test                                   #计算标注预测值与标注之间的误差
mse_test = np.dot(e_test, e_test.T) / m_test                   #计算均方误差
rmse_test = np.sqrt(mse_test)                                  #计算均方根误差
print(f'Testset RMSE = {rmse_test.item(0):.3f}')               #打印均方根误差
```

```
#画拟合直线
if flag_plot_lines:
    plot_x_min = np.min(X_train)                  #训练样本一维输入特征的最小值
    plot_x_max = np.max(X_train)                  #训练样本一维输入特征的最大值
    plot_x = np.array([plot_x_min, plot_x_max])   #将其组成一个一维数组
    plt.figure()                                  #新建一个图形
    plt.plot(X_train[0,0::10], y_train[0,0::10], 'xm')
                                      #画训练样本(每10个训练样本画出一个)
    for i in range(0, iterations + 1, plot_skip + 1):
                                      #每 plot_skip + 1 条拟合直线画出一条
        plot_y = w_saved[i] * plot_x + b_saved[i]
                                  #计算输入特征最大值与最小值对应的标注预测值
        plt.plot(plot_x, plot_y, '--')            #用虚线画出这条拟合直线
    plot_y = w_saved[i] * plot_x + b_saved[i]
                  #计算输入特征最大值与最小值对应的标注预测值(最后一条拟合直线)
    plt.plot(plot_x, plot_y, 'b', linewidth=3)    #用实线画出最后一条拟合直线
    plt.xlabel('x')
    plt.ylabel('y')
    plt.show()
```

实验 2-3　使用气温数据集和随机梯度下降法训练线性回归模型，画出均方误差代价函数的值随迭代次数变化的曲线，并计算该线性回归模型在训练数据集和测试数据集上的均方根误差。

```
import pandas
import numpy as np
import matplotlib.pyplot as plt
#参数设置
epochs = 1                                        #遍数
learning_rate = 0.0001                            #学习率
m_train = 3000                                    #训练样本的数量
#构造随机种子为指定值的随机数生成器
rng = np.random.default_rng(1)
#读入气温数据集
df = pandas.read_csv('temperature_dataset.csv')
data = np.array(df)
m_all = np.shape(data)[0]
d = np.shape(data)[1] - 1
m_test = m_all - m_train
#划分数据集
X_train = data[0:m_train, 1:].T
y_train = data[0:m_train, 0].reshape((1,-1))
X_test = data[m_train:, 1:].T
y_test = data[m_train:, 0].reshape((1,-1))
```

```
train_set = data[0:m_train, :]                          #训练数据集,用于随机排序
#初始化
w = np.zeros((d, 1)).reshape((-1, 1))
b = 0
costs_saved = []
#epoch 循环
for epoch in range(epochs):
    #对训练样本随机排序
    rng.shuffle(train_set)
    #训练样本循环
    for i in range(m_train):
        #准备训练样本
        x = train_set[i, 1:].reshape((-1, 1))
        y = train_set[i, 0]
        #更新权重与偏差
        y_hat = np.dot(w.T, x) + b                      #计算当前训练样本标注的预测值
        e = y_hat - y                                   #计算误差
        b = b - 2. * learning_rate * e                  #更新偏差
        w = w - 2. * learning_rate * e * x              #更新权重
        #保存代价函数的值
        costs = e ** 2
        costs_saved.append(costs.item(0))
#打印最新的权重与偏差
print('Weights =', np.array2string(np.squeeze(w, axis=1), precision=3))
print(f'Bias = {b.item(0):.3f}')
#画代价函数的值
plt.plot(range(1, np.size(costs_saved) + 1), costs_saved, 'r-o', linewidth=2,
markersize=5)
plt.ylabel('Costs')
plt.xlabel('Iterations')
plt.title('Learning rate = ' + str(learning_rate))
plt.show()
#计算训练数据集上的均方根误差
y_hat = np.dot(w.T, X_train) + b                        #此处使用了广播操作
e = y_hat - y_train
mse = np.dot(e, e.T) / m_train
rmse = np.sqrt(mse)
print(f'Trainset RMSE = {rmse.item(0):.3f}')
#计算测试数据集上的均方根误差
y_hat_test = np.dot(w.T, X_test) + b                    #此处使用了广播操作
e_test = y_hat_test - y_test
mse_test = np.dot(e_test, e_test.T) / m_test
rmse_test = np.sqrt(mse_test)
print(f'Testset RMSE = {rmse_test.item(0):.3f}')
```

实验 2-4　使用气温数据集和小批梯度下降法训练线性回归模型，画出均方误差代价函数的值随迭代次数变化的曲线，并计算该线性回归模型在训练数据集和测试数据集上的均方根误差。

```
import pandas
import numpy as np
import matplotlib.pyplot as plt
#参数设置
epochs = 1                                          #遍数
batch_size = 30                                     #批长
learning_rate = 0.0001                              #学习率
m_train = 3000                                      #训练样本的数量
#构造随机种子为指定值的随机数生成器
rng = np.random.default_rng(1)
#读入气温数据集
df = pandas.read_csv('temperature_dataset.csv')
data = np.array(df)
m_all = np.shape(data)[0]
d = np.shape(data)[1] - 1
m_test = m_all - m_train
#划分数据集
X_train = data[0:m_train, 1:].T
y_train = data[0:m_train, 0].reshape((1,-1))
X_test = data[m_train:, 1:].T
y_test = data[m_train:, 0].reshape((1,-1))
train_set = data[0:m_train, :]                      #训练数据集，用于随机排序
#初始化
w = np.zeros((d, 1)).reshape((-1, 1))
b = 0
costs_saved = []
#epoch 循环
for epoch in range(epochs):
    #对训练样本随机排序
    rng.shuffle(train_set)
    #小批循环
    for start_sample in range(0, m_train, batch_size):
        #准备小批
        batch_sample = min([m_train - start_sample, batch_size]) #当前小批的批长
        v = np.ones((1, batch_sample)).reshape((1, -1))          #1 向量
        X = train_set[start_sample : start_sample + batch_sample, 1:].T
                                                    #当前小批中训练样本的输入特征
        y = train_set[start_sample : start_sample + batch_sample, 0].reshape
((1, -1))                                           #当前小批中训练样本的标注
```

```
        #更新权重与偏差
        y_hat = np.dot(w.T, X) + b * v             #计算当前小批训练样本标注的预测值
        e = y_hat - y                                                            #计算误差
        b = b - 2. * learning_rate * np.dot(v, e.T) / batch_sample   #更新偏差
        w = w - 2. * learning_rate * np.dot(X, e.T) / batch_sample   #更新权重
        #保存均方误差代价函数的值
        costs = np.dot(e, e.T) / batch_sample
        costs_saved.append(costs.item(0))
#打印最新的权重与偏差
print('Weights =', np.array2string(np.squeeze(w, axis=1), precision=3))
print(f'Bias = {b.item(0):.3f}')
…
```

实验2-5 对气温数据集样本的输入特征做特征缩放(标准化、最小最大归一化、均值归一化),并用该数据集训练、评估线性回归模型。

```
import pandas
import numpy as np
import matplotlib.pyplot as plt
#参数设置
iterations = 1000                                         #训练过程中的迭代次数
learning_rate = 0.1                                       #学习率
m_train = 3000                                            #训练样本的数量
flag_fs = 'std'      #特征缩放方法:'std'为标准化、'norm_minmax'为最小最大归一化、
                     #'norm_mean'为均值归一化,'none'为不使用特征缩放
#读入气温数据集
df = pandas.read_csv('temperature_dataset.csv')
data = np.array(df)
m_all = np.shape(data)[0]
d = np.shape(data)[1] - 1
m_test = m_all - m_train
#特征缩放
if flag_fs == 'std':                                      #如果进行标准化
    mean = np.mean(data[0:m_train, 1:], axis=0)           #计算训练样本输入特征的均值
    std = np.std(data[0:m_train, 1:], axis=0, ddof=1)     #计算训练样本输入特征的标准差
    data[:, 1:] = (data[:, 1:] - mean) / std              #标准化所有样本的输入特征
elif flag_fs == 'norm_minmax':                            #最小最大归一化
    xmin = np.amin(data[0:m_train, 1:], axis=0)           #返回训练样本输入特征的最小值
    xmax = np.amax(data[0:m_train, 1:], axis=0)           #返回训练样本输入特征的最大值
    data[:, 1:] = (data[:, 1:] - xmin) / (xmax - xmin)
                                                  #最小最大归一化所有样本的输入特征
elif flag_fs == 'norm_mean':                              #均值归一化
    xmin = np.amin(data[0:m_train, 1:], axis=0)           #返回训练样本输入特征的最小值
    xmax = np.amax(data[0:m_train, 1:], axis=0)           #返回训练样本输入特征的最大值
    mean = np.mean(data[0:m_train, 1:], axis=0)           #计算训练样本输入特征的均值
```

```
    data[:, 1:] = (data[:, 1:] - mean) / (xmax - xmin) #均值归一化所有样本的输入特征
...
```

实验 2-6（选做）　使用多输出线性回归模型学习离散傅里叶变换，测试并比较频谱。

```
import numpy as np
import matplotlib.pyplot as plt
#参数设置
dft_n = 128                                          #离散傅里叶变换的点数
m_train_dft = 5000                                   #训练样本的数量
iterations_dft = 1000                                #迭代次数
learning_rate_dft = 0.01                             #学习率
#构造随机种子为指定值的随机数生成器
rng = np.random.default_rng(1)
#生成训练样本
X_train_dft = rng.random((m_train_dft, 2 * dft_n)) * 2 - 1
                                                #生成[-1,1)区间上均匀分布的随机数
fft_in = X_train_dft[:, 0::2] + 1j * X_train_dft[:, 1::2]
                                                     #将这些随机数合并成复数
fft_out = np.fft.fft(fft_in, axis=1)                 #通过 FFT 完成离散傅里叶变换
Y_train_dft = np.zeros(np.shape(X_train_dft))        #训练数据集中训练样本的标注
Y_train_dft[:, 0::2] = fft_out[:, ::].real           #保存 FFT 结果的实部
Y_train_dft[:, 1::2] = fft_out[:, ::].imag           #保存 FFT 结果的虚部
X = X_train_dft.T                                    #将输入特征记为X
Y = Y_train_dft.T                                    #将标注记为Y
#初始化
W = np.zeros((2 * dft_n, 2 * dft_n))
b = np.zeros((2 * dft_n, 1)).reshape((-1, 1))
v = np.ones((1, m_train_dft)).reshape((1, -1))
costs_saved = []
#迭代循环
for i in range(iterations_dft):
    #预测
    Y_hat = np.dot(W.T, X) + np.dot(b, v)
    #预测误差
    E = Y_hat - Y
    #更新权重与偏差
    b = b - 2 * learning_rate_dft * np.dot(E, v.T) / m_train_dft
    W = W - 2 * learning_rate_dft * np.dot(X, E.T) / m_train_dft
    #保存代价函数的值
    costs = np.trace(np.dot(E, E.T)) / m_train_dft
    costs_saved.append(costs.item(0))
#打印最新的权重与偏差
print('Weights =', np.array2string(W, precision=3))
```

```
print('Bias =', np.array2string(np.squeeze(b, axis=1), precision=3))
#画代价函数的值
plt.plot(range(1, np.size(costs_saved) + 1), costs_saved, 'r-o', linewidth=2,
markersize=5)
plt.ylabel('Costs')
plt.xlabel('Iterations')
plt.title('Learning rate = ' + str(learning_rate_dft))
plt.show()
#生成用于测试的序列
fs = dft_n                          #采样率,这里设置为与离散傅里叶变换点数相同的值
f1 = fs / 16                                            #正弦序列的频率之一
f2 = fs / 32                                            #正弦序列的频率之二
t = np.linspace(0, 1 - 1/fs, fs)          #采样时刻,从 0 到 1 - 1/fs 秒,间隔为 1/fs 秒
xn = 1 * np.sin(2 * np.pi * f1 * t) + 0.7 * np.sin(2 * np.pi * f2 * t)
                                        #生成两个不同振幅、不同频率的正弦序列的叠加
plt.figure()
plt.stem(t[0:int(dft_n/2)], xn[0:int(dft_n/2)])      #画出序列的前半部分
xmin, xmax, ymin, ymax = plt.axis()                     #获取横轴与纵轴的范围
plt.axis([-1/fs, 1/2, ymin, ymax])                      #设置横轴与纵轴的范围
plt.xlabel('Time/s')
plt.ylabel('Amplitude')
plt.show()
#生成测试样本
x_test_dft = np.zeros((2 * dft_n, 1))                   #测试样本的输入特征
x_test_dft[0::2, 0] = xn                                #将序列作为复数的实部
xk = np.fft.fft(xn)                                     #使用 FFT 进行离散傅里叶变换
y_test_dft = np.zeros((2 * dft_n, 1))                   #测试样本的标注
y_test_dft[0::2, 0] = xk.real                           #保存 FFT 结果的实部
y_test_dft[1::2, 0] = xk.imag                           #保存 FFT 结果的虚部
#测试样本的均方根误差
y_test_hat = np.dot(W.T, x_test_dft.reshape((-1,1))) + b
                              #使用线性回归模型对测试样本的输入特征做离散傅里叶变换
xk_test_hat = y_test_hat[0::2] + 1j * y_test_hat[1::2]     #将结果保存成复数
e_test = y_test_hat - y_test_dft            #用线性回归模型做离散傅里叶变换的误差
mse_test = np.sum(e_test * e_test) / (2 * dft_n)
rmse_test = np.sqrt(mse_test)
print(f'Testset RMSE = {rmse_test.item(0):.3f}')
#画频谱
plt.figure()
fs_half = int(fs/2)                                     #采样率的一半(整数)
f = np.arange(0, fs_half + 1)                           #单边频谱图中的频率,单位为 Hz
plt.subplot(2, 1, 1)                                    #画第一个子图
xk_abs_sd = np.abs(xk[0 : fs_half + 1])                 #前(N/2)+1 个点的模
```

```
xk_abs_sd[1 : fs_half] = 2 * xk_abs_sd[1 : fs_half]    #计算单边频谱
plt.plot(f, xk_abs_sd, 'b-', linewidth=2)               #画 FFT 结果的单边频谱
plt.grid(True)                                          #显示网格线
xmin, xmax, ymin, ymax = plt.axis()                     #获取横轴与纵轴的范围
plt.axis([0, fs_half, ymin, ymax])                      #设置横轴与纵轴的范围
plt.xlabel('Frequency/Hz')
plt.ylabel('Magnitude')
plt.title('Spectrum')
plt.subplot(2, 1, 2)                                    #画第二个子图
xk_hat_abs_sd = np.abs(xk_test_hat[0 : fs_half + 1])    #前(N/2)+1个点的模
xk_hat_abs_sd[1 : fs_half] = 2 * xk_hat_abs_sd[1 : fs_half]    #计算单边频谱
plt.plot(f, xk_hat_abs_sd, 'r-', linewidth=2)
                                              #画线性回归模型输出预测值的单边频谱
plt.grid(True)                                          #显示网格线
xmin, xmax, ymin, ymax = plt.axis()                     #获取横轴与纵轴的范围
plt.axis([0, fs_half, ymin, ymax])                      #设置横轴与纵轴的范围
plt.xlabel('Frequency/Hz')
plt.ylabel('Magnitude')
plt.show()
```

实验 2-7(选做)　使用线性回归模型滤除序列中的噪声，画出序列在滤波前、滤波后的频谱。

$$y(n)=\sum_{i=0}^{M}b_i x(n-i) \tag{2-43}$$

```
...
#参数设置
learning_rate_filt = 0.001                              #学习率
iterations_filt = 1000                                  #迭代次数
m_train_filt = np.floor(fs * 100 * 3 / 4).astype(int)
                                          #训练样本的数量，取决于离散傅里叶变换的点数
filter_taps = 100                         #滤波器的抽头数量，即训练样本输入特征的维数
#构造随机种子为指定值的随机数生成器
rng = np.random.default_rng(1)
#生成序列、训练数据集、测试数据集
t2 = np.arange(0, 100, 1/fs)              #采样时刻，0~100-1/fs 秒，间隔为 1/fs 秒
m_all_filt = np.size(t2) - filter_taps + 1              #样本的数量
m_test_filt = m_all_filt - m_train_filt                 #测试样本的数量
xn_sine = 1 * np.sin(2 * np.pi * f1 * t2) + 0.7 * np.sin(2 * np.pi * f2 * t2)
                                                        #生成一个序列
xn_noised = xn_sine + rng.normal(size=np.shape(t2))     #在序列中加入噪声
X_filt = np.zeros((filter_taps, m_all_filt))            #样本的输入特征
for i in range(0, m_all_filt):
    X_filt[0 : filter_taps, i] = xn_noised[i : i + filter_taps]
                                                        #将含噪序列作为样本的输入特征
```

```
X_train_filt = X_filt[:, 0:m_train_filt]                    #训练样本的输入特征
X_test_filt = X_filt[:, m_train_filt:]                      #测试样本的输入特征
y_train_filt = xn_sine[0:m_train_filt].reshape((1, -1))           #训练样本的标注
y_test_filt = xn_sine[m_train_filt : m_all_filt].reshape((1, -1))  #测试样本的标注
#初始化
w_filt = np.zeros((filter_taps, 1)).reshape((-1, 1))
b_filt = 0
v = np.ones((1, m_train_filt)).reshape((1, -1))
costs_saved = []
#迭代循环
for i in range(iterations_filt):
    #更新权重与偏差
    y_hat = np.dot(w_filt.T, X_train_filt) + b_filt * v
    e = y_hat - y_train_filt
    b_filt = b_filt - 2. * learning_rate_filt * np.dot(v, e.T) / m_train_filt
    w_filt = w_filt - 2. * learning_rate_filt * np.dot(X_train_filt, e.T) / m_
train_filt
    #保存代价函数的值
    costs = np.dot(e, e.T) / m_train_filt
    costs_saved.append(costs.item(0))
#打印最新的权重与偏差
print('Weights =', np.array2string(np.squeeze(w_filt, axis=1), precision=3))
print(f'Bias = {b_filt.item(0):.3f}')
#画代价函数的值
plt.plot(range(1, np.size(costs_saved) + 1), costs_saved, 'r-o', linewidth=2,
markersize=5)
plt.ylabel('Costs')
plt.xlabel('Iterations')
plt.title('Learning rate = ' + str(learning_rate_filt))
plt.show()
#训练数据集的均方根误差
y_hat = np.dot(w_filt.T, X_train_filt) + b_filt              #此处使用了广播操作
e = y_hat - y_train_filt
mse = np.dot(e, e.T) / m_train_filt
rmse = np.sqrt(mse)
print(f'Trainset RMSE = {rmse.item(0):.3f}')
#测试数据集均方根误差
y_hat_test = np.dot(w_filt.T, X_test_filt) + b_filt           #此处使用了广播操作
e_test = y_hat_test - y_test_filt
mse_test = np.dot(e_test, e_test.T) / m_test_filt
rmse_test = np.sqrt(mse_test)
print(f'Testset RMSE = {rmse_test.item(0):.3f}')
#画序列
plt.figure()
```

```
plt.plot(np.arange(0, dft_n) / fs, xn_noised[0 : dft_n], 'g:', linewidth=2)
                                                        #画含噪序列
plt.plot(np.arange(0, dft_n) / fs, y_test_filt.T[0 : dft_n], 'r--', linewidth=2)
                                                        #画无噪序列
plt.plot(np.arange(0, dft_n) / fs, y_hat_test.T[0 : dft_n], 'b-', linewidth=2)
                                                        #画滤波后序列
xmin, xmax, ymin, ymax = plt.axis()
plt.axis([-1/fs, dft_n/fs, ymin, ymax])
plt.xlabel('Time/s')
plt.ylabel('Amplitude')
plt.legend(['Noised waveform', 'Original waveform', 'Filtered waveform'])
plt.show()
#使用多输出线性回归模型实现离散傅里叶变换
filter_in = np.zeros((2 * dft_n, 1)).reshape((-1,1))
filter_in[0::2, 0] = xn_noised[0 : dft_n]              #将含噪序列作为实部
filter_in[1::2, 0] = 0
filter_out = np.dot(W.T, filter_in) + b             #多输出线性回归模型输出的预测值
xk_noised = filter_out[0::2] + 1j * filter_out[1::2]#将预测值合并成复数
filter_in[0::2, 0] = y_hat_test[0, 0 : dft_n]          #将滤波后序列作为实部
filter_in[1::2, 0] = 0
filter_out = np.dot(W.T, filter_in) + b             #多输出线性回归模型输出的预测值
xk_filtered = filter_out[0::2] + 1j * filter_out[1::2] #将预测值合并成复数
#画频谱
plt.figure()
plt.subplot(2, 1, 1)                                    #画第一个子图
xk_noised_abs_sd = np.abs(xk_noised[0 : fs_half + 1])#取双边频谱的前半部分
xk_noised_abs_sd[1 : fs_half] = 2 * xk_noised_abs_sd[1 : fs_half]
                                                        #计算单边频谱
plt.plot(f, xk_noised_abs_sd, 'b-', linewidth=2)       #画含噪序列的单边频谱
plt.grid(True)
xmin, xmax, ymin, ymax = plt.axis()
plt.axis([0, fs_half, ymin, ymax])
plt.xlabel('Frequency/Hz')
plt.ylabel('Magnitude')
plt.title('Spectrum')
plt.subplot(2, 1, 2)                                    #画第二个子图
xk_filtered_abs_sd = np.abs(xk_filtered[0 : fs_half + 1])
                                                        #取双边频谱的前半部分
xk_filtered_abs_sd[1 : fs_half] = 2 * xk_filtered_abs_sd[1 : fs_half]
                                                        #计算单边频谱
plt.plot(f, xk_filtered_abs_sd, 'r-', linewidth=2)  #画滤波后序列的单边频谱
plt.grid(True)
xmin, xmax, ymin, ymax = plt.axis()
plt.axis([0, fs_half, ymin, ymax])
```

```
plt.xlabel('Frequency/Hz')
plt.ylabel('Magnitude')
plt.show()
```

实验 2-8 使用线性回归对百分制成绩进行二分类，评估训练数据集上分类的准确程度。

```
import numpy as np
import matplotlib.pyplot as plt
#参数设置
iterations = 20                                          #迭代次数
learning_rate = 0.1                                      #学习率
dataset = 1                                              #选择训练数据集
threshold = 0.5                                          #判决门限
#训练数据集
if dataset == 1:                                         #数据集 1
    x_train = np.array([50, 51, 52, 53, 54, 55, 56, 57, 58, 59, 61, 62, 63, 64, 65,
66, 67, 68, 69, 70]).reshape((1, -1))
    y_train = np.array([0, 0, 0, 0, 0, 0, 0, 0, 0, 0, 1, 1, 1, 1, 1, 1, 1, 1, 1, 1]).
reshape((1, -1))
elif dataset == 2:                                       #数据集 2
    x_train = np.array([0, 5, 10, 50, 51, 52, 53, 54, 55, 56, 57, 58, 59, 61, 62, 63,
64, 65, 66, 67, 68, 69, 70]).reshape((1, -1))
    y_train = np.array([0, 0, 0, 0, 0, 0, 0, 0, 0, 0, 0, 0, 0, 1, 1, 1, 1, 1, 1, 1, 1,
1, 1]).reshape((1, -1))
elif dataset == 3:                                       #数据集 3
    x_train = np.array([0, 5, 10, 50, 51, 52, 53, 54, 55, 56, 57, 58, 59, 61, 62, 63,
64, 65, 66, 67, 68, 69, 70, 71, 72, 73]).reshape((1, -1))
    y_train = np.array([0, 0, 0, 0, 0, 0, 0, 0, 0, 0, 0, 0, 0, 1, 1, 1, 1, 1, 1, 1, 1,
1, 1, 1, 1, 1]).reshape((1, -1))
m_train = x_train.size                                   #训练样本的数量
#标准化输入特征
mean = np.mean(x_train)
std = np.std(x_train, ddof=1)
x_train = (x_train - mean) / std
#初始化
w, b = 0, 0
v = np.ones((1, m_train)).reshape((1, -1))
costs_saved = []
#用批梯度下降法训练线性回归模型
for i in range(iterations):
    #更新权重与偏差
    e = w * x_train + b * v - y_train
    b = b - 2. * learning_rate * np.dot(v, e.T) / m_train
    w = w - 2. * learning_rate * np.dot(x_train, e.T) / m_train
```

```
        #保存代价函数的值
        costs = np.dot(e, e.T) / m_train
        costs_saved.append(costs.item(0))
    #打印最新的权重与偏差
    print(f'Weight = {w.item(0):.3f}')
    print(f'Bias = {b.item(0):.3f}')
    #画代价函数的值
    plt.plot(range(1, np.size(costs_saved) + 1), costs_saved, 'r-o', linewidth=2,
    markersize=5)
    plt.ylabel('Costs')
    plt.xlabel('Iterations')
    plt.title('Learning rate = ' + str(learning_rate))
    plt.show()
    #打印分类结果与训练样本的标注
    y_train_hat = (w * x_train + b) >= threshold              #用门限对预测值做判决
    print('Trainset class:  ', np.array2string(np.squeeze(y_train, axis=0)))
                                                              #打印训练样本的标注
    print('Predicted class: ', np.array2string(np.squeeze(y_train_hat.astype
    (int), axis=0)))                                          #打印判决结果
    #画拟合直线
    plt.figure()
    plt.plot(x_train[0] * std + mean, y_train[0], 'xc', markersize=12,
    markeredgewidth=2, label='Training examples')
    plt.plot(x_train[1:] * std + mean, y_train[1:], 'xc', markersize=12,
    markeredgewidth=2)                                        #画训练样本
    plot_x = np.arange(np.amin(x_train), np.amax(x_train) + 0.01, 0.01).reshape
    ((-1, 1))                                                 #生成用于画图的x坐标
    plot_y = w * plot_x + b                                   #拟合直线的y坐标
    plot_x = plot_x * std + mean                              #特征缩放的逆过程
    plt.plot(plot_x, plot_y >= threshold, '--y', linewidth=2, label='Predicted
    grade')                                                   #画判决后的类别值
    plt.plot(plot_x, plot_y, 'r-', linewidth=2, label='Fitted straight line')
                                                              #画拟合直线
    plt.xlabel('Points')
    plt.ylabel('Grade')
    plt.legend()
    plt.show()
```

实验2-9　用酒驾检测数据集训练使用均方误差代价函数的逻辑回归模型，并评估其分类的准确程度。

```
    import pandas
    import numpy as np
    import matplotlib.pyplot as plt
    #参数设置
```

```
iterations = 1000                                       #迭代次数
learning_rate = 0.1                                     #学习率
m_train = 250                                           #训练样本的数量
#读入酒驾检测数据集
df = pandas.read_csv('alcohol_dataset.csv')
data = np.array(df)
m_all = np.shape(data)[0]                               #数据集中样本的数量
d = np.shape(data)[1] - 1                               #输入特征的维数
m_test = m_all - m_train                                #测试样本的数量
#构造随机种子为指定值的随机数生成器,并对数据集中的样本随机排序
rng = np.random.default_rng(1)
rng.shuffle(data)
#对输入特征进行标准化
mean = np.mean(data[0:m_train, 0:d], axis=0)
std = np.std(data[0:m_train, 0:d], axis=0, ddof=1)
data[:, 0:d] = (data[:, 0:d] - mean) / std
#划分数据集
X_train = data[0:m_train, 0:d].T
X_test = data[m_train:, 0:d].T
y_train = data[0:m_train, d].reshape((1,-1))
y_test = data[m_train:, d].reshape((1,-1))
#初始化
w = np.zeros((d, 1)).reshape((-1, 1))
b = 0
v = np.ones((1, m_train))
costs_saved = []
#训练过程,迭代循环
for i in range(iterations):
    #更新权重与偏差
    z = np.dot(w.T, X_train) + b * v                    #线性回归部分
    y_hat = 1. / (1 + np.exp(-z))                       #sigmoid 函数部分
    e = y_hat - y_train                                 #预测误差
    y_1_y_hat = y_hat * (1 - y_hat)                     #临时变量
    b = b - 2. * learning_rate * np.dot(y_1_y_hat, e.T) / m_train
                                                        #参见式(2-52)
    w = w - 2. * learning_rate * np.dot(X_train, (y_1_y_hat * e).T) / m_train
                                                        #参见式(2-53)
    #保存代价函数的值
    costs = np.dot(e, e.T) / m_train
    costs_saved.append(costs.item(0))
#打印最新的权重与偏差
print('Weights =', np.array2string(np.squeeze(w, axis=1), precision=3))
print(f'Bias = {b.item(0):.3f}')
#画代价函数的值
```

```
plt.plot(range(1, np.size(costs_saved) + 1), costs_saved, 'r-o', linewidth=2,
markersize=5)
plt.ylabel('Costs')
plt.xlabel('Iterations')
plt.title('Learning rate = ' + str(learning_rate))
plt.show()
#训练数据集上的分类错误
y_train_hat = (np.dot(w.T, X_train) + b * v) >= 0              #参见式(2-49)
errors_train = np.sum(np.abs(y_train_hat - y_train))
print('Trainset prediction errors =', errors_train.astype(int))
#测试数据集上的分类错误
y_test_hat = (np.dot(w.T, X_test) + b) >= 0                     #参见式(2-49)
errors_test = np.sum(np.abs(y_test_hat - y_test))
print('Testset prediction errors =', errors_test.astype(int))
```

实验 2-10 用酒驾检测数据集训练使用交叉熵代价函数的逻辑回归模型，并用召回率、精度、F_1 值等指标评估其分类性能。

```
...
#训练过程，迭代循环
for i in range(iterations):
    #更新权重与偏差
    z = np.dot(w.T, X_train) + b * v                            #线性回归部分
    y_hat = 1. / (1 + np.exp(-z))                               #sigmoid 函数部分
    e = y_hat - y_train                                         #预测误差
    b = b - learning_rate * np.dot(v, e.T) / m_train            #参见式(2-65)
    w = w - learning_rate * np.dot(X_train, e.T) / m_train      #参见式(2-65)
    #保存代价函数的值
    y_1_hat = 1 - y_hat                                         #临时变量
    y_1 = 1 - y_train                                           #临时变量
    costs = -(np.dot(np.log(y_hat), y_train.T) + np.dot(np.log(y_1_hat), y_1.
T)) / m_train                                                   #参见式(2-66)
    costs_saved.append(costs.item(0))
#打印最新的权重与偏差
print('Weights =', np.array2string(np.squeeze(w, axis=1), precision=3))
print(f'Bias = {b.item(0):.3f}')
#画代价函数的值
plt.plot(range(1, np.size(costs_saved) + 1), costs_saved, 'r-o', linewidth=2,
markersize=5)
plt.ylabel('Costs')
plt.xlabel('Iterations')
plt.title('Learning rate = ' + str(learning_rate))
plt.show()
#训练数据集上的分类错误
y_train_hat = (np.dot(w.T, X_train) + b * v) >= 0              #参见式(2-49)
```

```
errors_train = np.sum(np.abs(y_train_hat - y_train))
print('Trainset prediction errors =', errors_train.astype(int))
#测试数据集上的分类错误
y_test_hat = (np.dot(w.T, X_test) + b) >= 0                     #参见式(2-49)
errors_test = np.sum(np.abs(y_test_hat - y_test))
print('Testset prediction errors =', errors_test.astype(int))
#训练数据集上的混淆矩阵
tp = np.sum(np.logical_and(y_train == 1, y_train_hat == 1)) #TP
fp = np.sum(np.logical_and(y_train == 0, y_train_hat == 1)) #FP
tn = np.sum(np.logical_and(y_train == 0, y_train_hat == 0)) #TN
fn = np.sum(np.logical_and(y_train == 1, y_train_hat == 0)) #FN
print(f'Trainset TP = {tp}, FP = {fp}, TN = {tn}, FN = {fn}')
#训练数据集上的召回率、精度、F1值
recall = tp / (tp + fn)
precision = tp / (tp + fp)
f1 = 2 * recall * precision / (recall + precision)
print(f'Trainset recall = {recall:.3}, precision = {precision:.3}, F1 = {f1:.3}')
#测试数据集上的混淆矩阵
tp_test = np.sum(np.logical_and(y_test == 1, y_test_hat == 1))
fp_test = np.sum(np.logical_and(y_test == 0, y_test_hat == 1))
tn_test = np.sum(np.logical_and(y_test == 0, y_test_hat == 0))
fn_test = np.sum(np.logical_and(y_test == 1, y_test_hat == 0))
print(f'Testset TP = {tp_test}, FP = {fp_test}, TN = {tn_test}, FN = {fn_test}')
#测试数据集上的召回率、精度、F1值
recall_test = tp_test / (tp_test + fn_test)
precision_test = tp_test / (tp_test + fp_test)
f1_test = 2 * recall_test * precision_test / (recall_test + precision_test)
print(f'Testset recall = {recall_test:.3}, precision = {precision_test:.3}, F1
= {f1_test:.3}')
```

实验2-11 用 scikit-learn 库训练 SVM 模型，并用酒驾检测数据集评估 SVM 的分类性能。

```
import pandas
import numpy as np
import matplotlib.pyplot as plt
from sklearn import svm                                          #导入 sklearn
#参数设置
m_train = 250                                                    #训练样本的数量
svm_C = 100                                                      #SVM的C值
svm_kernel = 'linear'                                            #SVM的核函数
#读入酒驾检测数据集
df = pandas.read_csv('alcohol_dataset.csv')
data = np.array(df)
m_all = np.shape(data)[0]                                        #样本数量
```

```
d = np.shape(data)[1] - 1                                          #输入特征的维数
m_test = m_all - m_train                                           #测试样本的数量
#把 0 标注替换为-1
data[:, d] = np.where(data[:, d] == 0, -1, data[:, d])
#构造随机种子为指定值的随机数生成器,并对数据集中的样本随机排序
rng = np.random.default_rng(1)
rng.shuffle(data)
#标准化输入特征
mean = np.mean(data[0:m_train, 0:d], axis=0)
std = np.std(data[0:m_train, 0:d], axis=0, ddof=1)
data[:, 0:d] = (data[:, 0:d] - mean) / std
#划分数据集
X_train = data[0:m_train, 0:d]
X_test = data[m_train:, 0:d]
y_train = data[0:m_train, d]
y_test = data[m_train:, d]
#SVM 训练与预测
clf = svm.SVC(kernel=svm_kernel, C=svm_C)
clf.fit(X_train, y_train)                                          #训练
y_train_hat = clf.predict(X_train)                                 #训练数据集上的预测
y_test_hat = clf.predict(X_test)                                   #测试数据集上的预测
#打印分类错误的数量
print('Trainset prediction errors =', np.sum(y_train != y_train_hat))
print('Testset prediction errors =', np.sum(y_test != y_test_hat))
#训练数据集上的混淆矩阵
tp = np.sum(np.logical_and(y_train == 1, y_train_hat == 1))
fp = np.sum(np.logical_and(y_train == -1, y_train_hat == 1))
tn = np.sum(np.logical_and(y_train == -1, y_train_hat == -1))
fn = np.sum(np.logical_and(y_train == 1, y_train_hat == -1))
print(f'Trainset TP = {tp}, FP = {fp}, TN = {tn}, FN = {fn}')
#训练数据集上的召回率、精度、F1 值
recall = tp / (tp + fn)
precision = tp / (tp + fp)
f1 = 2 * recall * precision / (recall + precision)
print(f'Trainset recall = {recall:.3}, precision = {precision:.3}, F1 = {f1:.3}')
#测试数据集上的混淆矩阵
tp_test = np.sum(np.logical_and(y_test == 1, y_test_hat == 1))
fp_test = np.sum(np.logical_and(y_test == -1, y_test_hat == 1))
tn_test = np.sum(np.logical_and(y_test == -1, y_test_hat == -1))
fn_test = np.sum(np.logical_and(y_test == 1, y_test_hat == -1))
print(f'Testset TP = {tp_test}, FP = {fp_test}, TN = {tn_test}, FN = {fn_test}')
#测试数据集上的召回率、精度、F1 值
recall_test = tp_test / (tp_test + fn_test)
precision_test = tp_test / (tp_test + fp_test)
```

```
f1_test = 2 * recall_test * precision_test / (recall_test + precision_test)
print(f'Testset recall = {recall_test:.3}, precision = {precision_test:.3}, F1
= {f1_test:.3}')
```

实验 2-12 画出 SVM 模型在训练数据集和测试数据集上的分类错误数量随 C 值变化的曲线。

```
import pandas
import numpy as np
import matplotlib.pyplot as plt
from sklearn import svm
#参数设置
m_train = 250                                        #训练样本的数量
svm_kernel = 'poly'                                  #SVM 的核函数
points_C = 70                                        #SVM 的 C 值的取值数量
step_C = 0.1                                         #C 值的步长
#读入数据集
df = pandas.read_csv('alcohol_dataset.csv')
data = np.array(df)
m_all = np.shape(data)[0]                            #样本数量
d = np.shape(data)[1] - 1                            #输入特征的维数
m_test = m_all - m_train                             #测试样本的数量
#把 0 标注替换为-1
data[:, d] = np.where(data[:, d] == 0, -1, data[:, d])
#构造随机种子为指定值的随机数生成器,并对数据集中的样本随机排序
rng = np.random.default_rng(1)
rng.shuffle(data)
#标准化输入特征
mean = np.mean(data[0:m_train, 0:d], axis=0)
std = np.std(data[0:m_train, 0:d], axis=0, ddof=1)
data[:, 0:d] = (data[:, 0:d] - mean) / std
#划分数据集
X_train = data[0:m_train, 0:d]                       #m_train × d 维
X_test = data[m_train:, 0:d]                         #m_test × d 维
y_train = data[0:m_train, d]                         #m_train × 1 维
y_test = data[m_train:, d]                           #m_test × 1 维
#用来保存两个数据集上的分类错误数量
train_errors = np.zeros(points_C)
test_errors = np.zeros(points_C)
#C 值循环
for c in range(points_C):
    #当前的 C 值
    svm_C = (c + 1) * step_C
    #SVM 训练与预测
    clf = svm.SVC(kernel=svm_kernel, C=svm_C)
```

```
        clf.fit(X_train, y_train)                           #训练
        y_train_hat = clf.predict(X_train)                  #训练数据集上的预测
        y_test_hat = clf.predict(X_test)                    #测试数据集上的预测
        #统计并保存两个数据集上的分类错误数量
        train_errors[c] = np.sum(y_train != y_train_hat)
        test_errors[c] = np.sum(y_test != y_test_hat)
#画出两条分类错误曲线
plt.plot(np.arange(1, points_C + 1) * step_C, train_errors, 'r-o', linewidth=
2, markersize=5)                                            #画训练数据集分类错误数量
plt.plot(np.arange(1, points_C + 1) * step_C, test_errors, 'b-s', linewidth=2,
markersize=5)                                               #画测试数据集分类错误数量
plt.ylabel('Number of errors')
plt.xlabel('C')
plt.legend(['Training dataset', 'Test dataset'])
plt.annotate('Underfitting', (0.3, 18), fontsize=12)
plt.annotate('Best fit', (2.5, 18), fontsize=12)
plt.annotate('Overfitting', (4.8, 18), fontsize=12)
plt.plot((0.9, 0.9), (-2, 15), '--k')
plt.plot((4.3, 4.3), (-2, 15), '--k')
plt.axis([0, 7, -2, 37])
plt.show()
…
```

实验 2-13 使用 k 份交叉验证，画出多项式核 SVM 模型在训练数据集和测试数据集上的分类错误数量随 C 值变化曲线。

```
import pandas
import numpy as np
import matplotlib.pyplot as plt
from sklearn import svm
#参数设置
svm_kernel = 'poly'                                         #SVM 的核函数
folds = 4                                                   #k 份交叉验证的份数 k
points_C = 20                                               #SVM 的 C 值的取值数量
step_C = 0.5                                                #C 值的步长
#读入数据集
df = pandas.read_csv('alcohol_dataset.csv')
data = np.array(df)
m_all = np.shape(data)[0]
d = np.shape(data)[1] - 1
m_test = m_all // folds
m_train = m_test * (folds - 1)
#把 0 标注替换为-1
data[:, d] = np.where(data[:, d] == 0, -1, data[:, d])
#构造随机种子为指定值的随机数生成器，并对数据集中的样本随机排序
```

```
rng = np.random.default_rng(1)
rng.shuffle(data)
#用来保存两个数据集上的分类错误数量
train_errors = np.zeros(points_C)
test_errors = np.zeros(points_C)
#C值循环
for c in range(points_C):
    #当前的C值
    svm_C = (c + 1) * step_C
    #k份交叉验证循环
    for k in range(folds):
        test_start = k * m_test                      #测试数据集中第一个样本的索引
        #划分数据集
        X_test = data[test_start:test_start+m_test, 0:d]
        y_test = data[test_start:test_start+m_test, d]
        X_train_p1 = data[0:test_start, 0:d]         #训练数据集输入特征的前一部分
        X_train_p2 = data[test_start+m_test:, 0:d] #训练数据集输入特征的后一部分
        X_train = np.concatenate((X_train_p1, X_train_p2), axis=0)
                                                     #连接训练数据集输入特征数组
        y_train_p1 = data[0:test_start, d]           #训练数据集标注的前一部分
        y_train_p2 = data[test_start+m_test:, d]     #训练数据集标注的后一部分
        y_train = np.concatenate((y_train_p1, y_train_p2), axis=0)
                                                     #连接训练数据集标注数组
        #对输入特征进行标准化
        mean = np.mean(X_train, axis=0)
        std = np.std(X_train, axis=0, ddof=1)
        X_train = (X_train - mean) / std
        X_test = (X_test - mean) / std
        #SVM训练与预测
        clf = svm.SVC(kernel=svm_kernel, C=svm_C)
        clf.fit(X_train, y_train)
        y_train_hat = clf.predict(X_train)
        y_test_hat = clf.predict(X_test)
        #统计、累加并保存两个数据集上的分类错误数量
        train_errors[c] = np.sum(y_train != y_train_hat) + train_errors[c]
        test_errors[c] = np.sum(y_test != y_test_hat) + test_errors[c]
#画出两个数据集上的分类错误曲线
plt.plot(np.arange(1, points_C + 1) * step_C, train_errors, 'r-o', linewidth=
2, markersize=5)                                     #训练数据集
plt.plot(np.arange(1, points_C + 1) * step_C, test_errors, 'b-s', linewidth=2,
markersize=5)                                        #测试数据集
plt.ylabel('Number of errors')
plt.xlabel('C')
plt.legend(['Training dataset', 'Test dataset'])
```

```
plt.show()
```

实验 2-14　使用 k 近邻对轮椅数据集进行分类，并通过 k 份交叉验证，观察 k 近邻中的不同 k 值对分类错误数量的影响。

```
import pandas
import numpy as np
import matplotlib.pyplot as plt
from scipy import stats                                      #导入 stats
#参数设置
knn_k_max = 20                                               #k 近邻中的最大 k 值
folds = 4                                                    #k 份交叉验证中的 k 份
#读入轮椅数据集
df = pandas.read_csv('wheelchair_dataset.csv')
data = np.array(df)
m_all = np.shape(data)[0]                                    #样本数量
d = np.shape(data)[1] - 1                                    #输入特征的维数
classes = np.amax(data[:, d])                                #类别数量
m_test = m_all // folds                                      #测试数据集中样本的数量
m_train = m_test * (folds - 1)                               #训练数据集中样本的数量
#构造随机种子为指定值的随机数生成器,并对数据集中的样本随机排序
rng = np.random.default_rng(1)
rng.shuffle(data)
#对所有样本的输入特征进行归一化(因取值范围已知)
data = data.astype(float)                         #将数据集中的整数型数值转换为浮点型
data[:, 0:d-1] = (data[:, 0:d-1] - 0) / (1023 - 0)          #归一化压力传感器的读数
data[:, d-1] = (data[:, d-1] - 0) / (50 - 0)                 #归一化超声波传感器的读数
#用于保存分类错误数量
train_errors = np.zeros(knn_k_max)
test_errors = np.zeros(knn_k_max)
#对 k 份交叉验证的 k 个不同数据集划分进行循环
for kfold_k in range(folds):
    test_start = kfold_k * m_test                            #测试数据集中第一个样本的索引
    #划分数据集
    X_test = data[test_start:test_start+m_test, 0:d]
    y_test = data[test_start:test_start+m_test, d]
    X_train_p1 = data[0:test_start, 0:d]
    X_train_p2 = data[test_start+m_test:m_train+m_test, 0:d]
    X_train = np.concatenate((X_train_p1, X_train_p2), axis=0)
    y_train_p1 = data[0:test_start, d]
    y_train_p2 = data[test_start+m_test:m_train+m_test, d]
    y_train = np.concatenate((y_train_p1, y_train_p2), axis=0)
    #对 k 近邻中的 k 进行循环
    for knn_k in range(1, knn_k_max + 1):
        #对测试数据集中的每个样本
```

```
    for i in range(m_test):
        x = X_test[i, :].reshape((1, -1))              #当前样本的输入特征
        y = y_test[i]                                  #当前样本的标注
        diff = x - X_train          #当前样本与训练数据集中所有样本的输入特征之差
        dist = np.sum(diff * diff, axis=1)             #计算距离的平方
        sorted_index = np.argsort(dist)                #对距离排序并得到排序后的索引
        k_index = sorted_index[0:knn_k]                #前k个训练样本的索引
        k_label = y_train[k_index]                     #前k个训练样本的标注
        y_hat = stats.mode(k_label).mode[0]            #把前k个训练样本标注的众数作
                                                       #为预测类别值
        #累加测试数据集上的分类错误数量
        if (y_hat != y):
            test_errors[knn_k-1] = test_errors[knn_k-1] + 1
    #对训练数据集中的每一个样本
    for i in range(m_train):
        x = X_train[i, :].reshape((1, -1))             #当前样本的输入特征
        y = y_train[i]                                 #当前样本的标注
        diff = x - X_train          #当前样本与训练数据集中所有样本的输入特征之差
        dist = np.sum(diff * diff, axis=1)             #计算距离的平方
        sorted_index = np.argsort(dist)                #对距离排序并得到排序后的索引
        k_index = sorted_index[0:knn_k]                #前k个训练样本的索引
        k_label = y_train[k_index]                     #前k个训练样本的标注
        y_hat = stats.mode(k_label).mode[0]            #把前k个训练样本标注的众数作
                                                       #为预测类别值
        #累加训练数据集上的分类错误数量
        if (y_hat != y):
            train_errors[knn_k-1] = train_errors[knn_k-1] + 1
#画两个数据集上的分类错误数量曲线
plt.plot(np.arange(1, knn_k_max + 1), train_errors, 'r-o', linewidth=2,
markersize=5)                                          #训练数据集
plt.plot(np.arange(1, knn_k_max + 1), test_errors, 'b-s', linewidth=2,
markersize=5)                                          #测试数据集
plt.ylabel('Number of errors')
plt.xlabel('k of k-NN')
plt.legend(['Training dataset', 'Test dataset'])
plt.show()
```

实验 2-15 使用宏平均 F_1 值、马修斯相关系数替代实验 2-14 中的分类错误数量，评估 k 近邻分类性能。

```
import pandas
import numpy as np
import matplotlib.pyplot as plt
from scipy import stats
```

```
#参数设置
knn_k_max = 20                                          #k 近邻中的最大 k 值
folds = 4                                               #k 份交叉验证中的 k 份
#读入轮椅数据集
df = pandas.read_csv('wheelchair_dataset.csv')
data = np.array(df)
m_all = np.shape(data)[0]                               #样本数量
d = np.shape(data)[1] - 1                               #输入特征的维数
classes = np.amax(data[:, d])                           #类别数量
m_test = m_all // folds                                 #测试数据集中样本的数量
m_train = m_test * (folds - 1)                          #训练数据集中样本的数量
#构造随机种子为指定值的随机数生成器,并对数据集中的样本随机排序
rng = np.random.default_rng(1)
rng.shuffle(data)
#对所有样本的输入特征进行归一化(因取值范围已知)
data = data.astype(float)                          #将数据集中的整数型数值转换为浮点型
data[:, 0:d-1] = (data[:, 0:d-1] - 0) / (1023 - 0)      #归一化压力传感器的读数
data[:, d-1] = (data[:, d-1] - 0) / (50 - 0)            #归一化超声波传感器的读数
#用于保存混淆矩阵
test_conf_mat = np.zeros((knn_k_max, classes, classes))
train_conf_mat = np.zeros((knn_k_max, classes, classes))
#用于保存宏平均F1 值
test_macro_F1 = np.zeros(knn_k_max)
train_macro_F1 = np.zeros(knn_k_max)
#用于保存马修斯相关系数
test_MCC = np.zeros(knn_k_max)
train_MCC = np.zeros(knn_k_max)
#对k 份交叉验证的k 个不同数据集划分进行循环
for kfold_k in range(folds):
    test_start = kfold_k * m_test                       #测试数据集中第一个样本的索引
    #划分数据集
    X_test = data[test_start:test_start+m_test, 0:d]
    y_test = data[test_start:test_start+m_test, d]
    X_train_p1 = data[0:test_start, 0:d]
    X_train_p2 = data[test_start+m_test:m_train+m_test, 0:d]
    X_train = np.concatenate((X_train_p1, X_train_p2), axis=0)
    y_train_p1 = data[0:test_start, d]
    y_train_p2 = data[test_start+m_test:m_train+m_test, d]
    y_train = np.concatenate((y_train_p1, y_train_p2), axis=0)
    #对k 近邻中的k 进行循环
    for knn_k in range(1, knn_k_max + 1):
        #对测试数据集中的每个样本
        for i in range(m_test):
```

```
            x = X_test[i, :].reshape((1, -1))          #当前样本的输入特征
            y = y_test[i]                              #当前样本的标注
            diff = x - X_train         #当前样本与训练数据集中所有样本的输入特征之差
            dist = np.sum(diff * diff, axis=1)         #计算距离的平方
            sorted_index = np.argsort(dist)            #对距离排序并得到排序后的索引
            k_index = sorted_index[0:knn_k]            #前k个训练样本的索引
            k_label = y_train[k_index]                 #前k个训练样本的标注
            y_hat = stats.mode(k_label).mode[0]        #把前k个训练样本标注的众数作
                                                       #为预测类别值
            #累加测试数据集上的混淆矩阵
            y_hat = y_hat.astype(int)
            y = y.astype(int)
            test_conf_mat[knn_k-1, y_hat-1, y-1] = test_conf_mat[knn_k-1, y_
hat-1, y-1] + 1
        #对训练数据集中的每一个样本
        for i in range(m_train):
            x = X_train[i, :].reshape((1, -1))         #当前样本的输入特征
            y = y_train[i]                             #当前样本的标注
            diff = x - X_train         #当前样本与训练数据集中所有样本的输入特征之差
            dist = np.sum(diff * diff, axis=1)         #计算距离的平方
            sorted_index = np.argsort(dist)            #对距离排序并得到排序后的索引
            k_index = sorted_index[0:knn_k]            #前k个训练样本的索引
            k_label = y_train[k_index]                 #前k个训练样本的标注
            y_hat = stats.mode(k_label).mode[0]        #把前k个训练样本标注的众数作
                                                       #为预测类别值
            #累加训练数据集上的混淆矩阵
            y_hat = y_hat.astype(int)
            y = y.astype(int)
            train_conf_mat[knn_k-1, y_hat-1, y-1] = train_conf_mat[knn_k-1, y_
hat-1, y-1] + 1
#对k近邻中的k进行循环
for knn_k in range(1, knn_k_max + 1):
    #清零累加变量
    F1_acc_test, F1_acc_train = 0, 0
    #累加测试数据集和训练数据集上各个类别的F1值
    for c in range(classes):
        precision_test = test_conf_mat[knn_k-1, c, c] / np.sum(test_conf_mat
[knn_k-1, c, :])
        recall_test = test_conf_mat[knn_k-1, c, c] / np.sum(test_conf_mat[knn_k
-1, :, c])
        F1_acc_test = F1_acc_test + 2 * precision_test * recall_test /
(precision_test + recall_test)
        precision_train = train_conf_mat[knn_k-1, c, c] / np.sum(train_conf_mat
```

```
[knn_k-1, c, :])
        recall_train = train_conf_mat[knn_k-1, c, c] / np.sum(train_conf_mat
[knn_k-1, :, c])
        F1_acc_train = F1_acc_train + 2 * precision_train * recall_train /
(precision_train + recall_train)
    #计算宏平均F1 值
    test_macro_F1[knn_k-1] = F1_acc_test / classes
    train_macro_F1[knn_k-1] = F1_acc_train / classes
    #计算训练数据集和测试数据集上的马修斯相关系数
    test_MCC_a = np.sum(test_conf_mat[knn_k-1])
    test_MCC_s = np.trace(test_conf_mat[knn_k-1])
    test_MCC_h = np.sum(test_conf_mat[knn_k-1], axis=1)
    test_MCC_l = np.sum(test_conf_mat[knn_k-1], axis=0)
    test_MCC[knn_k-1] = (test_MCC_a * test_MCC_s - np.dot(test_MCC_h, test_MCC
_l)) / np.sqrt((test_MCC_a * test_MCC_a - np.dot(test_MCC_h, test_MCC_h)) *
(test_MCC_a * test_MCC_a - np.dot(test_MCC_l, test_MCC_l)))
    train_MCC_a = np.sum(train_conf_mat[knn_k-1])
    train_MCC_s = np.trace(train_conf_mat[knn_k-1])
    train_MCC_h = np.sum(train_conf_mat[knn_k-1], axis=1)
    train_MCC_l = np.sum(train_conf_mat[knn_k-1], axis=0)
    train_MCC[knn_k-1] = (train_MCC_a * train_MCC_s - np.dot(train_MCC_h,
train_MCC_l)) / np.sqrt((train_MCC_a * train_MCC_a - np.dot(train_MCC_h, train
_MCC_h)) * (train_MCC_a * train_MCC_a - np.dot(train_MCC_l, train_MCC_l)))
#画宏平均F1 值曲线
plt.plot(np.arange(1, knn_k_max + 1), train_macro_F1, 'r-o', linewidth=2,
markersize=5)
plt.plot(np.arange(1, knn_k_max + 1), test_macro_F1, 'b-s', linewidth=2,
markersize=5)
plt.ylabel('Macro-averaged F1-score')
plt.xlabel('k of k-NN')
plt.legend(['Training dataset', 'Test dataset'])
plt.show()
#画马修斯相关系数曲线
plt.plot(np.arange(1, knn_k_max + 1), train_MCC, 'r-o', linewidth=2,
markersize=5)
plt.plot(np.arange(1, knn_k_max + 1), test_MCC, 'b-s', linewidth=2, markersize
=5)
plt.ylabel('MCC')
plt.xlabel('k of k-NN')
plt.legend(['Training dataset', 'Test dataset'])
plt.show()
```

实验2-16 实现高斯朴素贝叶斯分类器,并评估其分类性能。

```
import pandas
import numpy as np
#参数设置
m_train = 200                                                        #训练样本的数量
#读入轮椅数据集
df = pandas.read_csv('wheelchair_dataset.csv')
data = np.array(df)
m_all = np.shape(data)[0]                                            #样本数量
d = np.shape(data)[1] - 1                                            #输入特征的维数
classes = np.amax(data[:, d])                                        #类别的数量
m_test = m_all - m_train                                             #测试样本的数量
#构造随机种子为指定值的随机数生成器,并对数据集中的样本随机排序
rng = np.random.default_rng(1)
rng.shuffle(data)
#划分数据集
X_train = data[0:m_train, 0:d]
y_train = data[0:m_train, d]
X_test = data[m_train:, 0:d]
y_test = data[m_train:, d]
#用于保存混淆矩阵
test_conf_mat = np.zeros((classes, classes))                         #测试数据集混淆矩阵
train_conf_mat = np.zeros((classes, classes))                        #训练数据集混淆矩阵
#用于保存高斯朴素贝叶斯分类器的参数
gnb_priors = np.zeros(classes).reshape((-1, 1))                      #各个类别的先验概率
gnb_means = np.zeros((classes, d))                                   #均值
gnb_stds = np.zeros((classes, d))                                    #标准差
#训练(估算参数)
for c in range(classes):                                             #对于每一个类别
    x_class_c = np.compress(y_train==c+1, X_train, axis=0)
                                                  #从训练数据集中抽取该类别训练样本的输入特征
    gnb_priors[c, 0] = np.shape(x_class_c)[0] / m_train
                                                                     #估算该类别的先验概率
    gnb_means[c, :] = np.mean(x_class_c, axis=0)                     #估算该类别训练样本各维输入特
                                                                     #征的均值
    gnb_stds[c, :] = np.std(x_class_c, axis=0, ddof=1)
                                                       #估算该类别训练样本各维输入特征的标准差
#预测(测试数据集)
for i in range(m_test):                                              #对测试数据集中的每一个样本
    x = X_test[i, :].reshape((1, -1))                                #样本的输入特征
    std_x = (x - gnb_means) / gnb_stds                               #标准化输入特征
    p_class = np.log(gnb_priors) - np.sum(0.5 * std_x * std_x + np.log(gnb_
stds), axis=1).reshape((-1, 1))                           #该输入特征对应为各个类别的可能性
```

```
        y_hat = np.argmax(p_class) + 1          #预测:将样本对应为可能性最大的类别
        #累加测试数据集上的混淆矩阵
        y = y_test[i]
        test_conf_mat[y_hat-1, y-1] = test_conf_mat[y_hat-1, y-1] + 1
    #预测(训练数据集)
    for i in range(m_train):                    #对训练数据集中的每个样本
        x = X_train[i, :].reshape((1, -1))      #样本的输入特征
        std_x = (x - gnb_means) / gnb_stds      #标准化输入特征
        p_class = np.log(gnb_priors) - np.sum(0.5 * std_x * std_x + np.log(gnb_
    stds), axis=1).reshape((-1, 1))             #该输入特征对应为各个类别的可能性
        y_hat = np.argmax(p_class) + 1          #预测:将样本对应为可能性最大的类别
        #累加训练数据集上的混淆矩阵
        y = y_train[i]
        train_conf_mat[y_hat-1, y-1] = train_conf_mat[y_hat-1, y-1] + 1
    #清零累加变量
    F1_acc_test, F1_acc_train = 0, 0
    #累加测试数据集和训练数据集上各个类别的F1值
    for c in range(classes):
        precision_test = test_conf_mat[c, c] / np.sum(test_conf_mat[c, :])
        recall_test = test_conf_mat[c, c] / np.sum(test_conf_mat[:, c])
        F1_acc_test = F1_acc_test + 2 * precision_test * recall_test / (precision_
    test + recall_test)
        precision_train = train_conf_mat[c, c] / np.sum(train_conf_mat[c, :])
        recall_train = train_conf_mat[c, c] / np.sum(train_conf_mat[:, c])
        F1_acc_train = F1_acc_train + 2 * precision_train * recall_train /
    (precision_train + recall_train)
    #计算宏平均F1值
    test_macro_F1 = F1_acc_test / classes
    train_macro_F1 = F1_acc_train / classes
    #计算训练数据集和测试数据集上的马修斯相关系数
    test_MCC_a = np.sum(test_conf_mat)
    test_MCC_s = np.trace(test_conf_mat)
    test_MCC_h = np.sum(test_conf_mat, axis=1)
    test_MCC_l = np.sum(test_conf_mat, axis=0)
    test_MCC = (test_MCC_a * test_MCC_s - np.dot(test_MCC_h, test_MCC_l)) / np.sqrt
    ((test_MCC_a * test_MCC_a - np.dot(test_MCC_h, test_MCC_h)) * (test_MCC_a *
    test_MCC_a - np.dot(test_MCC_l, test_MCC_l)))
    train_MCC_a = np.sum(train_conf_mat)
    train_MCC_s = np.trace(train_conf_mat)
    train_MCC_h = np.sum(train_conf_mat, axis=1)
    train_MCC_l = np.sum(train_conf_mat, axis=0)
    train_MCC = (train_MCC_a * train_MCC_s - np.dot(train_MCC_h, train_MCC_l)) /
    np.sqrt((train_MCC_a * train_MCC_a - np.dot(train_MCC_h, train_MCC_h)) *
    (train_MCC_a * train_MCC_a - np.dot(train_MCC_l, train_MCC_l)))
```

```
#打印结果
print(f'Testset macro F1 = {test_macro_F1:.3f}')
print(f'Testset MCC = {test_MCC:.3f}')
print(f'Trainset macro F1 = {train_macro_F1:.3f}')
print(f'Trainset MCC = {train_MCC:.3f}')
```

实验2-17 实现多分类逻辑回归,并用轮椅数据集评估其分类性能。

```
import pandas
import numpy as np
import matplotlib.pyplot as plt
#参数设置
iterations = 5400                                    #迭代次数
learning_rate = 0.1                                  #学习率
m_train = 200                                        #训练样本的数量
#整数索引值转 one-hot 向量
def index2onehot(index, classes):
    onehot = np.zeros((classes, index.size))
    onehot[index.astype(int), np.arange(index.size)] = 1
    return onehot
#读入轮椅数据集
df = pandas.read_csv('wheelchair_dataset.csv')
data = np.array(df)
m_all = np.shape(data)[0]
d = np.shape(data)[1] - 1
classes = np.amax(data[:, d])
m_test = m_all - m_train
#构造随机种子为指定值的随机数生成器,并对数据集中的样本随机排序
rng = np.random.default_rng(1)
rng.shuffle(data)
#特征缩放(标准化)
data = data.astype(float)
mean = np.mean(data[0:m_train, 0:d], axis=0)
std = np.std(data[0:m_train, 0:d], axis=0, ddof=1)
data[:, 0:d] = (data[:, 0:d] - mean) / std
#划分数据集
X_train = data[0:m_train, 0:d].T
y_train = data[0:m_train, d].reshape((1, -1))
Y_train_onehot = index2onehot(y_train.astype(int) - 1, classes)
                                              #将类别标注值转为 one-hot 向量
X_test = data[m_train:, 0:d].T
y_test = data[m_train:, d].reshape((1, -1))
#初始化
W = np.zeros((d, classes))
b = np.zeros((classes, 1))
```

```
v = np.ones((1, m_train))                              #1 向量
U = np.ones((classes, classes))                        #1 矩阵
costs_saved = []
#迭代循环
for i in range(iterations):
    #预测
    Z = np.dot(W.T, X_train) + np.dot(b, v)
    exp_Z = np.exp(Z)
    Y_hat = exp_Z / (np.dot(U, exp_Z))
    #误差
    E = Y_hat - Y_train_onehot
    #更新权重与偏差
    W = W - learning_rate * np.dot(X_train, E.T) / m_train
    b = b - learning_rate * np.dot(E, v.T) / m_train
    #保存代价函数的值
    costs = - np.trace(np.dot(Y_train_onehot.T, np.log(Y_hat))) / m_train
    costs_saved.append(costs.item(0))
#打印最新的权重与偏差
print('Weights =\n', np.array2string(W, precision=3))
print('Bias =', np.array2string(np.squeeze(b, axis=1), precision=3))
#画代价函数值
plt.plot(range(1, np.size(costs_saved) + 1), costs_saved, 'r-o', linewidth=2,
markersize=5)
plt.ylabel('Costs')
plt.xlabel('Iterations')
plt.title('Learning rate = ' + str(learning_rate))
plt.show()
#训练数据集上的预测
Z = np.dot(W.T, X_train) + b                           #广播操作
y_train_hat = np.argmax(Z, axis=0) + 1
#测试数据集上的预测
Z_test = np.dot(W.T, X_test) + b                       #广播操作
y_test_hat = np.argmax(Z_test, axis=0) + 1
#分类错误数量
print('Trainset prediction errors =', np.sum(y_train != y_train_hat))
print('Testset prediction errors =', np.sum(y_test != y_test_hat))
```

实验 2-18　实现二分类神经网络,并用酒驾检测数据集评估其分类性能。

```
import pandas
import numpy as np
import matplotlib.pyplot as plt
#参数设置
iterations = 1000                                      #迭代次数
learning_rate = 0.1                                    #学习率
```

```
m_train = 250                                           #训练样本的数量
n = 2                                                   #隐含层节点的数量
#读入酒驾检测数据集
df = pandas.read_csv('alcohol_dataset.csv')
data = np.array(df)
m_all = np.shape(data)[0]
d = np.shape(data)[1] - 1
m_test = m_all - m_train
#构造随机种子为指定值的随机数生成器,并对数据集中的样本随机排序
rng = np.random.default_rng(1)
rng.shuffle(data)
#标准化输入特征
mean = np.mean(data[0:m_train, 0:d], axis=0)
std = np.std(data[0:m_train, 0:d], axis=0, ddof=1)
data[:, 0:d] = (data[:, 0:d] - mean) / std
#划分数据集
X_train = data[0:m_train, 0:d].T
X_test = data[m_train:, 0:d].T
y_train = data[0:m_train, d].reshape((1, -1))
y_test = data[m_train:, d].reshape((1, -1))
#初始化
W_1 = rng.random((d, n))                                            #W[1]
b_1 = rng.random((n, 1))                                            #b[1]
w_2 = rng.random((n, 1))                                            #w[2]
b_2 = rng.random()                                                  #b[2]
v = np.ones((1, m_train)).reshape((1, -1))                          #v
costs_saved = []
for i in range(iterations):
    #正向传播
    Z_1 = np.dot(W_1.T, X_train) + np.dot(b_1, v)
    A_1 = Z_1 * (Z_1 > 0)
    z_2 = np.dot(w_2.T, A_1) + b_2 * v
    y_hat = 1. / (1. + np.exp(-z_2))
    #反向传播
    e = y_hat - y_train
    db_2 = np.dot(v, e.T) / m_train
    dw_2 = np.dot(A_1, e.T) / m_train
    db_1 = np.dot(w_2 * (Z_1 > 0), e.T) / m_train
    dW_1_dot = np.dot(w_2, e) * (Z_1 > 0)
    dW_1 = np.dot(X_train, dW_1_dot.T) / m_train
    #更新权重与偏差参数
    b_1 = b_1 - learning_rate * db_1
    W_1 = W_1 - learning_rate * dW_1
    b_2 = b_2 - learning_rate * db_2
```

```
    w_2 = w_2 - learning_rate * dw_2
    #保存代价函数的值
    costs = - (np.dot(np.log(y_hat), y_train.T) + np.dot(np.log(1 - y_hat), (1
- y_train).T)) / m_train
    costs_saved.append(costs.item(0))
#打印最新的权重与偏差
print('W_[1] =\n', np.array2string(W_1, precision=3))
print('b_[1] =', np.array2string(np.squeeze(b_1, axis=1), precision=3))
print('w_[2] =', np.array2string(np.squeeze(w_2, axis=1), precision=3))
print(f'b_[2] = {b_2.item(0):.3f}')
#画代价函数的值
plt.plot(range(1, np.size(costs_saved) + 1), costs_saved, 'r-o', linewidth=2,
markersize=5)
plt.ylabel('Costs')
plt.xlabel('Iterations')
plt.title('Learning rate = ' + str(learning_rate))
plt.show()
#训练数据集上的预测
Z_1 = np.dot(W_1.T, X_train) + np.dot(b_1, v)
A_1 = Z_1 * (Z_1 > 0)
z_2 = np.dot(w_2.T, A_1) + b_2 * v
y_hat = 1. / (1. + np.exp(-z_2))
y_train_hat = y_hat >= 0.5
#测试数据集上的预测
Z_1_test = np.dot(W_1.T, X_test) + b_1                     #广播操作
A_1_test = Z_1_test * (Z_1_test > 0)
z_2_test = np.dot(w_2.T, A_1_test) + b_2                   #广播操作
y_hat_test = 1. / (1. + np.exp(-z_2_test))
y_test_hat = y_hat_test >= 0.5
#打印预测错误数量
print('Trainset prediction errors =', np.sum(y_train != y_train_hat))
print('Testset prediction errors =', np.sum(y_test != y_test_hat))
```

实验 2-19 实现多分类神经网络，并用轮椅数据集评估其分类性能。

```
import pandas
import numpy as np
import matplotlib.pyplot as plt
#参数设置
iterations = 1000                                          #迭代次数
learning_rate = 0.1                                        #学习率
m_train = 200                                              #训练样本数量
n = 3                                                      #隐含层节点数量
#整数索引值转 one-hot 向量
def index2onehot(index, classes):
```

```
        onehot = np.zeros((classes, index.size))
        onehot[index.astype(int), np.arange(index.size)] = 1
        return onehot
    #读入轮椅数据集
    df = pandas.read_csv('wheelchair_dataset.csv')
    data = np.array(df)
    m_all = np.shape(data)[0]
    d = np.shape(data)[1] - 1
    classes = np.amax(data[:, d])
    m_test = m_all - m_train
    #构造随机种子为指定值的随机数生成器,并对数据集中的样本随机排序
    rng = np.random.default_rng(1)
    rng.shuffle(data)
    #特征缩放(标准化)
    data = data.astype(float)
    mean = np.mean(data[0:m_train, 0:d], axis=0)
    std = np.std(data[0:m_train, 0:d], axis=0, ddof=1)
    data[:, 0:d] = (data[:, 0:d] - mean) / std
    #划分数据集
    X_train = data[0:m_train, 0:d].T
    y_train = data[0:m_train, d].reshape((1, -1))
    Y_train_onehot = index2onehot(y_train.astype(int) - 1, classes)
    X_test = data[m_train:, 0:d].T
    y_test = data[m_train:, d].reshape((1, -1))
    #初始化
    W_1 = rng.random((d, n))                                  #W[1],d×n
    b_1 = rng.random((n, 1))                                  #b[1],n×1
    W_2 = rng.random((n, classes))                            #W[2],n×c
    b_2 = rng.random((classes, 1))                            #b[2],c×1
    v = np.ones((1, m_train)).reshape((1, -1))                #1向量
    U = np.ones((classes, classes))                           #1矩阵
    costs_saved = []
    #迭代循环
    for i in range(iterations):
        #正向传播
        Z_1 = np.dot(W_1.T, X_train) + np.dot(b_1, v)
        A_1 = Z_1 * (Z_1 > 0)
        Z_2 = np.dot(W_2.T, A_1) + np.dot(b_2, v)
        exp_Z_2 = np.exp(Z_2)
        Y_hat = exp_Z_2 / np.dot(U, exp_Z_2)
        #反向传播
        E = Y_hat - Y_train_onehot
        db_2 = np.dot(E, v.T) / m_train
        dW_2 = np.dot(A_1, E.T) / m_train
```

```
        d_1_dot = np.dot(W_2, E) * (Z_1 > 0)
        db_1 = np.dot(d_1_dot, v.T) / m_train
        dW_1 = np.dot(X_train, d_1_dot.T) / m_train
        #更新权重与偏差
        b_1 = b_1 - learning_rate * db_1
        W_1 = W_1 - learning_rate * dW_1
        b_2 = b_2 - learning_rate * db_2
        W_2 = W_2 - learning_rate * dW_2
        #保存代价函数的值
        costs = - np.trace(np.dot(Y_train_onehot.T, np.log(Y_hat))) / m_train
        costs_saved.append(costs.item(0))
    #打印最新的权重与偏差
    print('W_[1] =\n', np.array2string(W_1, precision=3))
    print('b_[1] =', np.array2string(np.squeeze(b_1, axis=1), precision=3))
    print('W_[2] =\n', np.array2string(W_2, precision=3))
    print('b_[2] =', np.array2string(np.squeeze(b_2, axis=1), precision=3))
    #画代价函数的值
    plt.plot(range(1, np.size(costs_saved) + 1), costs_saved, 'r-o', linewidth=2,
    markersize=5)
    plt.ylabel('Costs')
    plt.xlabel('Iterations')
    plt.title('Learning rate = ' + str(learning_rate))
    plt.show()
    #训练数据集上的预测
    Z_1 = np.dot(W_1.T, X_train) + np.dot(b_1, v)
    A_1 = Z_1 * (Z_1 > 0)
    Z_2 = np.dot(W_2.T, A_1) + np.dot(b_2, v)
    y_train_hat = np.argmax(Z_2, axis=0) + 1
    #测试数据集上的预测
    Z_1_test = np.dot(W_1.T, X_test) + b_1                   #广播操作
    A_1_test = Z_1_test * (Z_1_test > 0)
    Z_2_test = np.dot(W_2.T, A_1_test) + b_2                 #广播操作
    y_test_hat = np.argmax(Z_2_test, axis=0) + 1
    #打印预测错误数量
    print('Trainset prediction errors =', np.sum(y_train != y_train_hat))
    print('Testset prediction errors =', np.sum(y_test != y_test_hat))
```

实验 3-1　实现 k 均值聚类，并观察其在轮椅数据集上的聚类结果。更改随机种子后再次观察聚类结果。

```
    import pandas
    import numpy as np
    #参数设置
    k = 4                                                    #群组的数量
    #读入轮椅数据集
```

```
df = pandas.read_csv('wheelchair_dataset.csv')
data = np.array(df)
m_all = np.shape(data)[0]
d = np.shape(data)[1] - 1
classes = np.amax(data[:, d])
#特征缩放(标准化,对所有样本)
data = data.astype(float)
mean = np.mean(data[:, 0:d], axis=0)
std = np.std(data[:, 0:d], axis=0, ddof=1)
data[:, 0:d] = (data[:, 0:d] - mean) / std
#分别保存输入特征与标注
X = data[:, 0:d].T                                                    #d × m 维
y = data[:, d]                                                        #1 × m 维
#构造随机种子为指定值的随机数生成器
rng = np.random.default_rng(1)
#初始化
C = np.zeros((d, k))                                                  #k 个形心向量
cluster_index = np.zeros(m_all)                                       #样本的群组序号
X_expansion = np.expand_dims(X.T, axis=2)                             #扩大后的输入特征数组
#随机选择k 个样本的输入特征作为k 个形心的初始值
C[:, :] = X[:, rng.integers(0, m_all, k)]
#主循环
converged = False                                                     #是否收敛标志
iterations = 1                                                        #迭代次数
while not converged:
    #第一步:将所有样本都划分至k 个群组之一
    prev_cluster_index = np.copy(cluster_index)                       #保存样本的群组序号
    diff = X_expansion - C              #样本输入特征向量与形心向量之差(使用了广播操作)
    dist_squared = np.sum(diff * diff, axis=1)                        #计算距离的平方
    cluster_index = np.argmin(dist_squared, axis=1)                   #将样本划分至距离的平方
                                                                      #最小的群组
    cluster_indicator = np.zeros(dist_squared.shape)                  #清零 one-hot 向量数组
    cluster_indicator[np.arange(cluster_index.size), cluster_index] = 1
                                                                      #赋值 one-hot 向量数组
    #比较群组序号数组,判断是否收敛
    if np.array_equal(cluster_index, prev_cluster_index):
        converged = True
    #第二步:重新计算形心
    C[:, :] = np.dot(X, cluster_indicator) / np.sum(cluster_indicator, axis=0).
reshape((1, -1))
    #迭代次数加 1
    iterations = iterations + 1
#打印聚类结果
print('Number of iterations:', iterations)
```

```
print('Assigned clusters: \n', cluster_index + 1)
print('Actual classes: \n', y.astype(int))
#若k=4,以百分比的形式统计混淆矩阵并打印
if k == classes:
    conf_mat = np.zeros((k, k))                          #行为预测值,列为标注
    for i in range(m_all):
        conf_mat[cluster_index[i], y[i].astype(int) - 1] = conf_mat[cluster_
index[i], y[i].astype(int) - 1] + 1
    print('Confusion matrix in percentage: \n', np.round(conf_mat / np.sum(conf
_mat, axis=0), 3))
```

实验 3-2 计算实验 3-1 中 k 均值聚类的平均轮廓系数,并画出不同 k 值下的平均轮廓系数。

```
import pandas
import numpy as np
import matplotlib.pyplot as plt
#参数设置
k_min = 2                                                #k 的最小取值
k_max = 10                                               #k 的最大取值
#读入轮椅数据集
df = pandas.read_csv('wheelchair_dataset.csv')
data = np.array(df)
m_all = np.shape(data)[0]
d = np.shape(data)[1] - 1
classes = np.amax(data[:, d])
#特征缩放(标准化,对所有样本)
data = data.astype(float)
mean = np.mean(data[:, 0:d], axis=0)
std = np.std(data[:, 0:d], axis=0, ddof=1)
data[:, 0:d] = (data[:, 0:d] - mean) / std
#分别保存输入特征与标注
X = data[:, 0:d].T                                       #d × m 维
y = data[:, d]                                           #1 × m 维
#k 值循环
mean_sc = np.zeros(k_max - k_min + 1)                    #用于保存平均轮廓系数
for k in range(k_min, k_max + 1):
    print('Currently k =', k)
    #构造随机种子为指定值的随机数生成器
    rng = np.random.default_rng(11)
    #初始化
    C = np.zeros((d, k))
    cluster_index = np.zeros(m_all)
    X_expansion = np.expand_dims(X.T, axis=2)
    #初始化形心
```

```
    C[:, :] = X[:, rng.integers(0, m_all, k)]
    #k 均值聚类主循环
    converged = False
    iterations = 1
    while not converged:
        #第一步:将所有样本都划分至k 个群组之一
        prev_cluster_index = np.copy(cluster_index)      #保存样本的群组序号
        diff = X_expansion - C #样本输入特征向量与形心向量之差(使用了广播操作)
        dist_squared = np.sum(diff * diff, axis=1)       #计算距离的平方
        cluster_index = np.argmin(dist_squared, axis=1)
                                                #将样本划分至距离的平方最小的群组
        cluster_indicator = np.zeros(dist_squared.shape) #清零 one-hot 向量数组
        cluster_indicator[np.arange(cluster_index.size), cluster_index] = 1
                                                         #赋值 one-hot 向量数组
        #是否收敛
        if np.array_equal(cluster_index, prev_cluster_index):
            converged = True
        #第二步:重新计算形心
        C[:, :] = np.dot(X, cluster_indicator) / np.sum(cluster_indicator, axis
=0).reshape((1, -1))
        #迭代次数加 1
        iterations = iterations + 1
    #打印聚类结果
    print('Number of iterations:', iterations)
    print('Assigned clusters: \n', cluster_index + 1)
    print('Actual classes: \n', y.astype(int))
    #计算平均轮廓系数
    sum_s = 0                                            #轮廓系数累加和
    for i in range(m_all):
        #计算第i 个样本的a 值
        sum_a = cnt_a = 0                                #清零累加和与计数
        for l in range(m_all):
            if cluster_index[i] == cluster_index[l]:
                sum_a = sum_a + np.linalg.norm(X[:, i] - X[:, l])
                cnt_a = cnt_a + 1
        a_i = sum_a / (cnt_a - 1)
        #计算第i 个样本的b 值
        b_i = np.Inf                                     #无穷大
        for j in range(k):
            if (j != cluster_index[i]):
                sum_b = cnt_b = 0                        #清零累加和与计数
                for l in range(m_all):
                    if cluster_index[l] == j:
                        sum_b = sum_b + np.linalg.norm(X[:, i] - X[:, l])
```

```
                    cnt_b = cnt_b + 1
                if b_i > sum_b / cnt_b:
                    b_i = sum_b / cnt_b
        #计算第 i 个样本的轮廓系数
        if a_i >= b_i:
            s_i = b_i / a_i - 1
        else:
            s_i = 1 - a_i / b_i
        #累加轮廓系数
        sum_s = sum_s + s_i
    #求平均轮廓系数并打印
    mean_sc[k - k_min] = sum_s / m_all
    print(f'Mean of silhouette coefficients = {mean_sc[k - k_min]:.3f}')
#画出所有的平均轮廓系数
plt.plot(range(k_min, k_max + 1), mean_sc, 'b--o', linewidth=2, markersize=8)
plt.xlabel('k')
plt.ylabel('Mean of silhouette coefficients')
plt.grid()
plt.show()
```

实验 3-3 使用特征分解实现主成分分析降维，并对第 2 章回归任务中的气温数据进行降维。画出按降序排列的特征值。

```
import pandas
import numpy as np
import matplotlib.pyplot as plt
#参数设置
d_tilde = 1                                                  #降维后的输入特征维数
#读入气温数据集
df = pandas.read_csv('temperature_dataset.csv')
data = np.array(df)
m_all = np.shape(data)[0]
d = np.shape(data)[1]                                        #输入特征的维数为五维
#零均值化输入特征
mean = np.mean(data, axis=0)
data = data - mean
X = data.T
#计算协方差矩阵
C = np.dot(X, X.T) / (m_all - 1)
#特征分解
lam, q = np.linalg.eig(C)
#组成 Q_tilde 矩阵
order = np.argsort(lam)
Q_tilde = np.zeros((d, d_tilde))                             #d × d_tilde 维
for j in range(d_tilde):
```

```
    Q_tilde[:, j] = q[:, order[d-1-j]]
#对输入特征降维
X_tilde2 = np.dot(Q_tilde.T, X)
#画出特征值及降维结果
plt.figure()
plt.plot([i+1 for i in range(d)], lam[order[::-1]], 'o--r', markersize=8,
linewidth=2)
plt.xlabel('Indices')
plt.ylabel('Eigenvalues')
plt.title('Sorted eigenvalues')
plt.show()
if d_tilde == 2:
    plt.figure()
    plt.plot(X_tilde2[0, :], X_tilde2[1, :], 'xm', markersize=8)
    plt.xlabel('NewFeature[0]')
    plt.ylabel('NewFeature[1]')
    plt.title('Dimension-reduced input features')
    plt.show()
```

实验 3-4 使用奇异值分解实现主成分分析降维,并对第 2 章回归任务中的气温数据进行降维。画出按降序排列的奇异值。

```
…
#SVD
u, sig, vh = np.linalg.svd(X)
#组成 U_tilde 矩阵
U_tilde = np.zeros((d, d_tilde))                    #d × d_tilde 维
U_tilde = u[:, 0:d_tilde]
#对输入特征降维
X_tilde2 = np.dot(U_tilde.T, X)
#画出奇异值
plt.figure()
plt.plot([i+1 for i in range(d)], sig, 'o--r', markersize=8, linewidth=2)
plt.xlabel('Indices')
plt.ylabel('Singular value')
plt.title('Sorted singular values')
plt.show()
…
```

实验 3-5 使用气温数据集及线性回归评价主成分分析降维。将主成分分析降维输出的降维后的输入特征,作为线性回归模型的输入特征,观察降维后的维数对线性回归模型性能的影响,并与使用未降维输入特征的线性回归模型进行性能比较。

```
import pandas
import numpy as np
```

```
import matplotlib.pyplot as plt
#参数设置
d_tilde = 1                                    #降维后的输入特征维数
iterations = 100                               #线性回归模型训练时的迭代次数
learning_rate = 0.1                            #学习率
m_train = 3000                                 #训练样本的数量
#读入气温数据集
df = pandas.read_csv('temperature_dataset.csv')
data = np.array(df)
m_all = np.shape(data)[0]
d = np.shape(data)[1] - 1
m_test = m_all - m_train
#零均值化输入特征
mean = np.mean(data[0:m_train, 1:], axis=0)
data[:, 1:] = data[:, 1:] - mean
#划分数据集
X_train = data[0:m_train, 1:].T
X_test = data[m_train:, 1:].T
y_train = data[0:m_train, 0].reshape((1, -1))
y_test = data[m_train:, 0].reshape((1, -1))
#SVD
u, sig, vh = np.linalg.svd(X_train)
#组成 U_tilde 矩阵
U_tilde = np.zeros((d, d_tilde))               #d × d_tilde 维
U_tilde = u[:, 0:d_tilde]
#对线性回归模型的输入特征降维
if d_tilde <= d:
    X_train_reduced = np.dot(U_tilde.T, X_train)
    X_test_reduced = np.dot(U_tilde.T, X_test)
else:
    X_train_reduced = X_train
    X_test_reduced = X_test
    d_tilde = d
#画奇异值
plt.figure()
plt.plot([i+1 for i in range(d)], sig, 'o--r', markersize=8, linewidth=2)
plt.xlabel('Indices')
plt.ylabel('Singular value')
plt.title('Sorted singular values')
plt.show()
#标准化输入特征
std = np.std(X_train_reduced, axis=1)
X_train_reduced = X_train_reduced / std.reshape((-1, 1))
X_test_reduced = X_test_reduced / std.reshape((-1, 1))
```

```
#初始化线性回归模型
w = np.zeros((d_tilde, 1)).reshape((-1, 1))
b = 0
v = np.ones((1, m_train))
costs_saved = []
#迭代训练
for i in range(iterations):
    #更新权重与偏差
    y_hat = np.dot(w.T, X_train_reduced) + b * v
    e = y_hat - y_train
    b = b - 2. * learning_rate * np.dot(v, e.T) / m_train
    w = w - 2. * learning_rate * np.dot(X_train_reduced, e.T) / m_train
    #保存代价函数的值
    costs = np.dot(e, e.T) / m_train
    costs_saved.append(costs.item(0))
#打印最新的权重与偏差
print('Weights =', np.array2string(np.squeeze(w, axis=1), precision=3))
print(f'Bias = {b.item(0):.3f}')
#画代价函数的值
plt.plot(range(1, np.size(costs_saved) + 1), costs_saved, 'r-o', linewidth=2,
markersize=5)
plt.ylabel('Costs')
plt.xlabel('Iterations')
plt.title('Learning rate = ' + str(learning_rate))
plt.show()
#训练数据集上的均方根误差
y_hat = np.dot(w.T, X_train_reduced) + b * v
e = y_hat - y_train
mse = np.dot(e, e.T) / m_train
rmse = np.sqrt(mse)
print(f'Trainset RMSE = {rmse.item(0):.3f}')
#测试数据集上的均方根误差
y_hat_test = np.dot(w.T, X_test_reduced) + b        #广播操作
e_test = y_hat_test - y_test
mse_test = np.dot(e_test, e_test.T) / m_test
rmse_test = np.sqrt(mse_test)
print(f'Testset RMSE = {rmse_test.item(0):.3f}')
```

实验3-6 实现基本的自编码器，并用该自编码器对螺旋线数据集进行降维，画出降维后的输入特征以及输入特征的预测值。

```
import numpy as np
import matplotlib.pyplot as plt
#螺旋线数据集参数设置
feature_offset = 0                                  #输入特征的偏移
```

```
m_train = 200                                          #训练样本的数量
d = 3                                                  #输入特征的维数
#生成螺旋线数据集
theta = np.linspace(0, 4 * np.pi, m_train)
x1 = np.sin(theta) + feature_offset
x2 = np.cos(theta) + feature_offset
x3 = np.linspace(feature_offset, feature_offset + 2, m_train)
X_train = np.zeros((d, m_train))
X_train[0, :] = x1
X_train[1, :] = x2
X_train[2, :] = x3
#画三维螺旋线
fig = plt.figure()
ax = fig.gca(projection='3d')
ax.plot(x1, x2, x3, 'b', linewidth=2, label='Helix curve')
ax.legend()
ax.set_xlabel('x1')
ax.set_ylabel('x2')
ax.set_zlabel('x3')
plt.show()
#自编码器参数设置
d_tilde = 3                                            #降维后输入特征的维数
iterations_ae = 100000                                 #自编码器训练过程中的迭代次数
learning_rate_ae = 0.01                                #自编码器的学习率
#构造随机种子为指定值的随机数生成器
rng = np.random.default_rng(1)
#初始化(自编码器)
W_1_ae = rng.random((d, d_tilde))
b_1_ae = rng.random((d_tilde, 1))
W_2_ae = rng.random((d_tilde, d))
b_2_ae = rng.random((d, 1))
v = np.ones((1, m_train))
costs_ae_saved = []
#迭代循环(自编码器)
for i in range(iterations_ae):
    #正向传播
    Z_1_ae = np.dot(W_1_ae.T, X_train) + np.dot(b_1_ae, v)
    X_train_tilde2 = Z_1_ae * (Z_1_ae > 0)
    Z_2_ae = np.dot(W_2_ae.T, X_train_tilde2) + np.dot(b_2_ae, v)
    X_train_hat = Z_2_ae * (Z_2_ae > 0)
    #更新权重与偏差
    e_X = X_train_hat - X_train
    e_X_Z_2 = e_X * (Z_2_ae > 0)
    W_2_e_X_Z_2_Z_1 = np.dot(W_2_ae, e_X_Z_2) * (Z_1_ae > 0)
```

```
    W_1_ae = W_1_ae - 2 * learning_rate_ae * np.dot(X_train, W_2_e_X_Z_2_Z_1.T)
/ (m_train * d)
    b_1_ae = b_1_ae - 2 * learning_rate_ae * np.dot(W_2_e_X_Z_2_Z_1, v.T) / (m_
train * d)
    W_2_ae = W_2_ae - 2 * learning_rate_ae * np.dot(X_train_tilde2, e_X_Z_2.T)
/ (m_train * d)
    b_2_ae = b_2_ae - 2 * learning_rate_ae * np.dot(e_X_Z_2, v.T) / (m_train * d)
    #保存代价函数的值
    costs = np.trace(np.dot(e_X, e_X.T)) / (m_train * d)
    costs_ae_saved.append(costs.item(0))
#打印最新的权重与偏差
print('W1 of AE =', np.array2string(W_1_ae, precision=3))
print('b1 of AE =', np.array2string(np.squeeze(b_1_ae, axis=1), precision=3))
print('W2 of AE =', np.array2string(W_2_ae, precision=3))
print('b2 of AE =', np.array2string(np.squeeze(b_2_ae, axis=1), precision=3))
#画代价函数的值
plt.plot(costs_ae_saved, 'r-o', linewidth=2, markersize=5)
plt.ylabel('Costs')
plt.xlabel('Iterations')
plt.title('Learning rate (autoencoder) = ' + str(learning_rate_ae))
plt.show()
#计算降维后的输入特征,以及输入特征的预测值
Z_1_ae = np.dot(W_1_ae.T, X_train) + np.dot(b_1_ae, v)
X_train_tilde2 = Z_1_ae * (Z_1_ae > 0)
Z_2_ae = np.dot(W_2_ae.T, X_train_tilde2) + np.dot(b_2_ae, v)
X_train_hat = Z_2_ae * (Z_2_ae > 0)
#画降维后的输入特征
if d_tilde == 1:
    plt.figure()
    plt.plot(np.arange(1, m_train + 1), X_train_tilde2.T, 'r', linewidth=2,
label='x1 (reduced)')
    plt.xlabel('Index')
    plt.ylabel('Amplitude')
    plt.legend()
elif d_tilde == 2:
    plt.figure()
    plt.plot(X_train_tilde2[0], X_train_tilde2[1], 'r', linewidth=2)
    plt.xlabel('x1 (reduced)')
    plt.ylabel('x2 (reduced)')
elif d_tilde == 3:
    fig = plt.figure()
    ax = fig.gca(projection='3d')
    ax.plot(X_train_tilde2[0, :], X_train_tilde2[1, :], X_train_tilde2[2, :],
'r', linewidth=2)
```

```
        ax.set_xlabel('x1 (reduced)')
        ax.set_ylabel('x2 (reduced)')
        ax.set_zlabel('x3 (reduced)')
    plt.show()
    #画各维输入特征及其预测值
    for j in range(d):
        plt.figure()
        plt.plot(np.arange(0, m_train), X_train[j, :], '--b', linewidth=2, label=
    'x'+str(j+1)+' (original)')
        plt.plot(np.arange(0, m_train), X_train_hat[j, :], 'r', linewidth=2, label
    ='x'+str(j+1)+' (reproduced)')
        plt.xlabel('Index')
        plt.ylabel('Amplitude')
        plt.legend()
        plt.show()
    #画输入特征及其预测值
    for j in range(d):
        fig = plt.figure()
        ax = fig.gca(projection='3d')
        ax.plot(X_train[j % d, :], X_train[(j + 1) % d, :], X_train[(j + 2) % d, :],
    '--b', linewidth=2, label='Original helix curve')
        ax.plot(X_train_hat[j % d, :], X_train_hat[(j + 1) % d, :], X_train_hat[(j +
    2) % d, :], 'r', linewidth=2, label='Reproduced curve')
        ax.legend()
        ax.set_xlabel('x' + str(j % d + 1))
        ax.set_ylabel('x' + str((j + 1) % d + 1))
        ax.set_zlabel('x' + str((j + 2) % d + 1))
        plt.show()
```

实验 3-7　使用实验 3-6 中的自编码器，对酒驾检测数据集中的输入特征进行降维，并使用降维后的训练数据集来训练逻辑回归模型，观察逻辑回归模型在降维后的测试数据集上的性能。

```
import pandas
import numpy as np
import matplotlib.pyplot as plt
#参数设置
d_tilde = 1                                   #降维后的维数
iterations_ae = 5000                          #迭代次数(自编码器)
learning_rate_ae = 0.01                       #学习率(自编码器)
iterations_lr = 5000                          #迭代次数(逻辑回归)
learning_rate_lr = 0.1                        #学习率(逻辑回归)
m_train = 250                                 #训练样本的数量
#读入酒驾检测数据集
```

```
df = pandas.read_csv('alcohol_dataset.csv')
data = np.array(df)
m_all = np.shape(data)[0]
d = np.shape(data)[1] - 1
m_test = m_all - m_train
#构造随机种子为指定值的随机数生成器,并对数据集中的样本随机排序
rng = np.random.default_rng(1)
rng.shuffle(data)
#标准化输入特征
mean = np.mean(data[0:m_train, 0:d], axis=0)
std = np.std(data[0:m_train, 0:d], axis=0, ddof=1)
data[:, 0:d] = (data[:, 0:d] - mean) / std
#划分数据集
X_train = data[0:m_train, 0:d].T
X_test = data[m_train:, 0:d].T
y_train = data[0:m_train, d].reshape((1,-1))
y_test = data[m_train:, d].reshape((1,-1))
#初始化(自编码器)
W_1_ae = rng.random((d, d_tilde))
b_1_ae = rng.random((d_tilde, 1))
W_2_ae = rng.random((d_tilde, d))
b_2_ae = rng.random((d, 1))
v = np.ones((1, m_train))
costs_ae_saved = []
#迭代循环(自编码器)
for i in range(iterations_ae):
    #正向传播
    Z_1_ae = np.dot(W_1_ae.T, X_train) + np.dot(b_1_ae, v)
    X_train_tilde2 = Z_1_ae * (Z_1_ae > 0)
    Z_2_ae = np.dot(W_2_ae.T, X_train_tilde2) + np.dot(b_2_ae, v)
    X_train_hat = Z_2_ae * (Z_2_ae > 0)
    #更新权重与偏差
    e_X = X_train_hat - X_train
    e_X_Z_2 = e_X * (Z_2_ae > 0)
    W_2_e_X_Z_2_Z_1 = np.dot(W_2_ae, e_X_Z_2) * (Z_1_ae > 0)
    W_1_ae = W_1_ae - 2 * learning_rate_ae * np.dot(X_train, W_2_e_X_Z_2_Z_1.T)
/ (m_train * d)
    b_1_ae = b_1_ae - 2 * learning_rate_ae * np.dot(W_2_e_X_Z_2_Z_1, v.T) / (m_
train * d)
    W_2_ae = W_2_ae - 2 * learning_rate_ae * np.dot(X_train_tilde2, e_X_Z_2.T)
/ (m_train * d)
    b_2_ae = b_2_ae - 2 * learning_rate_ae * np.dot(e_X_Z_2, v.T) / (m_train * d)
    #保存代价函数的值
    costs = np.trace(np.dot(e_X, e_X.T)) / (m_train * d)
```

```
    costs_ae_saved.append(costs.item(0))
#打印最新的权重与偏差(自编码器)
print('W1 of AE =', np.array2string(W_1_ae, precision=3))
print('b1 of AE =', np.array2string(np.squeeze(b_1_ae, axis=1), precision=3))
print('W2 of AE =', np.array2string(W_2_ae, precision=3))
print('b2 of AE =', np.array2string(np.squeeze(b_2_ae, axis=1), precision=3))
#画代价函数的值(自编码器)
plt.plot(costs_ae_saved, 'r-o', linewidth=2, markersize=5)
plt.ylabel('Costs')
plt.xlabel('Iterations')
plt.title('Learning rate (autoencoder) = ' + str(learning_rate_ae))
plt.show()
#对输入特征进行降维
if d >= d_tilde:
    Z_1_ae = np.dot(W_1_ae.T, X_train) + np.dot(b_1_ae, v)
    X_train_tilde2 = Z_1_ae * (Z_1_ae > 0)
    Z_1_ae_test = np.dot(W_1_ae.T, X_test) + b_1_ae  #广播操作
    X_test_tilde2 = Z_1_ae_test * (Z_1_ae_test > 0)
else:
    X_train_tilde2 = X_train
    X_test_tilde2 = X_test
    d_tilde = d
#初始化(逻辑回归)
w_lr = np.zeros((d_tilde, 1)).reshape((-1, 1))
b_lr = 0
costs_lr_saved = []
#迭代循环(逻辑回归)
for i in range(iterations_lr):
    #更新权重与偏差
    z_lr = np.dot(w_lr.T, X_train_tilde2) + b_lr * v
    y_hat = 1. / (1 + np.exp(-z_lr))
    e_lr = y_hat - y_train
    b_lr = b_lr - learning_rate_lr * np.dot(v, e_lr.T) / m_train
    w_lr = w_lr - learning_rate_lr * np.dot(X_train_tilde2, e_lr.T) / m_train
    #保存代价函数的值
    y_1_hat = 1 - y_hat
    y_1 = 1 - y_train
    costs = -(np.dot(np.log(y_hat), y_train.T) + np.dot(np.log(y_1_hat), y_1.
T)) / m_train
    costs_lr_saved.append(costs.item(0))
#打印最新的权重与偏差(逻辑回归)
print('Weights of LR =', np.array2string(np.squeeze(w_lr, axis=1), precision=3))
print(f'Bias of LR = {b_lr.item(0):.3f}')
…
```

实验4-1 多老虎机问题。为了简便而又不失代表性,假设每台老虎机给出的奖赏都服从均值不同、方差都为1的正态分布,即$R_{t+1}|A_t=a_t \sim \mathcal{N}(\mu_{a_t},1)$,$a_t \in \mathcal{A}$,$\mathcal{A}=\{1,2,\cdots,c\}$。其中,$\mu_{a_t}$为第$a_t$台老虎机给出奖赏的期望值,$\mu_{a_t} \sim \mathcal{N}(0,1)$,即其服从均值为0、方差为1的正态分布。

假如我们有1000名同学,每名同学都分别面对10台这样的老虎机,即$c=10$,采用由式(4-2)给出的选择策略,在第1个~第200个时刻上连续玩200次,并在第2个~第201个时刻上获得相应的200个奖赏(因此共201个时刻,即$l=201$)。画出一条曲线:在第2个~第201个时刻上,每名同学获得的平均奖赏。这里的每名同学,就是上述多老虎机问题的一次运行(run)。

```
import numpy as np
import matplotlib.pyplot as plt
#参数设置
c = 10                                                    #老虎机的数量
l = 201                                                   #最后时刻
runs = 1000                                               #运行次数
#构造随机种子为指定值的随机数生成器
rng = np.random.default_rng(1)
#初始化每一时刻的奖赏和
timestep_rewards = np.zeros(l)
#运行循环
for run in range(runs):
    #每次运行的初始化
    occ_actions = np.zeros(c)                             #每个行动被选择的次数
    acc_rewards = np.zeros(c)                             #每个行动下累加获得的奖赏
    estimated_rewards = np.zeros(c)                       #每台老虎机奖赏期望值的估计值
    means_bandits = rng.normal(0, 1, c)                   #每次运行时的老虎机奖赏期望值
    #从第1个时刻到第l-1个时刻
    for t in range(l - 1):
        #计算每台老虎机的奖赏期望值的估计值
        for i in range(c):
            estimated_rewards[i] = 0 if acc_rewards[i] == 0 else acc_rewards[i]
/ occ_actions[i]
        #选择贪婪行动
        a_t = np.argmax(estimated_rewards).item(0)
        #选择该行动后(在下一时刻)获得的奖赏
        r_tp1 = rng.normal(means_bandits[a_t], 1)
        #累加当前行动选择的获得奖赏与次数
        occ_actions[a_t] += 1
        acc_rewards[a_t] += r_tp1
        #累加每个时刻下获得的奖赏
        timestep_rewards[t + 1] += r_tp1
#画平均奖赏曲线
```

```
plt.figure()
plt.plot(np.arange(2, l + 1), timestep_rewards[1:] / runs, linewidth = 2)
plt.ylabel('Averaged rewards')
plt.xlabel('Time steps')
plt.title('Greedy method')
plt.show()
```

实验 4-2　用 ε 贪婪方法解实验 4-1 中的多老虎机问题。将每名同学连续玩的次数从 200 增加至 500。在保留实验 4-1 中平均奖赏曲线的同时，在同一幅图中再增加一条使用 ε 贪婪方法画出的平均奖赏曲线。

```
import numpy as np
import matplotlib.pyplot as plt
#参数设置
c = 10                                          #老虎机的数量
l = 501                                         #最后时刻
runs = 1000                                     #运行次数
epsilon = 0.01                                  #ε 贪婪中的ε
#构造随机种子为指定值的随机数生成器
rng = np.random.default_rng(1)
#初始化每一时刻的奖赏和
timestep_rewards = np.zeros(l)
timestep_rewards_epsilon = np.zeros(l)
#运行循环
for run in range(runs):
    #每次运行的初始化
    occ_actions = np.zeros(c)                   #每个行动被选择的次数
    acc_rewards = np.zeros(c)                   #每个行动下累加获得的奖赏
    estimated_rewards = np.zeros(c)             #每台老虎机奖赏期望值的估计值
    occ_actions_epsilon = np.zeros(c)           #每个行动被选择的次数(ε 贪婪)
    acc_rewards_epsilon = np.zeros(c)           #每个行动下累加获得的奖赏(ε 贪婪)
    estimated_rewards_epsilon = np.zeros(c)     #每台老虎机奖赏期望值的估计值(ε 贪婪)
    means_bandits = rng.normal(0, 1, c)         #每次运行时的老虎机奖赏期望值
    #从第 1 个时刻到第 l-1 个时刻
    for t in range(l - 1):
        #计算每台老虎机的奖赏期望值的估计值
        for i in range(c):
            estimated_rewards[i] = 0 if acc_rewards[i] == 0 else acc_rewards[i] 
/ occ_actions[i]
            estimated_rewards_epsilon[i] = 0 if acc_rewards_epsilon[i] == 0 
else acc_rewards_epsilon[i] / occ_actions_epsilon[i]
        #选择贪婪行动
        a_t = np.argmax(estimated_rewards).item(0)
        #ε 贪婪
```

```
        if rng.random() > epsilon:
            #选择贪婪行动
            a_t_epsilon = np.argmax(estimated_rewards_epsilon).item(0)
        else:
            #随机选择行动
            a_t_epsilon = rng.integers(0, c)
        #选择该行动后(在下一时刻)获得的奖赏
        r_tp1 = rng.normal(means_bandits[a_t], 1)
        r_tp1_epsilon = rng.normal(means_bandits[a_t_epsilon], 1)
        #累加当前行动选择的获得奖赏与次数
        occ_actions[a_t] += 1
        acc_rewards[a_t] += r_tp1
        occ_actions_epsilon[a_t_epsilon] += 1
        acc_rewards_epsilon[a_t_epsilon] += r_tp1_epsilon
        #累加每个时刻下获得的奖赏
        timestep_rewards[t + 1] += r_tp1
        timestep_rewards_epsilon[t + 1] += r_tp1_epsilon
#画平均奖赏曲线
plt.figure()
plt.plot(np.arange(2, l + 1), timestep_rewards[1:] / runs, linewidth = 2)
plt.plot (np. arange (2, l + 1), timestep _rewards _epsilon [1:] / runs, 'r',
linewidth = 2)
plt.ylabel('Averaged rewards')
plt.xlabel('Time steps')
plt.title('Greedy v.s. epsilon-greedy')
plt.legend(['Greedy', 'Epsilon-greedy'])
plt.show()
```

实验 4-3 用 MDP 对智能家居中空调等设备的控制问题进行初步建模,给出用来描述 MDP 模型的概率质量函数 $p(s_{t+1}, r_{t+1} \mid s_t, a_t)$ 以及奖赏的取值,并将其存储在 NumPy 数组中。

```
import numpy as np
import matplotlib.pyplot as plt
#参数设置
gamma = 0.9                                      #价值迭代算法中的折扣率
epsilon_VI = 0.001                               #价值迭代算法中的容差
state_set = ['cold', 'cozy', 'hot']              #MDP 模型的状态
action_set = ['cool', 'noop', 'heat']            #MDP 模型的行动
reward_set = np.array([-1, 1])                   #MDP 模型的奖赏值
states = len(state_set)                          #状态的数量
actions = len(action_set)                        #行动的数量
rewards = np.size(reward_set)                    #奖赏值的数量
#定义 MDP 模型
```

```
mdp_p_s = np.zeros((states, states, actions))                #p(st+1 |,st,at)
mdp_p_r = np.zeros((rewards, states, states, actions))       #p(rt+1 |st+1,st,at)
#定义 p(st+1 |,st,at)
mdp_p_s[:, 0, 0] = [0.8, 0.19, 0.01]          #p(cold cozy hot | cold, cool)
mdp_p_s[:, 0, 1] = [0.6, 0.3, 0.1]            #p(cold cozy hot | cold, noop)
mdp_p_s[:, 0, 2] = [0.2, 0.5, 0.3]            #p(cold cozy hot | cold, heat)
mdp_p_s[:, 1, 0] = [0.6, 0.3, 0.1]            #p(cold cozy hot | cozy, cool)
mdp_p_s[:, 1, 1] = [0.1, 0.8, 0.1]            #p(cold cozy hot | cozy, noop)
mdp_p_s[:, 1, 2] = [0.1, 0.3, 0.6]            #p(cold cozy hot | cozy, heat)
mdp_p_s[:, 2, 0] = [0.2, 0.5, 0.3]            #p(cold cozy hot | hot, cool)
mdp_p_s[:, 2, 1] = [0.05, 0.15, 0.8]          #p(cold cozy hot | hot, noop)
mdp_p_s[:, 2, 2] = [0.01, 0.09, 0.9]          #p(cold cozy hot | hot, heat)
#定义 p(rt+1 |st+1,st,at)
for i in range(states):
    for j in range(actions):
        mdp_p_r[0, 0, i, j] = 1               #p(-1 | cold, s_t, a_t)
        mdp_p_r[1, 1, i, j] = 1               #p(1 | cozy, s_t, a_t)
        mdp_p_r[0, 2, i, j] = 1               #p(-1 | hot, s_t, a_t)
```

实验 4-4 使用价值迭代算法求解实验 4-3 中的 MDP 模型，给出最优行动选择 $a_t^* \mid s_t, s_t \in \mathcal{S}$，并画出各个状态的最优状态价值函数随迭代次数收敛的曲线。

```
...
#求解 MDP
#预先计算 R̄ 矩阵
R_bar = np.zeros((states, actions))
for i in range(states):
    for j in range(actions):
        tmp = np.dot(mdp_p_s[:, i, j].reshape(1, -1), mdp_p_r[:, :, i, j].T)
        R_bar[i, j] = np.dot(tmp, reward_set.reshape(-1, 1))
#价值迭代算法
v = np.zeros(states).reshape(-1, 1)                    #v*_i
v_prev = np.zeros(states).reshape(-1, 1)               #v*_{i-1}
interations = 0                                        #迭代次数计数
notconverged = True                                    #未收敛标识
v_saved = []                                           #用于保存 v*_i
#价值迭代算法的主循环
while notconverged:
    v_prev = np.copy(v)                                #复制数组
    V_bar = np.squeeze(np.dot(np.transpose(mdp_p_s, (1, 2, 0)), v))
                                                       #计算 V̄*_{i-1} 矩阵
    v = np.amax(R_bar + gamma * V_bar, axis=1).reshape(-1, 1)
                                                       #计算 v*_i
    v_saved.append(np.squeeze(v))                      #保存 v*_i
```

```
        notconverged = np.sum(np.abs(v - v_prev) > epsilon_VI)      #检查是否收敛
        interations += 1                                            #迭代次数计数
    #计算最优行动选择
    optimal_actions = np.argmax(R_bar + gamma * V_bar, axis=1).reshape(-1, 1)
    #打印结果并画曲线
    print('Number of interations =', interations)
    print('Optimal values =', np.array2string(np.squeeze(v, axis=1), precision=
3))
    print('Optimal actions =', np.array2string(np.squeeze(optimal_actions, axis=
1)))
    plt.figure()
    plt.plot(np.arange(1, np.shape(v_saved)[0] + 1), np.asarray(v_saved)[:,0], 'b
-s', markersize=4)
    plt.plot(np.arange(1, np.shape(v_saved)[0] + 1), np.asarray(v_saved)[:,1], 'g
-o', markersize=4)
    plt.plot(np.arange(1, np.shape(v_saved)[0] + 1), np.asarray(v_saved)[:,2], 'r
-d', markersize=4)
    plt.legend(["Value of 'cold' state", "Value of 'cozy' state", "Value of 'hot'
state"])
    plt.xlabel('Iterations')
    plt.ylabel('Value')
    plt.title('Gamma = ' + str(gamma) + ', epsilon = ' + str(epsilon_VI))
    plt.show()
```

实验 4-5 用实验 4-4 中给出的最优行动选择来控制空调等设备,并尝试修改随机种子、MDP 的概率质量函数 $p(s_{t+1},r_{t+1}|s_t,a_t)$、折扣率 γ、容差 ϵ 等参数,以及奖赏的取值(例如将-1改为 0),观察实验结果并分析。

```
    …
    #参数设置(控制)
    steps = 35                                        #时刻数(步数)
    #构造随机种子为指定值的随机数生成器
    rng = np.random.default_rng(1)
    #初始化 MDP 模型
    def mdp_init():
        state = rng.integers(0, states)
        return state
    #进行一步
    def mdp_step(cur_s, cur_a):
        next_s = rng.choice(states, p=mdp_p_s[:, cur_s, cur_a])
        next_r = np.dot(mdp_p_r[:, next_s, cur_s, cur_a], reward_set)
        return next_s, next_r
    #尝试最优策略
    st_saved = []                                     #用于保存状态
```

```
    at_saved = []                                          #用于保存行动
    rewards_saved = []                                     #用于保存奖赏
    total_rewards = np.zeros(1)                            #总奖赏
    st = mdp_init()                                        #初始化MDP模型
    #步循环
    for step in range(steps):
        at = optimal_actions[st, 0]                        #根据状态选择最优行动
        stp1, rtp1 = mdp_step(st, at)                      #进行一步
        st_saved.append(st)                                #保存状态
        at_saved.append(at)                                #保存行动
        rewards_saved.append(total_rewards.item(0))        #保存总奖赏
        total_rewards = total_rewards + rtp1               #累加奖赏
        st = stp1                                          #更新状态
    #画出状态、选择的行动、累计获得的奖赏
    plt.figure()
    plt.plot(np.arange(1, np.size(st_saved) + 1), st_saved, 'b-x', linewidth=2,
    markersize=8, markeredgewidth=2)
    plt.stem(np.arange(1, np.size(at_saved) + 1), at_saved, linefmt=':r',
    markerfmt='or')
    plt.xlabel('Time steps')
    plt.ylabel('Indices')
    plt.legend(['Indices of current state', 'Indices of chosen action'], loc='upper
    right', bbox_to_anchor=(1, 0.9))
    plt.show()
    plt.plot(np.arange(1, np.size(rewards_saved) + 1), rewards_saved, 'b-o',
    linewidth=2)
    plt.xlabel('Time steps')
    plt.ylabel('Accumulated rewards')
    plt.grid()
    plt.show()
```

实验4-6　使用Q学习来控制实验4-3中的空调等设备，画出累计奖赏的变化曲线。观察不同参数下的实验结果并分析。

```
    import numpy as np
    import matplotlib.pyplot as plt
    #参数设置
    alpha = 0.1                                            #Q学习的步长或学习率
    epsilon = 0.01                                         #ε贪婪中的ε
    steps = 25                                             #时刻数(步数)
    gamma = 0.9                                            #折扣率
    state_set = ['cold', 'cozy', 'hot']                    #MDP模型的状态
    action_set = ['cool', 'noop', 'heat']                  #MDP模型的行动
    reward_set = np.array([-1, 1])                         #MDP模型的奖赏值
    states = len(state_set)                                #状态的数量
```

```
actions = len(action_set)                          #行动的数量
rewards = np.size(reward_set)                      #奖赏值的数量
#定义 MDP 模型
mdp_p_s = np.zeros((states, states, actions))      #p(st+1 |,st,at)
mdp_p_r = np.zeros((rewards, states, states, actions))    #p(rt+1 |st+1,st,at)
#定义 p(st+1 |,st,at)
mdp_p_s[:, 0, 0] = [0.8, 0.19, 0.01]          #p(cold cozy hot | cold, cool)
mdp_p_s[:, 0, 1] = [0.6, 0.3, 0.1]            #p(cold cozy hot | cold, noop)
mdp_p_s[:, 0, 2] = [0.2, 0.5, 0.3]            #p(cold cozy hot | cold, heat)
mdp_p_s[:, 1, 0] = [0.6, 0.3, 0.1]            #p(cold cozy hot | cozy, cool)
mdp_p_s[:, 1, 1] = [0.1, 0.8, 0.1]            #p(cold cozy hot | cozy, noop)
mdp_p_s[:, 1, 2] = [0.1, 0.3, 0.6]            #p(cold cozy hot | cozy, heat)
mdp_p_s[:, 2, 0] = [0.2, 0.5, 0.3]            #p(cold cozy hot | hot, cool)
mdp_p_s[:, 2, 1] = [0.05, 0.15, 0.8]          #p(cold cozy hot | hot, noop)
mdp_p_s[:, 2, 2] = [0.01, 0.09, 0.9]          #p(cold cozy hot | hot, heat)
#定义 p(rt+1 |st+1,st,at)
for i in range(states):
    for j in range(actions):
        mdp_p_r[0, 0, i, j] = 1               #p(-1 | cold, s_t, a_t)
        mdp_p_r[1, 1, i, j] = 1               #p(1 | cozy, s_t, a_t)
        mdp_p_r[0, 2, i, j] = 1               #p(-1 | hot, s_t, a_t)
#构造随机种子为指定值的随机数生成器
rng = np.random.default_rng(1)
#初始化 MDP 模型
def mdp_init():
    state = rng.integers(0, states)
    return state
#进行一步
def mdp_step(cur_s, cur_a):
    next_s = rng.choice(states, p=mdp_p_s[:, cur_s, cur_a])
    next_r = np.dot(mdp_p_r[:, next_s, cur_s, cur_a], reward_set)
    return next_s, next_r
#Q 学习
st_saved = []                                 #用于保存状态
at_saved = []                                 #用于保存行动
rewards_saved = []                            #用于保存奖赏
total_rewards = np.zeros(1)                   #总奖赏
q_table = np.zeros((states, actions))         #Q 表(最优行动价值函数收敛值的估计值)
st = mdp_init()                               #初始化 MDP 模型
#步循环
for step in range(steps):
    #使用ε 贪婪选择行动
    if rng.random() > epsilon:
        #选择贪婪行动
```

```
        at = np.argmax(q_table[st, :])
    else:
        #随机选择行动
        at = rng.integers(0, actions)
    #进行一步
    stp1, rtp1 = mdp_step(st, at)
    #更新 Q 表
    q_table[st, at] = (1 - alpha) * q_table[st, at] + alpha * (rtp1 + gamma *
np.amax(q_table[stp1, :]))
    #保存变量的值
    st_saved.append(st)                              #保存状态
    at_saved.append(at)                              #保存行动
    rewards_saved.append(total_rewards.item(0))      #保存总奖赏
    total_rewards = total_rewards + rtp1             #累加奖赏
    #状态转移
    st = stp1
#打印 Q 表
print('Q table =\n', np.array2string(q_table, precision=3))
#画出状态、选择的行动、累计获得的奖赏
plt.figure()
plt.plot(np.arange(1, np.size(st_saved) + 1), st_saved, 'b-x', linewidth=2,
markersize=8, markeredgewidth=2)
plt.stem(np.arange(1, np.size(at_saved) + 1), at_saved, linefmt=':r',
markerfmt='or')
plt.xlabel('Time steps')
plt.ylabel('Indices')
plt.legend(['Indices of current state', 'Indices of chosen action'], loc='upper
right', bbox_to_anchor=(1, 0.9))
plt.show()
plt.plot(np.arange(1, np.size(rewards_saved) + 1), rewards_saved, 'b-o',
linewidth=2)
plt.xlabel('Time steps')
plt.ylabel('Accumulated rewards')
plt.title('Gamma = ' + str(gamma) + ', alpha = ' + str(alpha) + ', epsilon-
greedy = ' + str(epsilon))
plt.grid()
plt.show()
```